$|-\rangle|+\rangle|-\rangle|0\rangle|1\rangle|-\rangle|0\rangle|+\rangle|-\rangle$
$|1\rangle|-\rangle|0\rangle|-\rangle|+\rangle|0\rangle|1\rangle|+\rangle|1$
$|+\rangle|0\rangle|1\rangle|+\rangle|-\rangle|+\rangle|-\rangle|0\rangle|+$
$|0\rangle|+\rangle|-\rangle|0\rangle|1\rangle|-\rangle|0\rangle|1\rangle|0$
$|+\rangle|-\rangle|0\rangle|1\rangle|+\rangle|1\rangle|+\rangle|-$
$|1\rangle|+\rangle|1\rangle|-\rangle|0\rangle|+\rangle|-\rangle|0$
$|+\rangle|0\rangle|-\rangle|0\rangle|-$
$|1\rangle|+\rangle$

量子数值代数

向华 编著

清华大学出版社

北京

内容简介

量子计算机在增加信息容量、提高运算速度、确保信息安全等方面将突破传统信息系统的极限，越来越受到广泛的关注，其研究方兴未艾。量子计算机的研发主要涉及如下三项关键技术：量子编码、量子算法和量子硬件实现。本书主要讨论量子算法，书中将介绍 Deutsch 算法，Shor 大数质因数分解算法，Grover 算法，以及量子加密算法，并介绍近年来在量子算法方面的新进展。量子并行性贯穿于量子算法的始终，在量子计算机上运行的计算方法明显有别于在传统计算机上使用的算法。

本书的读者对象为应用数学、信息与计算科学系高年级本科生和低年级研究生，以及相关的科技工作者。

图书在版编目(CIP)数据

量子数值代数/向华编著.—北京：清华大学出版社，2022.9(2023.9 重印)
ISBN 978-7-302-61477-7

Ⅰ.①量… Ⅱ.①向… Ⅲ.①量子数 Ⅳ.①O4

中国版本图书馆 CIP 数据核字(2022)第 137534 号

责任编辑：刘 颖
封面设计：刘玉洁
责任校对：赵丽敏
责任印制：杨 艳

出版发行：清华大学出版社
网　址：http://www.tup.com.cn，http://www.wqbook.com
地　址：北京清华大学学研大厦 A 座　**邮　编**：100084
社 总 机：010-83470000　**邮　购**：010-62786544
投稿与读者服务：010-62776969，c-service@tup.tsinghua.edu.cn
质量反馈：010-62772015，zhiliang@tup.tsinghua.edu.cn
印 装 者：涿州市般润文化传播有限公司
经　销：全国新华书店
开　本：185mm×260mm　**印　张**：11.5　**字　数**：279 千字
版　次：2022 年 10 月第 1 版　**印　次**：2023 年 9 月第 2 次印刷
定　价：39.00 元

产品编号：091129-01

前言

PREFACE

从远古的结绳记事，到古代的算盘，再到近代的电子计算机，人类的计算工具在不断地进步。特别是电子计算机，经过半个多世纪，发展远超当时人们的预期。Moore 在 1965 年有个非凡的预测：单个集成电路芯片上的晶体管数目，大约一年半到两年翻一番，运算速度也提升一倍。为了提高集成度，晶体管越做越小，现有芯片制造技术将达极限，需要在原子尺度下储存单个比特的信息；在那里，量子效应如隧穿等将无可避免。而且，计算机的能耗也更加严峻。经典计算机中不可逆逻辑门操作所需的最小能量由 1961 年的 Landauer 原理给出。每删除一个比特信息，耗散到周围环境的能量至少为 $k_B T\ln 2$，其中，T 是环境温度，k_B 为玻尔兹曼常量。实际能耗要比此多一个数量级以上。运算速度越快，单位时间内产生的热量就越多，温度也随之迅速上升，必须有效地散热。

我们探索自然奥秘，发展人类文明，必然需要更强有力的计算工具，量子计算正是时代的召唤。一般认为，量子计算的概念由 Yuri Manin 和 Richard Feynman 等在 20 世纪 80 年代初提出。Feynman 注意到或许用实际的量子系统模拟量子现象更为实际，提出制造由量子器件组成，服从量子规律的计算机。量子演化是幺正的、可逆的。从原理上讲无能量损耗。后续研究者提出了一系列量子算法，著名的传统算法包括：1985 年的 Deutsch 算法，1994 年的 Shor 大数分解算法，1996 年的 Grover 量子搜索算法，还有最近的一些算法如 HHL 等。我们会在本书中逐个介绍。

量子技术方兴未艾，我国和欧美先后制定量子科学计划，建立研发中心，量子计算竞赛的号角已吹响，并在世界范围内掀起研究热潮。大规模通用容错型量子计算机是量子信息科学的圣杯，虽已无原则性困难，但对技术仍是严峻挑战。亦如 20 世纪 40 年代电子计算机所面临的困难。一旦克服技术上的困难，必然突飞猛进，尽管目前仍任重而道远。

本教材介绍了量子计算中涉及的基本计算技巧，侧重于算法的讲解，主要面向应用数学、信息与计算科学专业高年级本科生和低年级研究生；希望吸引更多年轻人投入到这一新领域，为未来量子算法研究抛砖引玉，为推动量子计算研究尽微薄之力。书稿编写大约始于 2010 年，冬季在南湖小店写稿的情形仍历历在目。初稿于 2016 年春季在数学与统计学院“量子信息与量子计算”课程中使用，后续授课过程中不断改进，并加入了一些最新研究成果，相关内容于 2019 年在湖南第一师范、厦门大学和河南大学以“量子数值代数”为题予以介绍。得以成书要感谢编辑刘颖大量细致的工作，感谢 2010 级至今的各届研究生帮助录入部分手稿。感谢吴宗敏教授增加 HHL 算法的二阶算例的建议，感谢武俊德教授、王鹤峰教授、魏益民教授、张林副教授、邵长鹏博士和其他与我共同探讨问题的朋友，这些讨论和合作使我获益良多，感谢谦谦的督促及拿出压岁钱支持，还帮助绘制了图 12.3；特别感谢廖丽娅女士一直以来对我工作的理解和支持。感谢科技部重点研发计划(No. 2021YFA1000600)和国家自然科学基金(No. 11571265)的资助。

量子计算仅数学理论而言就涉及分析、代数和几何诸多分支，而本教材侧重于数值代数相关内容；从数学、物理、信息论和计算机科学等方面系统而全面地介绍量子计算和量子信息则超出了作者的学识和能力，加之时间仓促，不足之处在所难免，敬请批评指正。

向　华

于樱顶老外楼

目录

CONTENTS

第1章

矩阵代数基础

定义 1.1 域 F 上的向量空间(或线性空间)V,定义了加法和数乘运算。对加法成 Abel 群,即 $\forall u,v\in V, u+v\in V$(封闭性),且满足以下性质:

(1) $(u+v)+w=u+(v+w), \forall u,v,w\in V$;

(2) $\forall u\in V, \exists$ 零元 $0\in V$,使得 $u+0=u$;

(3) $\forall u\in V, \exists v\in V$,使得 $u+v=0$(v 是 u 的逆元,记为 $-u$);

(4) $u+v=v+u, \forall u,v\in V$。另外,$\forall \alpha\in F, u\in V$,$F$ 对 V 的数乘 $\alpha u\in V$(封闭性)。

$\forall \alpha,\beta\in F, u,v\in V$,满足:

(1) $\alpha(u+v)=\alpha u+\alpha v$;

(2) $(\alpha+\beta)u=\alpha u+\beta u$;

(3) $(\alpha\beta)u=\alpha(\beta u)$;

(4) $1u=u$(1 为 F 中单位元)。

向量空间的元素称为向量或矢量。

典型的域如$\mathbb{R}$(所有实数的集合),$\mathbb{C}$(所有复数的集合)。

定义 1.2 向量空间 V 上的内积$\langle\cdot,\cdot\rangle$为满足如下关系的二元函数:

(1) $\langle v,v\rangle\geqslant 0, \forall v\in V$;

(2) $\langle v_1,v_2\rangle=\overline{\langle v_2,v_1\rangle}, \forall v_1,v_2\in V$;

(3) $\langle v_1,\alpha v_2+\beta v_3\rangle=\alpha\langle v_1,v_2\rangle+\beta\langle v_1,v_3\rangle, \forall \alpha,\beta\in F, v_1,v_2,v_3\in V$。

若$\langle v_1,v_2\rangle=0$,则两向量 v_1 和 v_2 正交。可由内积诱导出范数 $\|\cdot\|$,即非负实值连续函数 $\|v\|=\sqrt{\langle v,v\rangle}$。若范数满足平行四边形公式亦可诱导内积。具有内积的向量空间为内积空间,完备的内积空间称为 Hilbert 空间。

1 Dirac 符号

Dirac 符号$|x\rangle$表示一个单位向量(代表量子系统的某个状态),这里 x 为任意标记(label)。此记法形式优美、内涵丰富,我们将逐步加深对其的讲解。

定义 1.3 设 α_i 为复数,$|s_i\rangle\in V(i=1,2,\cdots,n)$是由 Dirac 符号表示的向量空间 V 中

的向量，则称向量

$$\alpha_1 \mid s_1\rangle + \alpha_2 \mid s_2\rangle + \cdots + \alpha_n \mid s_n\rangle$$

是$\{|s_i\rangle\}_{i=1}^n$的线性组合或线性表示。若一组向量中任何一个均不能由其他向量线性表示，则称这组向量是线性无关的。若任意一个$|v\rangle \in V$都可以由线性无关组$\{|s_i\rangle\}_{i=1}^n$唯一地线性表示，则称$\{|s_i\rangle\}_{i=1}^n$为向量空间的基(或基底)。

线性无关向量组通过 Gram-Schmidt 正交化可得一组两两正交的单位向量$\{|e_j\rangle\}$，称之为规范正交基。下面将两个向量$|u\rangle$和$|v\rangle$的内积$\langle|u\rangle,|v\rangle\rangle$记为$\langle u|v\rangle$，显然规范正交基$\{|e_j\rangle\}$满足正交归一条件$\langle e_i|e_j\rangle=\delta_{ij}$，这里$\delta_{ij}=0(i\neq j)$，$\delta_{ij}=1(i=j)$。量子物理中的态为 Hilbert 空间矢量。单量子比特的两个态由$\mathbb{C}^2$中两个单位正交矢量描述，以$|0\rangle$和$|1\rangle$记之，这里$|0\rangle,|1\rangle\in\mathbb{C}^2$且$\langle 0|1\rangle=0$。另一套常见的基底为

$$|+\rangle=\frac{1}{\sqrt{2}}(|0\rangle+|1\rangle), \quad |-\rangle=\frac{1}{\sqrt{2}}(|0\rangle-|1\rangle)。$$

易验证$\langle +|-\rangle=0$。

在给定基底后，有限维空间的向量可用分量表示为

$$|x\rangle=(x_1,x_2,\cdots,x_n)^{\mathrm{T}}\in\mathbb{C}^n, \tag{1.1}$$

我们也称之为右矢(ket)，同时定义下面的左矢(bra)：

$$\langle x| \equiv (x_1^*,x_2^*,\cdots,x_n^*)\in\mathbb{C}^{1\times n}, \tag{1.2}$$

其中元素x_i^*是x_i的共轭。左矢$\langle\alpha|$诱导如下线性泛函f：$\mathbb{C}^n\to\mathbb{C}$：

$$f(|x\rangle)\equiv\langle\alpha|(|x\rangle)=\langle\alpha|x\rangle。$$

易验证线性关系：$f(c_1|x\rangle+c_2|y\rangle)=c_1 f(|x\rangle)+c_2 f(|y\rangle)$，$\forall\, |x\rangle,|y\rangle\in\mathbb{C}^n$，$\forall\, c_1,c_2\in\mathbb{C}$。任意线性泛函可由左矢诱导的线性函数表示(Riesz 表示定理)。向量空间V上所有线性泛函构成的向量空间称为对偶空间。

设$|x\rangle\in\mathbb{C}^n$，按正交基底$\{|e_i\rangle\}_{i=1}^n$展开，$|x\rangle=\sum_{i=1}^n c_i|e_i\rangle$，其分量为

$$\langle e_j|x\rangle=\sum_{i=1}^n c_i\langle e_j|e_i\rangle=\sum_{i=1}^n c_i\delta_{ij}=c_j。 \tag{1.3}$$

代入$|x\rangle$的展开式得

$$|x\rangle=\sum_{j=1}^n c_j|e_j\rangle=\sum_{i=1}^n\langle e_i|x\rangle|e_i\rangle=\sum_{i=1}^n|e_i\rangle\langle e_i|x\rangle=\Big(\sum_{i=1}^n|e_i\rangle\langle e_i|\Big)|x\rangle。$$

显然

$$\sum_{i=1}^n|e_i\rangle\langle e_i|=\boldsymbol{I}_n,$$

这里(及后文)的$\boldsymbol{I}_n$表示n阶单位矩阵，当维数可据上下文确定时，可省略下标；在不引起混淆的情况下(特别是物理文献中)也将其写成$\mathbf{1}$(或者省略)。另外，在本书中讨论基时，缺省地认为是规范正交基。

2 Pauli 矩阵

设变换$\boldsymbol{A}$：$\mathbb{C}^n\to\mathbb{C}^n$满足

$$\boldsymbol{A}(c_1|x\rangle+c_2|y\rangle)=c_1\boldsymbol{A}|x\rangle+c_2\boldsymbol{A}|y\rangle, \quad \forall\,|x\rangle,|y\rangle\in\mathbb{C}^n, c_1,c_2\in\mathbb{C}。$$

即 $\boldsymbol{A}$ 为线性变换。选定正交基 $\{|e_k\rangle\}_{k=1}^n$ 后，线性变换可用矩阵表示。记 $\boldsymbol{A}\in M_n(\mathbb{C})$，这里 $M_n(\mathbb{C})$ 表示域 $\mathbb{C}$ 上所有 $n\times n$ 矩阵的集合。

令 $|v\rangle=\sum_{k=1}^n v_k|e_k\rangle$，由 $\boldsymbol{A}$ 的线性性质可得

$$\boldsymbol{A}|v\rangle=\sum_{k=1}^n v_k\boldsymbol{A}|e_k\rangle。$$

因为 $\boldsymbol{A}|e_k\rangle\in\mathbb{C}^n$，可表示为 $\boldsymbol{A}|e_k\rangle=\sum_{j=1}^n|e_j\rangle A_{jk}$，其中 A_{jk} 为展开系数。再与 $\langle e_i|$ 做内积，得

$$A_{ik}=\langle e_i|\boldsymbol{A}|e_k\rangle, \tag{1.4}$$

此即在基 $\{|e_k\rangle\}_{k=1}^n$ 下 $\boldsymbol{A}$ 的矩阵元素。显然，$\boldsymbol{A}=\sum_{i,k}A_{ik}|e_i\rangle\langle e_k|$，因为

$$\begin{aligned}\boldsymbol{A}=\boldsymbol{IAI}&=\Big(\sum_{i=1}^n|e_i\rangle\langle e_i|\Big)\boldsymbol{A}\Big(\sum_{k=1}^n|e_k\rangle\langle e_k|\Big)=\sum_{i,k}|e_i\rangle\langle e_i|\boldsymbol{A}|e_k\rangle\langle e_k|\\&=\sum_{i,k}A_{ik}|e_i\rangle\langle e_k|。\end{aligned}$$

定义 1.4 矩阵 $\boldsymbol{A}\in M_n(\mathbb{C})$ 的共轭转置 $\boldsymbol{A}^\dagger$ 满足：

$$\langle u|\boldsymbol{A}|v\rangle=\langle\boldsymbol{A}^\dagger u|v\rangle,\quad\forall u,v\in\mathbb{C}^n。$$

由内积的性质，$\langle u|\boldsymbol{A}|v\rangle=\langle v|\boldsymbol{A}^\dagger|u\rangle^*$，$\forall u,v$。在规范正交基底下，$\langle e_j|\boldsymbol{A}|e_k\rangle=\langle e_k|\boldsymbol{A}^\dagger|e_j\rangle^*$，故 $A_{jk}=(\boldsymbol{A}^\dagger)_{kj}^*$，亦即 $(\boldsymbol{A}^\dagger)_{kj}=A_{jk}^*$。特别地，有

$$|x\rangle^\dagger=(x_1^*,x_2^*,\cdots,x_n^*)=\langle x|。$$

当 $\boldsymbol{AA}^\dagger=\boldsymbol{A}^\dagger\boldsymbol{A}$ 时，称 $\boldsymbol{A}$ 为正规矩阵；当 $\boldsymbol{A}^\dagger=\boldsymbol{A}$ 时，称 $\boldsymbol{A}$ 为 Hermite 矩阵；当 $\boldsymbol{A}^\dagger=\boldsymbol{A}^{-1}$ 时，称 $\boldsymbol{A}$ 为酉矩阵。n 阶酉矩阵构成酉群 $U(n)$；子群 $\mathrm{SU}(n)$ 由其中行列式为 1 的群元素构成(关于 SU(2)参考附录 A)。

定义 1.5 对易算符(Lie 括号)为：

$$[\boldsymbol{A},\boldsymbol{B}]\equiv\boldsymbol{AB}-\boldsymbol{BA},$$

这里 $\boldsymbol{A}$ 和 $\boldsymbol{B}$ 为同阶的 Hermite 矩阵。当 $[\boldsymbol{A},\boldsymbol{B}]=\boldsymbol{0}$，即 $\boldsymbol{AB}=\boldsymbol{BA}$ 时，称 $\boldsymbol{A}$ 和 $\boldsymbol{B}$ 是可对易的。反对易算符为

$$\{\boldsymbol{A},\boldsymbol{B}\}\equiv\boldsymbol{AB}+\boldsymbol{BA}。$$

容易验证 Lie 括号具有如下性质：

$$\begin{aligned}&[\boldsymbol{A},\boldsymbol{B}]+[\boldsymbol{B},\boldsymbol{A}]=\boldsymbol{0},\\&[\boldsymbol{A},[\boldsymbol{B},\boldsymbol{C}]]+[\boldsymbol{C},[\boldsymbol{A},\boldsymbol{B}]]+[\boldsymbol{B},[\boldsymbol{C},\boldsymbol{A}]]=\boldsymbol{0}。\end{aligned}$$

任意给定线性算符集合 L，由 L 导出的中心化子为

$$\mathrm{comm}(L)\equiv\{\boldsymbol{X}\in L:[\boldsymbol{X},\boldsymbol{Y}]=\boldsymbol{0},\forall\boldsymbol{Y}\in L\}。$$

Pauli 矩阵(又称自旋矩阵)为

$$\boldsymbol{\sigma}_1=\begin{pmatrix}0&1\\1&0\end{pmatrix},\quad\boldsymbol{\sigma}_2=\begin{pmatrix}0&-\mathrm{i}\\\mathrm{i}&0\end{pmatrix},\quad\boldsymbol{\sigma}_3=\begin{pmatrix}1&0\\0&-1\end{pmatrix}。$$

它们都是迹为 0 的 Hermite 矩阵。可以验证

$$\boldsymbol{\sigma}_i\boldsymbol{\sigma}_j = \mathrm{i}\sum_{k=1}^{3}\varepsilon_{ijk}\boldsymbol{\sigma}_k + \delta_{ij}\boldsymbol{I},$$

这里 ε_{ijk} 是 Levi-Civita 记号，即

$$\varepsilon_{ijk} = \begin{cases} 1, & (i,j,k)=(1,2,3),(2,3,1),(3,1,2), \\ -1, & (i,j,k)=(2,1,3),(1,3,2),(3,2,1), \\ 0, & \text{其他。} \end{cases}$$

可见两个不同的 Pauli 矩阵之积等于未参与(乘法运算)的 Pauli 矩阵的 $\pm\mathrm{i}$ 倍。易验证：

$$\boldsymbol{\sigma}_i^2 = \boldsymbol{I}, \quad \{\boldsymbol{\sigma}_i, \boldsymbol{\sigma}_j\} = \boldsymbol{\sigma}_i\boldsymbol{\sigma}_j + \boldsymbol{\sigma}_j\boldsymbol{\sigma}_i = 2\delta_{ij}\boldsymbol{I},$$

$$[\boldsymbol{\sigma}_i, \boldsymbol{\sigma}_j] = \boldsymbol{\sigma}_i\boldsymbol{\sigma}_j - \boldsymbol{\sigma}_j\boldsymbol{\sigma}_i = 2\mathrm{i}\sum_k \varepsilon_{ijk}\boldsymbol{\sigma}_k。$$

采用 Einstein 求和约定(此处忽略指标上下位置)：

$$\left[\frac{\boldsymbol{\sigma}_i}{2}, \frac{\boldsymbol{\sigma}_j}{2}\right] = \mathrm{i}\varepsilon_{ijk}\frac{\boldsymbol{\sigma}_k}{2}。$$

亦可由上述代数关系导出$\boldsymbol{\sigma}_i$ 的具体矩阵表示(见附录 A)。通常$\boldsymbol{\sigma}_i$ $(i=1,2,3)$也以$\boldsymbol{\sigma}_x, \boldsymbol{\sigma}_y, \boldsymbol{\sigma}_z$ 记之，$\boldsymbol{\sigma}_0=\boldsymbol{I}$。另外，记号 $\boldsymbol{X}=\boldsymbol{\sigma}_x, \boldsymbol{Z}=\boldsymbol{\sigma}_z, \boldsymbol{Y}=\boldsymbol{Z}\boldsymbol{X}=\mathrm{i}\boldsymbol{\sigma}_y$ 亦常见，易证$\{\pm\boldsymbol{I}, \pm\boldsymbol{X}, \pm\boldsymbol{Y}, \pm\boldsymbol{Z}\}$在矩阵乘法运算下构成 8 阶群。

令 $\boldsymbol{x}=(x_0, x_1, x_2, x_3)^{\mathrm{T}}$，定义二阶 Hermite 矩阵

$$\boldsymbol{\rho}(\boldsymbol{x}) = x_0\boldsymbol{\sigma}_0 + x_1\boldsymbol{\sigma}_1 + x_2\boldsymbol{\sigma}_2 + x_3\boldsymbol{\sigma}_3 = \begin{pmatrix} x_0+x_3 & x_1-\mathrm{i}x_2 \\ x_1+\mathrm{i}x_2 & x_0-x_3 \end{pmatrix}。$$

定义$\langle\boldsymbol{\rho}, \boldsymbol{\sigma}_j\rangle = \mathrm{tr}(\boldsymbol{\rho}\boldsymbol{\sigma}_j)$为 Hilbert-Schmidt 内积，则易验证，$x_j = \left\langle\boldsymbol{\rho}, \frac{1}{2}\boldsymbol{\sigma}_j\right\rangle$。此外 $\det(\boldsymbol{\rho}) = x_0^2 - x_1^2 - x_2^2 - x_3^2 = \boldsymbol{x}^{\mathrm{T}}\boldsymbol{g}\boldsymbol{x}$，其中

$$\boldsymbol{g} = \begin{pmatrix} 1 & & & \\ & -1 & & \\ & & -1 & \\ & & & -1 \end{pmatrix}。$$

注 (1) Pauli 矩阵可推广到粒子物理中常见的 Gell-Mann 矩阵：

$$\boldsymbol{\lambda}_1 = \begin{pmatrix} 0 & 1 & 0 \\ 1 & 0 & 0 \\ 0 & 0 & 0 \end{pmatrix}, \quad \boldsymbol{\lambda}_2 = \begin{pmatrix} 0 & -\mathrm{i} & 0 \\ \mathrm{i} & 0 & 0 \\ 0 & 0 & 0 \end{pmatrix}, \quad \boldsymbol{\lambda}_3 = \begin{pmatrix} 1 & 0 & 0 \\ 0 & -1 & 0 \\ 0 & 0 & 0 \end{pmatrix}, \quad \boldsymbol{\lambda}_4 = \begin{pmatrix} 0 & 0 & 1 \\ 0 & 0 & 0 \\ 1 & 0 & 0 \end{pmatrix},$$

$$\boldsymbol{\lambda}_5 = \begin{pmatrix} 0 & 0 & -\mathrm{i} \\ 0 & 0 & 0 \\ \mathrm{i} & 0 & 0 \end{pmatrix}, \quad \boldsymbol{\lambda}_6 = \begin{pmatrix} 0 & 0 & 0 \\ 0 & 0 & 1 \\ 0 & 1 & 0 \end{pmatrix}, \quad \boldsymbol{\lambda}_7 = \begin{pmatrix} 0 & 0 & 0 \\ 0 & 0 & -\mathrm{i} \\ 0 & \mathrm{i} & 0 \end{pmatrix}, \quad \boldsymbol{\lambda}_8 = \frac{1}{\sqrt{3}}\begin{pmatrix} 1 & 0 & 0 \\ 0 & 1 & 0 \\ 0 & 0 & -2 \end{pmatrix}。$$

它们构成 SU(3)的生成元，可验证$\langle\boldsymbol{\lambda}_i, \boldsymbol{\lambda}_j\rangle = 2\delta_{ij}$，且$\left[\frac{1}{2}\boldsymbol{\lambda}_i, \frac{1}{2}\boldsymbol{\lambda}_j\right] = \mathrm{i}C_{ijk}\frac{1}{2}\boldsymbol{\lambda}_k$，这里 C_{ijk} 是(关于指标)反对称的结构常数[Zee16]，取值为

$$C_{123}=1, \quad C_{147}=-C_{156}=C_{246}=C_{257}=C_{345}=-C_{367}=\frac{1}{2}, \quad C_{458}=C_{678}=\frac{\sqrt{3}}{2}。$$

(2) 由 Pauli 矩阵可定义如下 Dirac 矩阵：

$$\boldsymbol{\beta}=\begin{pmatrix}\boldsymbol{I} & \mathbf{0}\\ \mathbf{0} & -\boldsymbol{I}\end{pmatrix},\quad \boldsymbol{\alpha}_k=\begin{pmatrix}\mathbf{0} & \boldsymbol{\sigma}_k\\ \boldsymbol{\sigma}_k & \mathbf{0}\end{pmatrix},\quad k=1,2,3。$$

易验证$\{\boldsymbol{\alpha}_j,\boldsymbol{\alpha}_k\}=2\delta_{jk}\boldsymbol{I}_4$，且

$$(\boldsymbol{\alpha}_1 p_x+\boldsymbol{\alpha}_2 p_y+\boldsymbol{\alpha}_3 p_z+\boldsymbol{\beta} mc)^2=(p_x^2+p_y^2+p_z^2+m^2c^2)\boldsymbol{I}_4,$$

其中，m 和 c 分别代表质量和光速，$p_i\,(i=x,y,z)$是动量 $\boldsymbol{p}$ 的分量，$\boldsymbol{p}^2=p_x^2+p_y^2+p_z^2$，有些文献中省略了四阶单位矩阵。再考虑到相对论性能动关系 $E^2=c^2(\boldsymbol{p}^2+m^2c^2)$，可导出著名的 Dirac 方程(参考附录 A)。

3 矩阵的谱

特征值问题形如：$\boldsymbol{A}|\lambda\rangle=\lambda|\lambda\rangle$，其中 $\lambda\in\mathbb{C}$ 是特征值(或本征值)，$|\lambda\rangle$为对应的特征向量(或本征矢量)。对应的特征(本征)方程为

$$\begin{aligned}\det(\boldsymbol{A}-\lambda\boldsymbol{I})&=\prod_{i=1}^{n}(\lambda_i-\lambda)=(-\lambda)^n+\sum_i\lambda_i(-\lambda)^{n-1}+\cdots+\prod_{i=1}^{n}\lambda_i\\&=(-\lambda)^n+\operatorname{tr}(\boldsymbol{A})(-\lambda)^{n-1}+\cdots+\det(\boldsymbol{A})=0,\end{aligned}$$

其中

$$\operatorname{tr}(\boldsymbol{A})=\sum_{j=1}^{n}\lambda_j,\quad \det(\boldsymbol{A})=\prod_{j=1}^{n}\lambda_j。$$

$\boldsymbol{A}$ 的特征值构成的集合称为 $\boldsymbol{A}$ 的谱。例如，Pauli 矩阵的特征值和特征向量如下：

Pauli 矩阵	特征值	$\mathbb{C}^2$ 中的特征向量
$\boldsymbol{\sigma}_z=\begin{pmatrix}1&0\\0&-1\end{pmatrix}$	$\lambda=\pm1$	$\|0\rangle=\begin{pmatrix}1\\0\end{pmatrix}$，$\|1\rangle=\begin{pmatrix}0\\1\end{pmatrix}$
$\boldsymbol{\sigma}_y=\begin{pmatrix}0&-\mathrm{i}\\\mathrm{i}&0\end{pmatrix}$	$\lambda=\pm1$	$\frac{1}{\sqrt{2}}(\|0\rangle\pm\mathrm{i}\|1\rangle)$
$\boldsymbol{\sigma}_x=\begin{pmatrix}0&1\\1&0\end{pmatrix}$	$\lambda=\pm1$	$\frac{1}{\sqrt{2}}(\|0\rangle\pm\|1\rangle)\equiv\|\pm\rangle$

例 1.6 令 $\boldsymbol{H}_0=1$，递归定义 2^n 阶 Hadamard 矩阵 $\boldsymbol{H}_n$：

$$\boldsymbol{H}_n=\begin{pmatrix}\boldsymbol{H}_{n-1} & \boldsymbol{H}_{n-1}\\ \boldsymbol{H}_{n-1} & -\boldsymbol{H}_{n-1}\end{pmatrix},\quad n=1,2,\cdots。$$

证明 $\boldsymbol{H}_n\,(n\geqslant1)$的特征值为$\pm2^{n/2}$，重数分别为 2^{n-1}。

证 用归纳法。显然 $n=1$ 时，$\boldsymbol{H}_1=\begin{pmatrix}1&1\\1&-1\end{pmatrix}$，结论成立。对 $n\geqslant2$，有

$$\det(\lambda\boldsymbol{I}-\boldsymbol{H}_n)=\begin{vmatrix}\lambda\boldsymbol{I}-\boldsymbol{H}_{n-1} & -\boldsymbol{H}_{n-1}\\ -\boldsymbol{H}_{n-1} & \lambda\boldsymbol{I}+\boldsymbol{H}_{n-1}\end{vmatrix}=\det((\lambda\boldsymbol{I}-\boldsymbol{H}_{n-1})(\lambda\boldsymbol{I}+\boldsymbol{H}_{n-1})-\boldsymbol{H}_{n-1}^2),$$

从而

$$\det(\lambda \boldsymbol{I}-\boldsymbol{H}_n)=\det(\lambda^2\boldsymbol{I}-2\boldsymbol{H}_{n-1}^2)=\det(\lambda \boldsymbol{I}-\sqrt{2}\boldsymbol{H}_{n-1})\det(\lambda \boldsymbol{I}+\sqrt{2}\boldsymbol{H}_{n-1})。$$

这表明,对 $\boldsymbol{H}_{n-1}$ 的每个特征值 μ,可得 $\boldsymbol{H}_n$ 的两个特征值 $\pm\sqrt{2}\mu$。根据归纳法假设,$\boldsymbol{H}_{n-1}$ 的特征值为 $+2^{(n-1)/2}$ 和 $-2^{(n-1)/2}$,重数分别为 2^{n-2},从而 $\boldsymbol{H}_n$ 的特征值为 $+2^{n/2}$ 和 $-2^{n/2}$,重数均为 2^{n-1},故命题成立。 □

注 Hadamard 矩阵的元素为 1 或者 -1,并且行或列正交。后文将看到 Hadamard 矩阵是 $\mathbb{Z}_2^n$ 上的 Fourier 变换,它在数字通信中有重要应用。用后文将介绍的 Kronecker 积表达,$\boldsymbol{H}_n=\boldsymbol{H}_1\otimes\boldsymbol{H}_{n-1}=\boldsymbol{H}_1^{\otimes n}$。由 $\boldsymbol{H}_n^{\mathrm{T}}\boldsymbol{H}_n=N\boldsymbol{I}_N$ 知,$\det(\boldsymbol{H}_n)=N^{N/2}$,这里 $N=2^n$。Hadamard 有一个著名结果:若 $\boldsymbol{A}$ 为 N 阶实方阵,每个元素的绝对值都不超过 1,则 $\boldsymbol{A}$ 的行列式绝对值 $|\det(\boldsymbol{A})|\leqslant N^{N/2}$(Hadamard 上界)。关于 Hadamard 阵有一个著名猜想:对每个 $N\equiv 0 \pmod 4$,存在 N 阶 Hadamard 矩阵。

定理 1.7 Hermite 矩阵的特征值为实数,且互异特征值对应的特征向量正交。

证 设 $(\lambda,|\lambda\rangle)$ 为 Hermite 矩阵 $\boldsymbol{A}$ 的特征对(特征值及对应的特征向量),即 $\boldsymbol{A}|\lambda\rangle=\lambda|\lambda\rangle$,其中 λ 为特征值,对应的特征向量为 $|\lambda\rangle$。左乘 $\langle\lambda|$ 得,$\langle\lambda|\boldsymbol{A}|\lambda\rangle=\lambda\langle\lambda|\lambda\rangle$。对 $\boldsymbol{A}|\lambda\rangle=\lambda|\lambda\rangle$ 取共轭得,$\langle\lambda|\boldsymbol{A}=\lambda^*\langle\lambda|$;再右乘 $|\lambda\rangle$,得 $\langle\lambda|\boldsymbol{A}|\lambda\rangle=\lambda^*\langle\lambda|\lambda\rangle$。从而,$\langle\lambda|\boldsymbol{A}|\lambda\rangle=\lambda\langle\lambda|\lambda\rangle=\lambda^*\langle\lambda|\lambda\rangle$,故 $\lambda=\lambda^*$,即 λ 为实数。

令 $\boldsymbol{A}|\mu\rangle=\mu|\mu\rangle$,且 $\mu\neq\lambda$。注意到 $\mu\in\mathbb{R}$,$\boldsymbol{A}^\dagger=\boldsymbol{A}$,对 $\boldsymbol{A}|\mu\rangle=\mu|\mu\rangle$ 取共轭得,$\langle\mu|\boldsymbol{A}=\mu\langle\mu|$。由 $\langle\mu|\boldsymbol{A}|\lambda\rangle=\lambda\langle\mu|\lambda\rangle$ 和 $\langle\mu|\boldsymbol{A}|\lambda\rangle=\mu\langle\mu|\lambda\rangle$,得 $(\lambda-\mu)\langle\mu|\lambda\rangle=0$。故 $\langle\mu|\lambda\rangle=0$,即两特征向量正交。 □

若矩阵 $\boldsymbol{A}$ 满足 $\boldsymbol{A}\boldsymbol{A}^\dagger=\boldsymbol{A}^\dagger\boldsymbol{A}$,则称其为正规矩阵。Hermite 矩阵和酉矩阵为正规矩阵。正规矩阵有下面的性质。

定理 1.8 正规矩阵的互异特征值对应的特征向量正交。

证 设正规矩阵 $\boldsymbol{A}$ 的特征值 λ_j 对应的特征向量为 $|\lambda_j\rangle$,即 $(\boldsymbol{A}-\lambda_j\boldsymbol{I})|\lambda_j\rangle=\boldsymbol{0}$,又 $[\boldsymbol{A},\boldsymbol{A}^\dagger]=\boldsymbol{0}$,故

$$\begin{aligned}(\boldsymbol{A}^\dagger-\lambda_j^*\boldsymbol{I})(\boldsymbol{A}-\lambda_j\boldsymbol{I})&=\boldsymbol{A}^\dagger\boldsymbol{A}-\lambda_j\boldsymbol{A}^\dagger-\lambda_j^*\boldsymbol{A}+\lambda_j^*\lambda_j\boldsymbol{I}\\&=\boldsymbol{A}\boldsymbol{A}^\dagger-\lambda_j\boldsymbol{A}^\dagger-\lambda_j^*\boldsymbol{A}+\lambda_j\lambda_j^*\boldsymbol{I}=(\boldsymbol{A}-\lambda_j\boldsymbol{I})(\boldsymbol{A}^\dagger-\lambda_j^*\boldsymbol{I}),\\ \langle\lambda_j|(\boldsymbol{A}^\dagger-\lambda_j^*\boldsymbol{I})(\boldsymbol{A}-\lambda_j\boldsymbol{I})|\lambda_j\rangle&=\langle\lambda_j|(\boldsymbol{A}-\lambda_j\boldsymbol{I})(\boldsymbol{A}^\dagger-\lambda_j^*\boldsymbol{I})|\lambda_j\rangle\\&=\|\langle\lambda_j|(\boldsymbol{A}-\lambda_j\boldsymbol{I})\|^2=0。\end{aligned}$$

从而推出 $\langle\lambda_j|\boldsymbol{A}=\lambda_j\langle\lambda_j|$。右乘另一特征向量 $|\lambda_k\rangle(k\neq j)$ 做内积得

$$\langle\lambda_j|\boldsymbol{A}|\lambda_k\rangle=\lambda_j\langle\lambda_j|\lambda_k\rangle。$$

再由 $\boldsymbol{A}|\lambda_k\rangle=\lambda_k|\lambda_k\rangle$ 与 $|\lambda_j\rangle$ 的内积得

$$\langle\lambda_j|\boldsymbol{A}|\lambda_k\rangle=\lambda_k\langle\lambda_j|\lambda_k\rangle,$$

故 $\langle\lambda_j|\boldsymbol{A}|\lambda_k\rangle=\lambda_j\langle\lambda_j|\lambda_k\rangle=\lambda_k\langle\lambda_j|\lambda_k\rangle$,即

$$(\lambda_j-\lambda_k)\langle\lambda_j|\lambda_k\rangle=0。$$

若 $\lambda_j\neq\lambda_k$,则 $\langle\lambda_k|\lambda_j\rangle=0$。 □

注 (1) 设 $\boldsymbol{A}$ 为正规矩阵,其特征值 $\lambda_i\in\mathbb{C}(i=1,\cdots,n)$,则特征向量 $\{|\lambda_i\rangle\}_{i=1}^n$ 规范正交,且有如下(正规矩阵的)谱分解

$$\boldsymbol{A}=\sum_{i=1}^n\lambda_i|\lambda_i\rangle\langle\lambda_i|=\sum_{i=1}^n\lambda_i\boldsymbol{P}_i,\tag{1.5}$$

其中 $P_i=|\lambda_i\rangle\langle\lambda_i|$是到$|\lambda_i\rangle$方向的正交投影(证明参考[HJ13])。

(2) 设 A 为 Hermite 矩阵,存在 m 个不同的实数 $\lambda_1,\cdots,\lambda_m\in\mathbb{R}$ 和投影算子$\Pi_1,\cdots,\Pi_m$,满足$\Pi_1+\cdots+\Pi_m=I$,且 $A=\sum_{k=1}^{m}\lambda_k\Pi_k$。定义

$$B=\sum_{k=1}^{m}\max\{\lambda_k,0\}\Pi_k,\quad C=\sum_{k=1}^{m}\max\{-\lambda_k,0\}\Pi_k,$$

则 $A=B-C$(Jordan-Hahn 分解),显然 B 与 C 半正定且 $BC=0$。

(3) 设矩阵 A 可对角化,特征值 λ_α 有 n_α 个线性无关特征向量$|\lambda_\alpha^{(k)}\rangle(k=1,\cdots,n_\alpha)$,$\sum_\alpha n_\alpha=n$。定义

$$\Pi_\alpha=\prod_{i\neq\alpha}(\lambda_\alpha-\lambda_i)^{-1}\prod_{j\neq\alpha}(A-\lambda_j I)。$$

可验证此为 n_α 维子空间上的投影:

$$\Pi_\alpha|\lambda_\alpha^{(k)}\rangle=|\lambda_\alpha^{(k)}\rangle,\quad k=1,\cdots,n_\alpha,$$

$$\Pi_\alpha|\lambda_\delta^{(j)}\rangle=\frac{\prod_{\beta\neq\alpha}(\lambda_\delta-\lambda_\beta)}{\prod_{\gamma\neq\alpha}(\lambda_\alpha-\lambda_\gamma)}|\lambda_\delta^{(j)}\rangle=0,\quad \delta\neq\alpha,j=1,\cdots,n_\delta。$$

当 A 为正规矩阵时,$\Pi_\alpha=\sum_{k=1}^{n_\alpha}|\lambda_\alpha^{(k)}\rangle\langle\lambda_\alpha^{(k)}|$,$A\Pi_\alpha=\lambda_\alpha\Pi_\alpha$,$A^n=\sum_\alpha\lambda_\alpha^n\Pi_\alpha$,$\forall n\in\mathbb{N}$。当 A^{-1} 存在时,可推广至 $n\in\mathbb{Z}$;一般地,对解析函数 $f(x)$,可定义 $f(A)=\sum_\alpha f(\lambda_\alpha)\Pi_\alpha$。例如,$\boldsymbol{n}=(n_1,n_2,n_3)$,$\boldsymbol{\sigma}=(\sigma_1,\sigma_2,\sigma_3)$,定义 $A=\boldsymbol{n}\cdot\boldsymbol{\sigma}=n_1\sigma_1+n_2\sigma_2+n_3\sigma_3$,则 A 的特征值为 $\lambda_\pm=\pm1$,对应的投影算子为$\Pi_\pm=\frac{1}{2}(I\pm A)$,且 $e^{i\alpha A}=e^{i\alpha\lambda_+}\Pi_++e^{i\alpha\lambda_-}\Pi_-=\cos\alpha I+i\sin\alpha A$。

例 1.9 设 $A,B\in\mathbb{C}^{n\times n}$,证明 AB 和 BA 有相同的特征值。

证 令 $X=\begin{pmatrix}\tau I & A\\ B & \tau I\end{pmatrix}$,易验证

$$\begin{pmatrix}I & 0\\ -B & \tau I\end{pmatrix}\begin{pmatrix}\tau I & A\\ B & \tau I\end{pmatrix}=\begin{pmatrix}\tau I & A\\ 0 & \tau^2 I-BA\end{pmatrix},$$

$$\begin{pmatrix}\tau I & -A\\ 0 & I\end{pmatrix}\begin{pmatrix}\tau I & A\\ B & \tau I\end{pmatrix}=\begin{pmatrix}\tau^2 I-AB & 0\\ B & \tau I\end{pmatrix}。$$

所以,$\tau^n\det(X)=\tau^n\det(\tau^2 I-BA)$,$\tau^n\det(X)=\tau^n\det(\tau^2 I-AB)$。令 $\tau^2=\lambda$,则得

$$\det(\lambda I-AB)=\det(\lambda I-BA)。$$

即 AB 与 BA 的特征多项式相同,故有相同的特征值。 □

注 上述证明参考[Wil65],这一重要结论可由其他方式证明。当 A 可逆时,有 $AB=A(BA)A^{-1}$。因此 AB 和 BA 相似,显然有相同的特征值。如果 A 奇异,应用摄动法。考虑 $A+\varepsilon I_n$,选择 ε 使 $A+\varepsilon I_n$ 可逆。因此$(A+\varepsilon I_n)B$ 和 $B(A+\varepsilon I_n)$有相同的特征值,故特征多项式相等

$$\det(\lambda I_n-(A+\varepsilon I_n)B)=\det(\lambda I_n-B(A+\varepsilon I_n))。$$

两边都是 ε 的连续函数，延拓并令 $\varepsilon \to 0^+$，得

$$\det(\lambda \boldsymbol{I}_n - \boldsymbol{AB}) = \det(\lambda \boldsymbol{I}_n - \boldsymbol{BA})。$$

定理 1.10 若 $\boldsymbol{A}$ 和 $\boldsymbol{B}$ 可对角化且 $[\boldsymbol{A},\boldsymbol{B}]=\boldsymbol{0}$，则 $\boldsymbol{A}$ 和 $\boldsymbol{B}$ 有共同的完备特征向量系（在此基底下同时对角化）。

证 不妨设 $n\times n$ 矩阵 $\boldsymbol{A}=\begin{pmatrix}\mu_1\boldsymbol{I}_{n_1} & & \\ & \ddots & \\ & & \mu_d\boldsymbol{I}_{n_d}\end{pmatrix}$，且 $\mu_i\neq\mu_j$，$\sum_{j=1}^{d} n_j = n$。

由 $\boldsymbol{AB}=\boldsymbol{BA}$ 知，$\boldsymbol{B}=\begin{pmatrix}\boldsymbol{B}_1 & & \\ & \ddots & \\ & & \boldsymbol{B}_d\end{pmatrix}$，其中 $\boldsymbol{B}_i$ 为 $n_i\times n_i$ 矩阵。令 $\boldsymbol{Q}_i^{-1}\boldsymbol{B}_i\boldsymbol{Q}_i=\boldsymbol{\Lambda}_i$（对角阵），$\boldsymbol{Q}=\mathrm{diag}(\boldsymbol{Q}_1,\cdots,\boldsymbol{Q}_d)$，$\boldsymbol{\Lambda}=\mathrm{diag}(\boldsymbol{\Lambda}_1,\cdots,\boldsymbol{\Lambda}_d)$，则

$$\boldsymbol{Q}^{-1}\boldsymbol{AQ}=\boldsymbol{A},\quad \boldsymbol{Q}^{-1}\boldsymbol{BQ}=\boldsymbol{\Lambda}。$$ □

例 1.11 矩阵 $\boldsymbol{A}=\begin{bmatrix}0&1&&\\1&0&&\\&&0&1\\&&1&0\end{bmatrix}$，$\boldsymbol{B}=\begin{bmatrix}&&1&0\\&&0&1\\1&0&&\\0&1&&\end{bmatrix}$，$\boldsymbol{C}=\begin{bmatrix}&&0&1\\&&1&0\\0&1&&\\1&0&&\end{bmatrix}$ 相互对易，可同时对角化，对角矩阵分别为

$$\begin{bmatrix}1&&&\\&-1&&\\&&1&\\&&&-1\end{bmatrix},\quad\begin{bmatrix}1&&&\\&1&&\\&&-1&\\&&&-1\end{bmatrix},\quad\begin{bmatrix}1&&&\\&-1&&\\&&-1&\\&&&1\end{bmatrix}。$$

定义

$$\boldsymbol{K}_4=\begin{pmatrix}1&a&b&c\\a&1&c&b\\b&c&1&a\\c&b&a&1\end{pmatrix}=\boldsymbol{I}+a\boldsymbol{A}+b\boldsymbol{B}+c\boldsymbol{C},$$

则

$$\det(\boldsymbol{K}_4)=(1+a+b+c)(1+a-b-c)(1-a+b-c)(1-a-b+c)。$$

注 后文将用张量积显式写出矩阵同时对角化这三个矩阵。另外，易验证 $\boldsymbol{A}^2=\boldsymbol{B}^2=\boldsymbol{C}^2=\boldsymbol{I}$，$\boldsymbol{AB}=\boldsymbol{C}$，$\{\boldsymbol{I},\boldsymbol{A},\boldsymbol{B},\boldsymbol{C}\}$ 构成四阶 Klein 群，是最小的非循环 Abel 群，同构于四阶二面体群。

定理 1.12（奇异值分解） $\forall \boldsymbol{A}\in\mathbb{C}^{m\times n}$，$\exists \boldsymbol{U}\in U(m)$，$\boldsymbol{V}\in U(n)$ 和 $m\times n$ 对角矩阵 $\boldsymbol{\Sigma}$（对角元非负），使得 $\boldsymbol{A}=\boldsymbol{U\Sigma V}^\dagger$。

证 设 $\boldsymbol{A}^\dagger\boldsymbol{A}$ 的特征值为 $\sigma_1^2,\cdots,\sigma_r^2,0,\cdots,0$，其中 $\sigma_i>0\,(i=1,\cdots,r)$。定义 $\boldsymbol{\Sigma}_r=\mathrm{diag}(\sigma_1,\cdots,\sigma_r)$。存在正交矩阵 $\boldsymbol{V}$，使

$$\boldsymbol{V}^\dagger\boldsymbol{A}^\dagger\boldsymbol{AV}=\mathrm{diag}(\sigma_1^2,\cdots,\sigma_r^2,0,\cdots,0)=\begin{pmatrix}\boldsymbol{\Sigma}_r^2&\\&\boldsymbol{0}\end{pmatrix}。$$

对应的分块形式为

$$\begin{bmatrix} \boldsymbol{V}_1^\dagger \\ \boldsymbol{V}_2^\dagger \end{bmatrix} \boldsymbol{A}^\dagger \boldsymbol{A} \begin{bmatrix} \boldsymbol{V}_1 & \boldsymbol{V}_2 \end{bmatrix} = \begin{pmatrix} \boldsymbol{\Sigma}_r^2 & \\ & \boldsymbol{0} \end{pmatrix},$$

比较两边得

$$\boldsymbol{V}_1^\dagger \boldsymbol{A}^\dagger \boldsymbol{A} \boldsymbol{V}_1 = \boldsymbol{\Sigma}_r^2, \quad \boldsymbol{A}\boldsymbol{V}_2 = \boldsymbol{0}。$$

由 $(\boldsymbol{A}\boldsymbol{V}_1\boldsymbol{\Sigma}_r^{-1})^\dagger(\boldsymbol{A}\boldsymbol{V}_1\boldsymbol{\Sigma}_r^{-1}) = \boldsymbol{I}_r$，可定义列正交矩阵 $\boldsymbol{U}_1 = \boldsymbol{A}\boldsymbol{V}_1\boldsymbol{\Sigma}_r^{-1}$，并扩充为酉矩阵 $\boldsymbol{U} = (\boldsymbol{U}_1, \boldsymbol{U}_2)$。利用 $\boldsymbol{U}_2^\dagger \boldsymbol{A}\boldsymbol{V}_1 = \boldsymbol{U}_2^\dagger \boldsymbol{U}_1 \boldsymbol{\Sigma}_r = \boldsymbol{0}$，可得

$$\boldsymbol{U}^\dagger \boldsymbol{A}\boldsymbol{V} = \begin{pmatrix} \boldsymbol{\Sigma}_r & \boldsymbol{0} \\ \boldsymbol{0} & \boldsymbol{0} \end{pmatrix} \equiv \boldsymbol{\Sigma}, \tag{1.6}$$

此即 $\boldsymbol{A} = \boldsymbol{U}\boldsymbol{\Sigma}\boldsymbol{V}^\dagger$。 □

注 (1) 奇异值分解(SVD)是矩阵计算中的瑞士军刀。由以上证明知，$\boldsymbol{A} = \boldsymbol{U}_1\boldsymbol{\Sigma}_r\boldsymbol{V}_1^\dagger = \sum_{i=1}^{r} \sigma_i \boldsymbol{u}_i \boldsymbol{v}_i^\dagger$，叫做瘦 SVD。

(2) 由 SVD 可以给出 Moore-Penrose 广义逆 $\boldsymbol{A}^+ \equiv \boldsymbol{V}\boldsymbol{\Sigma}^+\boldsymbol{U}^\dagger$[WWQ04]，其中 $\boldsymbol{\Sigma}^+ = \mathrm{diag}(\boldsymbol{\Sigma}_r^{-1}, \boldsymbol{0})$，零块为 $(n-r)\times(m-r)$，它是满足如下关系的唯一解：

①$\boldsymbol{AXA} = \boldsymbol{A}$；②$\boldsymbol{XAX} = \boldsymbol{X}$；③$(\boldsymbol{AX})^\dagger = \boldsymbol{AX}$；④$(\boldsymbol{XA})^\dagger = \boldsymbol{XA}$。

(3) 由奇异值可表示 $\boldsymbol{A}$ 的 Schatten p 范数 $\|\boldsymbol{A}\|_p = (\mathrm{tr}((\boldsymbol{A}^\dagger\boldsymbol{A})^{p/2}))^{1/p}$，即

$$\|\boldsymbol{A}\|_p = (\sigma_1^p + \cdots + \sigma_q^p)^{1/p}, \quad q = \min\{m, n\}。$$

Schatten 1 范数通常称为迹范数 $\|\boldsymbol{A}\|_1 = \mathrm{tr}(\sqrt{\boldsymbol{A}^\dagger\boldsymbol{A}}) = \sum_j \sigma_j$，Schatten 2 范数称为 Frobenius 范数 $\|\boldsymbol{A}\|_2 = (\mathrm{tr}(\boldsymbol{A}^\dagger\boldsymbol{A}))^{1/2} = \sqrt{\langle \boldsymbol{A}, \boldsymbol{A}\rangle}$，Schatten ∞ 范数称为谱范数或算子范数，简记为 $\|\boldsymbol{A}\|$（这里不用记号 $\|\boldsymbol{A}\|_\infty$）。

(4) 令 $\boldsymbol{A}$ 是向量空间上的线性算子，则存在酉算子 $\boldsymbol{U}$ 和半正定算子 $\boldsymbol{S}$ 和 $\boldsymbol{T}$，使得 $\boldsymbol{A} = \boldsymbol{SU} = \boldsymbol{UT}$，称之为极分解，其中 $\boldsymbol{S}$ 和 $\boldsymbol{T}$ 是唯一确定的半正定算子，$\boldsymbol{S} = \sqrt{\boldsymbol{A}\boldsymbol{A}^\dagger}$ 和 $\boldsymbol{T} = \sqrt{\boldsymbol{A}^\dagger\boldsymbol{A}}$；如果 $\boldsymbol{A}$ 可逆则 $\boldsymbol{U}$ 也是唯一的。特殊地，$z \in \mathbb{C}$ 可表示为 $\rho e^{i\theta}$ 的形式。由极分解也可导出奇异值分解。

例 1.13 设 $\boldsymbol{A}$ 是满足 $\boldsymbol{A}^\dagger\boldsymbol{A} = \boldsymbol{I}$ 的列正交矩阵，方阵 $\boldsymbol{S}$ 满足 $\boldsymbol{S}^2 = \boldsymbol{I}$，且 $\boldsymbol{A}$ 与 $\boldsymbol{S}$ 的维数相容，可定义 $\boldsymbol{D} = \boldsymbol{A}^\dagger\boldsymbol{S}\boldsymbol{A}$。令 $|\lambda\rangle$ 为 $\boldsymbol{D}$ 的特征向量，对应的特征值 λ 满足 $|\lambda| < 1$。证明：

(1) 在不变子空间 $\mathrm{span}\{\boldsymbol{A}|\lambda\rangle, \boldsymbol{SA}|\lambda\rangle\}$ 上，算子 $\boldsymbol{W} = \boldsymbol{S}(2\boldsymbol{A}\boldsymbol{A}^\dagger - \boldsymbol{I})$ 可表示为

$$\boldsymbol{W}(\lambda) = \begin{pmatrix} \lambda & -\sqrt{1-\lambda^2} \\ \sqrt{1-\lambda^2} & \lambda \end{pmatrix}。$$

(2) 对任意正整数 n，有

$$\boldsymbol{W}^n = \begin{pmatrix} \mathrm{T}_n(\lambda) & -\sqrt{1-\lambda^2}\,\mathrm{U}_{n-1}(\lambda) \\ \sqrt{1-\lambda^2}\,\mathrm{U}_{n-1}(\lambda) & \mathrm{T}_n(\lambda) \end{pmatrix},$$

其中 T_n 是 n 阶第一类 Chebyshev 多项式，U_n 是 n 阶第二类 Chebyshev 多项式，即 $\mathrm{T}_n(x) = \cos(n\theta)$，$\mathrm{U}_n(x) = \sin((n+1)\theta)/\sin(\theta)$，$\theta = \arccos x$，$|x| \leqslant 1$。

证 (1) 由定义，$\boldsymbol{WA}|\lambda\rangle = \boldsymbol{S}(2\boldsymbol{A}\boldsymbol{A}^\dagger - \boldsymbol{I})\boldsymbol{A}|\lambda\rangle = \boldsymbol{SA}|\lambda\rangle$，

$$\boldsymbol{WSA}\mid\lambda\rangle=\boldsymbol{S}(2\boldsymbol{AA}^{\dagger}-\boldsymbol{I})\boldsymbol{SA}\mid\lambda\rangle=2\boldsymbol{SAD}\mid\lambda\rangle-\boldsymbol{A}\mid\lambda\rangle=2\lambda\boldsymbol{SA}\mid\lambda\rangle-\boldsymbol{A}\mid\lambda\rangle。$$

令$|\perp_{A\lambda}\rangle$表示 span$\{\boldsymbol{A}|\lambda\rangle,\boldsymbol{SA}|\lambda\rangle\}$上与$\boldsymbol{A}|\lambda\rangle$正交的单位矢量。设$\boldsymbol{SA}|\lambda\rangle=\alpha\boldsymbol{A}|\lambda\rangle+\sqrt{1-\alpha^2}|\perp_{A\lambda}\rangle$,注意到$\boldsymbol{A}^{\dagger}\boldsymbol{A}=\boldsymbol{I},\boldsymbol{A}^{\dagger}\boldsymbol{SA}=\boldsymbol{D},\boldsymbol{D}|\lambda\rangle=\lambda|\lambda\rangle$,可知

$$\boldsymbol{SA}\mid\lambda\rangle=\lambda\boldsymbol{A}\mid\lambda\rangle+\sqrt{1-\lambda^2}\mid\perp_{A\lambda}\rangle。\tag{1.7}$$

故

$$\boldsymbol{WA}\mid\lambda\rangle=\boldsymbol{SA}\mid\lambda\rangle=\lambda\boldsymbol{A}\mid\lambda\rangle+\sqrt{1-\lambda^2}\mid\perp_{A\lambda}\rangle。$$

将式(1.7)左乘$\boldsymbol{W}$,移项后可得

$$\begin{aligned}\sqrt{1-\lambda^2}\boldsymbol{W}\mid\perp_{A\lambda}\rangle&=\boldsymbol{WSA}\mid\lambda\rangle-\lambda\boldsymbol{WA}\mid\lambda\rangle\\&=\lambda\boldsymbol{SA}\mid\lambda\rangle-\boldsymbol{A}\mid\lambda\rangle\\&=(\lambda^2-1)\boldsymbol{A}\mid\lambda\rangle+\lambda\sqrt{1-\lambda^2}\mid\perp_{A\lambda}\rangle。\end{aligned}$$

等式两边同时除以$\sqrt{1-\lambda^2}$,得

$$\boldsymbol{W}\mid\perp_{A\lambda}\rangle=-\sqrt{1-\lambda^2}\boldsymbol{A}\mid\lambda\rangle+\lambda\mid\perp_{A\lambda}\rangle。$$

从而

$$\boldsymbol{W}(\boldsymbol{A}\mid\lambda\rangle,\mid\perp_{A\lambda}\rangle)=(\boldsymbol{A}\mid\lambda\rangle,\mid\perp_{A\lambda}\rangle)\begin{pmatrix}\lambda&-\sqrt{1-\lambda^2}\\\sqrt{1-\lambda^2}&\lambda\end{pmatrix},$$

由此可得$\boldsymbol{W}$在 span$\{\boldsymbol{A}|\lambda\rangle,|\perp_{A\lambda}\rangle\}$上的 2×2 矩阵形式。

(2) 用归纳法。当$n=1$时公式显然成立。假设公式对$n=k$成立,则

$$\begin{aligned}\boldsymbol{W}^k\boldsymbol{W}&=\begin{pmatrix}\lambda\mathrm{T}_k(\lambda)-(1-\lambda^2)\mathrm{U}_{k-1}(\lambda)&-\sqrt{1-\lambda^2}(\mathrm{T}_k(\lambda)+\lambda\mathrm{U}_{k-1}(\lambda))\\\sqrt{1-\lambda^2}(\lambda\mathrm{U}_{k-1}(\lambda)+\mathrm{T}_k(\lambda))&-(1-\lambda^2)\mathrm{U}_{k-1}(\lambda)+\lambda\mathrm{T}_k(\lambda)\end{pmatrix}\\&=\begin{pmatrix}\mathrm{T}_{k+1}(\lambda)&-\sqrt{1-\lambda^2}\mathrm{U}_k(\lambda)\\\sqrt{1-\lambda^2}\mathrm{U}_k(\lambda)&\mathrm{T}_{k+1}(\lambda)\end{pmatrix}。\end{aligned}$$

从而公式对$n=k+1$亦成立,这里利用了两类 Chebyshev 多项式间的递推关系

$$\mathrm{T}_{n+1}(\lambda)=\lambda\mathrm{T}_n(\lambda)-(1-\lambda^2)\mathrm{U}_{n-1}(\lambda),\quad\mathrm{U}_n(\lambda)=\mathrm{T}_n(\lambda)+\lambda\mathrm{U}_{n-1}(\lambda)。$$ □

注 Chebyshev 多项式$\mathrm{T}_n(x)=\cos(n\arccos x),|x|\leqslant1$; $x=\cos\theta(0\leqslant\theta\leqslant\pi)$,则$\mathrm{T}_n(x)=\cos n\theta$。由三角恒等式$\cos(n+1)\theta=2\cos\theta\cos n\theta-\cos(n-1)\theta$,可证下面的三项递推关系:$\mathrm{T}_{n+1}(x)=2x\mathrm{T}_n(x)-\mathrm{T}_{n-1}(x)$; $\mathrm{T}_0(x)=1,\mathrm{T}_1(x)=x$。满足正交关系:

$$\frac{1}{\pi}\int_{-1}^{1}\mathrm{T}_n(x)\mathrm{T}_m(x)\frac{\mathrm{d}x}{\sqrt{1-x^2}}=\frac{1}{2}\delta_{mn}(1+\delta_{n0})。$$

该例取自文献[CKS17],用于随机游动 Hamilton 量模拟,$\boldsymbol{W}$是游动(Walk)算符,$\boldsymbol{S}$是后文将介绍的 SWAP 算符。对$\boldsymbol{D}$的任意特征值$\lambda(|\lambda|<1)$和特征向量$|\lambda\rangle$,我们有

$$\boldsymbol{W}^n\boldsymbol{A}\mid\lambda\rangle=\mathrm{T}_n(\lambda)\boldsymbol{A}\mid\lambda\rangle+\sqrt{1-\lambda^2}\mathrm{U}_{n-1}(\lambda)\mid\perp_{A\lambda}\rangle。$$

易验证

$$\boldsymbol{W}(\lambda)=\begin{pmatrix}\lambda&-\sqrt{1-\lambda^2}\\\sqrt{1-\lambda^2}&\lambda\end{pmatrix}=\mathrm{e}^{-\mathrm{i}\arccos\lambda\boldsymbol{\sigma}_y}\equiv\boldsymbol{R}_y(2\arccos\lambda),$$

$$V(\lambda)\equiv e^{-i\frac{\pi}{4}\boldsymbol{\sigma}_z}W(\lambda)e^{i\frac{\pi}{4}\boldsymbol{\sigma}_z}=\begin{pmatrix}\lambda & i\sqrt{1-\lambda^2}\\ i\sqrt{1-\lambda^2} & \lambda\end{pmatrix}=e^{i\arccos\lambda\boldsymbol{\sigma}_x}\equiv R_x(-2\arccos\lambda),$$

$$R(\lambda)\equiv-ie^{i\frac{\pi}{4}\boldsymbol{\sigma}_z}V(\lambda)e^{i\frac{\pi}{4}\boldsymbol{\sigma}_z}=\begin{pmatrix}\lambda & \sqrt{1-\lambda^2}\\ \sqrt{1-\lambda^2} & -\lambda\end{pmatrix}。$$

例 1.14 定义 $n\times n$ 循环矩阵

$$C=\begin{pmatrix}c_0 & c_1 & c_2 & \cdots & c_{n-1}\\ c_{n-1} & c_0 & c_1 & \cdots & c_{n-2}\\ c_{n-2} & c_{n-1} & c_0 & \cdots & c_{n-3}\\ \vdots & \vdots & \vdots & \ddots & \vdots\\ c_1 & c_2 & c_3 & \cdots & c_0\end{pmatrix},\quad P=\begin{pmatrix}0 & 1 & 0 & \cdots & 0\\ 0 & 0 & 1 & \cdots & 0\\ \vdots & \vdots & \vdots & \ddots & \vdots\\ 0 & 0 & 0 & \cdots & 1\\ 1 & 0 & 0 & \cdots & 0\end{pmatrix}。$$

令 $f(t)=c_0+c_1t+\cdots+c_{n-1}t^{n-1},\omega=e^{-i\frac{2\pi}{n}}$。

(1) 证明循环矩阵 C 的特征值为 $f(\omega^k),k=0,1,\cdots,n-1$。

(2) 证明 $F^\dagger CF$ 是对角矩阵，这里 F 为酉矩阵，其 (j,k) 元素为 $\frac{1}{\sqrt{n}}\omega^{(j-1)(k-1)},j,k=1,2,\cdots,n$。

证 (1) 直接计算

$$C=f(P)=c_0I_n+c_1P+c_2P^2+\cdots+c_{n-1}P^{n-1},$$

这里 I_n 为 $n\times n$ 单位矩阵，P 为置换矩阵。由 $PP^\dagger=P^\dagger P$，知 C 为正规矩阵。P 的特征多项式为

$$\det(\lambda I_n-P)=\lambda^n-1=\prod_{k=0}^{n-1}(\lambda-\omega^k),$$

因此 P 和 P^j 的特征值分别为 ω^k 和 $\omega^{jk},k=0,1,\cdots,n-1$，则 $C=f(P)$ 的特征值为 $f(\omega^k)$，$k=0,1,\cdots,n-1$。

(2) 令 $x_k=(1,\omega^k,\omega^{2k},\cdots,\omega^{(n-1)k})^{\mathrm{T}},k=0,1,\cdots,n-1$，可验证

$$Px_k=(\omega^k,\omega^{2k},\cdots,\omega^{(n-1)k},1)^{\mathrm{T}}=\omega^kx_k,\quad Cx_k=f(P)x_k=f(\omega^k)x_k。$$

因此，P 和 C 的特征向量为 x_k，对应的特征值分别为 ω^k 和 $f(\omega^k)$ $(k=0,1,\cdots,n-1)$。

因为

$$\langle x_k,x_j\rangle\equiv x_k^\dagger x_j=\sum_{l=0}^{n-1}\bar{\omega}^{kl}\omega^{jl}=\sum_{l=0}^{n-1}\omega^{(j-k)l}=\begin{cases}0, & j\neq k,\\ n, & j=k,\end{cases}$$

则

$$\left\{\frac{1}{\sqrt{n}}x_0,\quad\frac{1}{\sqrt{n}}x_1,\quad\cdots,\quad\frac{1}{\sqrt{n}}x_{n-1}\right\}$$

为 $\mathbb{C}^n$ 的规范正交基。可得酉矩阵(即 Fourier 矩阵)

$$F=\frac{1}{\sqrt{n}}(\omega^{kl})_{k,l=0}^{n-1}=\frac{1}{\sqrt{n}}\begin{pmatrix}1 & 1 & 1 & \cdots & 1\\ 1 & \omega & \omega^2 & \cdots & \omega^{n-1}\\ 1 & \omega^2 & \omega^4 & \cdots & \omega^{2(n-1)}\\ \vdots & \vdots & \vdots & & \vdots\\ 1 & \omega^{n-1} & \omega^{2(n-1)} & \cdots & \omega^{(n-1)(n-1)}\end{pmatrix}, \tag{1.8}$$

使得

$$\boldsymbol{F}^{\dagger}\boldsymbol{C}\boldsymbol{F}=\mathrm{diag}(f(\omega^0),f(\omega^1),\cdots,f(\omega^{n-1}))。\tag{1.9}$$

□

注 (1) 利用 Fourier 矩阵的结构可以实现快速 Fourier 变换(Fast Fourier Transform,FFT)。以 8×8 的 Fourier 矩阵 $\boldsymbol{F}_8$ 为例,定义 cols= [1,3,5,7,2,4,6,8],$\boldsymbol{F}_8$(:,cols)表示将 $\boldsymbol{F}_8$ 各列重排后的矩阵(新矩阵的第 j 列是原矩阵的第 cols(j)列),则

$$\boldsymbol{F}_8(:,\mathrm{cols})=\begin{pmatrix}\boldsymbol{F}_4 & \boldsymbol{\Omega}_4\boldsymbol{F}_4\\ \boldsymbol{F}_4 & -\boldsymbol{\Omega}_4\boldsymbol{F}_4\end{pmatrix},$$

其中 $\boldsymbol{\Omega}_4=\mathrm{diag}(1,\omega,\omega^2,\omega^3)$。反复利用此结构,矩阵-向量积仅以 $O(n\log n)$ 运算量实现。

FFT、Monte Carlo 方法、单纯形法、Krylov 子空间方法、矩阵分解方法、Fortran 编译器、QR 算法、快速排序算法、整数关系探测、快速多极算法并列为 20 世纪十大算法[DS00]。

(2) 记式(1.9)为 $\boldsymbol{F}^{\dagger}\boldsymbol{C}\boldsymbol{F}=\boldsymbol{\Lambda}$,则 $\boldsymbol{F}^{\dagger}\boldsymbol{C}\boldsymbol{e}_1=\boldsymbol{\Lambda}\boldsymbol{F}^{\dagger}\boldsymbol{e}_1$,对循环矩阵 $\boldsymbol{C}$ 的第一列作一次快速 Fourier 变换可获得 $\boldsymbol{C}$ 的全部特征值。

4 矩阵指数

定理 1.15 令 $\boldsymbol{n}\in\mathbb{R}^3$ 为单位向量,$\alpha\in\mathbb{R}$,则

$$\exp(\mathrm{i}\alpha\boldsymbol{n}\cdot\boldsymbol{\sigma})=\cos\alpha\boldsymbol{I}+\mathrm{i}(\boldsymbol{n}\cdot\boldsymbol{\sigma}\sin\alpha), \tag{1.10}$$

其中 $\boldsymbol{\sigma}=(\boldsymbol{\sigma}_1,\boldsymbol{\sigma}_2,\boldsymbol{\sigma}_3)$,$\boldsymbol{n}\cdot\boldsymbol{\sigma}=n_1\boldsymbol{\sigma}_1+n_2\boldsymbol{\sigma}_2+n_3\boldsymbol{\sigma}_3$。

证 令 $\boldsymbol{A}=\boldsymbol{n}\cdot\boldsymbol{\sigma}$,则 $\boldsymbol{A}^2=\boldsymbol{I}$,故

$$\begin{aligned}\mathrm{e}^{\mathrm{i}\alpha\boldsymbol{A}}&=\boldsymbol{I}+\mathrm{i}\alpha\boldsymbol{A}-\frac{1}{2!}\alpha^2\boldsymbol{A}^2-\mathrm{i}\frac{1}{3!}\alpha^3\boldsymbol{A}^3+\frac{1}{4!}\alpha^4\boldsymbol{A}^4+\mathrm{i}\frac{1}{5!}\alpha^5\boldsymbol{A}^5+\cdots\\&=\left(1-\frac{1}{2!}\alpha^2+\frac{1}{4!}\alpha^4-\cdots\right)\boldsymbol{I}+\mathrm{i}\left(\alpha-\frac{1}{3!}\alpha^3+\frac{1}{5!}\alpha^5-\cdots\right)\boldsymbol{A}=\cos\alpha\boldsymbol{I}+\mathrm{i}\sin\alpha\boldsymbol{A}。\end{aligned}$$

□

注 (1) 对 $\boldsymbol{A}=\boldsymbol{n}\cdot\boldsymbol{\sigma}=\sum_{k=1}^{3}n_k\boldsymbol{\sigma}_k$,易验证 $n_k=\frac{1}{2}\mathrm{tr}(\boldsymbol{A}\sigma_k)=\frac{1}{2}\langle\boldsymbol{A},\sigma_k\rangle$,$\det\boldsymbol{A}=-\sum_{k=1}^{3}n_k^2$。

(2) 对 $\boldsymbol{A}^2=\boldsymbol{A}$,易验证 $\mathrm{e}^{\mathrm{i}\alpha\boldsymbol{A}}=\boldsymbol{I}-\boldsymbol{A}+\mathrm{e}^{\mathrm{i}\alpha}\boldsymbol{A}$。特别地,当 $\boldsymbol{A}=|\boldsymbol{g}\rangle\langle\boldsymbol{g}|$,$\alpha=\pi$ 时,

$$\mathrm{e}^{\mathrm{i}\pi\boldsymbol{A}}=\boldsymbol{I}-2|\boldsymbol{g}\rangle\langle\boldsymbol{g}|。$$

定义旋转算符

$$\boldsymbol{R}_{\boldsymbol{n}}(\theta)\equiv\exp\left(-\mathrm{i}\frac{\theta}{2}\boldsymbol{n}\cdot\boldsymbol{\sigma}\right)=\cos\frac{\theta}{2}\boldsymbol{I}-\mathrm{i}\left(\boldsymbol{n}\cdot\boldsymbol{\sigma}\sin\frac{\theta}{2}\right),\quad \boldsymbol{n}\in\mathbb{R}^3,\theta\in\mathbb{R}。$$

常见的旋转算符有

$$\boldsymbol{R}_z(\theta)\equiv \mathrm{e}^{-\mathrm{i}\theta\boldsymbol{\sigma}_z/2}=\cos\frac{\theta}{2}\boldsymbol{I}-\mathrm{i}\sin\frac{\theta}{2}\boldsymbol{\sigma}_z=\begin{pmatrix}\mathrm{e}^{-\mathrm{i}\theta/2} & 0\\ 0 & \mathrm{e}^{\mathrm{i}\theta/2}\end{pmatrix},$$

$$\boldsymbol{R}_y(\theta)\equiv \mathrm{e}^{-\mathrm{i}\theta\boldsymbol{\sigma}_y/2}=\cos\frac{\theta}{2}\boldsymbol{I}-\mathrm{i}\sin\frac{\theta}{2}\boldsymbol{\sigma}_y=\begin{pmatrix}\cos\frac{\theta}{2} & -\sin\frac{\theta}{2}\\ \sin\frac{\theta}{2} & \cos\frac{\theta}{2}\end{pmatrix},$$

$$\boldsymbol{R}_x(\theta)\equiv \mathrm{e}^{-\mathrm{i}\theta\boldsymbol{\sigma}_x/2}=\cos\frac{\theta}{2}\boldsymbol{I}-\mathrm{i}\sin\frac{\theta}{2}\boldsymbol{\sigma}_x=\begin{pmatrix}\cos\frac{\theta}{2} & -\mathrm{i}\sin\frac{\theta}{2}\\ -\mathrm{i}\sin\frac{\theta}{2} & \cos\frac{\theta}{2}\end{pmatrix}。$$

易验证

$$\boldsymbol{R}_z(0)=\boldsymbol{I},\quad \boldsymbol{R}_z(2\pi)=-\boldsymbol{I},\quad \boldsymbol{R}_z(4\pi)=\boldsymbol{I}。$$

$$\boldsymbol{R}_{\boldsymbol{n}}(\theta_1)\boldsymbol{R}_{\boldsymbol{n}}(\theta_2)=\boldsymbol{R}_{\boldsymbol{n}}(\theta_1+\theta_2),\quad \boldsymbol{R}_{\boldsymbol{n}}(\theta)=\boldsymbol{R}_{-\boldsymbol{n}}(4\pi-\theta)=-\boldsymbol{R}_{-\boldsymbol{n}}(2\pi-\theta)。$$

此外，对单位向量 $\boldsymbol{m},\boldsymbol{n}\in\mathbb{R}^3$，有

$$(\boldsymbol{\sigma}\times\boldsymbol{m})\cdot\boldsymbol{n}=\boldsymbol{\sigma}\cdot(\boldsymbol{m}\times\boldsymbol{n})=\sum_{a,b,c}\varepsilon_{abc}\sigma_a m_b n_c,\quad a,b,c\in\{1,2,3\}$$

$$(\boldsymbol{n}\cdot\boldsymbol{\sigma})(\boldsymbol{m}\cdot\boldsymbol{\sigma})=(\boldsymbol{n}\cdot\boldsymbol{m})\boldsymbol{I}+\mathrm{i}\boldsymbol{\sigma}\cdot(\boldsymbol{n}\times\boldsymbol{m}),$$

$$[\boldsymbol{m}\cdot\boldsymbol{\sigma},\boldsymbol{n}\cdot\boldsymbol{\sigma}]=2\mathrm{i}(\boldsymbol{m}\times\boldsymbol{n})\cdot\boldsymbol{\sigma},\quad \boldsymbol{R}_{\boldsymbol{n}}(\theta)(\boldsymbol{n}\cdot\boldsymbol{\sigma})=(\boldsymbol{n}\cdot\boldsymbol{\sigma})\boldsymbol{R}_{\boldsymbol{n}}(\theta),$$

这里 $\boldsymbol{m}\times\boldsymbol{n}$ 是普通的向量叉乘，$\boldsymbol{n}\times\boldsymbol{\sigma}=(n_2\boldsymbol{\sigma}_3-n_3\boldsymbol{\sigma}_2,n_3\boldsymbol{\sigma}_1-n_1\boldsymbol{\sigma}_3,n_1\boldsymbol{\sigma}_2-n_2\boldsymbol{\sigma}_1)$。

注　定义 $L(\theta)\equiv\mathrm{e}^{\theta\boldsymbol{\sigma}_x}=\begin{pmatrix}\cosh\theta & \sinh\theta\\ \sinh\theta & \cosh\theta\end{pmatrix}$，易验证 $L(\varphi)L(\varphi')=L(\varphi+\varphi')$。令 $\tanh\varphi=\frac{U}{c}$，$\tanh\varphi'=\frac{U'}{c}$，$\tanh(\varphi+\varphi')=\frac{V}{c}$，则

$$\frac{V}{c}=\frac{\tanh\varphi+\tanh\varphi'}{1+\tanh\varphi\tanh\varphi'}=\frac{(U+U')/c}{1+UU'/c^2}。$$

特别地，当 $U=U'=c$ 时，$V=c$。令 $\cosh\varphi=\gamma$，$\sinh\varphi=\gamma v/c$，$\gamma=1/\sqrt{1-v^2/c^2}$，则 $L(\varphi)$ 对应于 Lorentz 变换

$$\begin{pmatrix}x\\ ct\end{pmatrix}=L(\varphi)\begin{pmatrix}x'\\ ct'\end{pmatrix}=\gamma\begin{pmatrix}1 & v/c\\ v/c & 1\end{pmatrix}\begin{pmatrix}x'\\ ct'\end{pmatrix}。$$

例 1.16　设单位向量 $\boldsymbol{m},\boldsymbol{n}\in\mathbb{R}^3$，$\boldsymbol{n}\cdot\boldsymbol{m}=0$，$\boldsymbol{r}=\alpha\boldsymbol{n}+\beta\boldsymbol{m}$，证明：

(1) $\boldsymbol{R}_{\boldsymbol{n}}(\theta)(\boldsymbol{m}\cdot\boldsymbol{\sigma})\boldsymbol{R}_{\boldsymbol{n}}(-\theta)=(\boldsymbol{m}\cos\theta+\boldsymbol{n}\times\boldsymbol{m}\sin\theta)\cdot\boldsymbol{\sigma}$；

(2) $\boldsymbol{R}_{\boldsymbol{n}}(\theta)(\boldsymbol{r}\cdot\boldsymbol{\sigma})\boldsymbol{R}_{\boldsymbol{n}}^{-1}(\theta)=\boldsymbol{r}'\cdot\boldsymbol{\sigma}$，这里 $\boldsymbol{r}'=\alpha\boldsymbol{n}+\beta(\boldsymbol{m}\cos\theta+\boldsymbol{n}\times\boldsymbol{m}\sin\theta)$。

证　(1) $\boldsymbol{R}_{\boldsymbol{n}}(\theta)(\boldsymbol{m}\cdot\boldsymbol{\sigma})\boldsymbol{R}_{\boldsymbol{n}}(-\theta)=\cos^2\frac{\theta}{2}(\boldsymbol{m}\cdot\boldsymbol{\sigma})-\frac{\mathrm{i}}{2}\sin\theta[\boldsymbol{n}\cdot\boldsymbol{\sigma},\boldsymbol{m}\cdot\boldsymbol{\sigma}]+$

$$\sin^2\frac{\theta}{2}(\boldsymbol{n}\cdot\boldsymbol{\sigma})(\boldsymbol{m}\cdot\boldsymbol{\sigma})(\boldsymbol{n}\cdot\boldsymbol{\sigma})。$$

注意到

$$(\boldsymbol{n}\cdot\boldsymbol{\sigma})(\boldsymbol{m}\cdot\boldsymbol{\sigma})(\boldsymbol{n}\cdot\boldsymbol{\sigma})=[\boldsymbol{n}\cdot\boldsymbol{m}+\mathrm{i}(\boldsymbol{n}\times\boldsymbol{m})\cdot\boldsymbol{\sigma}](\boldsymbol{n}\cdot\boldsymbol{\sigma})$$

$$=\boldsymbol{n}\cdot\boldsymbol{m}(\boldsymbol{n}\cdot\boldsymbol{\sigma})+\mathrm{i}[(\boldsymbol{n}\times\boldsymbol{m})\cdot\boldsymbol{n}+\mathrm{i}(\boldsymbol{n}\times\boldsymbol{m}\times\boldsymbol{n})\cdot\boldsymbol{\sigma}]$$
$$=\boldsymbol{n}\cdot\boldsymbol{m}(\boldsymbol{n}\cdot\boldsymbol{\sigma})+\boldsymbol{n}\times(\boldsymbol{n}\times\boldsymbol{m})\cdot\boldsymbol{\sigma}$$
$$=-\boldsymbol{n}\cdot\boldsymbol{n}(\boldsymbol{m}\cdot\boldsymbol{\sigma})。$$

最后一个等式用到矢量公式 $\boldsymbol{a}\times(\boldsymbol{b}\times\boldsymbol{c})=(\boldsymbol{a}\cdot\boldsymbol{c})\boldsymbol{b}-(\boldsymbol{a}\cdot\boldsymbol{b})\boldsymbol{c}$ 和 $\boldsymbol{n}\cdot\boldsymbol{m}=0$,故

$$\boldsymbol{R}_{\boldsymbol{n}}(\theta)(\boldsymbol{m}\cdot\boldsymbol{\sigma})\boldsymbol{R}_{\boldsymbol{n}}(-\theta)=\left(\cos^2\frac{\theta}{2}-\sin^2\frac{\theta}{2}\right)(\boldsymbol{m}\cdot\boldsymbol{\sigma})+\sin\theta\boldsymbol{n}\times\boldsymbol{m}\cdot\boldsymbol{\sigma}$$
$$=(\boldsymbol{m}\cos\theta+\boldsymbol{n}\times\boldsymbol{m}\sin\theta)\cdot\boldsymbol{\sigma}。$$

(2) 注意到 $\boldsymbol{R}_{\boldsymbol{n}}(\theta)(\boldsymbol{n}\cdot\boldsymbol{\sigma})\boldsymbol{R}_{\boldsymbol{n}}(-\theta)=\boldsymbol{n}\cdot\boldsymbol{\sigma}$,从而

$$\boldsymbol{R}_{\boldsymbol{n}}(\theta)(\boldsymbol{r}\cdot\boldsymbol{\sigma})\boldsymbol{R}_{\boldsymbol{n}}^{-1}(\theta)=\alpha\boldsymbol{R}_{\boldsymbol{n}}(\theta)(\boldsymbol{n}\cdot\boldsymbol{\sigma})\boldsymbol{R}_{\boldsymbol{n}}^{-1}(\theta)+\beta\boldsymbol{R}_{\boldsymbol{n}}(\theta)(\boldsymbol{m}\cdot\boldsymbol{\sigma})\boldsymbol{R}_{\boldsymbol{n}}^{-1}(\theta)$$
$$=\alpha\boldsymbol{n}\cdot\boldsymbol{\sigma}+\beta(\boldsymbol{m}\cos\theta+\boldsymbol{n}\times\boldsymbol{m}\sin\theta)\cdot\boldsymbol{\sigma}=\boldsymbol{r}'\cdot\boldsymbol{\sigma}。$$

□

注 $\boldsymbol{r}'=\alpha\boldsymbol{n}+\beta(\boldsymbol{m}\cos\theta+\boldsymbol{n}\times\boldsymbol{m}\sin\theta)\equiv O_{\boldsymbol{n}}(\theta)\boldsymbol{r}$,这里 $\boldsymbol{r}'$ 由矢量 $\boldsymbol{r}$ 绕方向轴 $\boldsymbol{n}$ 转动角 θ 而得。SU(2)群中任意一个元素 $\boldsymbol{R}_{\boldsymbol{n}}(\theta)$ 都对应于 SO(3)群中一个元素 $O_{\boldsymbol{n}}(\theta)$,而 SO(3)中的一个元素 $O_{\boldsymbol{n}}(\theta)$ 与 SU(2)的一对元素 $\boldsymbol{R}_{\boldsymbol{n}}(\theta)$ 与 $-\boldsymbol{R}_{\boldsymbol{n}}(\theta)$ 对应。SU(2)是 SO(3)的双覆盖(参考附录 A)。

例 1.17 设 $|D\rangle=a|0\rangle+b|1\rangle(b^2=1-a^2)$,$\boldsymbol{H}=|0\rangle\langle 0|+|D\rangle\langle D|$。证明

$$\mathrm{e}^{-\mathrm{i}t\boldsymbol{H}}|D\rangle=\mathrm{e}^{-\mathrm{i}t}(\cos at|D\rangle-\mathrm{i}\sin at|0\rangle)。$$

证

$$\boldsymbol{H}=\begin{pmatrix}1&0\\0&0\end{pmatrix}+\begin{pmatrix}a^2&ab\\ab&b^2\end{pmatrix}=\boldsymbol{I}+a^2\boldsymbol{\sigma}_z+ab\boldsymbol{\sigma}_x\equiv\boldsymbol{I}+a\boldsymbol{A},$$

这里 $\boldsymbol{A}=a\boldsymbol{\sigma}_z+b\boldsymbol{\sigma}_x$,故 $\boldsymbol{A}^2=\boldsymbol{I}$,且 $\boldsymbol{A}|D\rangle=(a\boldsymbol{\sigma}_z+b\boldsymbol{\sigma}_x)(a|0\rangle+b|1\rangle)=|0\rangle$。从而,

$$\mathrm{e}^{-\mathrm{i}t\boldsymbol{H}}=\mathrm{e}^{-\mathrm{i}t(\boldsymbol{I}+a\boldsymbol{A})}=\mathrm{e}^{-\mathrm{i}t\boldsymbol{I}}\mathrm{e}^{-\mathrm{i}at\boldsymbol{A}}=\mathrm{e}^{-\mathrm{i}t}(\cos at\boldsymbol{I}-\mathrm{i}\sin at\boldsymbol{A}),$$
$$\mathrm{e}^{-\mathrm{i}t\boldsymbol{H}}|D\rangle=\mathrm{e}^{-\mathrm{i}t}(\cos at|D\rangle-\mathrm{i}\sin at\boldsymbol{A}|D\rangle)=\mathrm{e}^{-\mathrm{i}t}(\cos at|D\rangle-\mathrm{i}\sin at|0\rangle)。$$

□

注 此例的背景是 Grover 搜索。在 Grover 搜索中 $\boldsymbol{H}=|g\rangle\langle g|+|D\rangle\langle D|$,其中 g 是搜索目标,$|D\rangle=a|g\rangle+b|g^{\perp}\rangle$,$a=1/\sqrt{2^n}$。在基底 $\{|g\rangle,|g^{\perp}\rangle\}$ 下,$\boldsymbol{H}=\boldsymbol{I}+a\boldsymbol{A}$,$\boldsymbol{A}|D\rangle=|g\rangle$,从而

$$\mathrm{e}^{-\mathrm{i}t\boldsymbol{H}}|D\rangle\propto\cos at|D\rangle-\mathrm{i}\sin at|g\rangle。$$

当 $at=\dfrac{\pi}{2}$ 时,$\sin at=1$;此时 $t=O(2^{n/2})$。

例 1.18 设 $\boldsymbol{X},\boldsymbol{Y}\in M_n(\mathbb{C})$,$[\boldsymbol{X},[\boldsymbol{X},\boldsymbol{Y}]]=[\boldsymbol{Y},[\boldsymbol{X},\boldsymbol{Y}]]=\boldsymbol{0}$。证明:

$$\mathrm{e}^{\boldsymbol{X}+\boldsymbol{Y}}=\mathrm{e}^{\boldsymbol{X}}\mathrm{e}^{\boldsymbol{Y}}\mathrm{e}^{-[\boldsymbol{X},\boldsymbol{Y}]/2},\quad \mathrm{e}^{\boldsymbol{X}+\boldsymbol{Y}}=\mathrm{e}^{\boldsymbol{Y}}\mathrm{e}^{\boldsymbol{X}}\mathrm{e}^{[\boldsymbol{X},\boldsymbol{Y}]/2}。$$

证 考虑矩阵函数

$$f(\varepsilon)=\mathrm{e}^{\varepsilon\boldsymbol{X}}\mathrm{e}^{\varepsilon\boldsymbol{Y}},$$

这里 ε 为实参数。对 ε 微分,可得

$$\frac{\mathrm{d}f}{\mathrm{d}\varepsilon}=\boldsymbol{X}\mathrm{e}^{\varepsilon\boldsymbol{X}}\mathrm{e}^{\varepsilon\boldsymbol{Y}}+\mathrm{e}^{\varepsilon\boldsymbol{X}}\boldsymbol{Y}\mathrm{e}^{\varepsilon\boldsymbol{Y}}=(\boldsymbol{X}+\mathrm{e}^{\varepsilon\boldsymbol{X}}\boldsymbol{Y}\mathrm{e}^{-\varepsilon\boldsymbol{X}})f(\varepsilon),$$

其中

$$\begin{aligned}
\mathrm{e}^{\varepsilon\boldsymbol{X}}\boldsymbol{Y}\mathrm{e}^{-\varepsilon\boldsymbol{X}} &= \left(\sum_{j=0}^{\infty}\frac{1}{j\,!}\varepsilon^{j}\boldsymbol{X}^{j}\right)\boldsymbol{Y}\left(\sum_{k=0}^{\infty}\frac{1}{k\,!}(-\varepsilon)^{k}\boldsymbol{X}^{k}\right) \\
&= \sum_{l=0}^{\infty}\sum_{m=0}^{l}\frac{1}{m\,!}\varepsilon^{m}\boldsymbol{X}^{m}\boldsymbol{Y}\frac{1}{(l-m)\,!}(-\varepsilon)^{l-m}\boldsymbol{X}^{l-m} \\
&= \sum_{l=0}^{\infty}\frac{\varepsilon^{l}}{l\,!}\sum_{m=0}^{l}(-1)^{l-m}\mathrm{C}_{l}^{m}\boldsymbol{X}^{m}\boldsymbol{Y}\boldsymbol{X}^{l-m} \equiv \sum_{l=0}^{\infty}\frac{\varepsilon^{l}}{l\,!}\boldsymbol{Z}_{l},
\end{aligned}$$

这里 $\boldsymbol{Z}_0\equiv\boldsymbol{Y}$, $\boldsymbol{Z}_l\equiv(-1)^{l}\sum_{m=0}^{l}(-1)^{m}\mathrm{C}_{l}^{m}\boldsymbol{X}^{m}\boldsymbol{Y}\boldsymbol{X}^{l-m}\ (l=1,2,\cdots)$。

$$\begin{aligned}
\boldsymbol{Z}_{l+1} &= (-1)^{l+1}\sum_{k=0}^{l+1}(-1)^{k}\mathrm{C}_{l+1}^{k}\boldsymbol{X}^{k}\boldsymbol{Y}\boldsymbol{X}^{l+1-k} \\
&= (-1)^{l+1}\left(\boldsymbol{Y}\boldsymbol{X}^{l+1}+(-1)^{l+1}\boldsymbol{X}^{l+1}\boldsymbol{Y}+\sum_{k=1}^{l}(-1)^{k}\mathrm{C}_{l+1}^{k}\boldsymbol{X}^{k}\boldsymbol{Y}\boldsymbol{X}^{l+1-k}\right)。
\end{aligned}$$

由 $\mathrm{C}_{l+1}^{k}=\mathrm{C}_{l}^{k}+\mathrm{C}_{l}^{k-1}\ (k\neq 0,l+1)$,得

$$\begin{aligned}
\boldsymbol{Z}_{l+1} &= (-1)^{l+1}\boldsymbol{Y}\boldsymbol{X}^{l+1}+(-1)^{l+1}\sum_{k=1}^{l}(-1)^{k}\mathrm{C}_{l}^{k}\boldsymbol{X}^{k}\boldsymbol{Y}\boldsymbol{X}^{l-k}\boldsymbol{X}+ \\
&\quad (-1)^{l+1}\sum_{k=1}^{l}(-1)^{k}\mathrm{C}_{l}^{k-1}\boldsymbol{X}\boldsymbol{X}^{k-1}\boldsymbol{Y}\boldsymbol{X}^{l-(k-1)}+\boldsymbol{X}^{l+1}\boldsymbol{Y} \\
&= -(-1)^{l}\sum_{k=0}^{l}(-1)^{k}\mathrm{C}_{l}^{k}\boldsymbol{X}^{k}\boldsymbol{Y}\boldsymbol{X}^{l-k}\boldsymbol{X}+(-1)^{l}\sum_{k=0}^{l}(-1)^{k}\mathrm{C}_{l}^{k}\boldsymbol{X}\boldsymbol{X}^{k}\boldsymbol{Y}\boldsymbol{X}^{l-k} \\
&= -\boldsymbol{Z}_{l}\boldsymbol{X}+\boldsymbol{X}\boldsymbol{Z}_{l}=[\boldsymbol{X},\boldsymbol{Z}_{l}]。
\end{aligned}$$

由递推关系 $\boldsymbol{Z}_{l+1}=[\boldsymbol{X},\boldsymbol{Z}_l]$ 知,$\boldsymbol{Z}_1=[\boldsymbol{X},\boldsymbol{Y}]$,$\boldsymbol{Z}_2=[\boldsymbol{X},[\boldsymbol{X},\boldsymbol{Y}]]$,$\cdots$ 再由题设 $[\boldsymbol{X},[\boldsymbol{X},\boldsymbol{Y}]]=\boldsymbol{0}$,得 $\boldsymbol{Z}_l=\boldsymbol{0}\,(l=2,3,\cdots)$。故

$$\mathrm{e}^{\varepsilon\boldsymbol{X}}\boldsymbol{Y}\mathrm{e}^{-\varepsilon\boldsymbol{X}}=\boldsymbol{Y}+\varepsilon[\boldsymbol{X},\boldsymbol{Y}]。$$

从而有微分方程

$$\frac{\mathrm{d}f}{\mathrm{d}\varepsilon}=((\boldsymbol{X}+\boldsymbol{Y})+\varepsilon[\boldsymbol{X},\boldsymbol{Y}])f(\varepsilon)。$$

利用 $\boldsymbol{X}+\boldsymbol{Y}$ 和 $[\boldsymbol{X},\boldsymbol{Y}]$ 可交换(即可同时对角化),初始条件 $f(0)=\boldsymbol{I}_n$,对线性微分方程积分,得

$$f(\varepsilon)=\mathrm{e}^{\varepsilon(\boldsymbol{X}+\boldsymbol{Y})+(\varepsilon^2/2)[\boldsymbol{X},\boldsymbol{Y}]}=\mathrm{e}^{\varepsilon(\boldsymbol{X}+\boldsymbol{Y})}\mathrm{e}^{(\varepsilon^2/2)[\boldsymbol{X},\boldsymbol{Y}]}。$$

令 $\varepsilon=1$,两边右乘以 $\mathrm{e}^{-[\boldsymbol{X},\boldsymbol{Y}]/2}$,则 $\mathrm{e}^{\boldsymbol{X}+\boldsymbol{Y}}=\mathrm{e}^{\boldsymbol{X}}\mathrm{e}^{\boldsymbol{Y}}\mathrm{e}^{-[\boldsymbol{X},\boldsymbol{Y}]/2}$ 成立。

同理可证第二个等式。 □

注 (1) 令 $\boldsymbol{g}(\varepsilon)=\mathrm{e}^{\varepsilon\boldsymbol{X}}\boldsymbol{Y}\mathrm{e}^{-\varepsilon\boldsymbol{X}}$,则 $\boldsymbol{g}(0)=\boldsymbol{Y}$,

$$\boldsymbol{g}'(0)=\left.\frac{\mathrm{d}\boldsymbol{g}}{\mathrm{d}\varepsilon}\right|_{\varepsilon=0}=(\boldsymbol{X}\mathrm{e}^{\varepsilon\boldsymbol{X}}\boldsymbol{Y}\mathrm{e}^{-\varepsilon\boldsymbol{X}}-\mathrm{e}^{\varepsilon\boldsymbol{X}}\boldsymbol{Y}\mathrm{e}^{-\varepsilon\boldsymbol{X}}\boldsymbol{X})_{\varepsilon=0}=[\boldsymbol{X},\boldsymbol{g}(\varepsilon)]_{\varepsilon=0}=[\boldsymbol{X},\boldsymbol{Y}],$$

$$\boldsymbol{g}''(0)=\left.\frac{\mathrm{d}^2\boldsymbol{g}}{\mathrm{d}\varepsilon^2}\right|_{\varepsilon=0}=[\boldsymbol{X},\boldsymbol{g}'(\varepsilon)]_{\varepsilon=0}=[\boldsymbol{X},[\boldsymbol{X},\boldsymbol{g}(\varepsilon)]]_{\varepsilon=0}=[\boldsymbol{X},[\boldsymbol{X},\boldsymbol{Y}]]。$$

故 $\boldsymbol{g}(\varepsilon)=\boldsymbol{g}(0)+\boldsymbol{g}'(0)\varepsilon+\frac{1}{2}\boldsymbol{g}''(0)\varepsilon^2+\cdots=\boldsymbol{Y}+\varepsilon[\boldsymbol{X},\boldsymbol{Y}]$,亦可证明。此结果称为 Clauber

公式，其他证明可参考[CTa92，HJ91]。若$[\boldsymbol{A},\boldsymbol{B}]=c\boldsymbol{I}$，显然满足题设条件，这时 $e^{\boldsymbol{A}}e^{\boldsymbol{B}}=e^{\boldsymbol{A}+\boldsymbol{B}+\frac{1}{2}c\boldsymbol{I}}$。更一般的结果是著名的 BCH(Baker-Campbell-Hausdorff)公式[Hal03]：

$$e^{\boldsymbol{A}}e^{\boldsymbol{B}}=\exp\left(\boldsymbol{A}+\boldsymbol{B}+\frac{1}{2}[\boldsymbol{A},\boldsymbol{B}]+\frac{1}{12}\big[[\boldsymbol{A},\boldsymbol{B}],\boldsymbol{B}-\boldsymbol{A}\big]+\frac{1}{24}\big[\boldsymbol{B},[\boldsymbol{A},[\boldsymbol{B},\boldsymbol{A}]]\big]+\cdots\right)。$$

Campbell 在 1897 年考虑了该问题，1905 年 Baker 做了改进，1906 年 Hausdorff 给出了完整的证明，1968 年 Eichler 给出了一个简洁巧妙的证明[Sti08]。

(2) 设 $e^{\boldsymbol{A}}e^{\boldsymbol{B}}=e^{\boldsymbol{C}}$，且 $\boldsymbol{A},\boldsymbol{B}$ 和 $\boldsymbol{C}$ 的范数不超过 1/2，则有[How83]

$$\boldsymbol{C}=\boldsymbol{A}+\boldsymbol{B}+\frac{1}{2}[\boldsymbol{A},\boldsymbol{B}]+\boldsymbol{S},\quad \|\boldsymbol{S}\|\leqslant 65(\|\boldsymbol{A}\|+\|\boldsymbol{B}\|)^3。$$

(3) $[\boldsymbol{A},\boldsymbol{B}]=\boldsymbol{0}$ 是 $e^{\boldsymbol{A}+\boldsymbol{B}}=e^{\boldsymbol{A}}e^{\boldsymbol{B}}=e^{\boldsymbol{B}}e^{\boldsymbol{A}}$ 的充分非必要条件。例如 $\boldsymbol{A}=\begin{pmatrix}0 & 0\\ 0 & \mathrm{i}2\pi\end{pmatrix}$，$\boldsymbol{B}=\begin{pmatrix}0 & 1\\ 0 & \mathrm{i}2\pi\end{pmatrix}$，这里 $\boldsymbol{B}$ 可对角化，设 $\boldsymbol{B}=\boldsymbol{X\Lambda X}^{-1}$，$\boldsymbol{\Lambda}=\mathrm{diag}(0,\mathrm{i}2\pi)$，$e^{\boldsymbol{B}}=\boldsymbol{X}e^{\boldsymbol{\Lambda}}\boldsymbol{X}^{-1}=\boldsymbol{XX}^{-1}=\boldsymbol{I}$；类似地 $e^{\boldsymbol{A}+\boldsymbol{B}}=\boldsymbol{I}$，故 $e^{\boldsymbol{A}}e^{\boldsymbol{B}}=e^{\boldsymbol{B}}e^{\boldsymbol{A}}=e^{\boldsymbol{A}+\boldsymbol{B}}=\boldsymbol{I}$。此例中 π 是超越数(Lindemann，1882)。当 $\boldsymbol{A},\boldsymbol{B}\in\mathbb{C}^{n\times n}\,(n\geqslant 2)$，元素为代数数时，$e^{\boldsymbol{A}}e^{\boldsymbol{B}}=e^{\boldsymbol{B}}e^{\boldsymbol{A}}$ 的充要条件是$[\boldsymbol{A},\boldsymbol{B}]=\boldsymbol{0}$[Wer89]。

(4) 设 $\boldsymbol{A}$ 和 $\boldsymbol{B}$ 是 Hermite 矩阵，则存在酉矩阵 $\boldsymbol{U}$ 和 $\boldsymbol{V}$，使得

$$e^{\mathrm{i}\boldsymbol{A}}e^{\mathrm{i}\boldsymbol{B}}=e^{\mathrm{i}(\boldsymbol{UAU}^{\dagger}+\boldsymbol{VBV}^{\dagger})},$$

此即 Thompson 公式[Tho86]。

量子信息中常用到如下的 Golden-Thompson 不等式[Gol65，Tho65]。

例 1.19 设 $\boldsymbol{A},\boldsymbol{B}$ 为 n 阶 Hermite 矩阵，证明：$\mathrm{tr}(e^{\boldsymbol{A}+\boldsymbol{B}})\leqslant\mathrm{tr}(e^{\boldsymbol{A}}e^{\boldsymbol{B}})$。

证 $\forall n\times n$ 矩阵 $\boldsymbol{X}$，正整数 m，有 $|\mathrm{tr}(\boldsymbol{X}^{2m})|\leqslant\mathrm{tr}(\boldsymbol{XX}^{\dagger})^m$[Wey49，HJ13]。

令 $\boldsymbol{X}=\boldsymbol{AB}$，$\boldsymbol{X}^{\dagger}=\boldsymbol{BA}$，则

$$|\mathrm{tr}(\boldsymbol{AB})^{2m}|\leqslant\mathrm{tr}(\boldsymbol{ABBA})^m=\mathrm{tr}(\boldsymbol{A}^2\boldsymbol{B}^2)^m。\tag{1.11}$$

下面用归纳法证明

$$|\mathrm{tr}(\boldsymbol{AB})^{2^k}|\leqslant\mathrm{tr}(\boldsymbol{A}^{2^k}\boldsymbol{B}^{2^k}),\tag{1.12}$$

这里 k 为正整数。当 $k=1$ 时，由式(1.11)知结论成立。假设 $k=l$ 时结论成立。考查 $k=l+1$ 时的情形，则有

$$|\mathrm{tr}(\boldsymbol{AB})^{2^{l+1}}|=|\mathrm{tr}(\boldsymbol{AB})^{2\cdot 2^l}|\leqslant\mathrm{tr}(\boldsymbol{A}^2\boldsymbol{B}^2)^{2^l}。$$

将 $\boldsymbol{A}^2,\boldsymbol{B}^2$ 最为新的 $\boldsymbol{A}$ 和 $\boldsymbol{B}$ 应用于假设，则有

$$|\mathrm{tr}(\boldsymbol{A}^2\boldsymbol{B}^2)^{2^l}|\leqslant\mathrm{tr}(\boldsymbol{A}^{2\cdot 2^l}\boldsymbol{B}^{2\cdot 2^l})=\mathrm{tr}(\boldsymbol{A}^{2^{l+1}}\boldsymbol{B}^{2^{l+1}})。$$

从而证明式(1.12)。再将式(1.12)中的 $\boldsymbol{A},\boldsymbol{B}$ 分别代之以 $\boldsymbol{I}+2^{-k}\boldsymbol{A}$，$\boldsymbol{I}+2^{-k}\boldsymbol{B}$ 得

$$|\mathrm{tr}((\boldsymbol{I}+2^{-k}\boldsymbol{A})(\boldsymbol{I}+2^{-k}\boldsymbol{B}))^{2^k}|\leqslant\mathrm{tr}((\boldsymbol{I}+2^{-k}\boldsymbol{A})^{2^k}(\boldsymbol{I}+2^{-k}\boldsymbol{B})^{2^k})。$$

两边取极限$(k\to\infty)$，$|\mathrm{tr}(e^{\boldsymbol{A}+\boldsymbol{B}})|\leqslant\mathrm{tr}(e^{\boldsymbol{A}}e^{\boldsymbol{B}})$。 □

设矩阵 $\boldsymbol{A}\in\mathbb{C}^{n\times n}$ 有 Jordan 分解

$$\boldsymbol{X}^{-1}\boldsymbol{AX}=\mathrm{diag}(\boldsymbol{J}_1,\cdots,\boldsymbol{J}_p)=\boldsymbol{J},$$

$$\boldsymbol{J}_k=\boldsymbol{J}_k(\lambda_k)=\begin{bmatrix}\lambda_k & 1 & & \\ & \lambda_k & \ddots & \\ & & \ddots & 1\\ & & & \lambda_k\end{bmatrix}\in\mathbb{C}^{m_k\times m_k},$$

$\sum_{k=1}^{p} m_k = n$。不考虑 Jordan 块 $\boldsymbol{J}_k$ 的顺序，$\boldsymbol{J}$ 是唯一的。设 $\lambda_1,\cdots,\lambda_s(s\leqslant p)$是 $\boldsymbol{A}$ 的互异特征值，n_i 是含有 λ_i 的最大 Jordan 块阶数。若 $f(z)$在 $\boldsymbol{A}$ 的谱上有定义，即 $f^{(k)}(\lambda_i)(k=0,\cdots,n_i-1;\ i=1,\cdots,s)$存在，则定义

$$f(\boldsymbol{A}) \equiv \boldsymbol{X} f(\boldsymbol{J}) \boldsymbol{X}^{-1} = \boldsymbol{X}\operatorname{diag}(f(\boldsymbol{J}_k))\boldsymbol{X}^{-1},$$

$$f(\boldsymbol{J}_k) \equiv \begin{pmatrix} f(\lambda_k) & f'(\lambda_k) & \cdots & \dfrac{f^{(m_k-1)}(\lambda_k)}{(m_k-1)!} \\ & f(\lambda_k) & \ddots & \vdots \\ & & \ddots & f'(\lambda_k) \\ & & & f(\lambda_k) \end{pmatrix}。$$

例如，$\boldsymbol{J}=\begin{pmatrix}5 & 1\\ & 5\end{pmatrix}$，则 $\boldsymbol{J}^k=\begin{pmatrix}5^k & k5^{k-1}\\ & 5^k\end{pmatrix}$，故

$$\begin{aligned} e^{\boldsymbol{J}} &= \sum_k \frac{1}{k!}\boldsymbol{J}^k = \boldsymbol{I} + \sum_{k=1}^{\infty}\frac{1}{k!}\begin{pmatrix}5^k & k5^{k-1}\\ 0 & 5^k\end{pmatrix} \\ &= \begin{pmatrix}e^5 & \\ & e^5\end{pmatrix} + \begin{pmatrix}0 & \sum\limits_{k=1}^{\infty}\dfrac{5^{k-1}}{(k-1)!}\\ 0 & 0\end{pmatrix} = \begin{pmatrix}e^5 & e^5\\ 0 & e^5\end{pmatrix}。\end{aligned}$$

对下面的矩阵 $\boldsymbol{A}$，容易计算矩阵指数 $e^{\boldsymbol{A}}$。

$$\boldsymbol{A}=\begin{pmatrix}5 & & & \\ & 5 & 1 & \\ & & 5 & \\ & & & 3\end{pmatrix},\quad e^{\boldsymbol{A}}=\begin{pmatrix}e^5 & & & \\ & e^5 & e^5 & \\ & & e^5 & \\ & & & e^3\end{pmatrix}。$$

矩阵函数的等价定义可参考文献[Hig08，HJ13]。如果 f 解析，则等价于下面的 Cauchy 积分：

$$f(\boldsymbol{A}) = \frac{1}{2\pi}\int_{\Gamma} f(z)(z\boldsymbol{I}-\boldsymbol{A})^{-1}\,dz,$$

其中 Γ 是包含矩阵谱的闭曲线。据积分表达式可计算矩阵函数[TOS20，TOS21]，如矩阵指数函数、对数函数[TAWL21，ZX21]等。

5 张量积

张量可定义为 n 维流形切空间上的多重线性映射。几何性质和物理规律的张量表达形式在坐标变换下不变，广泛用于黎曼几何、连续介质力学和广义相对论等领域（参考附录 B）。通常的矩阵可视为二阶张量在特定坐标基底下的表达。下面考虑矩阵的张量积，又叫做矩阵的 Kronecker 积。研究多个子系统所组成的系统时，需要用到这些子系统状态空间的张量积。

定义 1.20 设 $\boldsymbol{A},\boldsymbol{B}$ 分别为 $m\times n$ 和 $k\times l$ 矩阵，即

$$\boldsymbol{A}=\begin{bmatrix} a_{11} & a_{12} & \cdots & a_{1n} \\ a_{21} & a_{22} & \cdots & a_{2n} \\ \vdots & \vdots & & \vdots \\ a_{m1} & a_{m2} & \cdots & a_{mn} \end{bmatrix},\quad \boldsymbol{B}=\begin{bmatrix} b_{11} & b_{12} & \cdots & b_{1l} \\ b_{21} & b_{22} & \cdots & b_{2l} \\ \vdots & \vdots & & \vdots \\ b_{k1} & b_{k2} & \cdots & b_{kl} \end{bmatrix},$$

$\boldsymbol{A}$ 和 $\boldsymbol{B}$ 的张量积定义为 $mk\times nl$ 矩阵

$$\boldsymbol{A}\otimes\boldsymbol{B}=\begin{bmatrix} a_{11}B & a_{12}B & \cdots & a_{1n}B \\ a_{21}B & a_{22}B & \cdots & a_{2n}B \\ \vdots & \vdots & & \vdots \\ a_{m1}B & a_{m2}B & \cdots & a_{mn}B \end{bmatrix}。\tag{1.13}$$

例如，若

$$\boldsymbol{A}=\begin{pmatrix} a & b \\ c & d \end{pmatrix},\quad 则\ \boldsymbol{A}^{\otimes 2}=\boldsymbol{A}\otimes\boldsymbol{A}=\begin{pmatrix} a\boldsymbol{A} & b\boldsymbol{A} \\ c\boldsymbol{A} & d\boldsymbol{A} \end{pmatrix}=\begin{bmatrix} a^2 & ab & ab & b^2 \\ ac & ad & bc & bd \\ ac & bc & ad & bd \\ c^2 & cd & cd & d^2 \end{bmatrix}。$$

容易验证成立如下性质：

$$(\alpha\boldsymbol{A})\otimes\boldsymbol{B}=\boldsymbol{A}\otimes(\alpha\boldsymbol{B})=\alpha(\boldsymbol{A}\otimes\boldsymbol{B}),\quad \boldsymbol{A}\otimes(\boldsymbol{B}+\boldsymbol{C})=\boldsymbol{A}\otimes\boldsymbol{B}+\boldsymbol{A}\otimes\boldsymbol{C},$$
$$(\boldsymbol{A}+\boldsymbol{B})\otimes\boldsymbol{C}=\boldsymbol{A}\otimes\boldsymbol{C}+\boldsymbol{B}\otimes\boldsymbol{C},\quad (\boldsymbol{A}\otimes\boldsymbol{B})\otimes\boldsymbol{C}=\boldsymbol{A}\otimes(\boldsymbol{B}\otimes\boldsymbol{C}),$$
$$(\boldsymbol{A}\otimes\boldsymbol{B})(\boldsymbol{C}\otimes\boldsymbol{D})=\boldsymbol{AC}\otimes\boldsymbol{BD},\quad \|\boldsymbol{A}\otimes\boldsymbol{B}\|=\|\boldsymbol{A}\|\cdot\|\boldsymbol{B}\|,$$

这里 α 为标量，各式中矩阵维数相容使得矩阵运算有意义。特殊地，设 $\boldsymbol{a}$ 和 $\boldsymbol{b}$ 为向量，则 $\boldsymbol{a}\otimes\boldsymbol{b}^{\mathrm{T}}=\boldsymbol{ab}^{\mathrm{T}}=(\boldsymbol{ba}^{\mathrm{T}})^{\mathrm{T}}=(\boldsymbol{b}\otimes\boldsymbol{a}^{\mathrm{T}})^{\mathrm{T}}=\boldsymbol{b}^{\mathrm{T}}\otimes\boldsymbol{a}$。由于基的排列次序，有些文献的定义与此略有不同。另外，对向量 $|u\rangle$ 和 $|v\rangle$，通常将 $|u\rangle\otimes|v\rangle$ 简写为 $|u\rangle|v\rangle$，$|u,v\rangle$ 或 $|uv\rangle$。

作为一个例子，我们考查 $|GHZ\rangle=\frac{1}{\sqrt{2}}(|000\rangle+|111\rangle)$，利用上述性质不难计算

$$(\boldsymbol{\sigma}_x\otimes\boldsymbol{\sigma}_x\otimes\boldsymbol{\sigma}_x)|GHZ\rangle=+|GHZ\rangle,\quad (\boldsymbol{\sigma}_x\otimes\boldsymbol{\sigma}_y\otimes\boldsymbol{\sigma}_y)|GHZ\rangle=-|GHZ\rangle,$$
$$(\boldsymbol{\sigma}_y\otimes\boldsymbol{\sigma}_x\otimes\boldsymbol{\sigma}_y)|GHZ\rangle=-|GHZ\rangle,\quad (\boldsymbol{\sigma}_y\otimes\boldsymbol{\sigma}_y\otimes\boldsymbol{\sigma}_x)|GHZ\rangle=-|GHZ\rangle。$$

这些方程常见于 GHZ 佯谬的讨论。

回顾前面的例 1.11，令 $\boldsymbol{J}=\begin{pmatrix} 0 & 1 \\ 1 & 0 \end{pmatrix}$，$\boldsymbol{H}=\frac{1}{\sqrt{2}}\begin{pmatrix} 1 & 1 \\ 1 & -1 \end{pmatrix}$，$\boldsymbol{\Lambda}=\begin{pmatrix} 1 & 0 \\ 0 & -1 \end{pmatrix}$，则 $\boldsymbol{JH}=\boldsymbol{H\Lambda}$。易验证

$$(\boldsymbol{I}\otimes\boldsymbol{H})\boldsymbol{A}(\boldsymbol{I}\otimes\boldsymbol{H})=\boldsymbol{I}\otimes\boldsymbol{\Lambda},\quad (\boldsymbol{H}\otimes\boldsymbol{I})\boldsymbol{B}(\boldsymbol{H}\otimes\boldsymbol{I})=\boldsymbol{\Lambda}\otimes\boldsymbol{I},$$
$$(\boldsymbol{H}\otimes\boldsymbol{H})\boldsymbol{C}(\boldsymbol{H}\otimes\boldsymbol{H})=\boldsymbol{\Lambda}\otimes\boldsymbol{\Lambda}。$$

将第一式两边分别左乘和右乘 $\boldsymbol{H}\otimes\boldsymbol{I}$，可得 $(\boldsymbol{H}\otimes\boldsymbol{H})\boldsymbol{A}(\boldsymbol{H}\otimes\boldsymbol{H})=\boldsymbol{I}\otimes\boldsymbol{\Lambda}$；同样处理第二式，可得类似结果。故 $\boldsymbol{H}\otimes\boldsymbol{H}$ 将三个矩阵同时对角化。

定理 1.21 令 $\boldsymbol{A}\in\mathbb{C}^{m\times m}$，$\boldsymbol{B}\in\mathbb{C}^{n\times n}$，$\boldsymbol{A}$ 有特征值 $\lambda_1,\lambda_2,\cdots,\lambda_n$ 及特征向量 $|u_1\rangle$，$|u_2\rangle,\cdots,|u_m\rangle$，$\boldsymbol{B}$ 有特征值 $\mu_1,\mu_2,\cdots,\mu_n$ 及特征向量 $|v_1\rangle,|v_2\rangle,\cdots,|v_n\rangle$，则 $\boldsymbol{A}\otimes\boldsymbol{B}$ 有 mn 个特征值 $\{\lambda_j\mu_k\}$，对应的特征向量为 $\{|u_jv_k\rangle\}$。

证 $(\boldsymbol{A}\otimes\boldsymbol{B})|u_jv_k\rangle=(\boldsymbol{A}|u_j\rangle)\otimes(\boldsymbol{B}|v_k\rangle)=(\lambda_j|u_j\rangle)\otimes(\mu_k|v_k\rangle)=\lambda_j\mu_k|u_jv_k\rangle$。 □

注 设 $\boldsymbol{A}|u\rangle=\lambda|u\rangle$，$\boldsymbol{B}|v\rangle=\mu|v\rangle$，$\boldsymbol{X}=|v\rangle\langle u|$，则 $\boldsymbol{B}\boldsymbol{X}\boldsymbol{A}^{\dagger}=\bar{\lambda}\mu\boldsymbol{X}$，$\boldsymbol{A}\boldsymbol{X}^{\dagger}\boldsymbol{B}^{\dagger}=\lambda\bar{\mu}\boldsymbol{X}^{\dagger}$。若 $\boldsymbol{A}$ 和 $\boldsymbol{B}$ 为实对称矩阵，则由性质 $\mathrm{vec}(\boldsymbol{AXB})=(\boldsymbol{B}^{\mathrm{T}}\otimes\boldsymbol{A})\mathrm{vec}(\boldsymbol{X})$，易知 $\boldsymbol{A}\otimes\boldsymbol{B}$ 与 $\boldsymbol{B}\otimes\boldsymbol{A}$ 的特征值相同，这里 vec 表示将矩阵按列拉直为一列向量[HJ91]。

例 1.22 考虑 Hamilton 算子

$$\boldsymbol{H}=\mu_x\boldsymbol{\sigma}_x\otimes\boldsymbol{\sigma}_x+\mu_y\boldsymbol{\sigma}_y\otimes\boldsymbol{\sigma}_y,\quad \mu_x,\mu_y\in\mathbb{R}。$$

写出矩阵形式为

$$\boldsymbol{H}=\begin{pmatrix}0&0&0&\mu_x-\mu_y\\0&0&\mu_x+\mu_y&0\\0&\mu_x+\mu_y&0&0\\\mu_x-\mu_y&0&0&0\end{pmatrix}$$

$$=(\mu_x-\mu_y)(|11\rangle\langle 00|+|00\rangle\langle 11|)+(\mu_x+\mu_y)(|10\rangle\langle 01|+|01\rangle\langle 10|)。$$

其对应的特征值、特征向量列表如下：

特征值	特征向量
$\mu_x-\mu_y$	$\lvert\Phi^+\rangle\equiv\frac{1}{\sqrt{2}}(1,0,0,1)^{\mathrm{T}}$
$\mu_y-\mu_x$	$\lvert\Phi^-\rangle\equiv\frac{1}{\sqrt{2}}(1,0,0,-1)^{\mathrm{T}}$
$\mu_x+\mu_y$	$\lvert\Psi^+\rangle\equiv\frac{1}{\sqrt{2}}(0,1,1,0)^{\mathrm{T}}$
$-\mu_x-\mu_y$	$\lvert\Psi^-\rangle\equiv\frac{1}{\sqrt{2}}(0,1,-1,0)^{\mathrm{T}}$

例 1.23 在量子物理中矢量也被称之为态，常见的 Bell 态定义为

$$|\Phi^{\pm}\rangle=\frac{1}{\sqrt{2}}(|00\rangle\pm|11\rangle),\quad |\Psi^{\pm}\rangle=\frac{1}{\sqrt{2}}(|01\rangle\pm|10\rangle),$$

其中 $\{|0\rangle,|1\rangle\}$ 是 $\mathbb{C}^2$ 的规范正交基，$|\Phi^{\pm}\rangle$ 和 $|\Psi^{\pm}\rangle$ 则是 Hilbert 空间 $\mathbb{C}^2\otimes\mathbb{C}^2$ 的规范正交基。取

$$|0\rangle=\begin{pmatrix}\mathrm{e}^{\mathrm{i}\phi}\cos\theta\\\sin\theta\end{pmatrix},\quad |1\rangle=\begin{pmatrix}-\mathrm{e}^{\mathrm{i}\phi}\sin\theta\\\cos\theta\end{pmatrix}。$$

在此基底下表示出 $|\Phi^{\pm}\rangle$ 和 $|\Psi^{\pm}\rangle$；进一步考虑特殊情形 $\phi=0$ 和 $\theta=0$ 时 Bell 态的表达。

(1) 由定义，有

$$|00\rangle=|0\rangle\otimes|0\rangle=\begin{pmatrix}\mathrm{e}^{\mathrm{i}2\phi}\cos^2\theta\\\mathrm{e}^{\mathrm{i}\phi}\cos\theta\sin\theta\\\mathrm{e}^{\mathrm{i}\phi}\sin\theta\cos\theta\\\sin^2\theta\end{pmatrix},\quad |11\rangle=|1\rangle\otimes|1\rangle=\begin{pmatrix}\mathrm{e}^{\mathrm{i}2\phi}\sin^2\theta\\-\mathrm{e}^{\mathrm{i}\phi}\sin\theta\cos\theta\\-\mathrm{e}^{\mathrm{i}\phi}\cos\theta\sin\theta\\\cos^2\theta\end{pmatrix},$$

$$|01\rangle=|0\rangle\otimes|1\rangle=\begin{pmatrix}-\mathrm{e}^{\mathrm{i}2\phi}\cos\theta\sin\theta\\\mathrm{e}^{\mathrm{i}\phi}\cos^2\theta\\-\mathrm{e}^{\mathrm{i}\phi}\sin^2\theta\\\sin\theta\cos\theta\end{pmatrix},\quad |10\rangle=|1\rangle\otimes|0\rangle=\begin{pmatrix}-\mathrm{e}^{\mathrm{i}2\phi}\sin\theta\cos\theta\\-\mathrm{e}^{\mathrm{i}\phi}\sin^2\theta\\\mathrm{e}^{\mathrm{i}\phi}\cos^2\theta\\\cos\theta\sin\theta\end{pmatrix}。$$

从而

$$|\Phi^{+}\rangle=\frac{1}{\sqrt{2}}\begin{pmatrix}e^{2i\phi}\\0\\0\\1\end{pmatrix},\quad |\Phi^{-}\rangle=\frac{1}{\sqrt{2}}\begin{pmatrix}e^{2i\phi}\cos(2\theta)\\e^{i\phi}\sin(2\theta)\\e^{i\phi}\sin(2\theta)\\-\cos(2\theta)\end{pmatrix},$$

$$|\Psi^{+}\rangle=\frac{1}{\sqrt{2}}\begin{pmatrix}-e^{2i\phi}\sin(2\theta)\\e^{i\phi}\cos(2\theta)\\e^{i\phi}\cos(2\theta)\\\sin(2\theta)\end{pmatrix},\quad |\Psi^{-}\rangle=\frac{1}{\sqrt{2}}\begin{pmatrix}0\\e^{i\phi}\\-e^{i\phi}\\0\end{pmatrix}。$$

(2) 如果 $\phi=0$ 和 $\theta=0$，则标准基 $|0\rangle=(1,0)^{\mathrm{T}}$，$|1\rangle=(0,1)^{\mathrm{T}}$，Bell 态为

$$|\Phi^{+}\rangle=\frac{1}{\sqrt{2}}\begin{pmatrix}1\\0\\0\\1\end{pmatrix},\quad |\Phi^{-}\rangle=\frac{1}{\sqrt{2}}\begin{pmatrix}1\\0\\0\\-1\end{pmatrix},\quad |\Psi^{+}\rangle=\frac{1}{\sqrt{2}}\begin{pmatrix}0\\1\\1\\0\end{pmatrix},\quad |\Psi^{-}\rangle=\frac{1}{\sqrt{2}}\begin{pmatrix}0\\1\\-1\\0\end{pmatrix}。$$

例 1.24 设 $\boldsymbol{A}$ 和 $\boldsymbol{B}$ 为 $\mathbb{C}$ 上的任意 $n\times n$ 矩阵，$\boldsymbol{I}_n$ 为 $n\times n$ 单位矩阵。证明

$$\exp(\boldsymbol{A}\otimes\boldsymbol{I}_n+\boldsymbol{I}_n\otimes\boldsymbol{B})=\exp(\boldsymbol{A})\otimes\exp(\boldsymbol{B})。$$

证 易验证

$$[\boldsymbol{A}\otimes\boldsymbol{I}_n,\boldsymbol{I}_n\otimes\boldsymbol{B}]=(\boldsymbol{A}\otimes\boldsymbol{I}_n)(\boldsymbol{I}_n\otimes\boldsymbol{B})-(\boldsymbol{I}_n\otimes\boldsymbol{B})(\boldsymbol{A}\otimes\boldsymbol{I}_n)=\boldsymbol{0},$$

$$(\boldsymbol{A}\otimes\boldsymbol{I}_n)^r(\boldsymbol{I}_n\otimes\boldsymbol{B})^s=(\boldsymbol{A}^r\otimes\boldsymbol{I}_n)(\boldsymbol{I}_n\otimes\boldsymbol{B}^s)=\boldsymbol{A}^r\otimes\boldsymbol{B}^s,\quad \forall r,s\in\mathbb{N}。$$

故

$$\begin{aligned}\exp(\boldsymbol{A}\otimes\boldsymbol{I}_n+\boldsymbol{I}_n\otimes\boldsymbol{B})&=\sum_{j=0}^{\infty}\frac{(\boldsymbol{A}\otimes\boldsymbol{I}_n+\boldsymbol{I}_n\otimes\boldsymbol{B})^j}{j!}=\sum_{j=0}^{\infty}\sum_{k=0}^{j}\frac{1}{j!}\mathrm{C}_j^k(\boldsymbol{A}\otimes\boldsymbol{I}_n)^k(\boldsymbol{I}_n\otimes\boldsymbol{B})^{j-k}\\&=\sum_{j=0}^{\infty}\sum_{k=0}^{j}\frac{\boldsymbol{A}^k}{k!}\otimes\frac{\boldsymbol{B}^{j-k}}{(j-k)!}=\left(\sum_{j=0}^{\infty}\frac{\boldsymbol{A}^j}{j!}\right)\otimes\left(\sum_{k=0}^{\infty}\frac{\boldsymbol{B}^k}{k!}\right)\\&=\exp(\boldsymbol{A})\otimes\exp(\boldsymbol{B})。\end{aligned}$$

□

注 特别地，由展开式

$$\exp(\boldsymbol{A}\otimes\boldsymbol{I}_n)=\sum_{k=0}^{\infty}\frac{1}{k!}(\boldsymbol{A}\otimes\boldsymbol{I}_n)^k=\sum_{k=0}^{\infty}\frac{1}{k!}\boldsymbol{A}^k\otimes\boldsymbol{I}_n,$$

可得 $\exp(\boldsymbol{A}\otimes\boldsymbol{I}_n)=\exp(\boldsymbol{A})\otimes\boldsymbol{I}_n$。

例 1.25 设 $\boldsymbol{A}=\boldsymbol{a}\cdot\boldsymbol{\sigma}$，$\boldsymbol{B}=\boldsymbol{b}\cdot\boldsymbol{\sigma}$，$\boldsymbol{S}=\boldsymbol{s}\cdot\boldsymbol{\sigma}$，$\boldsymbol{T}=\boldsymbol{t}\cdot\boldsymbol{\sigma}$，其中 $\boldsymbol{a},\boldsymbol{b},\boldsymbol{s},\boldsymbol{t}\in\mathbb{R}^3$ 为单位向量。证明：$(\boldsymbol{A}\otimes\boldsymbol{S}+\boldsymbol{B}\otimes\boldsymbol{S}+\boldsymbol{B}\otimes\boldsymbol{T}-\boldsymbol{A}\otimes\boldsymbol{T})^2=4\boldsymbol{I}+[\boldsymbol{A},\boldsymbol{B}]\otimes[\boldsymbol{S},\boldsymbol{T}]$。

证

$$\begin{aligned}(\boldsymbol{A}\otimes\boldsymbol{S}+\boldsymbol{B}\otimes\boldsymbol{S}+\boldsymbol{B}\otimes\boldsymbol{T}-\boldsymbol{A}\otimes\boldsymbol{T})^2&=((\boldsymbol{A}+\boldsymbol{B})\otimes\boldsymbol{S}+(\boldsymbol{B}-\boldsymbol{A})\otimes\boldsymbol{T})^2\\&=(\boldsymbol{A}+\boldsymbol{B})^2\otimes\boldsymbol{S}^2+(\boldsymbol{B}-\boldsymbol{A})^2\otimes\boldsymbol{T}^2+\\&\quad(\boldsymbol{B}+\boldsymbol{A})(\boldsymbol{B}-\boldsymbol{A})\otimes\boldsymbol{ST}+(\boldsymbol{B}-\boldsymbol{A})(\boldsymbol{B}+\boldsymbol{A})\otimes\boldsymbol{TS}。\end{aligned}$$

注意到 $\boldsymbol{A}^2=\boldsymbol{B}^2=\boldsymbol{S}^2=\boldsymbol{T}^2=\boldsymbol{I}$，故上式化为

$$\begin{aligned}&(2\boldsymbol{I}+\boldsymbol{AB}+\boldsymbol{BA})\otimes\boldsymbol{I}+(2\boldsymbol{I}-\boldsymbol{BA}-\boldsymbol{AB})\otimes\boldsymbol{I}+(\boldsymbol{AB}-\boldsymbol{BA})\otimes(\boldsymbol{ST}-\boldsymbol{TS})\\&=4\boldsymbol{I}+[\boldsymbol{A},\boldsymbol{B}]\otimes[\boldsymbol{S},\boldsymbol{T}]。\end{aligned}$$

□

例 1.26 设 $\boldsymbol{n}=(\cos\phi,\sin\phi,0)$，将 $\boldsymbol{R}_{\boldsymbol{n}}(\theta)$ 记为 $\boldsymbol{R}_{\phi}(\theta)$，即 $\boldsymbol{R}_{\phi}(\theta)=\mathrm{e}^{-\mathrm{i}\theta/2(\boldsymbol{\sigma}_x\cos\phi+\boldsymbol{\sigma}_y\sin\phi)}$。令 $\boldsymbol{W}=\sum_{\lambda}\mathrm{e}^{\mathrm{i}\theta_{\lambda}}|u_{\lambda}\rangle\langle u_{\lambda}|$，这里 $|u_{\lambda}\rangle$ 为 $\boldsymbol{W}$ 的特征矢量，且 $\sum_{\lambda}|u_{\lambda}\rangle\langle u_{\lambda}|=\boldsymbol{I}$。定义

$$\boldsymbol{U}_0=|+\rangle\langle+|\otimes\boldsymbol{I}+|-\rangle\langle-|\otimes\boldsymbol{W},\quad \boldsymbol{U}_{\phi}=(\mathrm{e}^{-\mathrm{i}\phi\boldsymbol{\sigma}_z/2}\otimes\boldsymbol{I})\boldsymbol{U}_0(\mathrm{e}^{\mathrm{i}\phi\boldsymbol{\sigma}_z/2}\otimes\boldsymbol{I})。$$

证明：$\boldsymbol{R}_{\phi}(\theta_{\lambda})=(\boldsymbol{I}\otimes\langle u_{\lambda}|)\boldsymbol{U}_{\phi}(\boldsymbol{I}\otimes|u_{\lambda}\rangle)\mathrm{e}^{-\mathrm{i}\theta_{\lambda}/2}$。

证

$$\begin{aligned}\boldsymbol{n}\cdot\boldsymbol{\sigma}&=\boldsymbol{\sigma}_x\cos\phi+\boldsymbol{\sigma}_y\sin\phi=\cos\phi\begin{pmatrix}0&1\\1&0\end{pmatrix}+\sin\phi\begin{pmatrix}0&-\mathrm{i}\\\mathrm{i}&0\end{pmatrix}\\&=\begin{pmatrix}0&\cos\phi-\mathrm{i}\sin\phi\\\cos\phi+\mathrm{i}\sin\phi&0\end{pmatrix}=\begin{pmatrix}0&\mathrm{e}^{-\mathrm{i}\phi}\\\mathrm{e}^{\mathrm{i}\phi}&0\end{pmatrix}\\&=\begin{pmatrix}\mathrm{e}^{-\mathrm{i}\phi/2}&0\\0&\mathrm{e}^{\mathrm{i}\phi/2}\end{pmatrix}\begin{pmatrix}0&1\\1&0\end{pmatrix}\begin{pmatrix}\mathrm{e}^{\mathrm{i}\phi/2}&0\\0&\mathrm{e}^{-\mathrm{i}\phi/2}\end{pmatrix}\\&=\mathrm{e}^{-\mathrm{i}\phi\boldsymbol{\sigma}_z/2}\boldsymbol{\sigma}_x\mathrm{e}^{\mathrm{i}\phi\boldsymbol{\sigma}_z/2},\end{aligned}$$

$$\begin{aligned}\boldsymbol{R}_{\phi}(\theta)&=\cos\frac{\theta}{2}\boldsymbol{I}-\mathrm{i}\sin\frac{\theta}{2}\boldsymbol{n}\cdot\boldsymbol{\sigma}\\&=\frac{1}{2}\mathrm{e}^{-\mathrm{i}\theta/2}(1+\mathrm{e}^{\mathrm{i}\theta})\boldsymbol{I}+\frac{1}{2}\mathrm{e}^{-\mathrm{i}\theta/2}(1-\mathrm{e}^{\mathrm{i}\theta})\mathrm{e}^{-\mathrm{i}\phi\boldsymbol{\sigma}_z/2}\boldsymbol{\sigma}_x\mathrm{e}^{\mathrm{i}\phi\boldsymbol{\sigma}_z/2}\\&=\frac{1}{2}\mathrm{e}^{-\mathrm{i}\theta/2}\mathrm{e}^{-\mathrm{i}\phi\boldsymbol{\sigma}_z/2}[\boldsymbol{I}+\boldsymbol{\sigma}_x+\mathrm{e}^{\mathrm{i}\theta}(\boldsymbol{I}-\boldsymbol{\sigma}_x)]\mathrm{e}^{\mathrm{i}\phi\boldsymbol{\sigma}_z/2}。\end{aligned}$$

特别地

$$\boldsymbol{R}_0(\theta)=\mathrm{e}^{-\mathrm{i}\theta/2}\frac{\boldsymbol{I}+\boldsymbol{\sigma}_x}{2}+\mathrm{e}^{\mathrm{i}\theta/2}\frac{\boldsymbol{I}-\boldsymbol{\sigma}_x}{2}=\mathrm{e}^{-\mathrm{i}\theta/2}|+\rangle\langle+|+\mathrm{e}^{\mathrm{i}\theta/2}|-\rangle\langle-|,$$

则

$$\boldsymbol{R}_{\phi}(\theta)=\mathrm{e}^{-\mathrm{i}\phi\boldsymbol{\sigma}_z/2}\boldsymbol{R}_0(\theta)\mathrm{e}^{\mathrm{i}\phi\boldsymbol{\sigma}_z/2}。$$

由题设，得

$$\begin{aligned}\boldsymbol{U}_0&=|+\rangle\langle+|\otimes\boldsymbol{I}+|-\rangle\langle-|\otimes\boldsymbol{W}\\&=\sum_{\lambda}\mathrm{e}^{\mathrm{i}\theta_{\lambda}/2}(\mathrm{e}^{-\mathrm{i}\theta_{\lambda}/2}|+\rangle\langle+|+\mathrm{e}^{\mathrm{i}\theta_{\lambda}/2}|-\rangle\langle-|)\otimes|u_{\lambda}\rangle\langle u_{\lambda}|\\&=\sum_{\lambda}\mathrm{e}^{\mathrm{i}\theta_{\lambda}/2}\boldsymbol{R}_0(\theta_{\lambda})\otimes|u_{\lambda}\rangle\langle u_{\lambda}|,\end{aligned}$$

从而

$$\begin{aligned}\boldsymbol{U}_{\phi}&=(\mathrm{e}^{-\mathrm{i}\phi\boldsymbol{\sigma}_z/2}\otimes\boldsymbol{I})\boldsymbol{U}_0(\mathrm{e}^{\mathrm{i}\phi\boldsymbol{\sigma}_z/2}\otimes\boldsymbol{I})\\&=\sum_{\lambda}\mathrm{e}^{\mathrm{i}\theta_{\lambda}/2}\mathrm{e}^{-\mathrm{i}\phi\boldsymbol{\sigma}_z/2}\boldsymbol{R}_0(\theta_{\lambda})\mathrm{e}^{\mathrm{i}\phi\boldsymbol{\sigma}_z/2}\otimes|u_{\lambda}\rangle\langle u_{\lambda}|\\&=\sum_{\lambda}\mathrm{e}^{\mathrm{i}\theta_{\lambda}/2}\boldsymbol{R}_{\phi}(\theta_{\lambda})\otimes|u_{\lambda}\rangle\langle u_{\lambda}|,\end{aligned}$$

故 $\boldsymbol{R}_{\phi}(\theta_{\lambda})=\langle u_{\lambda}|\boldsymbol{U}_{\phi}|u_{\lambda}\rangle\mathrm{e}^{-\mathrm{i}\theta_{\lambda}/2}$，得证。

□

注 相位因子 $e^{i\theta_\lambda/2}$ 可去掉，因为 $\boldsymbol{R}_{\phi+\pi}^\dagger(\theta)=e^{-i(\phi+\pi)\boldsymbol{\sigma}_z/2}\boldsymbol{R}_0^\dagger(\theta)e^{i(\phi+\pi)\boldsymbol{\sigma}_z/2}=\boldsymbol{R}_\phi(\theta)$，

$$\boldsymbol{U}_{\phi_2+\pi}^\dagger\boldsymbol{U}_{\phi_1}=\sum_\lambda\boldsymbol{R}_{\phi_2+\pi}^\dagger(\theta_\lambda)\boldsymbol{R}_{\phi_1}(\theta_\lambda)\otimes|u_\lambda\rangle\langle u_\lambda|=\sum_\lambda\boldsymbol{R}_{\phi_2}(\theta_\lambda)\boldsymbol{R}_{\phi_1}(\theta_\lambda)\otimes|u_\lambda\rangle\langle u_\lambda|。$$

$\boldsymbol{\Phi}=(\phi_1,\phi_2,\cdots,\phi_N)\in\mathbb{R}^N$ 定义的一系列旋转 $\boldsymbol{V}(\theta)=\boldsymbol{R}_{\phi_N}(\theta)\boldsymbol{R}_{\phi_{N-1}}(\theta)\cdots\boldsymbol{R}_{\phi_1}(\theta)$，可由 $\{\boldsymbol{I},\boldsymbol{\sigma}_x,\boldsymbol{\sigma}_y,\boldsymbol{\sigma}_z\}$ 展开。令

$$\boldsymbol{V}(\theta)=A(\theta)\boldsymbol{I}+iB(\theta)\boldsymbol{\sigma}_z+iC(\theta)\boldsymbol{\sigma}_x+iD(\theta)\boldsymbol{\sigma}_y。$$

因为 $\boldsymbol{\sigma}_x|+\rangle=|+\rangle$，$\boldsymbol{\sigma}_z|+\rangle=|-\rangle$，$\boldsymbol{\sigma}_y|+\rangle=-i|-\rangle$，所以 $\langle+|\boldsymbol{\sigma}_z|+\rangle=\langle+|\boldsymbol{\sigma}_y|+\rangle=0$，$\langle+|\boldsymbol{\sigma}_x|+\rangle=1$，显然 $\langle+|\boldsymbol{V}|+\rangle=A(\theta)+iC(\theta)$。这些关系可用于量子信号处理(quantum signal processing，QSP)[LC17]。

第2章

量子力学基础

20 世纪初物理学阳光灿烂的天空漂浮着两朵乌云。黑体辐射研究和 Michelson-Morley 实验，分别由量子论和相对论所解释。1900 年 Planck 在黑体辐射问题研究中提出量子假说：微观世界物质的能量是不连续的，物质辐射（或吸收）的能量只能是最小能量单位 $E=h\nu$ 的整数倍（Planck 常数 $h=6.63\times10^{-34}\,\text{J}\cdot\text{s}$）。现代物理将微观世界中所有的微观粒子（如光子、电子、原子等）统称为量子。量子的微观特征包括波粒二象性、叠加性、相干性和量子纠缠等。比如，光电效应、Compton 效应是光粒子性的实证；Davisson 和 Germer，以及同期的 Thomson 发现的电子衍射，则反映了波动性。Young 双缝干涉、Stern-Gerlach 实验都是历史上反映微观世界特性的著名实验。

1 基本假设

量子力学与相对论是现代物理学的两大支柱，分别描写微观和宇观世界。量子力学基于如下假设。

（1）状态假设　任一孤立物理系统对应的系统状态空间是完备复内积向量空间（Hilbert 空间），系统完全由状态空间的一个单位矢量（状态矢量）$|\psi\rangle$ 描述，这里 $\langle\psi|\psi\rangle=1$。态矢量满足线性叠加性，$c_1|\psi_1\rangle+c_2|\psi_2\rangle$ 也是系统的态，称为态叠加（superposition）原理。

（2）算符假设　量子体系的力学量用一个线性 Hermite 算符描述，任意可观测物理量（比如坐标、动量、能量、角动量、自旋等）对应于线性 Hermite 算符 $\boldsymbol{A}$：

$$\boldsymbol{A}(c_1|\psi_1\rangle+c_2|\psi_2\rangle)=c_1\boldsymbol{A}|\psi_1\rangle+c_2\boldsymbol{A}|\psi_2\rangle。$$

算符的本征方程为

$$\boldsymbol{A}|\psi_n\rangle=\lambda_n|\psi_n\rangle,$$

其中 λ_n 为算符 $\boldsymbol{A}$ 的本征（或特征）值，$|\psi_n\rangle$ 为算符 $\boldsymbol{A}$ 的本征态（或本征矢量），也可以 $|\lambda_n\rangle$ 或 $|n\rangle$ 记之。可观测量的线性 Hermite 算符的本征值为实数；所有本征态构成 Hilbert 空间的规范正交的完备系：

$$\langle\psi_m|\psi_n\rangle=\delta_{mn},\quad \sum_n|\psi_n\rangle\langle\psi_n|=\boldsymbol{I}。$$

Hilbert 空间的任意态矢量$|\psi\rangle$可由算符本征态$\{|\psi_n\rangle\}$展开，即

$$|\psi\rangle=\sum_n|\psi_n\rangle\langle\psi_n|\psi\rangle=\sum_n c_n|\psi_n\rangle,$$

其中$c_n=\langle\psi_n|\psi\rangle\in\mathbb{C}$。物理量所能取的值是相应算符的本征值。

(3) 演化假设　量子体系的状态随时间的演化服从 Schrödinger 方程

$$\mathrm{i}\hbar\frac{\partial|\psi\rangle}{\partial t}=\boldsymbol{H}|\psi\rangle,\tag{2.1}$$

其中$\boldsymbol{H}$是体系的 Hamilton 量(通常由对经典 Hamilton 函数应用量子化规则而来[CTa92]，具体例子见附录 C)，$\hbar=h/(2\pi)$。当$\boldsymbol{H}$不依赖于时间时，用分离变量法可得 Schrödinger 方程解为

$$|\psi(t)\rangle=\mathrm{e}^{-\mathrm{i}t\boldsymbol{H}/\hbar}|\psi(0)\rangle。$$

无论$\boldsymbol{H}$依赖于时间与否，其解均可以表示为

$$|\psi(t)\rangle=\boldsymbol{U}(t)|\psi(0)\rangle,\tag{2.2}$$

其中$\boldsymbol{U}(t)$是酉算符(unitary operator)，称为时间演化算符。Schrödinger 方程的三个典型例子参考附录C。

例 2.1　定义$\boldsymbol{\rho}(t)\equiv\sum_{j=1}^{n}p_j|\psi_j(t)\rangle\langle\psi_j(t)|$，考查其时间演化规律。

解　由 Schrödinger 方程得

$$-\mathrm{i}\hbar\frac{\partial}{\partial t}\langle\psi_j(t)|=\langle\psi_j(t)|\boldsymbol{H}。$$

$\boldsymbol{\rho}(t)$关于时间求导数，得

$$\begin{aligned}\frac{\partial\boldsymbol{\rho}}{\partial t}&=\sum_{j=1}^{n}p_j\left(\left(\frac{\partial}{\partial t}|\psi_j(t)\rangle\right)\langle\psi_j(t)|+|\psi_j(t)\rangle\left(\frac{\partial}{\partial t}\langle\psi_j(t)|\right)\right)\\&=\frac{1}{\mathrm{i}\hbar}\sum_{j=1}^{n}p_j\left((\boldsymbol{H}|\psi_j(t)\rangle)\langle\psi_j(t)|-|\psi_j(t)\rangle(\langle\psi_j(t)|\boldsymbol{H})\right)\\&=\frac{1}{\mathrm{i}\hbar}(\boldsymbol{H}\boldsymbol{\rho}(t)-\boldsymbol{\rho}(t)\boldsymbol{H}),\end{aligned}$$

故$\boldsymbol{\rho}(t)$的时间演化方程为

$$\mathrm{i}\hbar\frac{\partial\boldsymbol{\rho}}{\partial t}=[\boldsymbol{H},\boldsymbol{\rho}(t)]。\tag{2.3}$$

注　这里的$\boldsymbol{\rho}(t)$称为密度矩阵或密度算符，式(2.3)是密度算符的运动方程，亦称量子 Liouville 方程(或 von Neumann 方程)。方程的解为

$$\boldsymbol{\rho}(t)=\mathrm{e}^{-\mathrm{i}t\boldsymbol{H}/\hbar}\boldsymbol{\rho}(0)\mathrm{e}^{\mathrm{i}t\boldsymbol{H}/\hbar}。$$

(4) 测量假设　测量由一组作用于态$|\psi\rangle$的测量算符$\{\boldsymbol{M}_k\}$描述，满足完备性$\sum_k\boldsymbol{M}_k^\dagger\boldsymbol{M}_k=\boldsymbol{I}$。测得结果$k$的概率为$p(k)=\langle\psi|\boldsymbol{M}_k^\dagger\boldsymbol{M}_k|\psi\rangle$。测后态为

$$\frac{\boldsymbol{M}_k|\psi\rangle}{\sqrt{\langle\psi|\boldsymbol{M}_k^\dagger\boldsymbol{M}_k|\psi\rangle}}。$$

完备性关系表明，$\sum_k\langle\psi|\boldsymbol{M}_k^\dagger\boldsymbol{M}_k|\psi\rangle=\sum_k p(k)=1$。

例 2.2 单量子比特在计算基底$\{|0\rangle,|1\rangle\}$下的测量。测量结果有两个,对应的测量算子分别为

$$M_0=|0\rangle\langle 0|,\quad M_1=|1\rangle\langle 1|。$$

设态$|\psi\rangle=a|0\rangle+b|1\rangle$,测量结果为$|0\rangle$的概率为

$$p(0)=\langle\psi|M_0^\dagger M_0|\psi\rangle=\langle\psi|M_0|\psi\rangle=|a|^2,$$

测后态为$\dfrac{M_0|\psi\rangle}{|a|}=\dfrac{a}{|a|}|0\rangle$。同理,$p(1)=|b|^2$,测后态为$\dfrac{M_1|\psi\rangle}{|b|}=\dfrac{b}{|b|}|1\rangle$。忽略整体相位,两个测后态分别为$|0\rangle$和$|1\rangle$。

例 2.3 双量子比特系统的任意态

$$|\psi\rangle=a|00\rangle+b|01\rangle+c|10\rangle+d|11\rangle,$$

其中$|a|^2+|b|^2+|c|^2+|d|^2=1$,关于基$\{|0\rangle,|1\rangle\}$测量第一个量子比特。

将量子态$|\psi\rangle$改写为

$$\begin{aligned}|\psi\rangle&=|0\rangle\otimes(a|0\rangle+b|1\rangle)+|1\rangle\otimes(c|0\rangle+d|1\rangle)\\&=\alpha|0\rangle\otimes\frac{1}{\alpha}(a|0\rangle+b|1\rangle)+\beta|1\rangle\otimes\frac{1}{\beta}(c|0\rangle+d|1\rangle),\end{aligned}$$

其中$\alpha=\sqrt{|a|^2+|b|^2}$,$\beta=\sqrt{|c|^2+|d|^2}$,$|\alpha|^2+|\beta|^2=1$。

测量第一个量子比特的测量算符

$$M_0=|0\rangle\langle 0|\otimes I,\quad M_1=|1\rangle\langle 1|\otimes I。$$

结果为$|0\rangle$的概率为$p_0=\langle\boldsymbol{\psi}|M_0|\psi\rangle=\alpha^2=|a|^2+|b|^2$,并投影为态

$$\frac{M_0|\psi\rangle}{\sqrt{p_0}}=|0\rangle\otimes\frac{1}{\alpha}(a|0\rangle+b|1\rangle)。$$

类似地,结果为$|1\rangle$的概率为$\beta^2=|c|^2+|d|^2$,投影为态$|1\rangle\otimes\dfrac{1}{\beta}(c|0\rangle+d|1\rangle)$。

设可观测量 Hermite 算符 $\boldsymbol{A}$ 具有谱分解$\boldsymbol{A}=\sum\limits_k\lambda_k\boldsymbol{P}_k$,其中$\lambda_k$为特征值,投影算子$\boldsymbol{P}_k$是到特征空间的正交投影,$\boldsymbol{P}_k$是 Hermite 的,且$\boldsymbol{P}_k\boldsymbol{P}_l=\delta_{kl}\boldsymbol{P}_k$,满足完备性关系$\sum\boldsymbol{P}_k^\dagger\boldsymbol{P}_k=\boldsymbol{I}$。以$\{\boldsymbol{P}_k\}$为测量算符,测量的可能结果对应于测量算子的特征值$\lambda_k$,此为投影测量。对测量态$|\psi\rangle$,得到结果$\lambda_k$的概率为

$$p_k=\langle\psi|\boldsymbol{P}_k|\psi\rangle=\langle\psi|\boldsymbol{P}_k^\dagger\boldsymbol{P}_k|\psi\rangle=\|\boldsymbol{P}_k|\psi\rangle\|^2。$$

投影测量的均值(或期望)为

$$\langle A\rangle\equiv\sum_k\lambda_k p_k=\sum_k\lambda_k\langle\psi|\boldsymbol{P}_k|\psi\rangle=\langle\psi|\sum_k\lambda_k\boldsymbol{P}_k|\psi\rangle=\langle\psi|\boldsymbol{A}|\psi\rangle。$$

将$|\psi\rangle$展开,$|\psi\rangle=\sum\limits_i c_i|\lambda_i\rangle$,则

$$\langle A\rangle=\langle\psi|\boldsymbol{A}|\psi\rangle=\sum_{i,j}c_j^*c_i\langle\lambda_j|\boldsymbol{A}|\lambda_i\rangle=\sum_{i,j}c_j^*c_i\lambda_i\delta_{ij}=\sum_j\lambda_j|c_j|^2,$$

这里模平方$|c_j|^2$表示当体系处于量子态$|\psi\rangle$时,测量结果为本征值λ_j的概率(故c_j称为概率振幅)。如果系统处于算子的本征态,对应的可观测量具有唯一确定的测量值,即该本征态对应的本征值;对于任意态,可观测量的测量值是各本征值的加权平均。量子力学中测量不可逆,测量后系统坍缩到本征态$|\lambda_j\rangle$的概率是$|c_j|^2$。

注 在量子力学中整体相位无观测效应，因为$|\langle\phi|e^{i\alpha \boldsymbol{I}}|\psi\rangle|^2=|\langle\phi|\psi\rangle|^2$与$\alpha$无关；视波函数$|\psi\rangle$与$e^{i\alpha \boldsymbol{I}}|\psi\rangle$为等价类。但相对相位有观测效应，$|\langle\phi|\psi_1+e^{i\alpha \boldsymbol{I}}\psi_2\rangle|^2$与$\alpha$有关。波函数的相位因子跟量子力学中许多奇妙现象联系；相因子、量子化、对称性是近代物理中的重要特点。波函数本身不是力学量，有别于经典物理学中物理量。统计解释(M. Born 的几率波解释)可能还不是对波函数的完全认识。

(5) 复合系统假设　两个物理子系统组成的复合量子系统的状态空间是子系统状态空间的张量积。设子系统k的量子态为$|\psi_k\rangle(k=1,2)$，则复合系统的量子态为$|\psi_1\rangle\otimes|\psi_2\rangle$。

此外还有全同性假设。假设所有同一类粒子(比如所有光子，所有电子等)的各种固有属性(如质量、电荷等)都是相同的，即同一类粒子是全同的，任何实验都不能使一个粒子比同类的另一个粒子显得更特殊[CTa92]。在由多个全同粒子构成的量子系统中，交换任意两个粒子，波函数概率幅至多有正负号的改变，据此将全同粒子分为两类，正负号分别对应于粒子为玻色子(Boson)和费米子(fermion)的情形。玻色子的自旋为0或正整数，服从Bose-Einstein统计，描述玻色子系统的波函数对粒子的交换是对称的；费米子的自旋为半奇数，服从Fermi-Dirac统计，描述费米子系统的波函数对粒子的交换是反对称的。因为Pauli不相容原理，不允许两个费米子处在完全相同的态上，但可有任意多个玻色子处在同一个态上。

本节以Bohr的一段话作结，大意如下：我不知道量子力学是什么。我想我们是在与一些数学方法打交道，它们是适合于我们对实验的描述的，……我可能没有弄懂，但是我想，整个问题在于，理论不是别的，而是用来适应我们要求的一种工具，而且我认为它(量子力学)是适应了的。

2　表象

在状态空间中选取一组基矢就称为取一个表象。设力学量$\boldsymbol{A}$具有规范正交的特征向量(即本征态)$|\varphi_n\rangle$，简记为$|n\rangle$，且$\{|\varphi_n\rangle\}$张成完备的向量空间。将这组态矢量作为基底来表示任意量子态和算符，则为$\boldsymbol{A}$表象。在此具体表象，态$|\varphi\rangle=\sum c_n|n\rangle$，其中$c_n=\langle n|\varphi\rangle$表示态矢量沿基矢的分量(或投影)，且满足归一化条件$\sum\limits_i|c_i|^2=1$。

对任意算符$\boldsymbol{L}$和方程$\boldsymbol{L}|\varphi\rangle=|\phi\rangle$，采用$\boldsymbol{A}$表象，则有

$$\langle i|\boldsymbol{L}|\varphi\rangle=\langle i|\phi\rangle,\quad \sum_j\langle i|\boldsymbol{L}|j\rangle\langle j|\varphi\rangle=\langle i|\phi\rangle。$$

令$\langle j|\varphi\rangle=c_j$，$\langle i|\phi\rangle=b_i$，则有

$$\begin{bmatrix}L_{11} & L_{12} & \cdots & L_{1n}\\ L_{21} & L_{22} & \cdots & L_{2n}\\ \vdots & \vdots & & \vdots\\ L_{n1} & L_{n2} & \cdots & L_{nn}\end{bmatrix}\begin{bmatrix}c_1\\ c_2\\ \vdots\\ c_n\end{bmatrix}=\begin{bmatrix}b_1\\ b_2\\ \vdots\\ b_n\end{bmatrix},$$

其中$L_{ij}=\langle i|\boldsymbol{L}|j\rangle$为算符$\boldsymbol{L}$在$\boldsymbol{A}$表象中的矩阵表示，亦即

$$\boldsymbol{L}=\Big(\sum_i|i\rangle\langle i|\Big)\boldsymbol{L}\Big(\sum_j|j\rangle\langle j|\Big)=\sum_{i,j}\langle i|\boldsymbol{L}|j\rangle|i\rangle\langle j|=\sum_{i,j}L_{ij}|i\rangle\langle j|。$$

特殊地，算符在自身表象（即以自身的本征态为基矢的表象）中为对角矩阵，对角元就是算符的本征值。

在连续变量 x 表象中，完备性条件为

$$\int \mathrm{d}x \mid x\rangle\langle x \mid = \boldsymbol{I}。$$

任意态矢量 $|\varphi\rangle$ 可以展开为

$$\mid \varphi\rangle = \int \mathrm{d}x \mid x\rangle\langle x \mid \varphi\rangle = \int \mathrm{d}x \mid x\rangle\varphi(x),$$

其中 $\varphi(x)=\langle x|\varphi\rangle$ 是态矢量 $|\varphi\rangle$ 在 x 表象中的表示。态矢量在连续表象中表现为一个普通函数，此即量子力学中通常所说的波函数。态矢量的归一化条件为

$$\langle\varphi \mid \varphi\rangle = \langle\varphi \mid \int \mathrm{d}x \mid x\rangle\langle x \mid \varphi\rangle = \int \mathrm{d}x\langle\varphi \mid x\rangle\langle x \mid \varphi\rangle = \int \mathrm{d}x\varphi^*(x)\varphi(x) = \int \mathrm{d}x \mid \varphi(x)\mid^2 = 1。$$

常用的离散表象有能量表象（参考附录 C）和角动量表象；常用的连续表象有坐标表象和动量表象。坐标表象中，坐标算符为乘算符 x，y 和 z，动量算符是微分算符 $\boldsymbol{p}=-\mathrm{i}\hbar\nabla$；动量表象中，动量算符为乘算符 p_x，p_y 和 p_z，坐标算符是微分算符 $x=\mathrm{i}\hbar\frac{\partial}{\partial p_x}$，$y=\mathrm{i}\hbar\frac{\partial}{\partial p_y}$，$z=\mathrm{i}\hbar\frac{\partial}{\partial p_z}$。在离散（能量）表象中，矩阵算符作用于列矢量，构成量子力学的矩阵形式（Heisenberg 矩阵力学）；在连续（坐标）表象中，微分算符作用于连续的波函数，构成量子力学的波动形式（Schrödinger 波动力学）。

下面考虑表象变换[CTa92]。设有旧基底 $\{|\varphi_i\rangle\}$ 和新基底 $\{|t_j\rangle\}$ $(i,j=1,2,\cdots,n)$，令 $s_{ij}=\langle\varphi_i|t_j\rangle$，定义矩阵 $\boldsymbol{S}=(s_{ij})$。显然，$\langle t_i|\varphi_j\rangle=s_{ji}^*=(\boldsymbol{S}^\dagger)_{ij}$，$\mid t_j\rangle=\sum\limits_i \mid\varphi_i\rangle\langle\varphi_i \mid t_j\rangle=\sum\limits_i \mid\varphi_i\rangle s_{ij}$，此即基矢的变换，亦即

$$(\mid t_1\rangle, \mid t_2\rangle, \cdots, \mid t_n\rangle) = (\mid \varphi_1\rangle, \mid \varphi_2\rangle, \cdots, \mid \varphi_n\rangle)\boldsymbol{S}。$$

注意到

$$(\boldsymbol{S}^\dagger\boldsymbol{S})_{kl} = \sum_i s_{ki}^\dagger s_{il} = \sum_i \langle t_k \mid \varphi_i\rangle\langle\varphi_i \mid t_l\rangle = \langle t_k \mid t_l\rangle = \delta_{kl},$$

此即 $\boldsymbol{S}^\dagger\boldsymbol{S}=\boldsymbol{I}$；同理，$\boldsymbol{S}\boldsymbol{S}^\dagger=\boldsymbol{I}$。故 $\boldsymbol{S}$ 是酉矩阵。

设 $|\psi\rangle$ 在旧基中的分量 $c_i=\langle\varphi_i|\psi\rangle$，在新基中的分量

$$\tilde{c}_j = \langle t_j \mid \psi\rangle = \langle t_j \mid \boldsymbol{I} \mid \psi\rangle = \sum_i \langle t_j \mid \varphi_i\rangle\langle\varphi_i \mid \psi\rangle = \sum_i s_{ji}^\dagger c_i,$$

即 $\tilde{\boldsymbol{c}}=\boldsymbol{S}^\dagger\boldsymbol{c}$，这里 $\boldsymbol{c}=(c_1,c_2,\cdots,c_n)^{\mathrm{T}}$，$\tilde{\boldsymbol{c}}=(\tilde{c}_1,\tilde{c}_2,\cdots,\tilde{c}_n)^{\mathrm{T}}$。同理 $c_i=\langle\varphi_i \mid \psi\rangle=\sum\limits_k s_{ik}\langle t_k \mid \psi\rangle$，即 $\boldsymbol{c}=\boldsymbol{S}\tilde{\boldsymbol{c}}$。此即坐标分量的变换。

下面考虑算符 $\boldsymbol{L}$ 的矩阵元变换。令 $\langle t_k|\boldsymbol{L}|t_l\rangle=\tilde{L}_{kl}$，$\tilde{\boldsymbol{L}}=(\tilde{L}_{kl})$。

$$\langle t_k \mid \boldsymbol{L} \mid t_l\rangle = \langle t_k \mid \boldsymbol{ILI} \mid t_l\rangle = \sum_{ij} \langle t_k \mid \varphi_i\rangle\langle\varphi_i \mid \boldsymbol{L} \mid \varphi_j\rangle\langle\varphi_j \mid t_l\rangle = \sum_{ij} (\boldsymbol{S}^\dagger)_{ki} L_{ij} s_{jl},$$

即 $\tilde{\boldsymbol{L}}=\boldsymbol{S}^\dagger\boldsymbol{L}\boldsymbol{S}$，或 $\boldsymbol{L}=\boldsymbol{S}\tilde{\boldsymbol{L}}\boldsymbol{S}^\dagger$。

3 POVM 测量

从测量公设看出，量子测量假设涉及两要素：①得不同测量结果的概率，即测量的统计特性；②测量后系统状态。某些应用对测后状态并不关心，只关注系统得到不同结果的概率(如在结束阶段对系统进行一次测量，仅关心获得的测量值)。正算子值测量（positive operator-valued measure，POVM)作为数学工具适合于分析测量结果，而不涉及测量后状态。

设测量算子 $\boldsymbol{M}_k$ 在状态为 $|\psi\rangle$ 的量子系统上进行测量，获得结果 k 的概率 $p(k)=\langle\psi|\boldsymbol{M}_k^\dagger\boldsymbol{M}_k|\psi\rangle$。定义 $\boldsymbol{E}_k\equiv\boldsymbol{M}_k^\dagger\boldsymbol{M}_k$，显然 $\boldsymbol{E}_k$ 是半正定算子。如果 $\sum_k\boldsymbol{E}_k=\boldsymbol{I}$，则算子集合 $\{\boldsymbol{E}_k\}$ 足以描述不同测量结果的概率，得结果 k 的概率为 $p(k)=\langle\psi|\boldsymbol{E}_k|\psi\rangle$。算子 $\boldsymbol{E}_k$ 称为与测量相联系的 POVM 元，集合 $\{\boldsymbol{E}_k\}$ 称为一个 POVM。

定义 2.4 正算子值测量为任意满足以下条件的算子集合 $\{\boldsymbol{E}_k\}$：

(1) 每个算子 $\boldsymbol{E}_k$ 半正定，即 $\boldsymbol{E}_k\geqslant 0,\forall k$；

(2) 完备性关系：$\sum_k\boldsymbol{E}_k=\boldsymbol{I}$。

完备性关系保证概率和为 1。设 $\{\boldsymbol{E}_k\}$ 是任意满足 $\sum_k\boldsymbol{E}_k=\boldsymbol{I}$ 的半正定算子集合，可证存在一组测量算子 $\boldsymbol{M}_k$，来定义由 POVM$\{\boldsymbol{E}_k\}$ 所描述的测量。比如，定义 $\boldsymbol{M}_k=\sqrt{\boldsymbol{E}_k}$，易验证 $\sum_k\boldsymbol{M}_k^\dagger\boldsymbol{M}_k=\sum_k\boldsymbol{E}_k=\boldsymbol{I}$，集合 $\{\boldsymbol{M}_k\}$ 描述了一个具有 POVM$\{\boldsymbol{E}_k\}$ 的测量。投影测量的测量算子 $\{\boldsymbol{P}_k\}$ 满足 $\boldsymbol{P}_k\boldsymbol{P}_l=\delta_{kl}\boldsymbol{P}_k$，$\sum_k\boldsymbol{P}_k=\boldsymbol{I}$(若 $\boldsymbol{P}_k$ 都是秩 1 的，则为 von Neumann 测量)，是 POVM 的特例；这时所有的 POVM 元与测量算子本身相同，即 $\boldsymbol{E}_k=\boldsymbol{P}_k^\dagger\boldsymbol{P}_k=\boldsymbol{P}_k$(半正定)，且 $\sum_k\boldsymbol{E}_k=\boldsymbol{I}$。

引入辅助比特，定义 $|\boldsymbol{\Psi}\rangle=|0\rangle|\psi\rangle$。令 $(\langle k|\otimes\boldsymbol{I})\boldsymbol{U}(|0\rangle\otimes\boldsymbol{I})=\boldsymbol{M}_k$，这里 $\boldsymbol{U}$ 为酉矩阵；则由列正交性，$\sum_k\boldsymbol{M}_k^\dagger\boldsymbol{M}_k=\boldsymbol{I}$。另外，$\boldsymbol{U}|\boldsymbol{\Psi}\rangle=\boldsymbol{U}(|0\rangle\otimes\boldsymbol{I})|\psi\rangle$。令 $\boldsymbol{P}_k=|k\rangle\langle k|\otimes\boldsymbol{I}$，则

$$
\begin{aligned}
(\boldsymbol{U}|\boldsymbol{\Psi}\rangle)^\dagger\boldsymbol{P}_k(\boldsymbol{U}|\boldsymbol{\Psi}\rangle)&=\langle\psi|(\langle 0|\otimes\boldsymbol{I})\boldsymbol{U}^\dagger(|k\rangle\otimes\boldsymbol{I})(\langle k|\otimes\boldsymbol{I})\boldsymbol{U}(|0\rangle\otimes\boldsymbol{I})|\psi\rangle\\
&=\langle\psi|\boldsymbol{M}_k^\dagger\boldsymbol{M}_k|\psi\rangle。
\end{aligned}
$$

Neumark 定理[Per90]表明，把研究的子系统拓展到更大的孤立复合系统后，在复合系统上执行适当的投影测量可实现子系统上事先给定的 POVM。

例 2.5(POVM 的应用) 设 Alice 发送给 Bob 处于下面两种状态之一的一个量子比特

$$|\psi_1\rangle=|0\rangle,\quad |\psi_2\rangle=|+\rangle=\frac{1}{\sqrt{2}}(|0\rangle+|1\rangle)。$$

由于这两个量子态非正交，Bob 不可能完全可靠地确定收到的是 $|\psi_1\rangle$ 还是 $|\psi_2\rangle$；但可以进行一次 POVM，准确作出判断。定义

$$\boldsymbol{E}_1=\alpha|1\rangle\langle 1|,\quad \boldsymbol{E}_2=\alpha|-\rangle\langle -|,\quad \boldsymbol{E}_3=\boldsymbol{I}-\boldsymbol{E}_1-\boldsymbol{E}_2,$$

其中 $0<\alpha\leqslant 2-\sqrt{2}$。可验证这些半正定算子满足完备性关系 $\sum_{k=1}^{3}\boldsymbol{E}_k=\boldsymbol{I}$，因而构成 POVM。

注意到$\langle\psi_1|\boldsymbol{E}_1|\psi_1\rangle=0$,如果 Bob 用算子 $\boldsymbol{E}_1$ 测量并得到结果,则可断定收到量子态$|\psi_2\rangle$;注意到$\langle\psi_2|\boldsymbol{E}_2|\psi_2\rangle=0$,如果 Bob 用算子 $\boldsymbol{E}_2$ 测量并得到结果,则可断定收到量子态$|\psi_1\rangle$;如果 Bob 用算子 $\boldsymbol{E}_3$ 测量,将不能对所收到的状态作任何判断。总之,Bob 不会做出错误判断[NC00]。

4 Heisenberg 原理

定义 2.6 算符 $\boldsymbol{A}$ 的标准偏差为

$$\Delta\boldsymbol{A}\equiv\sqrt{\langle(\boldsymbol{A}-\langle\boldsymbol{A}\rangle)^2\rangle}=\sqrt{\langle\boldsymbol{A}^2\rangle-\langle\boldsymbol{A}\rangle^2},$$

其中$\langle\boldsymbol{A}\rangle=\langle\psi|\boldsymbol{A}|\psi\rangle$是系统处于状态$|\psi\rangle$时的力学量平均值。

对算符 $\boldsymbol{A}$ 相关的物理量进行大量观测实验,观测值标准偏差由定义 2.6 给出。标准偏差是算符 $\boldsymbol{A}$ 观测值分散程度的度量。

设 $\boldsymbol{C}$ 和 $\boldsymbol{D}$ 为 Hermite 算符,$|\psi\rangle$是一量子态,令$\langle\psi|\boldsymbol{CD}|\psi\rangle=x+\mathrm{i}y$,$x,y\in\mathbb{R}$,则$\langle\psi|\boldsymbol{DC}|\psi\rangle=x-\mathrm{i}y$,且

$$\langle\psi\mid[\boldsymbol{C},\boldsymbol{D}]\mid\psi\rangle=\mathrm{i}2y,\quad\langle\psi\mid\{\boldsymbol{C},\boldsymbol{D}\}\mid\psi\rangle=2x。$$

从而

$$|\langle\psi\mid[\boldsymbol{C},\boldsymbol{D}]\mid\psi\rangle|^2+|\langle\psi\mid\{\boldsymbol{C},\boldsymbol{D}\}\mid\psi\rangle|^2=4|\langle\psi\mid\boldsymbol{CD}\mid\psi\rangle|^2。$$

考虑 Cauchy-Schwarz 不等式:$|\langle v|w\rangle|^2\leqslant\langle v|v\rangle\langle w|w\rangle$,$\forall\, v,w$。则

$$|\langle\psi\mid\boldsymbol{CD}\mid\psi\rangle|^2\leqslant|\langle\psi\mid\boldsymbol{C}^2\mid\psi\rangle||\langle\psi\mid\boldsymbol{D}^2\mid\psi\rangle|。$$

故

$$|\langle\psi\mid[\boldsymbol{C},\boldsymbol{D}]\mid\psi\rangle|^2\leqslant4|\langle\psi\mid\boldsymbol{C}^2\mid\psi\rangle||\langle\psi\mid\boldsymbol{D}^2\mid\psi\rangle|。$$

考查两个力学量算符 $\boldsymbol{A}$ 和 $\boldsymbol{B}$。令 $\boldsymbol{C}=\boldsymbol{A}-\langle\boldsymbol{A}\rangle$,$\boldsymbol{D}=\boldsymbol{B}-\langle\boldsymbol{B}\rangle$,易验证$[\boldsymbol{C},\boldsymbol{D}]=[\boldsymbol{A},\boldsymbol{B}]$。代入上式,得 Heisenberg 测不准关系:

$$\Delta\boldsymbol{A}\Delta\boldsymbol{B}\geqslant\frac{1}{2}|\langle\psi\mid[\boldsymbol{A},\boldsymbol{B}]\mid\psi\rangle|。$$

注意到动量算符 p_x 为$-\mathrm{i}\hbar\frac{\partial}{\partial x}$,从而

$$[x,p_x]\psi=(xp_x-p_xx)\psi=-\mathrm{i}\hbar\left[x\frac{\partial}{\partial x}\psi-\frac{\partial}{\partial x}(x\psi)\right]=\mathrm{i}\hbar\psi,\quad\forall\,\psi。$$

故$[x,p_x]=\mathrm{i}\hbar$。同理可证,$[y,p_y]=\mathrm{i}\hbar$,$[z,p_z]=\mathrm{i}\hbar$。由 Heisenberg 测不准关系得

$$\Delta x\cdot\Delta p_x\geqslant\hbar/2。\tag{2.4}$$

Born 的概率解释,Heisenberg 的测不准关系和 Bohr 的互补性原理是 Copenhagen 学派的三大要素。

Fourier 变换也给出不确定性关系。定义 Fourier 变换

$$A(k)=\frac{1}{\sqrt{2\pi}}\int_{-\infty}^{\infty}\psi(x)\mathrm{e}^{-\mathrm{i}kx}\mathrm{d}x,$$

逆变换为

$$\psi(x)=\frac{1}{\sqrt{2\pi}}\int_{-\infty}^{\infty}A(k)\mathrm{e}^{\mathrm{i}kx}\mathrm{d}k。$$

定义$x_0=\frac{1}{\|\psi\|^2}\int_{-\infty}^{\infty}x|\psi(x)|^2\mathrm{d}x$(粒子的平均位置),$k_0=\frac{1}{\|A\|^2}\int_{-\infty}^{\infty}k|A(k)|^2\mathrm{d}k$(平均动量),以及这些平均值的方差

$$\Delta x^2\equiv\frac{1}{\|\psi\|^2}\int_{-\infty}^{\infty}(x-x_0)^2|\psi(x)|^2\mathrm{d}x,\quad \Delta k^2\equiv\frac{1}{\|A\|^2}\int_{-\infty}^{\infty}(k-k_0)^2|A(k)|^2\mathrm{d}k。$$

设$\lim\limits_{|x|\to\infty}\sqrt{x}\psi(x)=0$,下面证明$\Delta x\Delta k\geqslant\frac{1}{2}$。

若ψ的时频中心分别在x_0和k_0,则$\exp(-\mathrm{i}k_0x)\psi(x+x_0)$的时频中心都在原点处,这样只需要证结论对$x_0=0,k_0=0$成立。

$$\Delta x^2\Delta k^2=\frac{1}{\|\psi\|^2\|A\|^2}\int_{-\infty}^{\infty}|t\psi(t)|^2\mathrm{d}t\int_{-\infty}^{\infty}|wA(w)|^2\mathrm{d}w。$$

考虑到$\mathrm{i}kA(k)$是$\psi'(x)$的 Fourier 变换,并应用 Parseval 等式,得

$$\|\psi'\|^2\equiv\int|\psi'(x)|^2\mathrm{d}x=\int|\mathrm{i}kA(k)|^2\mathrm{d}k,$$

$$\Delta x^2\Delta k^2=\frac{1}{\|\psi\|^4}\int_{-\infty}^{\infty}|t\psi(t)|^2\mathrm{d}t\int_{-\infty}^{\infty}|\psi'(t)|^2\mathrm{d}t。$$

再由 Cauchy-Schwarz 不等式$\|t\psi\|^2\|\psi'\|^2\geqslant|\langle t\psi,\psi'\rangle|^2$,故

$$\begin{aligned}\Delta x^2\Delta k^2&\geqslant\frac{1}{\|\psi\|^4}\left|\int_{-\infty}^{\infty}t\psi^*(t)\psi'(t)\mathrm{d}t\right|^2\\&\geqslant\frac{1}{\|\psi\|^4}\left(\int_{-\infty}^{\infty}\frac{t}{2}\psi'(t)\psi^*(t)\mathrm{d}t+\int_{-\infty}^{\infty}\frac{t}{2}\psi'^*(t)\psi(t)\mathrm{d}t\right)^2\\&=\frac{1}{\|\psi\|^4}\left(\int_{-\infty}^{\infty}\frac{t}{2}(\psi\psi^*)'\mathrm{d}t\right)^2=\frac{1}{4\|\psi\|^4}\left(\int_{-\infty}^{\infty}t(|\psi(t)|^2)'\mathrm{d}t\right)^2。\end{aligned}$$

这里用到$(|\psi|^2)'=(\psi\psi^*)'=\psi'\psi^*+\psi\psi'^*$。因$\lim\limits_{|x|\to\infty}\sqrt{x}\psi(x)=0$,由分部积分得

$$\Delta x^2\Delta k^2\geqslant\frac{1}{4\|\psi\|^4}\left(\int_{-\infty}^{\infty}|\psi(t)|^2\mathrm{d}t\right)^2=\frac{1}{4}。$$

结论可推广,对任何$\psi\in L^2(\mathbb{R})$,$\Delta x\Delta k\geqslant\frac{1}{2}$。对$p=\hbar k$,$\Delta p=\hbar\Delta k$,可知式(2.4)成立。

第3章

再论量子态

单量子比特可由量子的两态系统表示，以$\mathbb{C}^2$ 中的单位向量$|0\rangle$和$|1\rangle$记之，其含义取决于具体物理实现。常见的量子两态系统包括：①电子自旋(spin)态，相对于某个外场方向的自旋向上态$|0\rangle=|\uparrow\rangle$和自旋向下态$|1\rangle=|\downarrow\rangle$。②原子能级中的基态$|0\rangle$和激发态$|1\rangle$。③光子的两个正交偏振方向：垂直偏振态$|0\rangle=|\updownarrow\rangle$和水平偏振态$|1\rangle=|\leftrightarrow\rangle$；或左/右旋偏振态。

单量子比特叠加态表示为$|\psi\rangle=\alpha|0\rangle+\beta|1\rangle$，其中$\alpha,\beta\in\mathbb{C}$，$|\alpha|^2+|\beta|^2=1$。测量$|\psi\rangle$，测后态为$|0\rangle$或$|1\rangle$；测得 0 或 1 的概率分别为$|\alpha|^2$ 和$|\beta|^2$。

1 Bloch 球

单量子比特态可简洁地用单位球上的点表示(态的几何表示)。对单量子比特态

$$|\psi\rangle=\alpha|0\rangle+\beta|1\rangle,$$

下面导出 Bloch 球上的参数表示。

注意到归一化条件$\langle\psi|\psi\rangle=1$，即$|\alpha|^2+|\beta|^2=1$。设$\alpha=z\mathrm{e}^{\mathrm{i}\phi_\alpha}$，$\beta=r\mathrm{e}^{\mathrm{i}\phi_\beta}$。$|\psi\rangle$乘以因子$\mathrm{e}^{-\mathrm{i}\phi_\alpha}$，这是一整体相位，无观测效应。从而

$$|\psi\rangle=z|0\rangle+r\mathrm{e}^{\mathrm{i}(\phi_\beta-\phi_\alpha)}|1\rangle。$$

令$\phi=\phi_\beta-\phi_\alpha$，$r\mathrm{e}^{\mathrm{i}\phi}=x+\mathrm{i}y$，则$|\psi\rangle=z|0\rangle+(x+\mathrm{i}y)|1\rangle$。由归一化条件，$|z|^2+|x+\mathrm{i}y|^2=x^2+y^2+z^2=1$，这正是三维空间中的单位球面方程。取$r=1$，球面参数方程$x=r\sin\theta'\cos\phi$，$y=r\sin\theta'\sin\phi$，$z=r\cos\theta'$，则

$$|\psi\rangle=\cos\theta'|0\rangle+\sin\theta'(\cos\phi+\mathrm{i}\sin\phi)|1\rangle=\cos\theta'|0\rangle+\mathrm{e}^{\mathrm{i}\phi}\sin\theta'|1\rangle,$$

这里$0\leqslant\theta'\leqslant\pi$，$0\leqslant\phi\leqslant2\pi$。

考查态$|\psi\rangle=\cos\theta'|0\rangle+\mathrm{e}^{\mathrm{i}\phi}\sin\theta'|1\rangle$。当取$\theta'=0$时，$|\psi\rangle=|0\rangle$；当$\theta'=\frac{\pi}{2}$时，$|\psi\rangle=\mathrm{e}^{\mathrm{i}\phi}|1\rangle$，即$|1\rangle$，这暗示$0\leqslant\theta'\leqslant\frac{\pi}{2}$可产生所有态。球面上点$(1,\theta',\phi)$对应于量子态$|\psi\rangle$，它关

于原点对称的点为$(1,\pi-\theta',\pi+\phi)$，如果我们依此写出量子态

$$\cos(\pi-\theta')\mid 0\rangle + e^{i(\phi+\pi)}\sin(\pi-\theta')\mid 1\rangle = -\cos\theta'\mid 0\rangle - e^{i\phi}\sin\theta'\mid 1\rangle = -\mid\psi\rangle,$$

则发现它与$|\psi\rangle$仅差一个相位因子-1，二者表示是等价的。这样，仅需考虑上半球面$0\leqslant\theta'\leqslant\frac{\pi}{2}$。变换$\theta=2\theta'$可将上半球面上点映射到整个球面；除了$\theta'=\frac{\pi}{2}$，其余都是一一映射(这无关紧要，因为赤道上的点映成$e^{i\phi}|1\rangle$，忽略整体相位，视为同一个态，对应于南极点)。故而量子态在Bloch球上的表示为

$$\mid\psi(\theta,\phi)\rangle = \cos\frac{\theta}{2}\mid 0\rangle + e^{i\phi}\sin\frac{\theta}{2}\mid 1\rangle, \tag{3.1}$$

其中$0\leqslant\theta\leqslant\pi, 0\leqslant\phi\leqslant 2\pi$。

考查一个单量子比特态$|\psi\rangle=\cos\frac{\theta}{2}|0\rangle+e^{i\phi}\sin\frac{\theta}{2}|1\rangle$。在Bloch球上，关于原点与之相对的点对应于态

$$\mid\varphi\rangle = \cos\frac{\pi-\theta}{2}\mid 0\rangle + e^{i(\phi+\pi)}\sin\frac{\pi-\theta}{2}\mid 1\rangle.$$

易验证

$$\langle\varphi\mid\psi\rangle = \cos\frac{\theta}{2}\cos\frac{\pi-\theta}{2} - \sin\frac{\theta}{2}\sin\frac{\pi-\theta}{2} = \cos\frac{\pi}{2} = 0.$$

因此，Bloch球上同一条直径两个端点(opposite points)对应的态正交。

下面说明$|\psi(\theta,\phi)\rangle$是$\boldsymbol{n}\cdot\boldsymbol{\sigma}$对应于$+1$的本征态，这里$\boldsymbol{\sigma}=(\boldsymbol{\sigma}_x,\boldsymbol{\sigma}_y,\boldsymbol{\sigma}_z)$，$\boldsymbol{n}$是Bloch向量：$\boldsymbol{n}(\theta,\phi)=(\sin\theta\cos\phi,\sin\theta\sin\phi,\cos\theta)^{\mathrm{T}}$。实际上

$$(\boldsymbol{n}(\theta,\phi)\cdot\boldsymbol{\sigma})\mid\psi(\theta,\phi)\rangle = \begin{pmatrix}\cos\theta & \sin\theta e^{-i\phi}\\ \sin\theta e^{i\phi} & -\cos\theta\end{pmatrix}\begin{pmatrix}\cos\frac{\theta}{2}\\ e^{i\phi}\sin\frac{\theta}{2}\end{pmatrix} = \begin{pmatrix}\cos\frac{\theta}{2}\\ e^{i\phi}\sin\frac{\theta}{2}\end{pmatrix} = \mid\psi(\theta,\phi)\rangle.$$

类似地

$$(\boldsymbol{n}(\theta,\phi)\cdot\boldsymbol{\sigma})\mid\psi(\pi-\theta,\pi+\phi)\rangle = -\mid\psi(\pi-\theta,\pi+\phi)\rangle.$$

态矢量$|\psi(\theta,\phi)\rangle$与单位向量$\boldsymbol{n}(\theta,\phi)$对应，二维Hilbert空间的态矢量$|\psi\rangle$可用三维空间的Bloch球上单位向量$\boldsymbol{n}(\theta,\phi)$表示$(0\leqslant\theta\leqslant\pi,0\leqslant\phi\leqslant 2\pi)$，在Bloch球上对应于点$(1,\theta,\phi)$。Bloch球上的旋转参考附录A。

2 量子纠缠

定义3.1 设H_1和H_2是Hilbert空间，$H=H_1\otimes H_2$。若$|\psi\rangle\in H$可表示为$|\psi\rangle=|\psi_1\rangle\otimes|\psi_2\rangle$，其中$|\psi_k\rangle\in H_k\,(k=1,2)$，则称$|\psi\rangle$为可分态(或直积态)，否则为纠缠态。

一般地，维数$\dim H_1+\dim H_2\leqslant\dim H=\dim H_1\cdot\dim H_2$，两体系统中大部分都是纠缠态。两粒子一旦纠缠，单个粒子个体的概念本质上不适用了，处于纠缠态的两个粒子应看作一个整体，量子纠缠是量子整体性的体现。

考查n量子比特表示的直积态：

$$\bigotimes_{j=1}^{n}(a_j\,|\,0\rangle+b_j\,|\,1\rangle)$$
$$=(a_1\,|\,0\rangle+b_1\,|\,1\rangle)\otimes(a_2\,|\,0\rangle+b_2\,|\,1\rangle)\otimes\cdots\otimes(a_n\,|\,0\rangle+b_n\,|\,1\rangle),$$

由 $2n$ 个复数$\{a_i,b_i\}_{i=1,2,\cdots,n}$ 刻画。而 2^n 维空间中一般态为

$$|\,\psi\rangle=\sum_{i_k\in\{0,1\}}a_{i_1i_2\cdots i_n}\,|\,i_1\rangle\otimes|\,i_2\rangle\otimes\cdots\otimes|\,i_n\rangle,$$

一般地,$2^n\gg 2n$(n 为远大于 2 的整数),说明多数态是纠缠的。量子纠缠的奇妙特性可见附录 D 中的 EPR 佯谬。

例 3.2 考查两个电子的自旋态$|\varphi\rangle=\frac{1}{\sqrt{2}}(|\uparrow\rangle\otimes|\uparrow\rangle+|\downarrow\rangle\otimes|\downarrow\rangle)$。假设

$$|\,\varphi\rangle=(c_1\,|\uparrow\rangle+c_2\,|\downarrow\rangle)\otimes(d_1\,|\uparrow\rangle+d_2\,|\downarrow\rangle)$$
$$=c_1d_1\,|\uparrow\rangle\otimes|\uparrow\rangle+c_1d_2\,|\uparrow\rangle\otimes|\downarrow\rangle+c_2d_1\,|\downarrow\rangle\otimes|\uparrow\rangle+c_2d_2\,|\downarrow\rangle\otimes|\downarrow\rangle,$$

则要求 $c_1d_2=c_2d_1=0$,$c_1d_1=c_2d_2=\frac{1}{\sqrt{2}}$,而这是不可能的。故$|\varphi\rangle$不可分,为纠缠态。

常见的纠缠态有贝尔(Bell)基态:

$$|\,\Phi^+\rangle=\frac{1}{\sqrt{2}}(|\,00\rangle+|\,11\rangle),\quad |\,\Phi^-\rangle=\frac{1}{\sqrt{2}}(|\,00\rangle-|\,11\rangle),$$
$$|\,\Psi^+\rangle=\frac{1}{\sqrt{2}}(|\,01\rangle+|\,10\rangle),\quad |\,\Psi^-\rangle=\frac{1}{\sqrt{2}}(|\,01\rangle-|\,10\rangle)。$$

还有 Greenberger-Horne-Zeilinger(GHZ)态:

$$|\,\mathrm{GHZ}\rangle=\frac{1}{\sqrt{2}}(|\,000\rangle+|\,111\rangle),$$

以及 W 态:

$$|\,\mathrm{W}\rangle=\frac{1}{\sqrt{3}}(|\,100\rangle+|\,010\rangle)+|\,001\rangle)。$$

给定态$|\psi\rangle\in H=H_1\otimes H_2$,下面考虑如何判断可分还是纠缠。设

$$|\,\psi\rangle=\sum_{i,j}a_{ij}\,|\,e_i^{(1)}\rangle\otimes|\,e_j^{(2)}\rangle,\tag{3.2}$$

其中$\{|e_i^{(l)}\rangle\}$是 $H_l\,(l=1,2)$的正交基,$\sum_{i,j}|a_{ij}|^2=1$。

定理 3.3 $|\psi\rangle\in H=H_1\otimes H_2$ 有如下的 Schmidt 分解:

$$|\,\psi\rangle=\sum_{n=1}^{r}\sigma_n\,|\,n^{(1)}\rangle\otimes|\,n^{(2)}\rangle,$$

其中 $\sigma_i>0(i=1,\cdots,r)$,$\sum_{i=1}^{r}\sigma_i^2=1$;$\{|n^{(l)}\rangle\}$是 H_l 的正交基;r 为 Schmidt 数。

证 设式(3.2)中的展开系数 a_{ij} 形成一个 $\dim H_1\times\dim H_2$ 复矩阵 $\boldsymbol{A}=(a_{ij})$,且有奇异值分解 $\boldsymbol{A}=\boldsymbol{U\Sigma V}^\dagger$。将其写成如下分量形式:

$$a_{ij}=\sum_{k,l}U_{ik}\Sigma_{kl}(V^\dagger)_{lj}=\sum_{k,l}U_{ik}\Sigma_{kl}V_{jl}^*,$$

其中$\boldsymbol{\Sigma}$为对角矩阵，$\Sigma_{kl}=\sigma_k\delta_{kl}$，$\sigma_i>0(i=1,\cdots,r)$，$\sigma_j=0(j>r)$，且$\sum_{i=1}^{r}\sigma_i^2=\|\boldsymbol{A}\|_{\mathrm{F}}^2=1$。代入式(3.2)中，得

$$\begin{aligned}|\psi\rangle&=\sum_{i,j,k,l}U_{ik}\Sigma_{kl}V_{jl}^*\ |e_i^{(1)}\rangle\otimes|e_j^{(2)}\rangle\\&=\sum_{k,l}\sigma_k\delta_{kl}\Big(\sum_i U_{ik}\ |e_i^{(1)}\rangle\Big)\otimes\Big(\sum_j V_{jl}^*\ |e_j^{(2)}\rangle\Big)\\&=\sum_{k,l}\sigma_k\delta_{kl}\ |k^{(1)}\rangle\otimes|l^{(2)}\rangle,\end{aligned}$$

这里$|k^{(1)}\rangle=\sum_i U_{ik}\ |e_i^{(1)}\rangle$，$|l^{(2)}\rangle=\sum_j V_{jl}^*\ |e_j^{(2)}\rangle$，仍为正交基(因$\boldsymbol{U}$和$\boldsymbol{V}$均为酉矩阵)。故

$$|\psi\rangle=\sum_{k,l=1}^{r}\sigma_k\delta_{kl}\ |k^{(1)}\rangle\otimes|l^{(2)}\rangle=\sum_{n=1}^{r}\sigma_n\ |n^{(1)}\rangle\otimes|n^{(2)}\rangle。$$ □

注 两体态$|\psi\rangle$可分等价于Schmidt数等于1；大于1则为纠缠态。对多体系统

$$H=H_1\otimes H_2\otimes\cdots\otimes H_N,\quad N\geqslant 3,$$

没有与Schmidt分解对应的结论。纠缠度量有多种，Vedral等[VPR97]给出了纠缠度量应满足的三个条件。大多数纠缠度量只对两体态或某些特殊情形量子态有解析公式，对高维或混合态计算都很困难。

下面介绍著名的量子不可克隆定理(No-cloning theorem)。

定理3.4 不存在精确克隆任意未知量子态的酉变换。

证 对任意态$|\varphi\rangle$，假设存在酉变换$\boldsymbol{U}$可克隆它，$\boldsymbol{U}$: $|\varphi 0\rangle\to|\varphi\varphi\rangle$。

设$|\varphi\rangle$，$|\phi\rangle$是两线性无关态，据假设，有

$$\boldsymbol{U}\ |\varphi 0\rangle=|\varphi\varphi\rangle,\quad \boldsymbol{U}\ |\phi 0\rangle=|\phi\phi\rangle。\tag{3.3}$$

定义$|\psi\rangle=\frac{1}{\sqrt{2}}(|\varphi\rangle+|\phi\rangle)$。一方面，据假设，有

$$\boldsymbol{U}\ |\psi 0\rangle=|\psi\psi\rangle=\frac{1}{2}(|\varphi\rangle+|\phi\rangle)\otimes(|\varphi\rangle+|\phi\rangle)=\frac{1}{2}(|\varphi\varphi\rangle+|\varphi\phi\rangle+|\phi\varphi\rangle+|\phi\phi\rangle);$$

另一方面，由线性性质和克隆变换，有

$$\boldsymbol{U}\ |\psi 0\rangle=\frac{1}{\sqrt{2}}(\boldsymbol{U}\ |\varphi 0\rangle+\boldsymbol{U}\ |\phi 0\rangle)=\frac{1}{\sqrt{2}}(|\varphi\varphi\rangle+|\phi\phi\rangle)。$$

上述两式矛盾，故不存在这样的$\boldsymbol{U}$。 □

注 (1) 虽然不能复制任意态$|\psi\rangle=a|0\rangle+b|1\rangle$，但仅限于$|0\rangle$和$|1\rangle$时，仍可复制。比如

$$\begin{aligned}\boldsymbol{U}:\ |00\rangle&\mapsto|00\rangle\\|10\rangle&\mapsto|11\rangle\end{aligned}$$

这里$\boldsymbol{U}=(|00\rangle\langle 00|+|11\rangle\langle 10|)+(|01\rangle\langle 01|+|10\rangle\langle 11|)$，第一部分用于克隆，第二部分保证酉；这里的$\boldsymbol{U}$即为第4章将介绍的CNOT门。

(2) 由式(3.3)得$\langle\varphi\varphi|\phi\phi\rangle=\langle\varphi 0|\boldsymbol{U}^\dagger\boldsymbol{U}|\phi 0\rangle$，即$\langle\varphi|\phi\rangle^2=\langle\varphi|\phi\rangle$，故$\langle\varphi|\phi\rangle=1$或0，分别代表两个态相同或正交[Wil17]。如果$\boldsymbol{U}$能够对(一组正交态)$|\varphi\rangle$和$|\phi\rangle$精确克隆，则不能克

隆与$|\varphi\rangle$和$|\phi\rangle$非正交的态$|\psi\rangle=\frac{1}{\sqrt{2}}(|\varphi\rangle+|\phi\rangle)$。通用量子克隆不存在。

3 密度矩阵

量子力学中有两类量子态，一类可用态矢量或单一波函数描述，称为纯态。另一类无法用一个态矢量表示的为混合态，这时体系并不处于某个确定的纯态，而是以不同概率处于不同的纯态，是若干个纯态的非相干混合。我们对体系初始知识不完备，只好借助于概率。比如，自然光源发出的光子处于任何一种偏振态的概率相同，温度为 T 的热力学平衡体系我们只知道原子动能的统计分布(处于能量为 E_n 的态的概率正比于 $e^{-E_n/\kappa T}$)，这时要引入密度矩阵[CTa92]。密度矩阵是一种普遍形式的量子力学描述，而波函数描述是它的特殊情形[LL08]。量子态可由密度算子表示是由 von Neumann 与 Landau(1927)分别独立提出的[Wat18]。

设某时刻体系处于纯态$|\varphi_k\rangle$的概率为 p_k，则混合态密度矩阵为

$$\boldsymbol{\rho}=\sum p_k\,|\varphi_k\rangle\langle\varphi_k|=\sum p_k\boldsymbol{\rho}_k,\tag{3.4}$$

其中$\boldsymbol{\rho}_k=|\varphi_k\rangle\langle\varphi_k|$是纯态的密度矩阵。一般密度矩阵相当于纯态的凸组合。密度算子$\boldsymbol{\rho}$的定义可不依赖于状态向量。

定义 3.5 密度矩阵$\boldsymbol{\rho}$ 为一个迹为 1 的半正定算子，即满足

(i) 半正定性：$\boldsymbol{\rho}\geqslant 0$；

(ii) 幺迹性：$\mathrm{tr}\boldsymbol{\rho}=\sum p_k\,\mathrm{tr}\boldsymbol{\rho}_k=\sum p_k=1$。

混合态的密度矩阵$\boldsymbol{\rho}$ 具有如下性质。

(1) Hermite 性：$\boldsymbol{\rho}^{\dagger}=\boldsymbol{\rho}$。

(2) $\mathrm{tr}\boldsymbol{\rho}^2\leqslant 1$(等号对应纯态)。

$$\begin{aligned}\boldsymbol{\rho}^2&=\sum_{k,l}p_kp_l\,|\varphi_k\rangle\langle\varphi_k\,|\,\varphi_l\rangle\langle\varphi_l|=\sum_{k,l}p_kp_l\,|\varphi_k\rangle\langle\varphi_l|\,\delta_{kl}\\&=\sum_k p_k^2\,|\varphi_k\rangle\langle\varphi_k|\leqslant\sum p_k\,|\varphi_k\rangle\langle\varphi_k|=\boldsymbol{\rho}。\end{aligned}$$

(3) 力学量算符 $\boldsymbol{G}$ 的平均值

$$\langle\boldsymbol{G}\rangle=\sum p_k\langle\varphi_k\,|\,\boldsymbol{G}\,|\,\varphi_k\rangle=\sum p_k\,\mathrm{tr}(\boldsymbol{\rho}_k\boldsymbol{G})=\mathrm{tr}\left(\sum p_k\,\boldsymbol{\rho}_k\boldsymbol{G}\right)=\mathrm{tr}(\boldsymbol{\rho}\boldsymbol{G})。\tag{3.5}$$

混合态中的平均值为两重平均，一是量子力学平均，另一为经典统计平均，它包含经典概率和量子概率。

(4) 密度算符随时间演化

$$\mathrm{i}\hbar\frac{\partial\boldsymbol{\rho}}{\partial t}=\mathrm{i}\hbar\sum p_k\,\frac{\partial}{\partial t}\boldsymbol{\rho}_k=\sum p_k[\boldsymbol{H},\boldsymbol{\rho}_k]=\left[\boldsymbol{H},\sum p_k\,\boldsymbol{\rho}_k\right]=[\boldsymbol{H},\boldsymbol{\rho}]。\tag{3.6}$$

例 3.6 密度矩阵$\boldsymbol{\rho}$ 表示纯态的充分必要条件为$\boldsymbol{\rho}^2=\boldsymbol{\rho}$。

证 由$\boldsymbol{\rho}$ 的 Hermite 性知，其特征值 λ_i 为实，对应的特征向量$\{|\lambda_i\rangle\}$正交。令谱分解$\boldsymbol{\rho}=\sum_i\lambda_i\,|\lambda_i\rangle\langle\lambda_i|$。若$\boldsymbol{\rho}^2=\sum_i\lambda_i^2\,|\lambda_i\rangle\langle\lambda_i|=\boldsymbol{\rho}$，则$\lambda_i^2=\lambda_i$，故$\lambda_i=0$ 或 1。又 $\mathrm{tr}\boldsymbol{\rho}=\sum_i\lambda_i=$

1，故 $\lambda_p=1$（对某个 p），$\lambda_i=0(i\neq p)$。即$\boldsymbol{\rho}$为纯态，$\boldsymbol{\rho}=|\lambda_p\rangle\langle\lambda_p|$。

必要性易证。 □

例 3.7 单量子位的密度矩阵可以展开为$\boldsymbol{\rho}=a_0\boldsymbol{I}+\frac{1}{2}\boldsymbol{p}\cdot\boldsymbol{\sigma}$。由$\boldsymbol{\rho}$的 Hermite 性，展开系数全为实。因 $\mathrm{tr}\boldsymbol{\rho}=1$，$\mathrm{tr}(\boldsymbol{\sigma}_i)=0\ (i=1,2,3)$，故 $a_0=\frac{1}{2}$。易验证 $\boldsymbol{p}\cdot\boldsymbol{\sigma}=\begin{pmatrix}p_3 & p_1-\mathrm{i}p_2\\ p_1+\mathrm{i}p_2 & -p_3\end{pmatrix}$的特征值为 $\pm|\boldsymbol{p}|$，故 $\boldsymbol{\rho}=\frac{1}{2}(\boldsymbol{I}+\boldsymbol{p}\cdot\boldsymbol{\sigma})$ 的特征值为 $\lambda_{\pm}=\frac{1}{2}(1\pm|\boldsymbol{p}|)$，且 $\det(\boldsymbol{\rho})=\frac{1}{4}(1-|\boldsymbol{p}|^2)$。当$|\boldsymbol{p}|=1$（单位球面）时，$\mathrm{rank}\boldsymbol{\rho}=1$，对应于单量子位的纯态；当$|\boldsymbol{p}|<1$（在单位球面内）时，对应于混态。$\boldsymbol{\rho}$可以解释为粒子自旋极化密度算子，自旋各分量平均值

$$\langle\boldsymbol{\sigma}_j\rangle=\mathrm{tr}(\boldsymbol{\rho}\boldsymbol{\sigma}_j)=\frac{1}{2}\mathrm{tr}\left(\left(\boldsymbol{I}+\sum p_k\boldsymbol{\sigma}_k\right)\boldsymbol{\sigma}_j\right)$$

$$=\frac{1}{2}\sum_k p_k\,\mathrm{tr}(\boldsymbol{\sigma}_k\boldsymbol{\sigma}_j)=\frac{1}{2}p_j\,\mathrm{tr}(\boldsymbol{\sigma}_j\boldsymbol{\sigma}_j)=p_j。$$

当 $p_1=p_2=p_3=0$ 时，$\boldsymbol{\rho}=\frac{1}{2}\boldsymbol{I}$，是最无序的状态。

例 3.8 定义 Werner 态为$\boldsymbol{\rho}=\frac{p}{2}|\Psi^-\rangle\langle\Psi^-|+\frac{1-p}{4}\boldsymbol{I}\ (0\leqslant p\leqslant 1)$。令$|e_i\rangle(i=1,2)$为$\mathbb{C}^2$ 的基底，在基底$\{|e_1\rangle|e_1\rangle,|e_1\rangle|e_2\rangle,|e_2\rangle|e_1\rangle,|e_2\rangle|e_2\rangle\}$下，Werner 态表示为

$$\boldsymbol{\rho}=\frac{1}{4}\begin{bmatrix}1-p & 0 & 0 & 0\\ 0 & 1+p & -2p & 0\\ 0 & -2p & 1+p & 0\\ 0 & 0 & 0 & 1-p\end{bmatrix}。$$

定义部分转置$\boldsymbol{\rho}^{\mathrm{pt}}$ 满足$\langle e_i|\langle e_j|\boldsymbol{\rho}^{\mathrm{pt}}|e_k\rangle|e_l\rangle=\langle e_i|\langle e_l|\boldsymbol{\rho}|e_k\rangle|e_j\rangle$，写出$\boldsymbol{\rho}^{\mathrm{pt}}$。

解 求部分转置时仅需考虑非对角元，由定义得，

$$\langle e_1|\langle e_2|\boldsymbol{\rho}|e_2\rangle|e_1\rangle=-2p/4=\langle e_1|\langle e_1|\boldsymbol{\rho}^{\mathrm{pt}}|e_2\rangle|e_2\rangle,$$

$$\langle e_2|\langle e_1|\boldsymbol{\rho}|e_1\rangle|e_2\rangle=-2p/4=\langle e_2|\langle e_2|\boldsymbol{\rho}^{\mathrm{pt}}|e_1\rangle|e_1\rangle。$$

其余非对角元为零，对角元不变，故

$$\boldsymbol{\rho}^{\mathrm{pt}}=\frac{1}{4}\begin{bmatrix}1-p & 0 & 0 & -2p\\ 0 & 1+p & 0 & 0\\ 0 & 0 & 1+p & 0\\ -2p & 0 & 0 & 1-p\end{bmatrix}。$$

注 矩阵$\boldsymbol{A}$的转置$\boldsymbol{A}^{\mathrm{T}}$ 定义为$\langle e_i|\boldsymbol{A}^{\mathrm{T}}|e_j\rangle=\langle e_j|\boldsymbol{A}|e_i\rangle$，这里的部分转置为其推广。$\boldsymbol{\rho}^{\mathrm{pt}}$ 的特征方程为 $\det(\boldsymbol{\rho}^{\mathrm{pt}}-\lambda\boldsymbol{I})=\left(\lambda-\frac{p+1}{4}\right)^3\left(\lambda-\frac{1-3p}{4}\right)=0$，当$\frac{1}{3}<p\leqslant 1$时有负特征值，$\boldsymbol{\rho}^{\mathrm{pt}}$ 不是密度矩阵。文献[Per96]指出，$\boldsymbol{\rho}^{\mathrm{pt}}$ 仅有非负特征值（对应于物理态）是密度矩阵$\boldsymbol{\rho}$ 可

分的必要条件。$\frac{1}{2}(\|\boldsymbol{\rho}^{\mathrm{pt}}\|_1-1)$和$\log_2(\|\boldsymbol{\rho}^{\mathrm{pt}}\|_1)$这两个量可用于度量纠缠[VW02]。

为了比较两个密度矩阵,衡量两个量子状态的接近程度,下面引入保真度与迹距离。

定义 3.9 两个密度矩阵$\boldsymbol{\rho}_1,\boldsymbol{\rho}_2$的保真度定义为

$$F(\boldsymbol{\rho}_1,\boldsymbol{\rho}_2)=\mathrm{tr}\left(\sqrt{\sqrt{\boldsymbol{\rho}_1}\,\boldsymbol{\rho}_2\,\sqrt{\boldsymbol{\rho}_1}}\right)。\tag{3.7}$$

由迹范数定义,$F(\boldsymbol{\rho}_1,\boldsymbol{\rho}_2)=\|\sqrt{\boldsymbol{\rho}_1}\sqrt{\boldsymbol{\rho}_2}\|_1$。保真度具有如下性质[Wat18]:

(1) 酉不变性 $F(\boldsymbol{U\rho U}^\dagger,\boldsymbol{U\sigma U}^\dagger)=F(\boldsymbol{\rho},\boldsymbol{\sigma})$。

(2) $F(\boldsymbol{\rho},\boldsymbol{\sigma})=F(\boldsymbol{\sigma},\boldsymbol{\rho})$,$F(\lambda\boldsymbol{\rho},\boldsymbol{\sigma})=F(\boldsymbol{\sigma},\lambda\boldsymbol{\rho})=\sqrt{\lambda}F(\boldsymbol{\sigma},\boldsymbol{\rho})$,$\forall\lambda\geqslant 0$。

(3) $0\leqslant F(\boldsymbol{\rho},\boldsymbol{\sigma})\leqslant 1$,$F(\boldsymbol{\rho},\boldsymbol{\rho})=1$。

(4) 强凹性:设 p_i 和 q_i 为给定的概率分布,$\boldsymbol{\rho}_i$ 和$\boldsymbol{\sigma}_i$ 为密度算子,则

$$F\left(\sum p_i\boldsymbol{\rho}_i,\sum q_i\boldsymbol{\sigma}_i\right)\geqslant\sum\sqrt{p_iq_i}F(\boldsymbol{\rho}_i,\boldsymbol{\sigma}_i)。$$

例 3.10 两量子态之一为纯态时,则 $F(|\nu\rangle\langle\nu|,\boldsymbol{\rho})=\sqrt{\langle\nu|\boldsymbol{\rho}|\nu\rangle}$。

证 算符$\sqrt{\boldsymbol{\rho}}|\nu\rangle\langle\nu|\sqrt{\boldsymbol{\rho}}$半正定,秩至多为 1。最大特征值为

$$\lambda_{\max}(\sqrt{\boldsymbol{\rho}}\,|\nu\rangle\langle\nu|\,\sqrt{\boldsymbol{\rho}})=\mathrm{tr}(\sqrt{\boldsymbol{\rho}}\,|\nu\rangle\langle\nu|\,\sqrt{\boldsymbol{\rho}})=\langle\nu|\boldsymbol{\rho}|\nu\rangle,$$

其他特征值为 0。故

$$F(|\nu\rangle\langle\nu|,\boldsymbol{\rho})=\mathrm{tr}\left(\sqrt{\sqrt{\boldsymbol{\rho}}\,|\nu\rangle\langle\nu|\,\sqrt{\boldsymbol{\rho}}}\right)=\sqrt{\lambda_{\max}(\sqrt{\boldsymbol{\rho}}\,|\nu\rangle\langle\nu|\,\sqrt{\boldsymbol{\rho}})}=\sqrt{\langle\nu|\boldsymbol{\rho}|\nu\rangle}。\square$$

例 3.11 令$\boldsymbol{\rho}_0,\boldsymbol{\rho}_1,\boldsymbol{\sigma}_0,\boldsymbol{\sigma}_1$为密度矩阵,证明

$$F(\boldsymbol{\rho}_0\otimes\boldsymbol{\rho}_1,\boldsymbol{\sigma}_0\otimes\boldsymbol{\sigma}_1)=F(\boldsymbol{\rho}_0,\boldsymbol{\sigma}_0)F(\boldsymbol{\rho}_1,\boldsymbol{\sigma}_1)。$$

证

$$\begin{aligned}F(\boldsymbol{\rho}_0\otimes\boldsymbol{\rho}_1,\boldsymbol{\sigma}_0\otimes\boldsymbol{\sigma}_1)&=\|\sqrt{\boldsymbol{\rho}_0\otimes\boldsymbol{\rho}_1}\sqrt{\boldsymbol{\sigma}_0\otimes\boldsymbol{\sigma}_1}\|_1\\&=\|\sqrt{\boldsymbol{\rho}_0}\sqrt{\boldsymbol{\sigma}_0}\otimes\sqrt{\boldsymbol{\rho}_1}\sqrt{\boldsymbol{\sigma}_1}\|_1\\&=\|\sqrt{\boldsymbol{\rho}_0}\sqrt{\boldsymbol{\sigma}_0}\|_1\|\sqrt{\boldsymbol{\rho}_1}\sqrt{\boldsymbol{\sigma}_1}\|_1\\&=F(\boldsymbol{\rho}_0,\boldsymbol{\sigma}_0)F(\boldsymbol{\rho}_1,\boldsymbol{\sigma}_1)\end{aligned}$$

$\square$

例 3.12 令$\boldsymbol{\rho},\boldsymbol{\sigma}$为半正定,证明 $F(\boldsymbol{\rho},\boldsymbol{\sigma\rho\sigma})=\langle\boldsymbol{\rho},\boldsymbol{\sigma}\rangle$。

证 因为

$$\sqrt{\sqrt{\boldsymbol{\rho}}\,\boldsymbol{\sigma\rho\sigma}\sqrt{\boldsymbol{\rho}}}=\sqrt{(\sqrt{\boldsymbol{\rho}}\,\boldsymbol{\sigma}\sqrt{\boldsymbol{\rho}})^2}=\sqrt{\boldsymbol{\rho}}\,\boldsymbol{\sigma}\sqrt{\boldsymbol{\rho}},$$

所以

$$F(\boldsymbol{\rho},\boldsymbol{\sigma\rho\sigma})=\mathrm{tr}\sqrt{\sqrt{\boldsymbol{\rho}}\,\boldsymbol{\sigma\rho\sigma}\sqrt{\boldsymbol{\rho}}}=\mathrm{tr}\sqrt{\boldsymbol{\rho}}\,\boldsymbol{\sigma}\sqrt{\boldsymbol{\rho}}=\mathrm{tr}\boldsymbol{\rho\sigma}=\langle\boldsymbol{\rho},\boldsymbol{\sigma}\rangle。\square$$

例 3.13 令$[\boldsymbol{\rho}_1,\boldsymbol{\rho}_2]=\boldsymbol{0}$(可同时对角化),且有谱分解:

$$\boldsymbol{\rho}_1=\sum_i p_i\,|i\rangle\langle i|,\quad\boldsymbol{\rho}_2=\sum_j q_j\,|j\rangle\langle j|,$$

证明 $F(\boldsymbol{\rho}_1,\boldsymbol{\rho}_2)=\sum_j\sqrt{p_jq_j}$。

证

$$F(\boldsymbol{\rho}_1,\boldsymbol{\rho}_2)=\mathrm{tr}\sqrt{\sum_{i,j,k}\sqrt{p_ip_k}q_j\,|i\rangle\langle i|j\rangle\langle j|k\rangle\langle k|}$$

$$= \mathrm{tr}\sqrt{\sum_j p_j q_j \mid j\rangle\langle j \mid} = \mathrm{tr}\sum_j \sqrt{p_j q_j} \mid j\rangle\langle j \mid$$

$$= \sum_j \sqrt{p_j q_j}\text{。}$$ □

定义 3.14 量子态$\boldsymbol{\rho}$与$\boldsymbol{\sigma}$之间的迹距离定义为

$$D(\boldsymbol{\rho},\boldsymbol{\sigma}) = \frac{1}{2}\mathrm{tr}\mid \boldsymbol{\rho}-\boldsymbol{\sigma} \mid, \tag{3.8}$$

其中$|\boldsymbol{A}| = \sqrt{\boldsymbol{A}^\dagger \boldsymbol{A}}$。

由 1-范数定义知,$D(\boldsymbol{\rho},\boldsymbol{\sigma}) = \frac{1}{2}\|\boldsymbol{\rho}-\boldsymbol{\sigma}\|_1$。

若$\boldsymbol{\rho}$和$\boldsymbol{\sigma}$可交换,在同一基底下表示为对角矩阵,$\boldsymbol{\rho} = \sum r_i \mid i\rangle\langle i\rangle$,$\boldsymbol{\sigma} = \sum s_i \mid i\rangle\langle i\rangle$。

$$D(\boldsymbol{\rho},\boldsymbol{\sigma}) = \frac{1}{2}\mathrm{tr}\left|\sum (r_i - s_i)\mid i\rangle\langle i \mid\right| = \frac{1}{2}\sum_i |r_i - s_i|\text{。}$$

例 3.15 令纯态$\boldsymbol{\rho}_1 = |\psi_1\rangle\langle\psi_1|$,$\boldsymbol{\rho}_2 = |\psi_2\rangle\langle\psi_2|$,计算它们之间的保真度与迹距离。

解 注意到$\sqrt{\boldsymbol{\rho}_i} = |\psi_i\rangle\langle\psi_i| = \boldsymbol{\rho}_i$,据保真度定义,有

$$F(\boldsymbol{\rho}_1,\boldsymbol{\rho}_2) = \mathrm{tr}\left(\sqrt{|\psi_1\rangle\langle\psi_1\|\psi_2\rangle\langle\psi_2\|\psi_1\rangle\langle\psi_1|}\right)$$

$$= |\langle\psi_1 \mid \psi_2\rangle|\,\mathrm{tr}\mid\psi_1\rangle\langle\psi_1\mid = |\langle\psi_1 \mid \psi_2\rangle|\text{。}$$

令$\boldsymbol{A} = \boldsymbol{\rho}_1 - \boldsymbol{\rho}_2$,则$\boldsymbol{A}^\dagger\boldsymbol{A} = \boldsymbol{\rho}_1 - \boldsymbol{\rho}_1\boldsymbol{\rho}_2 - \boldsymbol{\rho}_2\boldsymbol{\rho}_1 + \boldsymbol{\rho}_2$,且

$$\boldsymbol{A}^\dagger\boldsymbol{A}(|\psi_1\rangle, |\psi_2\rangle) = (|\psi_1\rangle, |\psi_2\rangle)\begin{pmatrix} 1-|\langle\psi_1 \mid \psi_2\rangle|^2 & 0 \\ 0 & 1-|\langle\psi_1 \mid \psi_2\rangle|^2 \end{pmatrix},$$

由此得$\boldsymbol{A}^\dagger\boldsymbol{A}$的两个相同特征值$1-|\langle\psi_1|\psi_2\rangle|^2$,故

$$D(\boldsymbol{\rho}_1,\boldsymbol{\rho}_2) = \frac{1}{2}\|\boldsymbol{A}\|_1 = \frac{1}{2}\mathrm{tr}\left(\sqrt{\boldsymbol{A}^\dagger\boldsymbol{A}}\right) = \sqrt{1-|\langle\psi_1 \mid \psi_2\rangle|^2}\text{。}$$

注 Fuchs-van de Graaf 不等式:$\sqrt{1-F(\boldsymbol{\rho},\boldsymbol{\sigma})^2} \geqslant D(\boldsymbol{\rho},\boldsymbol{\sigma}) \geqslant 1-F(\boldsymbol{\rho},\boldsymbol{\sigma})$反映了保真度与迹距离的等价度量关系[NC00,Wil17,Wat18]。

4 偏迹

设$|i\rangle_A$和$|\mu\rangle_B$分别是 Hilbert 空间H_A和H_B(对应于子体系A和B)的一组基。考虑这两个子体系的复合体系,由量子力学假设,复合体系 Hilbert 空间H(记为$H_A \otimes H_B$)具有完备基$\{|i\rangle_A|\mu\rangle_B\}$,亦记为$|i\rangle|\mu\rangle$或$|i\mu\rangle$(Dirac 记号内的拉丁字母表示第一个子体系的基底,希腊字母则代表第二个子体系;省略下标A和B不会引起混淆)。对复合体系中态矢

$$|\varphi\rangle = \sum_{i,\mu} c_{i\mu} \mid i\rangle \mid \mu\rangle,$$

这里$\sum_{i,\mu}|c_{i\mu}|^2 = 1$,定义与该量子态对应的密度矩阵

$$\boldsymbol{\rho} = |\varphi\rangle\langle\varphi| = \sum_{i,\mu,j,\nu} c_{i\mu}c_{j\nu}^* \mid i\rangle \mid \mu\rangle\langle j \mid \langle\nu\mid\text{。} \tag{3.9}$$

视 A 为复合体系 AB 的子系，$\boldsymbol{F}_A$ 是作用于子系 A 的力学量算符，定义作用于整体的力学量算符 $\boldsymbol{F}=\boldsymbol{F}_A\otimes\boldsymbol{I}_B$。当总系统处于态 $\boldsymbol{\rho}$ 时，子系力学量 $\boldsymbol{F}_A$ 的测量平均值 $\langle\boldsymbol{F}_A\rangle$ 等于复合体系力学量 $\boldsymbol{F}$ 的测量平均值 $\langle\boldsymbol{F}\rangle$。

$$
\begin{aligned}
\langle\boldsymbol{F}\rangle &= \mathrm{tr}(\boldsymbol{\rho F})=\mathrm{tr}(|\varphi\rangle\langle\varphi|F)=\langle\varphi|\boldsymbol{F}_A\otimes\boldsymbol{I}_B|\varphi\rangle \\
&=\sum_{j\nu}c_{j\nu}^*\langle j|\langle\nu|\boldsymbol{F}_A\otimes\boldsymbol{I}_B\sum_{i\mu}c_{i\mu}|i\rangle|\mu\rangle \\
&=\sum_{i,j,\mu}c_{j\mu}^*c_{i\mu}\langle j|\boldsymbol{F}_A|i\rangle \\
&=\mathrm{tr}\Big(\sum_{i,j,\mu}c_{j\mu}^*c_{i\mu}|i\rangle\langle j|\boldsymbol{F}_A\Big)。
\end{aligned}
$$

令 $\boldsymbol{\rho}_A\equiv\sum_{\mu,i,j}c_{i\mu}c_{j\mu}^*|i\rangle\langle j|$，则上式表明

$$
\langle\boldsymbol{F}\rangle=\mathrm{tr}(\boldsymbol{\rho F})=\mathrm{tr}(\boldsymbol{\rho}_A\boldsymbol{F}_A)=\langle\boldsymbol{F}_A\rangle,
$$

这里 $\boldsymbol{\rho}_A$ 是约化到子系 A 的密度矩阵。一般地，我们引入以下定义。

定义 3.16 密度算符 $\boldsymbol{\rho}\in H_A\otimes H_B$ 的偏迹为

$$
\mathrm{tr}_B(\boldsymbol{\rho})=\sum_{\nu}(\boldsymbol{I}\otimes\langle\nu|)\boldsymbol{\rho}(\boldsymbol{I}\otimes|\nu\rangle)。\tag{3.10}
$$

这是迹为 1 的 Hermite 矩阵，称为约化密度矩阵。

对式(3.9)，按此定义直接计算得

$$
\begin{aligned}
\mathrm{tr}_B(\boldsymbol{\rho}) &= \sum_{\kappa}(\boldsymbol{I}\otimes\langle\kappa|)\boldsymbol{\rho}(\boldsymbol{I}\otimes|\kappa\rangle) \\
&=\sum_{i,j,\mu,\nu,\kappa}(\boldsymbol{I}\otimes\langle\kappa|)c_{i\mu}c_{j\nu}^*|i\rangle|\mu\rangle\langle j|\langle\nu|(I\otimes|\kappa\rangle) \\
&=\sum_{i,j,\kappa}c_{i\kappa}c_{j\kappa}^*|i\rangle\langle j|=\boldsymbol{\rho}_A。
\end{aligned}
$$

在测量时若只关注子体系 B 的量子态，则用约化密度矩阵

$$
\boldsymbol{\rho}_B=\mathrm{tr}_A(\boldsymbol{\rho})=\sum_k(\langle k|\otimes\boldsymbol{I})\boldsymbol{\rho}(|k\rangle\otimes\boldsymbol{I})。
$$

例 3.17 对 Bell 基态 $|\Phi^+\rangle$ 的密度算子，求其第一量子比特的约化密度算子。

解 注意到 $(\boldsymbol{I}\otimes\langle k|)|\Phi^+\rangle=(\boldsymbol{I}\otimes\langle k|)\frac{1}{\sqrt{2}}(|00\rangle+|11\rangle)=\frac{1}{\sqrt{2}}(|0\rangle\delta_{0k}+|1\rangle\delta_{1k})$，故

$$
\begin{aligned}
\boldsymbol{\rho}_A &= \mathrm{tr}_B|\Phi^+\rangle\langle\Phi^+|=\sum_{k=0}^{1}(\boldsymbol{I}\otimes\langle k|)|\Phi^+\rangle\langle\Phi^+|(\boldsymbol{I}\otimes|k\rangle) \\
&=(\boldsymbol{I}\otimes\langle 0|)|\Phi^+\rangle\langle\Phi^+|(\boldsymbol{I}\otimes|0\rangle)+(\boldsymbol{I}\otimes\langle 1|)|\Phi^+\rangle\langle\Phi^+|(\boldsymbol{I}\otimes|1\rangle) \\
&=\frac{1}{2}|0\rangle\langle 0|+\frac{1}{2}|1\rangle\langle 1|=\frac{1}{2}\boldsymbol{I}。
\end{aligned}
$$

注 易验证

$$
\mathrm{tr}_B|\Phi^-\rangle\langle\Phi^-|=\mathrm{tr}_B|\Psi^+\rangle\langle\Psi^+|=\mathrm{tr}_B|\Psi^-\rangle\langle\Psi^-|=\frac{1}{2}\boldsymbol{I}。
$$

这里的双量子比特联合系统是一精确已知的纯态；而 $\mathrm{tr}(\boldsymbol{\rho}_A^2)=\frac{1}{2}<1$，第一量子比特(子系)处于混合态(即使总系统为纯态)。实际上这是纠缠态的另一特点。

例 3.18 设 $|\varphi\rangle \in H_A \otimes H_B$ 的 Schmidt 分解为 $|\varphi\rangle = \sum_k \sqrt{s_k}\,|\psi_k\rangle \otimes |\phi_k\rangle$，计算$\boldsymbol{\rho}_A = \mathrm{tr}_B(|\varphi\rangle\langle\varphi|)$和$\boldsymbol{\rho}_B = \mathrm{tr}_A(|\varphi\rangle\langle\varphi|)$。

解 由偏迹定义，有

$$\begin{aligned}
\mathrm{tr}_B(|\varphi\rangle\langle\varphi|) &= \sum_{i,j,k} (\boldsymbol{I} \otimes \langle\phi_i|)\left(\sqrt{s_k s_j}\,|\psi_j\rangle|\phi_j\rangle\langle\psi_k|\langle\phi_k|\right)(\boldsymbol{I} \otimes |\phi_i\rangle) \\
&= \sum_{i,j,k} \sqrt{s_k s_j}\,(\boldsymbol{I} \otimes \langle\phi_i|)(|\psi_j\rangle \otimes |\phi_j\rangle)(\langle\psi_k| \otimes \langle\phi_k|)(\boldsymbol{I} \otimes |\phi_i\rangle) \\
&= \sum_{i,j,k} \sqrt{s_j s_k}\,(|\psi_j\rangle \otimes \delta_{ij})(\langle\psi_k| \otimes \delta_{ki}) \\
&= \sum_{i,j,k} \sqrt{s_j s_k}\,(|\psi_j\rangle\langle\psi_k|)(\delta_{ij}\delta_{ki}) = \sum_k s_k\,|\psi_k\rangle\langle\psi_k|
\end{aligned}$$

故$\boldsymbol{\rho}_A = \mathrm{tr}_B(|\varphi\rangle\langle\varphi|) = \sum_k s_k\,|\psi_k\rangle\langle\psi_k|$。

类似地，$\boldsymbol{\rho}_B = \mathrm{tr}_A(|\varphi\rangle\langle\varphi|) = \sum_k s_k\,|\phi_k\rangle\langle\phi_k|$。显然，$\boldsymbol{\rho}_A$ 和$\boldsymbol{\rho}_B$ 具有完全相同的非零特征值(零特征值的数目可不同)。

□

定义 3.19 设 H_A 和 H_B 为 Hilbert 空间，$\boldsymbol{\rho}_A$ 是 H_A 中的半正定算子，若$|\varphi\rangle \in H_A \otimes H_B$，且$\mathrm{tr}_B(|\varphi\rangle\langle\varphi|) = \boldsymbol{\rho}_A$，则称$|\varphi\rangle$为$\boldsymbol{\rho}_A$ 的纯化态。

由密度矩阵$\boldsymbol{\rho}_A$ 构造纯态$|\varphi\rangle$的过程称为纯化。Schmidt 分解和纯化是研究复合量子系统的两个重要工具。

例 3.20 设$\boldsymbol{\rho}_A, \boldsymbol{\rho}_B \in \mathbb{C}^{N\times N}$ 为密度算符，定义 SWAP 算子 $\boldsymbol{S} \equiv \sum_{m,n=1}^{N} |m,n\rangle\langle n,m|$，其中$|m\rangle, |n\rangle \in \mathbb{C}^{N\times 1}$。证明：$\mathrm{tr}_B(\mathrm{e}^{-\mathrm{i}\Delta t\boldsymbol{S}}\boldsymbol{\rho}_A \otimes \boldsymbol{\rho}_B \mathrm{e}^{\mathrm{i}\Delta t\boldsymbol{S}}) = \boldsymbol{\rho}_A - \mathrm{i}\Delta t[\boldsymbol{\rho}_B, \boldsymbol{\rho}_A] + O(\Delta t^2)$①。

证

$$\begin{aligned}
\mathrm{e}^{-\mathrm{i}\Delta t\boldsymbol{S}}(\boldsymbol{\rho}_A \otimes \boldsymbol{\rho}_B)\mathrm{e}^{\mathrm{i}\Delta t\boldsymbol{S}} &= (\boldsymbol{I} - \mathrm{i}\Delta t\boldsymbol{S} + \cdots)(\boldsymbol{\rho}_A \otimes \boldsymbol{\rho}_B)(\boldsymbol{I} + \mathrm{i}\Delta t\boldsymbol{S} + \cdots) \\
&= \boldsymbol{\rho}_A \otimes \boldsymbol{\rho}_B - \mathrm{i}\Delta t[\boldsymbol{S}, \boldsymbol{\rho}_A \otimes \boldsymbol{\rho}_B] + O(\Delta t^2)。
\end{aligned}$$

$$\boldsymbol{S}\,|i\rangle\langle j| \otimes |k\rangle\langle l| = \left(\sum_{m,n} |m\rangle\langle n| \otimes |n\rangle\langle m|\right)(|i\rangle\langle j| \otimes |k\rangle\langle l|) = |k\rangle\langle j| \otimes |i\rangle\langle l|。$$

同理，$|i\rangle\langle j| \otimes |k\rangle\langle l|\boldsymbol{S} = |i\rangle\langle l| \otimes |k\rangle\langle j|$。

设$\boldsymbol{\rho}_A = \sum_{i,j=1}^{N} a_{ij}\,|i\rangle\langle j|$，$\boldsymbol{\rho}_B = \sum_{k,l=1}^{N} b_{kl}\,|k\rangle\langle l|$，则

$$\boldsymbol{S}(\boldsymbol{\rho}_A \otimes \boldsymbol{\rho}_B) = \sum_{ij}\sum_{kl} a_{ij}b_{kl}\,|k\rangle\langle j| \otimes |i\rangle\langle l|,$$

从而

$$\mathrm{tr}_B(\boldsymbol{S}\boldsymbol{\rho}_A \otimes \boldsymbol{\rho}_B) = \sum_{j,k,s} a_{sj}b_{ks}\,|k\rangle\langle j| = \boldsymbol{\rho}_B\boldsymbol{\rho}_A。$$

同理$\mathrm{tr}_B((\boldsymbol{\rho}_A \otimes \boldsymbol{\rho}_B)\boldsymbol{S}) = \boldsymbol{\rho}_A\boldsymbol{\rho}_B$。故

① 此处的 $O(\Delta t^2)$为一种简便的记法，表示一个与$\boldsymbol{\rho}_A$ 同型的矩阵，其各个元素为 $O(\Delta t^2)$的量。本页其他的 $O(\Delta t^2)$亦如此。

$$\mathrm{tr}_B(\mathrm{e}^{-\mathrm{i}\Delta t\boldsymbol{S}}\boldsymbol{\rho}_A\otimes\boldsymbol{\rho}_B\mathrm{e}^{\mathrm{i}\Delta t\boldsymbol{S}})=\boldsymbol{\rho}_A-\mathrm{i}\Delta t\boldsymbol{\rho}_B\boldsymbol{\rho}_A+\mathrm{i}\Delta t\boldsymbol{\rho}_A\boldsymbol{\rho}_B+O(\Delta t^2)。\quad\square$$

注 $\mathrm{tr}_A(\mathrm{e}^{-\mathrm{i}\Delta t\boldsymbol{S}}\boldsymbol{\rho}_A\otimes\boldsymbol{\rho}_B\mathrm{e}^{\mathrm{i}\Delta t\boldsymbol{S}})=\boldsymbol{\rho}_B-\mathrm{i}\Delta t[\boldsymbol{\rho}_A,\boldsymbol{\rho}_B]+O(\Delta t^2)\approx\mathrm{e}^{-\mathrm{i}\Delta t\boldsymbol{\rho}_A}\boldsymbol{\rho}_B\mathrm{e}^{\mathrm{i}\Delta t\boldsymbol{\rho}_A}$，若$\boldsymbol{\rho}_A$ 有 n 份复制，则重复这一个过程可实现 $\mathrm{e}^{-\mathrm{i}\boldsymbol{\rho}_A n\Delta t}\boldsymbol{\rho}_B\mathrm{e}^{\mathrm{i}\boldsymbol{\rho}_A n\Delta t}$[LMR14]。

注 量子光学中定义相干态为(参考附录 C)

$$|\psi_x\rangle=\mathrm{e}^{-x^2/2\sigma^2}\sum_{k=0}^{\infty}\frac{(x/\sigma)^k}{\sqrt{k!}}|k\rangle。$$

对 $\boldsymbol{x}=(x_1,x_2,\cdots,x_d)\in\mathbb{R}^d$，定义$|\psi_{\boldsymbol{x}}\rangle=|\psi_{x_1}\rangle\otimes|\psi_{x_2}\rangle\otimes\cdots\otimes|\psi_{x_d}\rangle$。对 $\boldsymbol{x},\boldsymbol{y}\in\mathbb{R}^d$，可证

$$\langle\psi_{\boldsymbol{x}}|\psi_{\boldsymbol{y}}\rangle=\exp(-\|\boldsymbol{x}-\boldsymbol{y}\|^2/2\sigma^2)。$$

对 $\boldsymbol{x}^{(1)},\boldsymbol{x}^{(2)},\cdots,\boldsymbol{x}^{(N)}\in\mathbb{R}^d$，$\boldsymbol{x}^{(i)}=(x_1^{(i)},x_2^{(i)},\cdots,x_d^{(i)})$，定义 $|\Psi\rangle=\frac{1}{\sqrt{N}}\sum_{i=1}^{N}|i\rangle|\psi_{\boldsymbol{x}^{(i)}}\rangle$，这里$|i\rangle$位于第一寄存器，$|\psi_{\boldsymbol{x}^{(i)}}\rangle$位于第二寄存器，对第二个求偏迹得

$$\boldsymbol{\rho}\equiv\mathrm{tr}_2|\Psi\rangle\langle\Psi|=\frac{1}{N}\sum_{i,j=1}^{N}\exp(-\|\boldsymbol{x}^{(i)}-\boldsymbol{x}^{(j)}\|^2/2\sigma^2)|i\rangle\langle j|。$$

5 算子和表示

考虑量子体系 S 与环境 E，总体系 SE 的密度算子$\boldsymbol{\rho}$ 随时间演化：

$$\mathrm{i}\hbar\frac{\partial\boldsymbol{\rho}}{\partial t}=[\boldsymbol{H},\boldsymbol{\rho}(t)]。$$

当 $\boldsymbol{H}$ 不显含 t，解为

$$\boldsymbol{\rho}(t)=\boldsymbol{U}(t)\boldsymbol{\rho}(t_0)\boldsymbol{U}^\dagger(t),$$

其中 $\boldsymbol{U}(t)=\mathrm{e}^{-\mathrm{i}\boldsymbol{H}(t-t_0)/\hbar}$。总体系 SE 的时间演化算符 $\boldsymbol{U}$ 一般不能分离，即 $\boldsymbol{U}(t)$并非形如 $\boldsymbol{U}_S(t)\otimes\boldsymbol{U}_E(t)$，体系 S 与环境 E 相互作用会产生纠缠态(不再是张量积形式)。设 $t=0$ 时，$\boldsymbol{\rho}(0)=\boldsymbol{\rho}_S\otimes\boldsymbol{\rho}_E$；经过时间 t 的演化，$\boldsymbol{\rho}(t)=\boldsymbol{U}(t)(\boldsymbol{\rho}_S\otimes\boldsymbol{\rho}_E)\boldsymbol{U}^\dagger(t)$。对环境 Hilbert 空间作用偏迹，定义

$$\boldsymbol{\rho}_S(t)\equiv\mathrm{tr}_E(\boldsymbol{U}(t)(\boldsymbol{\rho}_S\otimes\boldsymbol{\rho}_E)\boldsymbol{U}^\dagger(t))。$$

考虑量子体系 S 密度矩阵$\boldsymbol{\rho}_S$ 演化规律。设环境初态$\boldsymbol{\rho}_E=|\varepsilon_0\rangle\langle\varepsilon_0|$(即使混态，也可纯化)，计算可得

$$\begin{aligned}\boldsymbol{\rho}_S(t)&=\mathrm{tr}_E(\boldsymbol{U}(t)(\boldsymbol{\rho}_S\otimes|\varepsilon_0\rangle\langle\varepsilon_0|)\boldsymbol{U}^\dagger(t))\\&=\sum_i(\boldsymbol{I}\otimes\langle\varepsilon_i|)\boldsymbol{U}(t)(\boldsymbol{\rho}_S\otimes|\varepsilon_0\rangle\langle\varepsilon_0|)\boldsymbol{U}^\dagger(t)(\boldsymbol{I}\otimes|\varepsilon_i\rangle)\\&=\sum_i(\boldsymbol{I}\otimes\langle\varepsilon_i|)\boldsymbol{U}(t)(\boldsymbol{I}\otimes|\varepsilon_0\rangle)(\boldsymbol{\rho}_S\otimes 1)(\boldsymbol{I}\otimes\langle\varepsilon_0|)\boldsymbol{U}^\dagger(t)(\boldsymbol{I}\otimes|\varepsilon_i\rangle)\\&\equiv\sum_i\boldsymbol{K}_i(t)\boldsymbol{\rho}_S\boldsymbol{K}_i^\dagger(t)。\end{aligned}$$

这里$\{|\varepsilon_i\rangle\}$是环境 E 的一组规范正交基，$\boldsymbol{K}_i(t)\equiv\langle\varepsilon_i|\boldsymbol{U}(t)|\varepsilon_0\rangle$称为 Kraus 算子。在不引起混淆的情况下，将 $\boldsymbol{I}\otimes|\varepsilon_i\rangle$省略为$|\varepsilon_i\rangle$。易验证

$$\sum_i\boldsymbol{K}_i^\dagger(t)\boldsymbol{K}_i(t)=\sum_i\langle\varepsilon_0|\boldsymbol{U}^\dagger(t)|\varepsilon_i\rangle\langle\varepsilon_i|\boldsymbol{U}(t)|\varepsilon_0\rangle=\langle\varepsilon_0|\boldsymbol{U}^\dagger(t)\boldsymbol{U}(t)|\varepsilon_0\rangle=\boldsymbol{I}。$$

定义 3.21 将一个密度矩阵变换为另一个密度矩阵的线性映射称为超算符。超算符的算子和表示(operator-sum representation,OSR)为

$$\boldsymbol{\rho}_S(t)=\boldsymbol{\Phi}(\boldsymbol{\rho}_S)\equiv\sum_i \boldsymbol{K}_i(t)\boldsymbol{\rho}_S(0)\boldsymbol{K}_i^\dagger(t),\tag{3.11}$$

这里$\{\boldsymbol{K}_i(t)\}$是定义在体系 S 上的一组算符,满足完备性

$$\sum_i \boldsymbol{K}_i^\dagger(t)\boldsymbol{K}_i(t)=\boldsymbol{I}。$$

超算符将子系统 S 在初始时刻的密度矩阵$\boldsymbol{\rho}_S(0)$线性映射为 t 时刻的密度矩阵$\boldsymbol{\rho}_S(t)$。可验证$\boldsymbol{\rho}_S(t)$仍为密度阵,满足:

(1) Hermite 性,即$\boldsymbol{\rho}_S^\dagger(t)=\boldsymbol{\rho}_S(t)$。

(2) 幺迹性,即

$$\begin{aligned}\mathrm{tr}\boldsymbol{\rho}_S(t)&=\sum_a \mathrm{tr}(\boldsymbol{K}_a(t)\boldsymbol{\rho}_S(0)\boldsymbol{K}_a^\dagger(t))\\&=\sum_a \mathrm{tr}(\boldsymbol{K}_a^\dagger\boldsymbol{K}_a\boldsymbol{\rho}_S(0))=\mathrm{tr}\Big(\Big(\sum_a \boldsymbol{K}_a^\dagger\boldsymbol{K}_a\Big)\boldsymbol{\rho}_S(0)\Big)\\&=\mathrm{tr}(\boldsymbol{\rho}_S(0))=1。\end{aligned}$$

(3) 半正定性:由于$\boldsymbol{\rho}_S(0)\geqslant 0,\forall|\varphi\rangle$,故

$$\langle\varphi|\boldsymbol{\rho}_S(t)|\varphi\rangle=\sum_a\langle\varphi|\boldsymbol{K}_a\boldsymbol{\rho}_S(0)\boldsymbol{K}_a^\dagger|\varphi\rangle\geqslant 0。$$

算符$\{\boldsymbol{K}_a\}$由演化算符$\boldsymbol{U}(t)$,环境 E 的一组基$|\varepsilon_a\rangle$和基态$|\varepsilon_0\rangle$定义。对子系 E 求偏迹时,若取子系 E 的另一组基$|\nu_k\rangle=\sum_j U_{kj}|\varepsilon_j\rangle$,则得另一组算子和表示:

$$\boldsymbol{\Phi}(\boldsymbol{\rho}_S(t_0))=\sum_n \boldsymbol{E}_n(t)\boldsymbol{\rho}_S(t_0)\boldsymbol{E}_n^\dagger(t),\quad \boldsymbol{E}_k=\sum_j U_{kj}\boldsymbol{K}_j。$$

故超算符的算子和表示不唯一,两种不同算子和表示通过一个酉变换联系。

定义 3.22 若$\boldsymbol{\Phi}$将半正定算子映为半正定算子,即$\boldsymbol{\Phi}(\boldsymbol{\rho})\geqslant 0,\forall\boldsymbol{\rho}\geqslant 0$,则称之为正映射。若$\boldsymbol{I}_k\otimes\boldsymbol{\Phi}\ (\forall k\in\mathbb{Z}^+)$是正映射,则称之为完全正(completely positive,CP)映射。

容易验证,形如式(3.11)的映射是完全正的。设$\boldsymbol{A}\in\mathbb{C}^{n\times n},\boldsymbol{V}_l\in\mathbb{C}^{m\times n}$,考查$\boldsymbol{\Phi}(\boldsymbol{A})=\sum_l \boldsymbol{V}_l\boldsymbol{A}\boldsymbol{V}_l^\dagger$。对 $np\times np$ 半正定矩阵$(\boldsymbol{A}_{jk})_{1\leqslant j,k\leqslant p}\geqslant 0$,有

$$(\boldsymbol{I}_p\otimes\boldsymbol{\Phi})((\boldsymbol{A}_{jk})_{1\leqslant j,k\leqslant p})=(\boldsymbol{\Phi}(\boldsymbol{A}_{jk}))_{1\leqslant j,k\leqslant p}=\sum_l(\boldsymbol{I}_p\otimes\boldsymbol{V}_l)(\boldsymbol{A}_{jk})_{1\leqslant j,k\leqslant p}(\boldsymbol{I}_p\otimes\boldsymbol{V}_l^\dagger)\geqslant 0。$$

下面说明完全正映射具有式(3.11)形式。令$\boldsymbol{E}_{jk}$为 $n\times n$ 矩阵,仅(j,k)元素为1,其余为0,即$\boldsymbol{E}_{jk}=\boldsymbol{e}_j\boldsymbol{e}_k^\dagger$,这里$\boldsymbol{e}_j$是第 j 个元素为1的 $n\times 1$ 单位向量,则

$$(\boldsymbol{E}_{jk})_{1\leqslant j,k\leqslant n}=(\boldsymbol{e}_j\boldsymbol{e}_k^\dagger)_{1\leqslant j,k\leqslant n}=\begin{pmatrix}\boldsymbol{e}_1\\\vdots\\\boldsymbol{e}_n\end{pmatrix}(\boldsymbol{e}_1^\dagger\ \cdots\ \boldsymbol{e}_n^\dagger)\geqslant 0。$$

令$\boldsymbol{V}=(\boldsymbol{v}_1,\cdots,\boldsymbol{v}_n)\in\mathbb{C}^{m\times n},\boldsymbol{v}_j=\boldsymbol{V}\boldsymbol{e}_j\in\mathbb{C}^{m\times 1},\boldsymbol{v}=\mathrm{vec}(\boldsymbol{V})=(\boldsymbol{v}_1^{\mathrm{T}},\cdots,\boldsymbol{v}_n^{\mathrm{T}})^{\mathrm{T}}\in\mathbb{C}^{mn\times 1}$,这里 vec 为按列拉直,则

$$(\boldsymbol{V}\boldsymbol{E}_{jk}\boldsymbol{V}^\dagger)_{1\leqslant j,k\leqslant n}=(\boldsymbol{v}_j\boldsymbol{v}_k^\dagger)_{1\leqslant j,k\leqslant n}=\boldsymbol{v}\boldsymbol{v}^\dagger。$$

若$\boldsymbol{\Phi}$是完全正的,则$(\boldsymbol{\Phi}(\boldsymbol{E}_{jk}))_{1\leqslant j,k\leqslant n}\geqslant 0$。令$(\boldsymbol{\Phi}(\boldsymbol{E}_{jk}))_{1\leqslant j,k\leqslant n}=\sum_i \boldsymbol{k}_i\boldsymbol{k}_i^\dagger$,其中$\boldsymbol{k}_i=$

$\mathrm{vec}(\boldsymbol{K}_i)$，$\boldsymbol{K}_i \in \mathbb{C}^{m\times n}$，即 $\boldsymbol{k}_i = \begin{pmatrix} \boldsymbol{K}_i\boldsymbol{e}_1 \\ \vdots \\ \boldsymbol{K}_i\boldsymbol{e}_n \end{pmatrix}$。则有

$$\boldsymbol{k}_i\boldsymbol{k}_i^\dagger = (\boldsymbol{K}_i\boldsymbol{E}_{jk}\boldsymbol{K}_i^\dagger)_{1\leqslant j,k\leqslant n}, \quad \boldsymbol{\Phi}(\boldsymbol{E}_{jk}) = \sum_i \boldsymbol{K}_i\boldsymbol{E}_{jk}\boldsymbol{K}_i^\dagger。$$

对 $\boldsymbol{A} = \sum_{jk} a_{jk}\boldsymbol{E}_{jk}$，我们有 $\boldsymbol{\Phi}(\boldsymbol{A}) = \sum_{jk} a_{jk}\boldsymbol{\Phi}(\boldsymbol{E}_{jk}) = \sum_{i,j,k} \boldsymbol{K}_i a_{jk}\boldsymbol{E}_{jk}\boldsymbol{K}_i^\dagger = \sum_i \boldsymbol{K}_i\boldsymbol{A}\boldsymbol{K}_i^\dagger$。

定理 3.23[Cho75] 线性映射 $\boldsymbol{\Phi}$ 是完全正映射的充要条件是，存在算子集合 $\{\boldsymbol{K}_a\}$ 使

$$\boldsymbol{\Phi}(\boldsymbol{\rho}) = \sum_a \boldsymbol{K}_a\boldsymbol{\rho}\boldsymbol{K}_a^\dagger,$$

这里 $\boldsymbol{\rho} \geqslant 0$。若要求 $\boldsymbol{\Phi}(\boldsymbol{\rho})$ 是密度矩阵，则 $\sum_a \boldsymbol{K}_a^\dagger\boldsymbol{K}_a = \boldsymbol{I}$，

$$\mathrm{tr}(\boldsymbol{\Phi}(\boldsymbol{\rho})) = \mathrm{tr}\Big(\sum_a \boldsymbol{K}_a\boldsymbol{\rho}\boldsymbol{K}_a^\dagger\Big) = \mathrm{tr}\Big(\sum_a \boldsymbol{K}_a^\dagger\boldsymbol{K}_a\boldsymbol{\rho}\Big) = 1, \quad \forall\ \boldsymbol{\rho}。$$

该结论通常称为 Stinespring 定理。

任何一个对环境求迹所得的量子算符都是完全正映射，且保迹(trace preserving，TP)；保迹的完全正映射记为 CPTP(completely positive trace preserving)。

例 3.24 考查双量子比特系统 $\mathbb{C}^2\otimes\mathbb{C}^2$。第一量子比特 $\boldsymbol{\rho}_S$ 为子系统 S，第二量子比特视为环境 E，处于混合态 $\boldsymbol{\rho}_E = (1-p)|0\rangle\langle 0| + p|1\rangle\langle 1|$。经下面的酉操作

$$\boldsymbol{U} = \boldsymbol{I}\otimes|0\rangle\langle 0| + \boldsymbol{\sigma}_x\otimes|1\rangle\langle 1|,$$

输出

$$\begin{aligned} \boldsymbol{U}(\boldsymbol{\rho}_S\otimes\boldsymbol{\rho}_E)\boldsymbol{U}^\dagger &= \boldsymbol{U}(\boldsymbol{\rho}_S\otimes((1-p)\,|0\rangle\langle 0| + p\,|1\rangle\langle 1|))\boldsymbol{U}^\dagger \\ &= (1-p)\boldsymbol{\rho}_S\otimes|0\rangle\langle 0| + p\boldsymbol{\sigma}_x\boldsymbol{\rho}_S\boldsymbol{\sigma}_x\otimes|1\rangle\langle 1|。\end{aligned}$$

对环境求迹后，有

$$\boldsymbol{\Phi}(\boldsymbol{\rho}_S) = (1-p)\boldsymbol{\rho}_S + p\boldsymbol{\sigma}_x\boldsymbol{\rho}_S\boldsymbol{\sigma}_x。$$

输入 $\boldsymbol{\rho}_S$ 以概率 p 翻转(即 $|0\rangle\to|1\rangle$，$|1\rangle\to|0\rangle$)，以概率 $1-p$ 不变。相应的 Kraus 算子为 $\boldsymbol{K}_0 = \sqrt{1-p}\,\boldsymbol{I}$ 和 $\boldsymbol{K}_1 = \sqrt{p}\,\boldsymbol{\sigma}_x$。

第4章

量子逻辑门

1　基本量子逻辑门

量子计算通常涉及三部分：作为硬件的量子寄存器，用于执行量子算法的酉(幺正)变换，提取信息的量子测量。实现幺正变换的逻辑门均为幺正门。按作用量子位数目的不同，分为单量子比特门、双量子比特门和多量子比特门。下面介绍几种常见的量子逻辑门。

1.1　单量子比特门

(1) 恒等变换

$$\boldsymbol{I}: |0\rangle \mapsto |0\rangle,\ |1\rangle \mapsto |1\rangle。$$

变换算符为

$$\boldsymbol{I} = |0\rangle\langle 0| + |1\rangle\langle 1| = \begin{pmatrix}1 & 0\\0 & 1\end{pmatrix}。$$

(2) 非门(NOT gate)

$$\boldsymbol{X}: |0\rangle \mapsto |1\rangle,\ |1\rangle \mapsto |0\rangle,$$

表示态$|0\rangle$和$|1\rangle$的相互转换。变换算符为

$$\boldsymbol{X} = \boldsymbol{\sigma}_x = |1\rangle\langle 0| + |0\rangle\langle 1| = \begin{pmatrix}0 & 1\\1 & 0\end{pmatrix}。\tag{4.1}$$

定义$\sqrt{\text{NOT}}$门(平方根)$\sqrt{\boldsymbol{X}} = \mathrm{e}^{-\mathrm{i}\frac{\pi}{4}}\frac{1}{\sqrt{2}}\begin{pmatrix}\mathrm{i} & 1\\1 & \mathrm{i}\end{pmatrix}$，易验证$(\sqrt{\boldsymbol{X}})^2 = \boldsymbol{X}$。

(3) 相位门(Phase gate)

$$\boldsymbol{R}: \alpha|0\rangle + \beta|1\rangle \mapsto \alpha|0\rangle + \mathrm{e}^{\mathrm{i}\phi}\beta|1\rangle。$$

这是改变相位的量子门，是量子比特所特有的一种逻辑门。变换算符为

$$\boldsymbol{R}(\phi) = |0\rangle\langle 0| + \mathrm{e}^{\mathrm{i}\phi}|1\rangle\langle 1| = \begin{pmatrix}1 & 0\\0 & \mathrm{e}^{\mathrm{i}\phi}\end{pmatrix}。$$

特别地，对 $\phi=2\pi/2^k$，定义

$$\boldsymbol{R}_k\equiv\boldsymbol{R}(2\pi/2^k)=\begin{pmatrix}1&0\\0&\mathrm{e}^{\mathrm{i}2\pi/2^k}\end{pmatrix}。\tag{4.2}$$

当 k 很大时，$\boldsymbol{R}_k\to\boldsymbol{I}$。常见的有如下几种：

(a) 当 $k=1$ 时，对应为 Z 门：$|0\rangle\mapsto|0\rangle,|1\rangle\mapsto-|1\rangle$，即

$$\boldsymbol{Z}=\boldsymbol{\sigma}_z=\boldsymbol{R}_1=|0\rangle\langle 0|-|1\rangle\langle 1|=\begin{pmatrix}1&0\\0&-1\end{pmatrix}。$$

(b) 当 $k=2$ 时，对应为 S 门：$|0\rangle\mapsto|0\rangle,|1\rangle\mapsto\mathrm{i}|1\rangle$，产生 $\mathrm{e}^{\mathrm{i}\pi/2}$ 的相位差，即

$$\boldsymbol{S}=\boldsymbol{R}_2=\begin{pmatrix}1&0\\0&\mathrm{i}\end{pmatrix}。$$

易验证，$\boldsymbol{S}|\pm\rangle=\frac{1}{\sqrt{2}}(|0\rangle\pm\mathrm{i}|1\rangle)$。

(c) 当 $k=3$ 时，对应为 T 门（又称 $\pi/8$ 门）：

$$\boldsymbol{T}=\boldsymbol{R}_3=\begin{pmatrix}1&0\\0&\mathrm{e}^{\mathrm{i}\pi/4}\end{pmatrix}=\mathrm{e}^{\mathrm{i}\pi/8}\begin{pmatrix}\mathrm{e}^{-\mathrm{i}\pi/8}&0\\0&\mathrm{e}^{\mathrm{i}\pi/8}\end{pmatrix}。$$

易验证：$\boldsymbol{T}^2=\boldsymbol{S}$，$\boldsymbol{S}^2=\boldsymbol{Z}$，所以 S 门是 Z 门的平方根门，T 门是 S 门的平方根门。

$$\mathrm{e}^{-\mathrm{i}\frac{\pi}{4}\boldsymbol{\sigma}_z}=\cos\frac{\pi}{4}\boldsymbol{I}-\mathrm{i}\sin\frac{\pi}{4}\boldsymbol{\sigma}_z=\begin{pmatrix}\mathrm{e}^{-\mathrm{i}\frac{\pi}{4}}&0\\0&\mathrm{e}^{\mathrm{i}\frac{\pi}{4}}\end{pmatrix}=\mathrm{e}^{-\mathrm{i}\frac{\pi}{4}}\begin{pmatrix}1&0\\0&\mathrm{i}\end{pmatrix}=\mathrm{e}^{-\mathrm{i}\frac{\pi}{4}}\boldsymbol{S}。$$

(4) Hadamard 门

$$\boldsymbol{H}:|0\rangle\mapsto\frac{1}{\sqrt{2}}(|0\rangle+|1\rangle)\equiv|+\rangle,$$

$$|1\rangle\mapsto\frac{1}{\sqrt{2}}(|0\rangle-|1\rangle)\equiv|-\rangle。$$

这是最常用的量子门之一，也是量子比特所特有的一种逻辑门，又称 H 门。Hadamard 门对应的酉算符为

$$\boldsymbol{H}=\frac{1}{\sqrt{2}}(|0\rangle+|1\rangle)\langle 0|+\frac{1}{\sqrt{2}}(|0\rangle-|1\rangle)\langle 1|=\frac{1}{\sqrt{2}}\begin{pmatrix}1&1\\1&-1\end{pmatrix}=\frac{1}{\sqrt{2}}(\boldsymbol{X}+\boldsymbol{Z})。\tag{4.3}$$

易验证，$\boldsymbol{H}^\dagger=\boldsymbol{H}$；作用两次相当于恒等变换，即 $\boldsymbol{H}^2=\boldsymbol{I}$。

对 $x\in\{0,1\}$，$\boldsymbol{H}|x\rangle=\frac{1}{\sqrt{2}}(|0\rangle+(-1)^x|1\rangle)=\frac{1}{\sqrt{2}}\sum_{y=0}^{1}(-1)^{xy}|y\rangle$。H 门将 x 信息编码到 $|0\rangle$ 与 $|1\rangle$ 的相对相位中。因 $\boldsymbol{H}^2=\boldsymbol{I}$，故 $\boldsymbol{H}\left(\frac{1}{\sqrt{2}}|0\rangle+\frac{(-1)^x}{\sqrt{2}}|1\rangle\right)=|x\rangle$，可视为解码。

例 4.1 据 Hadamard 门和相位门定义，计算 $\boldsymbol{R}\left(\frac{\pi}{2}+\phi\right)\boldsymbol{H}\boldsymbol{R}(\theta)\boldsymbol{H}|0\rangle$。

解 将四个门操作依次作用于初态 $|0\rangle$，可得

$$|0\rangle\to|+\rangle\to\frac{1}{\sqrt{2}}(|0\rangle+\mathrm{e}^{\mathrm{i}\theta}|1\rangle)\to\frac{1}{\sqrt{2^2}}((1+\mathrm{e}^{\mathrm{i}\theta})|0\rangle+(1-\mathrm{e}^{\mathrm{i}\theta})|1\rangle)$$

$$\to\frac{1}{2}((1+\mathrm{e}^{\mathrm{i}\theta})|0\rangle+(1-\mathrm{e}^{\mathrm{i}\theta})\mathrm{e}^{\mathrm{i}\left(\frac{\pi}{2}+\phi\right)}|1\rangle)=\mathrm{e}^{\mathrm{i}\frac{\theta}{2}}\left(\cos\frac{\theta}{2}|0\rangle+\mathrm{e}^{\mathrm{i}\phi}\sin\frac{\theta}{2}|1\rangle\right)。$$

注 从$|0\rangle$开始，用 Hadamard 门和相位门可得一般的态。Hadamard 门和相位门的组合可实现任何单量子比特门。

将 $\boldsymbol{H}$ 的作用推广至 n 位量子比特系统，可得如下的 Walsh-Hadamard 变换

$$\boldsymbol{W}_n = \boldsymbol{H}^{\otimes n} = \boldsymbol{H} \otimes \boldsymbol{H} \otimes \cdots \otimes \boldsymbol{H}。$$

容易验证

$$(\boldsymbol{H} \otimes \boldsymbol{H} \otimes \cdots \otimes \boldsymbol{H})\,|\,00\cdots0\rangle = \frac{1}{\sqrt{2}}(|\,0\rangle + |\,1\rangle) \otimes \frac{1}{\sqrt{2}}(|\,0\rangle + |\,1\rangle) \otimes \cdots \otimes \frac{1}{\sqrt{2}}(|\,0\rangle + |\,1\rangle)$$

$$= \frac{1}{\sqrt{2^n}} \sum_{x=0}^{2^n-1} |\,\boldsymbol{x}\rangle。$$

产生了所有态的等可能叠加。

例 4.2 设 $x = (x_1 x_0) \in \{0,1\}^2$，计算 $\boldsymbol{H}^{\otimes 2}|x\rangle$。

解 记 $y = (y_1 y_0)$，则

$$(\boldsymbol{H} \otimes \boldsymbol{H})\,|\,x\rangle = \left(\frac{1}{\sqrt{2}} \sum_{y_1 \in \{0,1\}} (-1)^{x_1 y_1}\,|\,y_1\rangle\right)\left(\frac{1}{\sqrt{2}} \sum_{y_0 \in \{0,1\}} (-1)^{x_0 y_0}\,|\,y_0\rangle\right)$$

$$= \frac{1}{2} \sum_{y_1, y_0 \in \{0,1\}} (-1)^{x_1 y_1 + x_0 y_0}\,|\,y_1 y_0\rangle = \frac{1}{2}\sum_{y=0}^{3}(-1)^{x \cdot y}\,|\,y\rangle。$$

例 4.3 对$|\,x\rangle = |\,x_{n-1}\cdots x_1 x_0\rangle$ $(x_i \in \{0,1\}, i = 0,1,\cdots,n-1)$作 Walsh-Hadamard 变换。

解

$$\boldsymbol{W}_n\,|\,x\rangle = \boldsymbol{H}^{\otimes n}\,|\,x\rangle = (\boldsymbol{H}\,|\,x_{n-1}\rangle)(\boldsymbol{H}\,|\,x_{n-2}\rangle)\cdots(\boldsymbol{H}\,|\,x_0\rangle)$$

$$= \left(\frac{1}{\sqrt{2}} \sum_{y_{n-1} \in \{0,1\}} (-1)^{x_{n-1} y_{n-1}}\,|\,y_{n-1}\rangle\right) \otimes \cdots \otimes \left(\frac{1}{\sqrt{2}} \sum_{y_0 \in \{0,1\}} (-1)^{x_0 y_0}\,|\,y_0\rangle\right)$$

$$= \frac{1}{\sqrt{2^n}} \sum_{y_{n-1}, y_{n-2}, \cdots, y_0 \in \{0,1\}} (-1)^{x_{n-1} y_{n-1} + x_{n-2} y_{n-2} + \cdots + x_0 y_0}\,|\,y_{n-1} y_{n-2} \cdots y_1 y_0\rangle$$

$$= \frac{1}{\sqrt{2^n}} \sum_{y=0}^{2^n-1} (-1)^{x \cdot y}\,|\,y\rangle \equiv |\,\varphi_x\rangle。$$

显然

$$\boldsymbol{H}^{\otimes n} = \sum_{x=0}^{2^n-1} |\,\varphi_x\rangle\langle x\,| = \frac{1}{\sqrt{2^n}} \sum_{j,k=0}^{2^n-1} (-1)^{k \cdot j}\,|\,j\rangle\langle k\,|。$$

后文将看到，它是$\mathbb{Z}_2^n$ 上的 Fourier 变换。

常见的单量子比特门见表 4.1。

表 4.1 常见单量子比特门

名　称	符　号	酉矩阵
X门	$-\boxed{X}-$	$\begin{pmatrix} 0 & 1 \\ 1 & 0 \end{pmatrix}$
Z门	$-\boxed{Z}-$	$\begin{pmatrix} 1 & 0 \\ 0 & -1 \end{pmatrix}$

续表

名　称	符　号	酉　矩　阵
S 门	$-\boxed{\boldsymbol{S}}-$	$\begin{pmatrix}1 & 0\\0 & \mathrm{i}\end{pmatrix}$
T 门	$-\boxed{\boldsymbol{T}}-$	$\begin{pmatrix}\mathrm{e}^{-\mathrm{i}\pi/8} & 0\\0 & \mathrm{e}^{\mathrm{i}\pi/8}\end{pmatrix}$
Hadamard 门	$-\boxed{\boldsymbol{H}}-$	$\frac{1}{\sqrt{2}}\begin{pmatrix}1 & 1\\1 & -1\end{pmatrix}$

1.2　双量子比特门

(1) 受控非门(controlled-NOT,CNOT)

$$\boldsymbol{U}_{\mathrm{CNOT}}:|0\rangle|\varphi\rangle\mapsto|0\rangle|\varphi\rangle,\quad|1\rangle|\varphi\rangle\mapsto|1\rangle\boldsymbol{X}|\varphi\rangle,\quad\forall|\varphi\rangle\in\mathbb{C}^2。$$

当控制位(第一量子比特)为$|0\rangle$态时,$\boldsymbol{I}$ 作用于目标位(第二量子比特);当控制位为$|1\rangle$态时,$\boldsymbol{X}$(即$\boldsymbol{\sigma}_x$)作用于目标位。也就是说,对输入态$|a\rangle|b\rangle$,输出态为$|a\rangle|b\oplus a\rangle$,这里$\oplus$是模 2 加法,如图 4.1 所示。

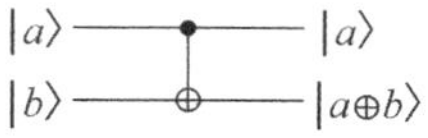

图 4.1　受控非门(输入端第一、二量子比特态分别为$|a\rangle$和$|b\rangle$)

变换算符为

$$\begin{aligned}\boldsymbol{U}_{\mathrm{CNOT}}&=|00\rangle\langle00|+|01\rangle\langle01|+|11\rangle\langle10|+|10\rangle\langle11|\\&=|0\rangle\langle0|\otimes\boldsymbol{I}+|1\rangle\langle1|\otimes\boldsymbol{X}。\end{aligned}\tag{4.4}$$

取标准基向量

$$|00\rangle=(1,0,0,0)^{\mathrm{T}},\quad|01\rangle=(0,1,0,0)^{\mathrm{T}},\quad|10\rangle=(0,0,1,0)^{\mathrm{T}},\quad|11\rangle=(0,0,0,1)^{\mathrm{T}},$$

则算符的矩阵形式为

$$\boldsymbol{U}_{\mathrm{CNOT}}=\begin{pmatrix}1&0&0&0\\0&1&0&0\\0&0&0&1\\0&0&1&0\end{pmatrix}。$$

推广至一般的受控酉门。设 $\boldsymbol{U}$ 是一个单量子比特上的任意酉运算,定义如下受控$-\boldsymbol{U}$运算:

$$\boldsymbol{V}:|c\rangle|t\rangle\mapsto|c\rangle\boldsymbol{U}^c|t\rangle。$$

变换算符

$$\boldsymbol{V}=|0\rangle\langle0|\otimes\boldsymbol{I}+|1\rangle\langle1|\otimes\boldsymbol{U},$$

仅当受控位为$|1\rangle$时,应用酉变换 $\boldsymbol{U}$。

例 4.4　应用 CNOT 门产生 Bell 态。

解　图 4.2 所示量子线路可实现:

$$|00\rangle \to |\Phi^+\rangle, \qquad |10\rangle \to |\Psi^+\rangle,$$
$$|10\rangle \to |\Phi^-\rangle, \qquad |11\rangle \to |\Psi^-\rangle。$$

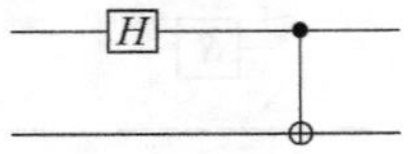

图 4.2 生成 Bell 态

例 4.5 证明图 4.3 所示线路与 CNOT 量子门等价。

$$|a\rangle \otimes |b\rangle \to \boldsymbol{H}|a\rangle \otimes \boldsymbol{H}|b\rangle = \frac{1}{2}(|0\rangle + (-1)^a|1\rangle) \otimes (|0\rangle + (-1)^b|1\rangle)$$
$$= \frac{1}{2}(|00\rangle + (-1)^b|01\rangle + (-1)^a|10\rangle + (-1)^{a\oplus b}|11\rangle)。$$

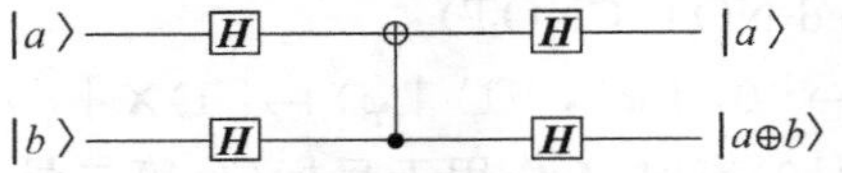

图 4.3 CNOT 门的等价线路

以第二量子比特为控制位，作用 CNOT：

$$\xrightarrow{\text{CNOT}} \frac{1}{2}(|00\rangle + (-1)^b|11\rangle + (-1)^a|10\rangle + (-1)^{a\oplus b}|01\rangle)$$
$$= \frac{1}{2}(|0\rangle + (-1)^a|1\rangle) \otimes (|0\rangle + (-1)^{a\oplus b}|1\rangle)$$
$$= \boldsymbol{H}|a\rangle \otimes \boldsymbol{H}|a \oplus b\rangle$$
$$\to |a\rangle \otimes |a \oplus b\rangle。$$

注 线路对应的酉算符为

$$(\boldsymbol{H}\otimes\boldsymbol{H})(\boldsymbol{I}\otimes|0\rangle\langle 0| + \boldsymbol{X}\otimes|1\rangle\langle 1|)(\boldsymbol{H}\otimes\boldsymbol{H})$$
$$=(\boldsymbol{H}\otimes\boldsymbol{I})(\boldsymbol{I}\otimes\boldsymbol{H})(\boldsymbol{I}\otimes|0\rangle\langle 0| + \boldsymbol{X}\otimes|1\rangle\langle 1|)(\boldsymbol{I}\otimes\boldsymbol{H})(\boldsymbol{H}\otimes\boldsymbol{I})$$
$$=(\boldsymbol{H}\otimes\boldsymbol{I})(\boldsymbol{I}\otimes|+\rangle\langle +| + \boldsymbol{X}\otimes|-\rangle\langle -|)(\boldsymbol{H}\otimes\boldsymbol{I})$$
$$=\boldsymbol{I}\otimes|+\rangle\langle +| + (\boldsymbol{HXH})\otimes|-\rangle\langle -|$$
$$=\boldsymbol{I}\otimes|+\rangle\langle +| + \boldsymbol{Z}\otimes|-\rangle\langle -|$$
$$=|0\rangle\langle 0|\otimes\boldsymbol{I} + |1\rangle\langle 1|\otimes\boldsymbol{X}。$$

(2) SWAP 门 $\boldsymbol{U}_{\text{SWAP}}$

$$\boldsymbol{U}_{\text{SWAP}}: |\psi_1\rangle|\psi_2\rangle \mapsto |\psi_2\rangle|\psi_1\rangle, \quad \forall\, |\psi_1\rangle, |\psi_2\rangle \in \mathbf{C}^2。$$

这是交换两量子比特态的逻辑门。变换算符为

$$\boldsymbol{U}_{\text{SWAP}} = |00\rangle\langle 00| + |01\rangle\langle 10| + |10\rangle\langle 01| + |11\rangle\langle 11|。\tag{4.5}$$

写成矩阵形式为

$$\boldsymbol{U}_{\text{SWAP}} = \begin{pmatrix} 1 & 0 & 0 & 0 \\ 0 & 0 & 1 & 0 \\ 0 & 1 & 0 & 0 \\ 0 & 0 & 0 & 1 \end{pmatrix}。$$

多数双量子门将直积态映成纠缠态，而 $\boldsymbol{U}_{\text{SWAP}}$ 将任意直积态映成直积态。

例 4.6 三个控制非门的组合可以实现 SWAP 门，如图 4.4 所示。

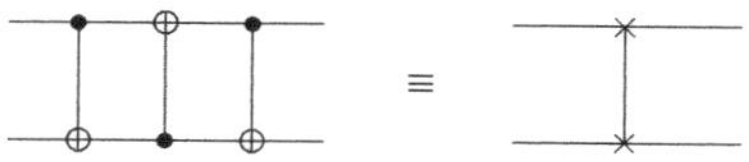

图 4.4 SWAP 门的等价线路

如下简单计算即可证明。

$$
\begin{aligned}
|a,b\rangle &\to |a,a\oplus b\rangle \\
&\to |a\oplus(a\oplus b),a\oplus b\rangle=|b,a\oplus b\rangle \\
&\to |b,(a\oplus b)\oplus b\rangle=|b,a\rangle。
\end{aligned}
$$

1.3 三量子比特门

(1) 受控-受控非门(controlled-controlled-NOT,CCNOT)$\boldsymbol{U}_{\mathrm{Tof}}$

CCNOT 门又称为 Toffoli 门，是 CNOT 门的扩展。仅当前两位均为$|1\rangle$态时，第三位翻转(执行逻辑非操作)。

$$U_{\mathrm{Tof}}|a,b,c\rangle=|a,b,a\wedge b\oplus c\rangle,$$

这里 $a,b,c\in\{0,1\}$，$a\wedge b$ 表示 a 和 b 的 AND 运算，$\oplus$为模 2 运算。实际上，对$\mathbb{C}^8$ 中单位算符

$$\boldsymbol{I}_2\otimes\boldsymbol{I}_2\otimes\boldsymbol{I}_2=(|00\rangle\langle 00|+|01\rangle\langle 01|+|10\rangle\langle 10|)\otimes\boldsymbol{I}_2+|11\rangle\langle 11|\otimes\boldsymbol{I}_2$$

稍加修正，可得 Toffoli 门的变换算符

$$
\begin{aligned}
\boldsymbol{U}_{\mathrm{Tof}}&=(|00\rangle\langle 00|+|01\rangle\langle 01|+|10\rangle\langle 10|)\otimes\boldsymbol{I}+|11\rangle\langle 11|\otimes\boldsymbol{X} \\
&=\begin{pmatrix}\boldsymbol{I}&&&\\&\boldsymbol{I}&&\\&&\boldsymbol{I}&\\&&&\boldsymbol{X}\end{pmatrix}。
\end{aligned}
\tag{4.6}
$$

量子线路如图 4.5 所示。可以证明它与图 4.6 所示的线路等价[BBC95]。

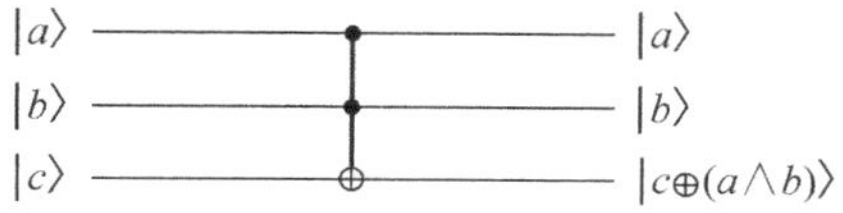

图 4.5 Toffoli 门

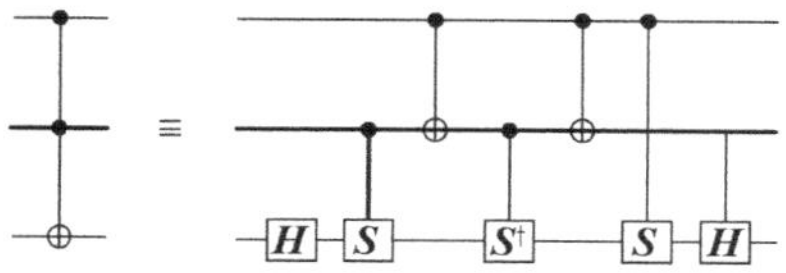

图 4.6 Toffoli 门的等价线路

一般地，设有 $n+l$ 量子比特，$\boldsymbol{U}$ 是一个 l 量子比特酉算子，定义受控运算 $\boldsymbol{C}^n(\boldsymbol{U})$：

$$\boldsymbol{C}^n(\boldsymbol{U})|x_1,x_2,\cdots,x_n\rangle|\psi\rangle=|x_1,x_2,\cdots,x_n\rangle\boldsymbol{U}^{x_1x_2\cdots x_n}|\psi\rangle。$$

若前 n 个量子比特全为 1，则算子 $\boldsymbol{U}$ 应用到后 l 量子比特；否则无作用。显然，$\boldsymbol{C}^2(\boldsymbol{X})$是 Toffoli 门。

(2) Fredkin 门(controlled-SWAP 门)$\boldsymbol{U}_{\mathrm{Fred}}$

Fredkin 门为$\mathbb{C}^8$ 中的酉算符，对 $c,x,y\in\{0,1\}$，定义

$$U_{\mathrm{Fred}}|c,x,y\rangle=|c,\bar{c}x+cy,cx+\bar{c}y\rangle。$$

$\boldsymbol{U}_{\text{Fred}}|0,x,y\rangle=|0,x,y\rangle,\boldsymbol{U}_{\text{Fred}}|1,x,y\rangle=|1,y,x\rangle$。显然 c 为控制比特。当第一量子比特为 0 时,不做任何变化；当第一量子比特为 1 时,交换第二、三量子比特态。变换算符为

$$\boldsymbol{U}_{\text{Fred}}=|0\rangle\langle 0|\otimes \boldsymbol{I}_4+|1\rangle\langle 1|\otimes \boldsymbol{U}_{\text{SWAP}}。\tag{4.7}$$

Fredkin 门的线路图和对应的矩阵表达式如下：

$$\begin{pmatrix}1&0&0&0&0&0&0&0\\0&1&0&0&0&0&0&0\\0&0&1&0&0&0&0&0\\0&0&0&1&0&0&0&0\\0&0&0&0&1&0&0&0\\0&0&0&0&0&0&1&0\\0&0&0&0&0&1&0&0\\0&0&0&0&0&0&0&1\end{pmatrix}。$$

例 4.7 分别计算图 4.7 中线路(a)和(b)测得 $|+\rangle$ 的概率。

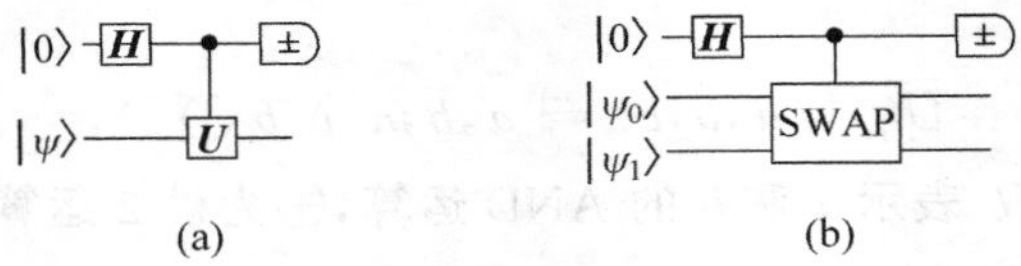

图 4.7 求测得 $|+\rangle$ 的概率

解 投影测量算符为 $\boldsymbol{P}=|+\rangle\langle+|\otimes\boldsymbol{I},\boldsymbol{P}^2=\boldsymbol{P}$。对态 $|\varphi\rangle$,测得 $|+\rangle$ 的概率为

$$p_+=\langle\varphi|\boldsymbol{P}|\varphi\rangle=\|\boldsymbol{P}|\varphi\rangle\|^2=\langle\varphi|\boldsymbol{P}|\varphi\rangle=\|(\langle+|\otimes\boldsymbol{I})|\varphi\rangle\|^2。$$

(a)中线路测得 $|+\rangle$ 的概率为

$$\begin{aligned}p_+&=\left\|(\langle+|\otimes\boldsymbol{I})\frac{1}{\sqrt{2}}(|0\rangle|\psi\rangle+|1\rangle\boldsymbol{U}|\psi\rangle)\right\|^2\\&=\frac{1}{4}\||\psi\rangle+\boldsymbol{U}|\psi\rangle\|^2=\frac{1}{4}(\langle\psi|+\langle\psi|\boldsymbol{U}^\dagger)(|\psi\rangle+\boldsymbol{U}|\psi\rangle)\\&=\frac{1}{2}+\frac{1}{2}\mathrm{Re}(\langle\psi|\boldsymbol{U}|\psi\rangle)。\end{aligned}$$

(b)中线路测得 $|+\rangle$ 的概率为

$$\begin{aligned}p_+&=\left\|(\langle+|\otimes\boldsymbol{I})\frac{1}{\sqrt{2}}(|0\rangle|\psi_0\rangle|\psi_1\rangle+|1\rangle|\psi_1\rangle|\psi_0\rangle)\right\|^2\\&=\frac{1}{4}\||\psi_0\rangle|\psi_1\rangle+|\psi_1\rangle|\psi_0\rangle\|^2\\&=\frac{1}{2}+\frac{1}{2}|\langle\psi_0|\psi_1\rangle|^2。\end{aligned}$$

注 (1) 线路(a)中态的演化：

$$|+\rangle|\psi\rangle=\frac{1}{\sqrt{2}}(|0\rangle|\psi\rangle+|1\rangle|\psi\rangle)\rightarrow\frac{1}{\sqrt{2}}(|0\rangle|\psi\rangle+|1\rangle\boldsymbol{U}|\psi\rangle)$$

将态改写为

$$\frac{1}{2}[|+\rangle(|\psi\rangle+\boldsymbol{U}|\psi\rangle)+|-\rangle(|\psi\rangle-\boldsymbol{U}|\psi\rangle)]$$

$$=\frac{1}{2}\| \ |\psi\rangle+\boldsymbol{U}\ |\psi\rangle \| \ |+\rangle \frac{|\psi\rangle+\boldsymbol{U}\ |\psi\rangle}{\| \ |\psi\rangle+\boldsymbol{U}\ |\psi\rangle \|}+\cdots$$

显然，测得 $|+\rangle$ 的概率为 $p_+=\left(\frac{1}{2}\| |\psi\rangle+\boldsymbol{U}|\psi\rangle \|\right)^2$。

(2) 定义 $\boldsymbol{\rho}=|\psi_0\rangle\langle\psi_0|$，$\boldsymbol{\sigma}=|\psi_1\rangle\langle\psi_1|$，则(b)的结果为 $\frac{1}{2}+\frac{1}{2}\mathrm{tr}(\boldsymbol{\rho\sigma})$。

例 4.8 验证图 4.8 所示量子线路实现计算 $f(x)=a^x \pmod N$，这里 $a=7, N=15$。

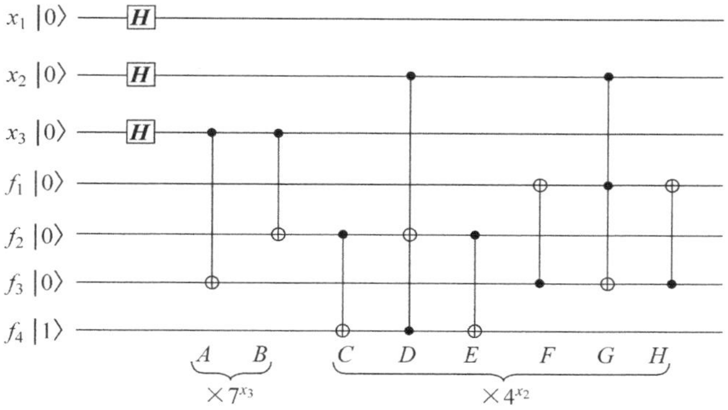

图 4.8 实现 $7^x \pmod{15}$ 的量子线路

第一寄存器中三个量子比特存储 $x=(x_1x_2x_3)$，第二寄存器中四个量子比特存储 $f=(f_1f_2f_3f_4)$。初始 $x=0, f=1$。

注意到 $7^2=49\equiv 4 \pmod{15}$，$7^4=(7^2)^2\equiv 4^2\equiv 1 \pmod{15}$，则

$$a^x=a^{4x_1+2x_2+x_3}=a^{x_3}(a^2)^{x_2}(a^4)^{x_1}\equiv 7^{x_3}4^{x_2} \pmod{15}。$$

(Ⅰ) $A\to B$ 的两个受控非门，实现 7^{x_3}：当 $x_3=0$ 时，$f=1$ 不变；当 $x_3=1$ 时，$f=(0111)_2=7$。具体如下：

$$|x_3\rangle|f\rangle=|0\rangle|1\rangle\to\frac{1}{\sqrt{2}}(|0\rangle|0001\rangle+|1\rangle|0001\rangle)$$

$$\to\frac{1}{\sqrt{2}}(|0\rangle|0001\rangle+|1\rangle|0011\rangle)\to\frac{1}{\sqrt{2}}(|0\rangle|0001\rangle+|1\rangle|0111\rangle)。$$

(Ⅱ) $C\to H$ 的门操作实现 4^{x_2}。注意到

$$4f=4(f_1f_2f_3f_4)=4(f_4+2f_3+4f_2+8f_1)$$

$$\equiv 4f_4+8f_3+f_2+2f_1=(f_3f_4f_1f_2) \pmod{15}。$$

对四比特 f，以 15 为模乘 4 等价于在二进制中将排列 $(f_1f_2f_3f_4)$ 变为 $(f_3f_4f_1f_2)$。因此，f 乘以 4^{x_2} 对应于：①当 $x_2=0$ 时，f 不变；②当 $x_2=1$ 时，交换 f_1 和 f_3，f_2 和 f_4。这种交换是通过下面的两个 Fredkin 门实现的。

从 C 到 E 的三个量子门是以 x_2 为控制比特的 Fredkin 量子门，即以 x_2 为控制比特交换 f_2 和 f_4：

(1) 当 $x_2=0$ 时，有

$$|f_2,f_4\rangle\xrightarrow{C}|f_2,f_4\oplus f_2\rangle\xrightarrow{D}|f_2,f_4\oplus f_2\rangle\xrightarrow{E}|f_2,f_4\oplus f_2\oplus f_2\rangle=|f_2,f_4\rangle。$$

(2) 当 $x_2=1$ 时,有

$$|f_2,f_4\rangle \xrightarrow{C} |f_2,f_4\oplus f_2\rangle \xrightarrow{D} |f_2\oplus f_4\oplus f_2,f_4\oplus f_2\rangle$$
$$=|f_4,f_4\oplus f_2\rangle \xrightarrow{E} |f_4,f_4\oplus f_2\oplus f_4\rangle=|f_4,f_2\rangle,$$

从而 f_2 和 f_4 交换。

同样可验证,从 F 到 H 的三个量子门是以 x_2 为控制比特(交换 f_1 和 f_3)的 Fredkin 量子门。

当 $x_2=0$ 时,有

$$|f_1,f_3\rangle \xrightarrow{F} |f_1\oplus f_3,f_3\rangle \xrightarrow{G} |f_1\oplus f_3,f_3\rangle \xrightarrow{H} |f_1\oplus f_3\oplus f_3,f_3\rangle=|f_1,f_3\rangle。$$

当 $x_2=1$ 时,有

$$|f_1,f_3\rangle \xrightarrow{F} |f_1\oplus f_3,f_3\rangle \xrightarrow{G} |f_1\oplus f_3,f_3\oplus f_1\oplus f_3\rangle$$
$$=|f_1\oplus f_3,f_1\rangle \xrightarrow{H} |f_1\oplus f_3\oplus f_1,f_1\rangle=|f_3,f_1\rangle。$$

(Ⅲ) 从初态 $|x_1\rangle|x_2\rangle|x_3\rangle|f\rangle=|0\rangle|0\rangle|0\rangle|1\rangle$,经 Hadamard 门和 $A\to B$,再经 $C\to H$,态的变化如下:

$$|0\rangle|0\rangle|0\rangle|1\rangle$$
$$\to\frac{1}{\sqrt{2}}(|0\rangle+|1\rangle)\frac{1}{\sqrt{2}}(|0\rangle+|1\rangle)\frac{1}{\sqrt{2}}(|0\rangle|0001\rangle+|1\rangle|0111\rangle)$$
$$=\frac{1}{\sqrt{2}}(|0\rangle+|1\rangle)\frac{1}{2}((|00\rangle+|10\rangle)|0001\rangle+(|01\rangle+|11\rangle)|0111\rangle)$$
$$\to\frac{1}{\sqrt{2}}(|0\rangle+|1\rangle)\frac{1}{2}(|00\rangle|0001\rangle+|10\rangle|0100\rangle+|01\rangle|0111\rangle+|11\rangle|1101\rangle)$$
$$=\frac{1}{\sqrt{2}}(|0\rangle+|1\rangle)\frac{1}{2}(|00\rangle|1\rangle+|10\rangle|4\rangle+|01\rangle|7\rangle+|11\rangle|13\rangle)$$
$$=\frac{1}{\sqrt{2^3}}((|0\rangle+|4\rangle)|1\rangle+(|2\rangle+|6\rangle)|4\rangle+(|1\rangle+|5\rangle)|7\rangle+(|3\rangle+|7\rangle)|13\rangle)。$$

从而验证 $A\to H$ 的线路进行 $a^x \pmod N$ 运算。

2 Solovay-Kitaev 定理

对作用于 n 量子比特的酉变换 $\boldsymbol{U}\in\mathbb{C}^{2^n\times 2^n}$,由 CS 分解[GVL01],得

$$\boldsymbol{U}=\begin{pmatrix}\boldsymbol{U}_1 & \boldsymbol{0}\\ \boldsymbol{0} & \boldsymbol{U}_2\end{pmatrix}\begin{pmatrix}\boldsymbol{C} & -\boldsymbol{S}\\ \boldsymbol{S} & \boldsymbol{C}\end{pmatrix}\begin{pmatrix}\boldsymbol{V}_1^\dagger & \boldsymbol{0}\\ \boldsymbol{0} & \boldsymbol{V}_2^\dagger\end{pmatrix},$$

这里 $\boldsymbol{U}_1,\boldsymbol{U}_2,\boldsymbol{V}_1,\boldsymbol{V}_2\in\mathbb{C}^{2^{n-1}\times 2^{n-1}}$ 为酉矩阵,$\boldsymbol{C}$ 和 $\boldsymbol{S}$ 为如下定义的对角矩阵:

$$\boldsymbol{C}=\mathrm{diag}(c_1,c_2,\cdots,c_{2^{n-1}}),\quad \boldsymbol{S}=\mathrm{diag}(s_1,s_2,\cdots,s_{2^{n-1}}),\quad c_j^2+s_j^2=1\quad (j=1,2,\cdots,2^{n-1})。$$

重复上述过程,直到分解为 $O(2^n)$ 个单量子比特门[MVBS04,SBM06],用 Givens 旋转也可作类似讨论[Cyb01]。

如果 Hilbert 空间的任意酉变换都可以从某逻辑门组中取一系列操作组合(以任意精度)实现,那么这个逻辑门组就是一个通用逻辑门组,可以任意精度逼近一个酉变换。可以证明:两量子比特控制非门操作和单量子比特酉门,构成量子计算的通用量子逻辑门组[BBC95,BCS04]。量子计算机的通用逻辑门组不唯一,常见的两种近似通用门集合是:①Hadamard 门 H,相位门 S,CNOT 门,$\pi/8$ 门 T;②Hadamard 门 H,相位门 S,CNOT 门,Toffoli 门。下面的 Solovay-Kitaev 定理表明[NC00,DN06],任意单量子比特门可由通用门集合中的 $O(\log^c(1/\varepsilon))$ 个门近似到 ε 精度,其中 c 是接近于 4 的常数。

本节假设:①G 是 SU(2)中一个有限集合(用于模拟其他门操作的基本门集合);②G 包含自身的逆,即 $\forall \boldsymbol{g}\in G, \boldsymbol{g}^\dagger\in G$;③$G$ 生成的群$\langle G\rangle$在 SU(2)中稠密,即 $\forall \boldsymbol{U}\in \mathrm{SU}(2), \varepsilon>0$,$\exists$有限长乘积 $\boldsymbol{g}=\boldsymbol{g}_1\boldsymbol{g}_2\cdots\boldsymbol{g}_l(\boldsymbol{g}_i\in G)$,使得 $\|\boldsymbol{U}-\boldsymbol{g}\|\leqslant\varepsilon$。

定义 4.9 设 $S,W\subset \mathrm{SU}(2), \varepsilon>0$, $\forall \boldsymbol{w}\in W$, $\exists \boldsymbol{s}\in S$,使得 $\|\boldsymbol{s}-\boldsymbol{w}\|<\varepsilon$,则称 S 为 W 的一个 ε-网。单位阵 $\boldsymbol{I}$ 的 ε-邻域:

$$S_\varepsilon=\{\boldsymbol{U}\in \mathrm{SU}(2): \|\boldsymbol{U}-\boldsymbol{I}\|\leqslant\varepsilon\}。$$

G_l 是长度至多为 l 的乘积 $\boldsymbol{g}_1\boldsymbol{g}_2\cdots\boldsymbol{g}_k(k\leqslant l)$ 的集合:

$$G_l=\{\boldsymbol{g}_1\boldsymbol{g}_2\cdots\boldsymbol{g}_k: \boldsymbol{g}_i\in G, k\leqslant l\}。$$

长度 l 称为字长。对 $\boldsymbol{U},\boldsymbol{V}\in \mathrm{SU}(2)$,定义群对易子(group commutator):

$$[\![\boldsymbol{U},\boldsymbol{V}]\!]=\boldsymbol{U}\boldsymbol{V}\boldsymbol{U}^{-1}\boldsymbol{V}^{-1}。$$

引理 4.10 设 ε 为充分小正数,且 $\|\boldsymbol{A}\|,\|\boldsymbol{B}\|\leqslant\varepsilon$,则存在常数 c,使得

$$\|\mathrm{e}^{-[\boldsymbol{A},\boldsymbol{B}]}-[\![\mathrm{e}^{-\mathrm{i}\boldsymbol{A}},\mathrm{e}^{-\mathrm{i}\boldsymbol{B}}]\!]\|\leqslant c\varepsilon^3。$$

证 将 $\mathrm{e}^{-\mathrm{i}\boldsymbol{A}}$ 展开至三阶项,有

$$\mathrm{e}^{-\mathrm{i}\boldsymbol{A}}=\boldsymbol{I}-\mathrm{i}\boldsymbol{A}-\frac{1}{2}\boldsymbol{A}^2+\frac{\mathrm{i}}{6}\boldsymbol{A}^3+\cdots。$$

同样展开 $\mathrm{e}^{-\mathrm{i}\boldsymbol{B}}$,得

$$\mathrm{e}^{-\mathrm{i}\boldsymbol{A}}\mathrm{e}^{-\mathrm{i}\boldsymbol{B}}=\boldsymbol{I}-\mathrm{i}(\boldsymbol{A}+\boldsymbol{B})-\frac{1}{2}(\boldsymbol{A}^2+2\boldsymbol{A}\boldsymbol{B}+\boldsymbol{B}^2)+\frac{\mathrm{i}}{6}(\boldsymbol{A}^3+3\boldsymbol{A}^2\boldsymbol{B}+3\boldsymbol{A}\boldsymbol{B}^2+\boldsymbol{B}^3)+O(\varepsilon^4)^{①}。$$

同理可得

$$\mathrm{e}^{\mathrm{i}\boldsymbol{A}}\mathrm{e}^{\mathrm{i}\boldsymbol{B}}=\boldsymbol{I}+\mathrm{i}(\boldsymbol{A}+\boldsymbol{B})-\frac{1}{2}(\boldsymbol{A}^2+2\boldsymbol{A}\boldsymbol{B}+\boldsymbol{B}^2)-\frac{\mathrm{i}}{6}(\boldsymbol{A}^3+3\boldsymbol{A}^2\boldsymbol{B}+3\boldsymbol{A}\boldsymbol{B}^2+\boldsymbol{B}^3)+O(\varepsilon^4)。$$

所以

$$\begin{aligned}[\![\mathrm{e}^{-\mathrm{i}\boldsymbol{A}},\mathrm{e}^{-\mathrm{i}\boldsymbol{B}}]\!]&=\mathrm{e}^{-\mathrm{i}\boldsymbol{A}}\mathrm{e}^{-\mathrm{i}\boldsymbol{B}}\mathrm{e}^{\mathrm{i}\boldsymbol{A}}\mathrm{e}^{\mathrm{i}\boldsymbol{B}}\\&=\boldsymbol{I}-[\boldsymbol{A},\boldsymbol{B}]+\frac{\mathrm{i}}{2}[\boldsymbol{A}+\boldsymbol{B},\boldsymbol{A}^2+2\boldsymbol{A}\boldsymbol{B}+\boldsymbol{B}^2]+O(\varepsilon^4)。\end{aligned}$$

另外

$$\mathrm{e}^{-[\boldsymbol{A},\boldsymbol{B}]}=\boldsymbol{I}-[\boldsymbol{A},\boldsymbol{B}]+\frac{1}{2}[\boldsymbol{A},\boldsymbol{B}]^2-\cdots。$$

上述两式的差别是三阶项,由范数的三角不等式和相容性得证。 □

引理 4.11 设 $\boldsymbol{a},\boldsymbol{b}\in\mathbb{R}^3$,$\|\boldsymbol{a}\|,\|\boldsymbol{b}\|\leqslant\varepsilon$。则

---

① 参见本书 40 页的脚注,余同。

(1) $\| \boldsymbol{I} - \mathrm{e}^{\mathrm{i}\boldsymbol{a}\cdot\boldsymbol{\sigma}} \| = 2\sin\frac{\|\boldsymbol{a}\|}{2} = \|\boldsymbol{a}\| + O(\|\boldsymbol{a}\|^3)$。

(2) $\| \mathrm{e}^{\mathrm{i}\boldsymbol{a}\cdot\boldsymbol{\sigma}} - \mathrm{e}^{\mathrm{i}\boldsymbol{b}\cdot\boldsymbol{\sigma}} \| = \|\boldsymbol{a}-\boldsymbol{b}\| + O(\varepsilon^2)$。

(3) $\| \mathrm{e}^{-[\boldsymbol{a}\cdot\boldsymbol{\sigma},\boldsymbol{b}\cdot\boldsymbol{\sigma}]} - [\![\mathrm{e}^{-\mathrm{i}\boldsymbol{a}\cdot\boldsymbol{\sigma}}, \mathrm{e}^{-\mathrm{i}\boldsymbol{b}\cdot\boldsymbol{\sigma}}]\!] \| = O(\|\boldsymbol{a}\|\|\boldsymbol{b}\|(\|\boldsymbol{a}\| + \|\boldsymbol{b}\|))$。

证 (1) 令 $\boldsymbol{a}_0 = \boldsymbol{a}/\|\boldsymbol{a}\|$，则 $\mathrm{e}^{\mathrm{i}\boldsymbol{a}\cdot\boldsymbol{\sigma}} = \mathrm{e}^{\mathrm{i}\|\boldsymbol{a}\|(\boldsymbol{a}_0\cdot\boldsymbol{\sigma})} = \cos\|\boldsymbol{a}\| + \mathrm{i}\sin\|\boldsymbol{a}\|(\boldsymbol{a}_0\cdot\boldsymbol{\sigma})$，

$$\begin{aligned}\boldsymbol{I} - \mathrm{e}^{\mathrm{i}\boldsymbol{a}\cdot\boldsymbol{\sigma}} &= \boldsymbol{I} - \mathrm{e}^{\mathrm{i}\|\boldsymbol{a}\|(\boldsymbol{a}_0\cdot\boldsymbol{\sigma})}\\ &= 2\sin\frac{\|\boldsymbol{a}\|}{2}\left(\sin\frac{\|\boldsymbol{a}\|}{2} - \mathrm{i}\cos\frac{\|\boldsymbol{a}\|}{2}(\boldsymbol{a}_0\cdot\boldsymbol{\sigma})\right)\\ &= 2\sin\frac{\|\boldsymbol{a}\|}{2}\mathrm{e}^{-\mathrm{i}\frac{1}{2}(\pi - \|\boldsymbol{a}\|)\boldsymbol{a}_0\cdot\boldsymbol{\sigma}}。\end{aligned}$$

考虑到 $\mathrm{e}^{-\mathrm{i}\frac{1}{2}(\pi - \|\boldsymbol{a}\|)\boldsymbol{a}_0\cdot\boldsymbol{\sigma}}$ 是酉矩阵，取范数可得。

(2)
$$\begin{aligned}\| \mathrm{e}^{\mathrm{i}\boldsymbol{a}\cdot\boldsymbol{\sigma}} - \mathrm{e}^{\mathrm{i}\boldsymbol{b}\cdot\boldsymbol{\sigma}} \| &= \| \mathrm{e}^{\mathrm{i}\boldsymbol{a}\cdot\boldsymbol{\sigma}}\mathrm{e}^{-\mathrm{i}\boldsymbol{b}\cdot\boldsymbol{\sigma}} - \boldsymbol{I} \|\\ &\leqslant \| \mathrm{e}^{\mathrm{i}\boldsymbol{a}\cdot\boldsymbol{\sigma}}\mathrm{e}^{-\mathrm{i}\boldsymbol{b}\cdot\boldsymbol{\sigma}} - \mathrm{e}^{\mathrm{i}(\boldsymbol{a}-\boldsymbol{b})\cdot\boldsymbol{\sigma}} \| + \| \mathrm{e}^{\mathrm{i}(\boldsymbol{a}-\boldsymbol{b})\cdot\boldsymbol{\sigma}} - \boldsymbol{I} \|,\end{aligned}$$

由 BCH 公式得，$\mathrm{e}^{\mathrm{i}\boldsymbol{a}\cdot\boldsymbol{\sigma}}\mathrm{e}^{-\mathrm{i}\boldsymbol{b}\cdot\boldsymbol{\sigma}} = \mathrm{e}^{\mathrm{i}(\boldsymbol{a}-\boldsymbol{b})\cdot\boldsymbol{\sigma}} + O(\varepsilon^2)$，故上式中的第一项为 $O(\varepsilon^2)$；第二项 $\| \mathrm{e}^{\mathrm{i}(\boldsymbol{a}-\boldsymbol{b})\cdot\boldsymbol{\sigma}} - \boldsymbol{I} \| = \|\boldsymbol{a}-\boldsymbol{b}\| + O(\varepsilon^3)$。

(3) $\mathrm{e}^{-[\boldsymbol{a}\cdot\boldsymbol{\sigma},\boldsymbol{b}\cdot\boldsymbol{\sigma}]} = \boldsymbol{I} - [\boldsymbol{a}\cdot\boldsymbol{\sigma},\boldsymbol{b}\cdot\boldsymbol{\sigma}] + \frac{1}{2}[\boldsymbol{a}\cdot\boldsymbol{\sigma},\boldsymbol{b}\cdot\boldsymbol{\sigma}]^2 + \cdots$，由 $[\boldsymbol{a}\cdot\boldsymbol{\sigma},\boldsymbol{b}\cdot\boldsymbol{\sigma}] = 2\mathrm{i}(\boldsymbol{a}\times\boldsymbol{b})\cdot\boldsymbol{\sigma}$ 知

$$[\boldsymbol{a}\cdot\boldsymbol{\sigma},\boldsymbol{b}\cdot\boldsymbol{\sigma}]^2 = -4((\boldsymbol{a}\times\boldsymbol{b})\cdot\boldsymbol{\sigma})^2 = -4\|\boldsymbol{a}\times\boldsymbol{b}\|^2\boldsymbol{I}。$$

参考引理 4.10 的证明，有

$$\begin{aligned}&[\![\mathrm{e}^{-\mathrm{i}\boldsymbol{a}\cdot\boldsymbol{\sigma}}, \mathrm{e}^{-\mathrm{i}\boldsymbol{b}\cdot\boldsymbol{\sigma}}]\!]\\ &= \boldsymbol{I} - [\boldsymbol{a}\cdot\boldsymbol{\sigma},\boldsymbol{b}\cdot\boldsymbol{\sigma}] + \frac{\mathrm{i}}{2}[(\boldsymbol{a}+\boldsymbol{b})\cdot\boldsymbol{\sigma},(\|\boldsymbol{a}\|^2 + \|\boldsymbol{b}\|^2)\boldsymbol{I} + 2(\boldsymbol{a}\cdot\boldsymbol{\sigma})(\boldsymbol{b}\cdot\boldsymbol{\sigma})] + \cdots。\end{aligned}$$

由 $(\boldsymbol{a}\cdot\boldsymbol{\sigma})(\boldsymbol{b}\cdot\boldsymbol{\sigma}) = (\boldsymbol{a}\cdot\boldsymbol{b})\boldsymbol{I} + \mathrm{i}(\boldsymbol{a}\times\boldsymbol{b})\cdot\boldsymbol{\sigma}$ 知，上式等号右边的第三项为

$$\begin{aligned}&\frac{\mathrm{i}}{2}[(\boldsymbol{a}+\boldsymbol{b})\cdot\boldsymbol{\sigma},(\|\boldsymbol{a}\|^2 + \|\boldsymbol{b}\|^2 + 2\boldsymbol{a}\cdot\boldsymbol{b})\boldsymbol{I} + 2\mathrm{i}(\boldsymbol{a}\times\boldsymbol{b})\cdot\boldsymbol{\sigma}]\\ &= -[(\boldsymbol{a}+\boldsymbol{b})\cdot\boldsymbol{\sigma},(\boldsymbol{a}\times\boldsymbol{b})\cdot\boldsymbol{\sigma}] = -2\mathrm{i}(\boldsymbol{a}+\boldsymbol{b})\times(\boldsymbol{a}\times\boldsymbol{b})\cdot\boldsymbol{\sigma},\end{aligned}$$

故

$$\mathrm{e}^{-[\boldsymbol{a}\cdot\boldsymbol{\sigma},\boldsymbol{b}\cdot\boldsymbol{\sigma}]} - [\![\mathrm{e}^{-\mathrm{i}\boldsymbol{a}\cdot\boldsymbol{\sigma}}, \mathrm{e}^{-\mathrm{i}\boldsymbol{b}\cdot\boldsymbol{\sigma}}]\!] = 2\mathrm{i}(\boldsymbol{a}+\boldsymbol{b})\times(\boldsymbol{a}\times\boldsymbol{b})\cdot\boldsymbol{\sigma} - 2\|\boldsymbol{a}\times\boldsymbol{b}\|^2 + \cdots。$$

注意到等号右边的第一项为三阶项，第二项为四阶项，取范数得证。 □

引理 4.12 若 G 是 S_ε 的 ε^2-网，则 $[\![G,G]\!] \equiv \{[\![\boldsymbol{U},\boldsymbol{V}]\!]: \boldsymbol{U},\boldsymbol{V}\in G\}$ 是 S_{ε^2} 的 $c\varepsilon^3$-网（c 为常数）。

证明思路：$\forall \boldsymbol{A}\in S_{\varepsilon^2}$，先找 $\boldsymbol{B},\boldsymbol{C}\in S_\varepsilon$，使 $\boldsymbol{A} = [\![\boldsymbol{B},\boldsymbol{C}]\!] + O(\varepsilon^3)$；再找 $\boldsymbol{U},\boldsymbol{V}\in G$ 来逼近 $\boldsymbol{B}$，$\boldsymbol{C}$，使得 $\|\boldsymbol{A} - [\![\boldsymbol{U},\boldsymbol{V}]\!]\| = O(\varepsilon^3)$。

证 设 $\boldsymbol{A} = \mathrm{e}^{\mathrm{i}\boldsymbol{a}\cdot\boldsymbol{\sigma}} \in S_{\varepsilon^2}$，$\boldsymbol{a}\in\mathbb{R}^3$。由引理 4.11(1) 可取 $\boldsymbol{a}$，使得 $\|\boldsymbol{a}\| = O(\varepsilon^2)$。

选取 $\boldsymbol{b},\boldsymbol{c}\in\mathbb{R}^3$，使得 $-2\boldsymbol{b}\times\boldsymbol{c} = \boldsymbol{a}$，这里 $\boldsymbol{b},\boldsymbol{c}$ 正交且等长，$\boldsymbol{b}\cdot\boldsymbol{c} = 0$，$\|\boldsymbol{b}\| = \|\boldsymbol{c}\| = O(\varepsilon)$。令 $\boldsymbol{B} = \mathrm{e}^{-\mathrm{i}\boldsymbol{b}\cdot\boldsymbol{\sigma}}$，$\boldsymbol{C} = \mathrm{e}^{-\mathrm{i}\boldsymbol{c}\cdot\boldsymbol{\sigma}}$，则 $\boldsymbol{B},\boldsymbol{C}\in S_\varepsilon$。

由 $[\boldsymbol{b}\cdot\boldsymbol{\sigma},\boldsymbol{c}\cdot\boldsymbol{\sigma}] = 2\mathrm{i}(\boldsymbol{b}\times\boldsymbol{c})\cdot\boldsymbol{\sigma}$ 和引理 4.11(3) 得

$$A = e^{i\boldsymbol{a}\cdot\boldsymbol{\sigma}} = e^{-2i(\boldsymbol{b}\times\boldsymbol{c})\cdot\boldsymbol{\sigma}} = e^{-[\boldsymbol{b}\cdot\boldsymbol{\sigma},\boldsymbol{c}\cdot\boldsymbol{\sigma}]}, \quad \| \boldsymbol{A} - [\![B,C]\!] \| = O(\varepsilon^3)。$$

注意到 G 是 S_ε 的 ε^2-网,令 $\boldsymbol{U}=e^{-i\boldsymbol{u}\cdot\boldsymbol{\sigma}}$ 是 G 中 $\boldsymbol{B}$ 的逼近元,即 $\|\boldsymbol{U}-\boldsymbol{B}\|\leqslant\varepsilon^2$;令 $\boldsymbol{V}=e^{-i\boldsymbol{v}\cdot\boldsymbol{\sigma}}$ 是 G 中 $\boldsymbol{C}$ 的逼近元,即 $\|\boldsymbol{V}-\boldsymbol{C}\|\leqslant\varepsilon^2$。由引理 4.11(2)得

$$\| \boldsymbol{u} - \boldsymbol{b} \| = \| e^{-i\boldsymbol{u}\cdot\boldsymbol{\sigma}} - e^{-i\boldsymbol{b}\cdot\boldsymbol{\sigma}} \| + O(\varepsilon^2),$$

即 $\|\boldsymbol{u}-\boldsymbol{b}\|=O(\varepsilon^2)$。同理,$\|\boldsymbol{v}-\boldsymbol{c}\|=O(\varepsilon^2)$。

下面证明 G 中的元素 $\boldsymbol{U}$ 和 $\boldsymbol{V}$ 可用来逼近 A。

$$\| \boldsymbol{A} - [\![\boldsymbol{U},\boldsymbol{V}]\!] \| \leqslant \| \boldsymbol{A} - e^{-2i(\boldsymbol{u}\times\boldsymbol{v})\cdot\boldsymbol{\sigma}} \| + \| e^{-2i(\boldsymbol{u}\times\boldsymbol{v})\cdot\boldsymbol{\sigma}} - [\![\boldsymbol{U},\boldsymbol{V}]\!] \|。 \tag{4.8}$$

对式(4.8)右端第一项,由引理 4.11(2)得

$$\begin{aligned}
\| \boldsymbol{A} - e^{-2i(\boldsymbol{u}\times\boldsymbol{v})\cdot\boldsymbol{\sigma}} \| &= \| e^{-2i(\boldsymbol{b}\times\boldsymbol{c})\cdot\boldsymbol{\sigma}} - e^{-2i(\boldsymbol{u}\times\boldsymbol{v})\cdot\boldsymbol{\sigma}} \| \\
&\leqslant 4 \| \boldsymbol{b}\times\boldsymbol{c} - \boldsymbol{u}\times\boldsymbol{v} \| \\
&= 4 \| \boldsymbol{b}\times\boldsymbol{c} - (\boldsymbol{u}-\boldsymbol{b}+\boldsymbol{b})\times(\boldsymbol{v}-\boldsymbol{c}+\boldsymbol{c}) \| \\
&= 4 \| (\boldsymbol{u}-\boldsymbol{b})\times(\boldsymbol{v}-\boldsymbol{c}) + \boldsymbol{b}\times(\boldsymbol{v}-\boldsymbol{c}) + (\boldsymbol{u}-\boldsymbol{b})\times\boldsymbol{c} \| \\
&\leqslant c_1\varepsilon^3。
\end{aligned}$$

对式(4.8)右端第二项,由引理 4.11(3)得

$$\| e^{-2i(\boldsymbol{u}\times\boldsymbol{v})\cdot\boldsymbol{\sigma}} - [\![\boldsymbol{U},\boldsymbol{V}]\!] \| = \| e^{-[\boldsymbol{u}\cdot\boldsymbol{\sigma},\boldsymbol{v}\cdot\boldsymbol{\sigma}]} - [\![e^{-i\boldsymbol{u}\cdot\boldsymbol{\sigma}}, e^{-i\boldsymbol{v}\cdot\boldsymbol{\sigma}}]\!] \| \leqslant c_2\varepsilon^3。$$

两项结合,得 $\|\boldsymbol{A}-[\![\boldsymbol{U},\boldsymbol{V}]\!]\|\leqslant c\varepsilon^3$,其中 c 为常数。 □

设 $\boldsymbol{U}\in S_{\sqrt{c}\varepsilon^{3/2}}$,$\|\boldsymbol{U}-\boldsymbol{I}\|\leqslant\sqrt{c\varepsilon^3}\leqslant\varepsilon$,则 $\boldsymbol{U}\in S_\varepsilon$。设 G_l 是 S_ε 的 ε^2-网,存在 $\boldsymbol{V}\in G_l$,使得

$$\| \boldsymbol{U} - \boldsymbol{V} \| \leqslant \varepsilon^2,$$

即 $\|\boldsymbol{U}\boldsymbol{V}^\dagger-\boldsymbol{I}\|<\varepsilon^2$,亦即 $\boldsymbol{U}\boldsymbol{V}^\dagger\in S_{\varepsilon^2}$。由引理 4.12 和$[\![\cdot,\cdot]\!]$的定义,$G_{4l}$ 是 S_{ε^2} 的 $c\varepsilon^3$-网,故存在 $\boldsymbol{u},\boldsymbol{v}\in\mathbf{R}^3$,使得 $e^{i\boldsymbol{u}\cdot\boldsymbol{\sigma}},e^{i\boldsymbol{v}\cdot\boldsymbol{\sigma}}\in G_l$,$\|\boldsymbol{U}\boldsymbol{V}^\dagger-[\![e^{i\boldsymbol{u}\cdot\boldsymbol{\sigma}},e^{i\boldsymbol{v}\cdot\boldsymbol{\sigma}}]\!]\|\leqslant c\varepsilon^3$,即

$$\| \boldsymbol{U} - [\![e^{i\boldsymbol{u}\cdot\boldsymbol{\sigma}}, e^{i\boldsymbol{v}\cdot\boldsymbol{\sigma}}]\!]\boldsymbol{V} \| \leqslant c\varepsilon^3。$$

从而,G_{5l} 是 $S_{\sqrt{c}\varepsilon^{3/2}}$ 的 $c\varepsilon^3$-网。总结为如下命题。

引理 4.13 若 G_l 是 S_ε 的 ε^2-网,那么 G_{5l} 是 $S_{\sqrt{c}\varepsilon^{3/2}}$ 的 $c\varepsilon^3$-网,这里 c 为常数。

定理 4.14(Solovay-Kitaev 定理) 设 G 是 SU(2)中包含自身逆的有限集且$\langle G\rangle$在SU(2)中稠密,$\varepsilon>0$ 给定,则 G_l 是 SU(2)的一个 ε-网,这里 $l=O(\log^c(1/\varepsilon))$,$c\approx4$。

证 (1) 由于$\langle G\rangle$在 SU(2)中稠密,对 $S_{\varepsilon_0}\subset$SU(2),可找到 l_0,使得 G_{l_0} 是 S_{ε_0} 的 ε_0^2-网。

由引理 4.13,G_{5l_0} 是 S_{ε_1} 的 ε_1^2-网($\varepsilon_1=\sqrt{c}\varepsilon_0^{3/2}$),$G_{5^2l_0}$ 是 S_{ε_2} 的 ε_2^2-网($\varepsilon_2=\sqrt{c}\varepsilon_1^{3/2}$),……依次类推,$G_{5^kl_0}$ 是 S_{ε_k} 的 ε_k^2-网,这里 $\varepsilon_k=\sqrt{c}\varepsilon_{k-1}^{3/2}$,即

$$c\varepsilon_k=(c\varepsilon_{k-1})^{3/2},$$

故 $\varepsilon_k=\dfrac{1}{c}(c\varepsilon_0)^{(3/2)^k}$。初始取 $c\varepsilon_0<1$,则 ε_k 趋于 0;$\varepsilon_k^2/\varepsilon_{k+1}=\dfrac{1}{c}(c\varepsilon_0)^{\frac{1}{2}(3/2)^k}$,当 ε_0 足够小时,$\varepsilon_k^2<\varepsilon_{k+1}$。

(2) 考虑任意 $\boldsymbol{U}\in$SU(2)。设 G_{l_0} 是 S_{ε_0} 的 ε_0^2-网,$\boldsymbol{U}_0\in G_{l_0}$ 是 $\boldsymbol{U}$ 的一个 ε_0^2-近似(初始用 G 中 l_0 个群元近似到 ε_0^2 精度)。

定义 $\boldsymbol{V}$,使得 $\boldsymbol{V}\boldsymbol{U}_0=\boldsymbol{U}$,即 $\boldsymbol{V}=\boldsymbol{U}\boldsymbol{U}_0^\dagger$。下面找 $\boldsymbol{U}_1\approx\boldsymbol{V}$,使 $\boldsymbol{U}_1\in\langle G\rangle$,$\boldsymbol{U}_1\boldsymbol{U}_0\approx\boldsymbol{U}$。因

$$\|\boldsymbol{V}-\boldsymbol{I}\| = \|(\boldsymbol{U}-\boldsymbol{U}_0)\boldsymbol{U}_0^\dagger\| = \|\boldsymbol{U}-\boldsymbol{U}_0\| < \varepsilon_0^2 < \varepsilon_1,$$

故 $\boldsymbol{V}\in S_{\varepsilon_1}$，问题转化到单位矩阵邻域内的近似。由引理 4.13，G_{5l_0} 是 S_{ε_1} 的 ε_1^2-网，可找 $\boldsymbol{V}$ 的 ε_1^2-近似 $\boldsymbol{U}_1\in G_{5l_0}$，使得 $\|\boldsymbol{U}_1-\boldsymbol{V}\|\leqslant\varepsilon_1^2$，此即

$$\|\boldsymbol{U}_1\boldsymbol{U}_0-\boldsymbol{U}\| = \|\boldsymbol{U}_1\boldsymbol{U}_0-\boldsymbol{V}\boldsymbol{U}_0\| = \|(\boldsymbol{U}_1-\boldsymbol{V})\boldsymbol{U}_0\| = \|\boldsymbol{U}_1-\boldsymbol{V}\| \leqslant \varepsilon_1^2,$$

故 $\boldsymbol{U}_1\boldsymbol{U}_0$ 是 $\boldsymbol{U}$ 的 ε_1^2-近似(通过把字长 l_0 增加至 $5l_0$ 使精度提高至 ε_1^2，为清晰起见，下面再进一步改善结果)。

定义 $\boldsymbol{W}$，使得 $\boldsymbol{W}(\boldsymbol{U}_1\boldsymbol{U}_0)=\boldsymbol{U}$，即 $\boldsymbol{W}=\boldsymbol{U}(\boldsymbol{U}_1\boldsymbol{U}_0)^\dagger$。下面找 $\boldsymbol{U}_2\approx\boldsymbol{W}$，使 $\boldsymbol{U}_2\boldsymbol{U}_1\boldsymbol{U}_0\approx\boldsymbol{U}$。易验证

$$\|\boldsymbol{W}-\boldsymbol{I}\| = \|(\boldsymbol{U}-\boldsymbol{U}_1\boldsymbol{U}_0)\boldsymbol{U}_0^\dagger\boldsymbol{U}_1^\dagger\| = \|\boldsymbol{U}-\boldsymbol{U}_1\boldsymbol{U}_0\| \leqslant \varepsilon_1^2 < \varepsilon_2,$$

故 $\boldsymbol{W}\in S_{\varepsilon_2}$。由引理 4.13，$G_{5^2l_0}$ 是 S_{ε_2} 的 ε_2^2-网，可找 $\boldsymbol{W}$ 的 ε_2^2-近似 $\boldsymbol{U}_2\in G_{5^2l_0}$，使得 $\boldsymbol{U}_2\boldsymbol{U}_1\boldsymbol{U}_0$ 是 $\boldsymbol{U}$ 的 ε_2^2-近似。

(3) 以此类推，可找到 $\boldsymbol{U}_k\in G_{5^kl_0}$，使 $\boldsymbol{U}_k\boldsymbol{U}_{k-1}\cdots\boldsymbol{U}_0$ 是 $\boldsymbol{U}$ 的 ε_k^2-近似。逼近过程总结在表 4.2 中。

表 4.2 S-K 定理逼近过程

字长	门	邻域	精度	邻域内逼近	$\boldsymbol{U}$ 的近似
l_0	G_{l_0}	S_{ε_0}	ε_0^2	$\boldsymbol{U}_0\in G_{l_0}$	初始 $\boldsymbol{U}_0$
$5l_0$	G_{5l_0}	S_{ε_1}	$\varepsilon_1^2=c\varepsilon_0^3$	$\boldsymbol{U}_1\approx\boldsymbol{U}\boldsymbol{U}_0^\dagger\in S_{\varepsilon_1}$，$\boldsymbol{U}_1\in G_{5l_0}$	$\boldsymbol{U}_1\boldsymbol{U}_0$
5^2l_0	$G_{5^2l_0}$	S_{ε_2}	$\varepsilon_2^2=c\varepsilon_1^3$	$\boldsymbol{U}_2\approx\boldsymbol{U}(\boldsymbol{U}_1\boldsymbol{U}_0)^\dagger\in S_{\varepsilon_2}$，$\boldsymbol{U}_2\in G_{5^2l_0}$	$\boldsymbol{U}_2\boldsymbol{U}_1\boldsymbol{U}_0$
⋮					
5^kl_0	$G_{5^kl_0}$	S_{ε_k}	$\varepsilon_k^2=c\varepsilon_{k-1}^3$	$\boldsymbol{U}_k\approx\boldsymbol{U}(\boldsymbol{U}_{k-1}\cdots\boldsymbol{U}_0)^\dagger\in S_{\varepsilon_k}$，$\boldsymbol{U}_k\in G_{5^kl_0}$	$\boldsymbol{U}_k\cdots\boldsymbol{U}_1\boldsymbol{U}_0$

任意 $\boldsymbol{U}\in\mathrm{SU}(2)$，可由 $l_0+5l_0+\cdots+5^kl_0<\frac{1}{4}5^{k+1}l_0$ 个门近似到 ε_k^2 精度。选择 k，使 $\varepsilon_k^2<\varepsilon$(指定精度)，此即要求

$$\frac{1}{c^2}(c\varepsilon_0)^{2\cdot(3/2)^k}<\varepsilon,\quad 即\ \left(\frac{3}{2}\right)^k>\frac{\log(1/c^2\varepsilon)}{2\log(1/c\varepsilon_0)}。$$

令 $\left(\frac{3}{2}\right)^\nu=5$，即 $\nu=\log5/\log\frac{3}{2}\approx3.97$。所需门操作数量

$$\frac{5}{4}5^kl_0=\frac{5}{4}\left(\frac{3}{2}\right)^{k\nu}l_0>\frac{5}{4}\left(\frac{\log(1/c^2\varepsilon)}{2\log(1/c\varepsilon_0)}\right)^\nu l_0=O(\log^\nu(1/\varepsilon))。$$ □

注 (1) 设 $\boldsymbol{A}\in\mathrm{SU}(2)$，$\|\boldsymbol{A}-\boldsymbol{I}\|=O(\varepsilon)$。由引理 4.10 知，存在酉矩阵 $\boldsymbol{B}$ 和 $\boldsymbol{C}$，使得 $\|[\![\boldsymbol{B},\boldsymbol{C}]\!]-\boldsymbol{A}\|=O(\varepsilon^{3/2})$，且 $\|\boldsymbol{B}-\boldsymbol{I}\|=O(\varepsilon^{1/2})$，$\|\boldsymbol{C}-\boldsymbol{I}\|=O(\varepsilon^{1/2})$。由引理 4.12 的证明知，存在 $\boldsymbol{U},\boldsymbol{V}\in G$，$\|\boldsymbol{U}-\boldsymbol{B}\|\leqslant\varepsilon$，$\|\boldsymbol{V}-\boldsymbol{C}\|\leqslant\varepsilon$，使得 $\|[\![\boldsymbol{U},\boldsymbol{V}]\!]-[\![\boldsymbol{B},\boldsymbol{C}]\!]\|=O(\varepsilon^{3/2})$。从而将逼近精度由 $O(\varepsilon)$ 提升至 $O(\varepsilon^{3/2})$。

(2) 设 SU(2) 中半径为 ε 的球体积为 $O(\varepsilon^d)$，用 N 个球覆盖 SU(2)，N 的数量级为 $\Omega(1/\varepsilon^d)$，这里记号 $f(\varepsilon)=\Omega(g(\varepsilon))$ 表示除去一个不重要的常数因子，$g(\varepsilon)$ 为 $f(\varepsilon)$ 的下界。G 中所有长度为 l 的序列 $\boldsymbol{g}_1\boldsymbol{g}_2\cdots\boldsymbol{g}_l$，至多表示 $|G|^l$ 个不同的酉运算。由 $|G|^l=\Omega(1/\varepsilon^d)$ 知 $l=\Omega(\log(1/\varepsilon))$[NC00]。

(3) 常数 $\nu\approx4$ 可改进到 $\nu\approx2$,但 ν 不能小于 1;在 1 和 2 之间确定最优的 ν 值仍是公开问题。证明中的关键性质是 $S_{\Omega(\varepsilon^2)}\subseteq[S_\varepsilon,S_\varepsilon]$。定理对一般的 SU($N$)也成立。

(4) 由 H 门,S 门和 $\omega=\mathrm{e}^{\mathrm{i}\pi/4}$ 可生成单量子比特上的 Clifford 群,加上 T 门,可构成通用量子逻辑门组,称为 Clifford+T 门组[Sel14,RS16],适合容错量子计算。使用 Clifford+T 门组和少数辅助量子比特,可得渐进最优的门复杂度估计[KMM13]。

第5章

量子Fourier变换及其应用

1 量子 Fourier 变换

N 维量子 Fourier 变换(quantum Fourier transform,QFT)定义为

$$F_N=\frac{1}{\sqrt{N}}\sum_{k=0}^{N-1}\sum_{j=0}^{N-1}\exp\left(\frac{\mathrm{i}2\pi kj}{N}\right)|k\rangle\langle j|, \tag{5.1}$$

F_N 通常也以 QFT 或 U_{QFT} 记之。对 n 量子比特情形,$N=2^n$。

对单量子比特($n=1$),有

$$F_2=\frac{1}{\sqrt{2}}\begin{pmatrix}1 & 1\\ 1 & \mathrm{e}^{\mathrm{i}2\pi/2}\end{pmatrix}=\frac{1}{\sqrt{2}}\begin{pmatrix}1 & 1\\ 1 & -1\end{pmatrix},$$

此即 Hadamard 门。

双量子比特($n=2$)的 Fourier 变换

$$F_4=\frac{1}{2}\begin{pmatrix}1 & 1 & 1 & 1\\ 1 & \mathrm{i} & -1 & -\mathrm{i}\\ 1 & -1 & 1 & -1\\ 1 & -\mathrm{i} & -1 & \mathrm{i}\end{pmatrix}。$$

注意到 $F_4(|a\rangle|0\rangle)=|+\rangle\otimes H|a\rangle$,$F_4(|a\rangle|1\rangle)=|-\rangle\otimes SH|a\rangle$,即

$$F_4(|a\rangle|b\rangle)=H|b\rangle\otimes S^bH|a\rangle。$$

易验证

$$F_4=U_{\mathrm{SWAP}}(I\otimes H)\begin{pmatrix}I & \\ & S\end{pmatrix}(H\otimes I),$$

其量子线路如图 5.1(a)所示。

注意到 $\begin{pmatrix}I & \\ & S\end{pmatrix}=|0\rangle\langle 0|\otimes I+|1\rangle\langle 1|\otimes S=I\otimes|0\rangle\langle 0|+S\otimes|1\rangle\langle 1|$,有

$$F_4=(H\otimes I)\begin{pmatrix}I & \\ & S\end{pmatrix}(I\otimes H)U_{\mathrm{SWAP}},$$

其量子线路如图 5.1(b)所示。

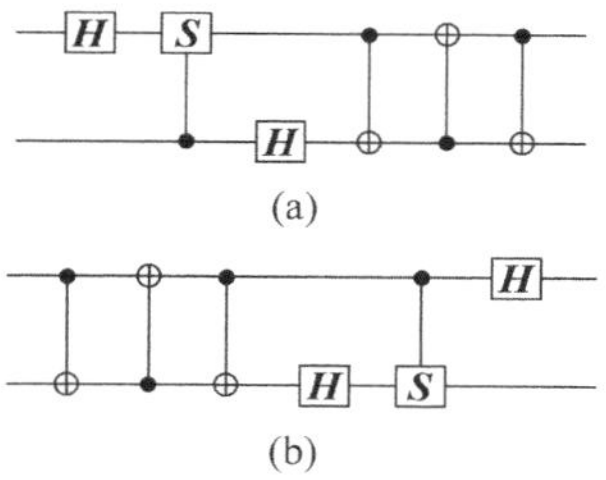

图 5.1 Fourier 变换 $\boldsymbol{F}_4$

易验证

$$\boldsymbol{F}_N \mid j\rangle = \frac{1}{\sqrt{N}}\sum_{c=0}^{N-1}\exp\left(\frac{\mathrm{i}2\pi jc}{N}\right)\mid c\rangle。\tag{5.2}$$

特殊地

$$\boldsymbol{F}_N \mid 0\rangle = \frac{1}{\sqrt{2^n}}\sum_{y=0}^{2^n-1}\mid y\rangle,$$

即 $\boldsymbol{F}_N$ 作用于态 $|0\rangle$ 后产生所有态矢量的等可能叠加。

对一般的量子态 $\mid\psi\rangle = \sum_x a(x)\mid x\rangle$，作用 Fourier 变换，$\boldsymbol{F}_N\mid\psi\rangle = \sum_k A(k)\mid k\rangle$，其中

$$A(k) = \frac{1}{\sqrt{N}}\sum_{x=0}^{N-1}a(x)\exp\left(\frac{\mathrm{i}2\pi kx}{N}\right)。$$

例如，$a(x) = \frac{1}{\sqrt{N}}\exp(-\mathrm{i}2\pi jx/N)$，$0<j<N$，则

$$A(k) = \frac{1}{N}\sum_{x=0}^{N-1}\exp\left(\frac{\mathrm{i}2\pi x(k-j)}{N}\right) = \delta_{jk}。$$

例 5.1 求量子态 $\mid\varphi\rangle = \frac{1}{2}\sum_{j=0}^{7}\cos(2\pi j/8)\mid j\rangle$ 的 Fourier 变换。

解

$$\boldsymbol{F}_8 = \frac{1}{\sqrt{8}}\sum_{j=0}^{7}\sum_{k=0}^{7}\mathrm{e}^{\mathrm{i}2\pi kj/8}\mid k\rangle\langle j\mid,$$

$$\boldsymbol{F}_8\mid\varphi\rangle = \frac{1}{4\sqrt{2}}\sum_{k=0}^{7}\sum_{j=0}^{7}\cos\frac{2\pi j}{8}\exp\left(\frac{\mathrm{i}2\pi jk}{8}\right)\mid k\rangle。$$

使用 Euler 恒等式 $\mathrm{e}^{\mathrm{i}\theta}\equiv\cos\theta+\mathrm{i}\sin\theta$，以及 $\sum_{k=0}^{N-1}\mathrm{e}^{\mathrm{i}2\pi k(n-m)/N} = N\delta_{nm}$，可得

$$\begin{aligned}A(k) &= \frac{1}{4\sqrt{2}}\sum_{j=0}^{7}\mathrm{e}^{\mathrm{i}2\pi kj/8}\cos(2\pi j/8)\\ &= \frac{1}{8\sqrt{2}}\sum_{j=0}^{7}(\mathrm{e}^{\mathrm{i}2\pi(1+k)j/8}+\mathrm{e}^{\mathrm{i}2\pi(k-1)j/8})\\ &= \frac{1}{\sqrt{2}}(\delta_{k7}+\delta_{k1})。\end{aligned}$$

因此

$$\boldsymbol{F}_8\mid\varphi\rangle = \sum_{k=0}^{7}A(k)\mid k\rangle = \frac{1}{\sqrt{2}}(\mid 1\rangle+\mid 7\rangle)。$$

□

设 j 的二进制形式 $j=(j_1j_2\cdots j_n)$，$j/2^n = \sum_{l=1}^{n}j_l2^{-l}$，$N=2^n$。再论 $\boldsymbol{F}_N|j\rangle$。

$$\boldsymbol{F}_N\mid j\rangle = \frac{1}{\sqrt{N}}\sum_{k=0}^{N-1}\exp(\mathrm{i}2\pi jk/N)\mid k\rangle$$

$$=\frac{1}{\sqrt{N}}\sum_{k=0}^{N-1}\exp\left(\mathrm{i}2\pi j\sum_{l=1}^{n}k_l 2^{-l}\right)|k_1k_2\cdots k_n\rangle$$

$$=\frac{1}{\sqrt{N}}\sum_{k=0}^{N-1}\prod_{l=1}^{n}\exp(\mathrm{i}2\pi jk_l 2^{-l})|k_1k_2\cdots k_n\rangle$$

$$=\frac{1}{\sqrt{N}}\sum_{k_1=0}^{1}\sum_{k_2=0}^{1}\cdots\sum_{k_n=0}^{1}\bigotimes_{l=1}^{n}\mathrm{e}^{\mathrm{i}2\pi jk_l 2^{-l}}|k_l\rangle$$

$$=\bigotimes_{l=1}^{n}\frac{1}{\sqrt{2}}(|0\rangle+\exp(\mathrm{i}2\pi j2^{-l})|1\rangle)。$$

特别地，考查 $n=3$ 的情形，有

$$\boldsymbol{F}_8|x_1x_2x_3\rangle=\frac{1}{\sqrt{2}}(|0\rangle+\mathrm{e}^{\mathrm{i}2\pi(0.x_3)}|1\rangle)\otimes\frac{1}{\sqrt{2}}(|0\rangle+\mathrm{e}^{\mathrm{i}2\pi(0.x_2x_3)}|1\rangle)\otimes$$
$$\frac{1}{\sqrt{2}}(|0\rangle+\mathrm{e}^{\mathrm{i}2\pi(0.x_1x_2x_3)}|1\rangle)。$$

量子线路如图 5.2 所示。分如下三步合成这个态：

(1) 对 $|x_3\rangle$ 的 Hadamard 变换产生

$$\boldsymbol{H}|x_3\rangle=\frac{1}{\sqrt{2}}(|0\rangle+(-1)^{x_3}|1\rangle)=\frac{1}{\sqrt{2}}(|0\rangle+\mathrm{e}^{\mathrm{i}2\pi(0.x_3)}|1\rangle),$$

这里用到 $\mathrm{e}^{\mathrm{i}2\pi(0.x_3)}=(-1)^{x_3}$；

(2) 对 $|x_2\rangle$ 的 Hadamard 变换产生 $\frac{1}{\sqrt{2}}(|0\rangle+\mathrm{e}^{\mathrm{i}2\pi(0.x_2)}|1\rangle)$，据 $|x_3\rangle$ 作用受控 $-\boldsymbol{R}_2$，会增加相位 $\mathrm{e}^{\mathrm{i}2\pi(0.0x_3)}$，从而产生 $\frac{1}{\sqrt{2}}(|0\rangle+\mathrm{e}^{\mathrm{i}2\pi(0.x_2x_3)}|1\rangle)$；

(3) 对 $|x_1\rangle$ 作用 Hadamard 变换，据 $|x_2\rangle$ 作用受控 $-\boldsymbol{R}_2$，据 $|x_3\rangle$ 作用受控 $-\boldsymbol{R}_3$ 产生 $\frac{1}{\sqrt{2}}(|0\rangle+\mathrm{e}^{\mathrm{i}2\pi(0.x_1x_2x_3)}|1\rangle)$。这里相位门 $\boldsymbol{R}_k$ 在 4.1 节已定义为

$$\boldsymbol{R}_k=\begin{pmatrix}1 & 0\\ 0 & \mathrm{e}^{\mathrm{i}2\pi/2^k}\end{pmatrix}。$$

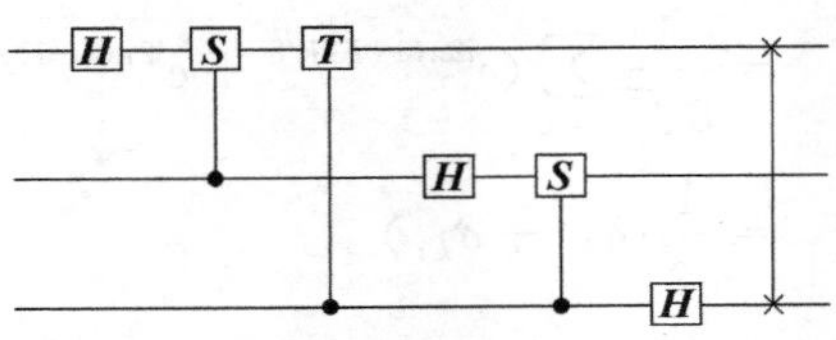

图 5.2 三量子比特 Fourier 变换 $\boldsymbol{F}_8$

考查一般情形。从态 $|x\rangle=|x_1x_2\cdots x_n\rangle$ 开始，作用 $\boldsymbol{H}$ 于第一量子比特后，有

$$\frac{1}{\sqrt{2}}(|0\rangle+\mathrm{e}^{\mathrm{i}2\pi(0.x_1)}|1\rangle)|x_2\cdots x_n\rangle,$$

作用受控 $-\boldsymbol{R}_2$ 后，在相对相位上增加了一位 x_2，即

$$\frac{1}{\sqrt{2}}(|0\rangle + e^{i2\pi(0.x_1x_2)}|1\rangle)|x_2\cdots x_n\rangle,$$

继续作用受控$-\boldsymbol{R}_3,\boldsymbol{R}_4,\cdots,\boldsymbol{R}_n$，每个受控门在$|1\rangle$前的相对相位上增加一位，由此得

$$\frac{1}{\sqrt{2}}(|0\rangle + e^{i2\pi(0.x_1x_2\cdots x_n)}|1\rangle)|x_2\cdots x_n\rangle。$$

对第二个量子比特做同样的操作，先作用$\boldsymbol{H}$，再作用受控$-\boldsymbol{R}_2,\cdots,\boldsymbol{R}_{n-1}$，得

$$\frac{1}{\sqrt{2}}(|0\rangle + e^{i2\pi(0.x_1x_2\cdots x_n)}|1\rangle)\frac{1}{\sqrt{2}}(|0\rangle + e^{i2\pi(0.x_2\cdots x_n)}|1\rangle)|x_3\cdots x_n\rangle。$$

依次对后续比特做类似的处理，最后得

$$\frac{1}{\sqrt{2^n}}(|0\rangle + e^{i2\pi(0.x_1x_2\cdots x_n)}|1\rangle)(|0\rangle + e^{i2\pi(0.x_2\cdots x_n)}|1\rangle)\cdots(|0\rangle + e^{i2\pi(0.x_n)}|1\rangle)。$$

最后使用 SWAP 操作，其量子线路如图 5.3 所示。量子线路涉及 n 比特，每个比特最多 n 个量子门，总共需要量子门个数为 $O(n^2)=O(\log^2 N)$，而经典快速 Fourier 变换(FFT)需 $O(n2^n)=O(N\log N)$。考虑到多数的量子门为相位门 $\boldsymbol{R}_k$($k\geqslant\log n$ 时接近于单位阵)，对每个比特仅保留 $O(\log n)$个相位门，则总共 $O(n\log n)$个逻辑门。

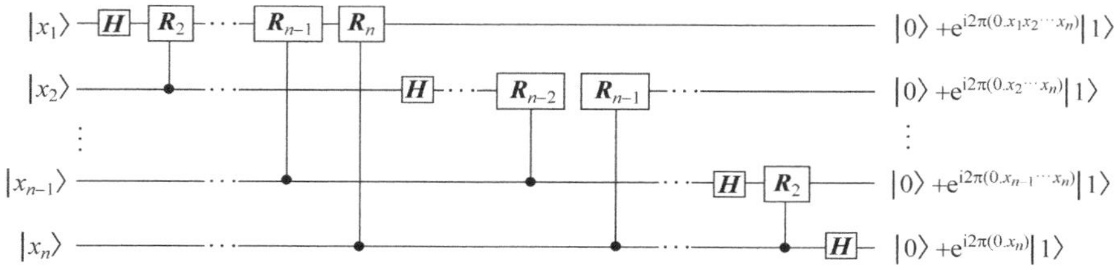

图 5.3　量子 Fourier 变换(不含 SWAP)

2　量子相位估计

作为量子 Fourier 变换的一个应用，我们考虑特征值估计：给定 n 量子比特 Hamilton 量 $\boldsymbol{H}$，及其中一个特征向量$|\psi_\lambda\rangle$，寻找对应的特征值 λ，使得 $\boldsymbol{H}|\psi_\lambda\rangle=\lambda|\psi_\lambda\rangle$。酉算符 $e^{-i\boldsymbol{H}t/\hbar}$对应系统演化，而找 $\boldsymbol{H}$ 的特征值λ 等价于求酉矩阵 $\boldsymbol{U}=e^{i\boldsymbol{H}}$ 的特征值 $e^{i\lambda}$。

量子特征值估计归纳为两步：(1)用 Controlled-U^{2^j} 产生一个特殊的量子态，即构造下面的态$|\Phi_\lambda\rangle$，其中 λ 为相位因子。(2)提取相位因子(实际上用逆 Fourier 变换QFT^{-1})。

所需要的特殊量子态为

$$|\Phi_\lambda\rangle=\frac{1}{\sqrt{2^n}}\sum_{y=0}^{2^n-1}e^{i\lambda y}|y\rangle=\frac{1}{\sqrt{2^n}}\sum_{y=0}^{2^n-1}e^{i2\pi wy}|y\rangle, \tag{5.3}$$

这里假设 $\lambda=2\pi w, w\in[0,1)$。用二进制表示 w 如下：

$$w\equiv(0.x_1x_2x_3\cdots x_n)_2=(x_1x_2x_3\cdots x_n)_2/2^n=x/2^n,\quad x_i\in\{0,1\}。$$

易验证下面有关相位因子的计算：

$$e^{i2\pi 2^{(j-1)}w}=e^{i2\pi(x_1x_2\cdots x_{j-1}.x_jx_{j+1}\cdots)}=e^{i2\pi(x_1x_2\cdots x_{j-1})}e^{i2\pi(0.x_jx_{j+1}\cdots)}=e^{i2\pi(0.x_jx_{j+1}\cdots)}。$$

理论上，$|\Phi_\lambda\rangle$是 QFT 作用于$|x\rangle$的结果，即

$$
\begin{aligned}
|\Phi_\lambda\rangle &= \boldsymbol{F}_N|x\rangle = \frac{1}{\sqrt{2^n}}\sum_{y=0}^{2^n-1} \mathrm{e}^{\mathrm{i}2\pi\frac{xy}{2^n}}|y\rangle \\
&= \frac{1}{\sqrt{2^n}}\sum_{y_1=0}^{1}\sum_{y_2=0}^{1}\cdots\sum_{y_n=0}^{1} \mathrm{e}^{\mathrm{i}2\pi x\left(\sum_{s=1}^{n} y_s 2^{-s}\right)}|y_1y_2\cdots y_n\rangle \\
&= \frac{1}{\sqrt{2^n}}\sum_{y_1,\cdots,y_n\in\{0,1\}}\prod_{s=1}^{n}\mathrm{e}^{\mathrm{i}2\pi x y_s 2^{-s}}|y_1y_2\cdots y_n\rangle \\
&= \frac{1}{\sqrt{2^n}}\sum_{y_1=0}^{1}\sum_{y_2=0}^{1}\cdots\sum_{y_n=0}^{1}\bigotimes_{s=1}^{n}\mathrm{e}^{\mathrm{i}2\pi x y_s 2^{-s}}|y_s\rangle \\
&= \frac{1}{\sqrt{2^n}}\sum_{y_1=0}^{1}\mathrm{e}^{\mathrm{i}2\pi x y_1 2^{-1}}|y_1\rangle\otimes\sum_{y_2=0}^{1}\mathrm{e}^{\mathrm{i}2\pi x y_2 2^{-2}}|y_2\rangle\otimes\cdots\otimes\sum_{y_n=0}^{1}\mathrm{e}^{\mathrm{i}2\pi x y_n 2^{-n}}|y_n\rangle \\
&= \frac{1}{\sqrt{2^n}}\bigotimes_{s=1}^{n}\left(\sum_{y_s=0}^{1}\mathrm{e}^{\mathrm{i}2\pi x y_s 2^{-s}}|y_s\rangle\right) = \frac{1}{\sqrt{2^n}}\bigotimes_{s=1}^{n}(|0\rangle+\mathrm{e}^{\mathrm{i}2\pi x 2^{-s}}|1\rangle) \\
&= \frac{1}{\sqrt{2^n}}(|0\rangle+\mathrm{e}^{\mathrm{i}2\pi(0.x_n)}|1\rangle)(|0\rangle+\mathrm{e}^{\mathrm{i}2\pi(0.x_{n-1}x_n)}|1\rangle)\cdots(|0\rangle+\mathrm{e}^{\mathrm{i}2\pi(0.x_1x_2\cdots x_n)}|1\rangle)。
\end{aligned}
$$

因为$|\boldsymbol{x}\rangle$未知，直接作用 QFT 行不通。

下面考虑如何合成量子态$|\Phi_\lambda\rangle$。注意到$\boldsymbol{H}|\psi_\lambda\rangle=\lambda|\psi_\lambda\rangle$，则$\boldsymbol{U}|\psi_\lambda\rangle=\mathrm{e}^{\mathrm{i}\lambda}|\psi_\lambda\rangle$，这里假设特征向量$|\psi_\lambda\rangle$已给定(或物理上易获得)，且可以实施受控酉操作 Controlled-U^{2^j} $(j\geqslant 0)$。定义受控 U(controlled-U)门：

$$|0\rangle|\psi_\lambda\rangle \xrightarrow{\text{Controlled-}U} |0\rangle|\psi_\lambda\rangle,$$

$$|1\rangle|\psi_\lambda\rangle \xrightarrow{\text{Controlled-}U} |1\rangle(\mathrm{e}^{\mathrm{i}\lambda}|\psi_\lambda\rangle),$$

其中$|1\rangle(\mathrm{e}^{\mathrm{i}\lambda}|\psi_\lambda\rangle)=(\mathrm{e}^{\mathrm{i}\lambda}|1\rangle)|\psi_\lambda\rangle=\mathrm{e}^{\mathrm{i}2\pi w}|1\rangle|\psi_\lambda\rangle=\mathrm{e}^{\mathrm{i}2\pi(0.x_1x_2\cdots x_n)}|1\rangle|\psi_\lambda\rangle$，但是整体相位无观测效应(相对相位则有)。如果控制量子位处于叠加态，则作用后相位因子处于相对相位上。

$$(\alpha|0\rangle+\beta|1\rangle)|\psi_\lambda\rangle \xrightarrow{\text{Contorlled-}U} (\alpha|0\rangle+\beta\mathrm{e}^{\mathrm{i}\lambda}|1\rangle)|\psi_\lambda\rangle。$$

注意到$\boldsymbol{U}|\psi_\lambda\rangle=\mathrm{e}^{\mathrm{i}\lambda}|\psi_\lambda\rangle$，$\boldsymbol{U}^k|\psi_\lambda\rangle=\mathrm{e}^{\mathrm{i}k\lambda}|\psi_\lambda\rangle$。Controlled-$U^k$ 作用后

$$(\alpha|0\rangle+\beta|1\rangle)|\psi_\lambda\rangle \xrightarrow{\text{Contorlled-}U^k} (\alpha|0\rangle+\beta\mathrm{e}^{\mathrm{i}k\lambda}|1\rangle)|\psi_\lambda\rangle$$

设 $k=2^{j-1}$，则 $kw=k(0.x_1x_2\cdots x_n)=(x_1x_2\cdots x_{j-1}.x_jx_{j+1}\cdots x_n)$，$\mathrm{e}^{\mathrm{i}2\pi kw}=\mathrm{e}^{\mathrm{i}2\pi(0.x_jx_{j+1}\cdots x_n)}$。令$\alpha=\beta=\frac{1}{\sqrt{2}}$，分别取$k=2^0,2^1,2^2,\cdots,2^{n-1}$作用 Controlled-$U^k$，则有

$$\frac{1}{\sqrt{2}}(|0\rangle+|1\rangle)|\psi_\lambda\rangle \xrightarrow{\text{Controlled-}U^{2^0}} \frac{1}{\sqrt{2}}(|0\rangle+\mathrm{e}^{\mathrm{i}2\pi(0.x_1x_2\cdots x_n)}|1\rangle)|\psi_\lambda\rangle$$

$$\xrightarrow{\text{Controlled-}U^{2^1}} \frac{1}{\sqrt{2}}(|0\rangle+\mathrm{e}^{\mathrm{i}2\pi(0.x_2x_3\cdots x_n)}|1\rangle)|\psi_\lambda\rangle$$

$$\vdots$$

$$\xrightarrow{\text{Controlled-}U^{2^{n-1}}} \frac{1}{\sqrt{2}}(|0\rangle + e^{i2\pi(0.x_n)}|1\rangle)|\psi_\lambda\rangle。$$

这样可分别合成态 $|\Phi_\lambda\rangle|\psi_\lambda\rangle = \frac{1}{\sqrt{2^n}}\sum_{k=0}^{2^n-1} e^{i\lambda k}|k\rangle|\psi_\lambda\rangle$ 中的每一项。量子相位估计(quantum phase estimate,QPE)的线路如图 5.4 所示。

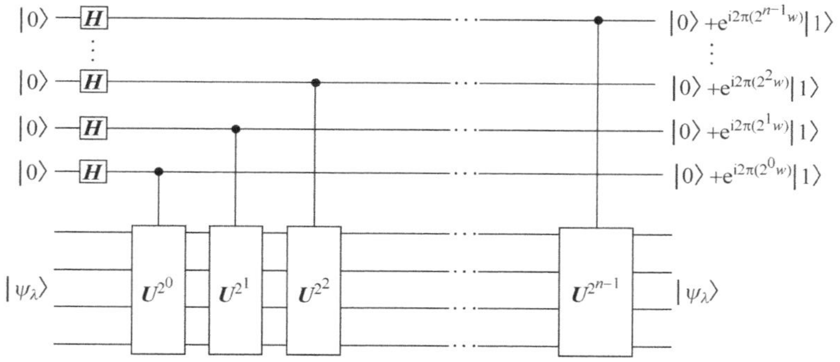

图 5.4 量子相位估计线路(合成量子态 $|\Phi_\lambda\rangle$)

总结量子相位估计思路如下:

$$|0\rangle^{\otimes n}|\psi_\lambda\rangle \to \frac{1}{\sqrt{2^n}}\sum_{k=0}^{2^n-1}|k\rangle|\psi_\lambda\rangle \to \frac{1}{\sqrt{2^n}}\sum_{k=0}^{2^n-1}|k\rangle \boldsymbol{U}^k|\psi_\lambda\rangle = |\Phi_\lambda\rangle|\psi_\lambda\rangle \to |x\rangle|\psi_\lambda\rangle,$$

其中 $\boldsymbol{U}$ 的特征值为 $e^{i\lambda}$,$\lambda = 2\pi x/2^n$,

$$|\Phi_\lambda\rangle = \frac{1}{\sqrt{N}}\sum_{k=0}^{N-1} e^{i\lambda k}|k\rangle = \frac{1}{\sqrt{N}}\sum_{k=0}^{N-1} e^{i2\pi wk}|k\rangle = \frac{1}{\sqrt{N}}\sum_{k=0}^{N-1} e^{i2\pi xk/2^n}|k\rangle = \boldsymbol{F}_N|x\rangle。$$

态 $|\Phi_\lambda\rangle$ 可视为 QFT 的结果,对其用逆 QFT 可得 x:$\boldsymbol{F}_N^{-1}|\Phi_\lambda\rangle = |x_1x_2\cdots x_n\rangle$。

例 5.2 $w=(0.x_1)=(x_1)/2$,考查 $|\Phi_\lambda\rangle$ 和相应的逆 QFT。

$$|\Phi_\lambda\rangle = \frac{1}{\sqrt{2}}\sum_{y=0}^{1} e^{i2\pi(0.x_1)y}|y\rangle = \frac{1}{\sqrt{2}}\sum_{y=0}^{1} e^{i\pi x_1 y}|y\rangle$$

$$= \frac{1}{\sqrt{2}}\sum_{y=0}^{1}(-1)^{x_1 y}|y\rangle = \frac{1}{\sqrt{2}}(|0\rangle + (-1)^{x_1}|1\rangle) = \boldsymbol{H}|x_1\rangle。$$

再用一次 Hadamard 门即得,$\boldsymbol{H}|\Phi_\lambda\rangle = |x_1\rangle$。

例 5.3 $w=(0.x_1x_2)=(x_1x_2)/2^2$,考查 $|\Phi_\lambda\rangle$ 和相应的逆 QFT。

$$|\Phi_\lambda\rangle = \frac{1}{\sqrt{2}}(|0\rangle + e^{i2\pi(0.x_2)}|1\rangle) \otimes \frac{1}{\sqrt{2}}(|0\rangle + e^{i2\pi(0.x_1x_2)}|1\rangle)。$$

$x_2=0$ 情形已知;设 $x_2=1$,将 $\boldsymbol{R}_2^{-1} = \begin{pmatrix}1 & 0 \\ 0 & e^{-i2\pi(0.01)}\end{pmatrix}$ 作用于第二个量子位,得

$$\boldsymbol{R}_2^{-1}\frac{1}{\sqrt{2}}(|0\rangle + e^{i2\pi(0.x_1 1)}|1\rangle) = \frac{1}{\sqrt{2}}(|0\rangle + e^{i2\pi(0.x_1 1-0.01)}|1\rangle) = \frac{1}{\sqrt{2}}(|0\rangle + e^{i2\pi(0.x_1)}|1\rangle),$$

从而转化为已知情形。线路如图 5.5 所示。

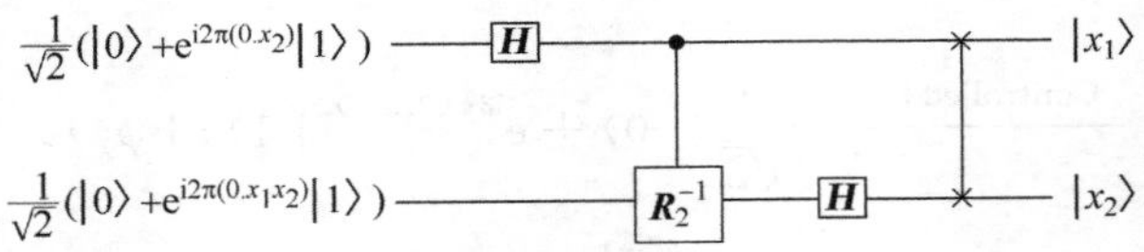

图 5.5 两比特逆 QFT 作用于 $|\Phi_\lambda\rangle$

设 $(0.x_1\cdots x_n)=x/2^n$ 是 w 的前 n 位近似，定义 $\delta=w-\frac{x}{2^n}$，$0\leqslant\delta<2^{-n}$。下面分析算法所需的量子比特数，内容参考[NC00]。

对态 $\frac{1}{\sqrt{2^n}}\sum_{k=0}^{2^n-1}e^{i2\pi wk}|k\rangle$ 应用 QFT^{-1}，得

$$\frac{1}{2^n}\sum_{k,l=0}^{2^n-1}e^{-i\frac{2\pi}{2^n}lk}e^{i2\pi wk}|l\rangle=\sum_{l=0}^{2^n-1}\frac{1}{2^n}\sum_{k=0}^{2^n-1}e^{i2\pi k(w-l/2^n)}|l\rangle\equiv\sum_{l=0}^{2^n-1}\alpha_l|l\rangle,$$

其中 $\alpha_l=\frac{1}{2^n}\sum_{k=0}^{2^n-1}e^{i2\pi k(w-l/2^n)}=\frac{1}{2^n}\frac{1-e^{i2\pi(2^nw-l)}}{1-e^{i2\pi(w-l/2^n)}}$。注意到 $|1-e^{i\theta}|\leqslant 2,\forall\theta$。故

$$|\alpha_l|\leqslant\frac{1}{2^{n-1}}\frac{1}{|1-e^{i2\pi(w-l/2^n)}|}=\frac{1}{2^{n-1}}\frac{1}{|1-e^{i2\pi(-d/2^n+\delta)}|},$$

其中 $d=l-x$。给定正整数 c，对测量结果 m，计算概率

$$P(|m-x|>c)=\sum_{|l-x|>c}|\alpha_l|^2\leqslant\frac{1}{2^{2n-2}}\sum_{|d|>c}\frac{1}{|1-e^{i2\pi(-d/2^n+\delta)}|^2}。$$

注意到 $2\theta\leqslant\sin\pi\theta\leqslant\pi\theta,\forall 0\leqslant\theta\leqslant\frac{1}{2}$；且 $|\theta|\leqslant\frac{1}{2}$ 时，有

$$|1-e^{i2\pi\theta}|=|2\sin\pi\theta(\sin\pi\theta-i\cos\pi\theta)|=2|\sin\pi\theta|\geqslant 4\theta。$$

考虑 $-2^{n-1}<d\leqslant 2^{n-1}$，$\left|\delta-\frac{d}{2^n}\right|\leqslant\frac{1}{2}$。可进一步估计概率

$$\begin{aligned}P(|m-x|>c)&\leqslant\frac{1}{2^{2n-2}}\sum_{|d|>c}\frac{1}{4^2(\delta-d/2^n)^2}=\frac{1}{4}\sum_{|d|\geqslant c+1}\frac{1}{(2^n\delta-d)^2}\\&=\frac{1}{4}\sum_{d=c+1}^{2^{n-1}}\frac{1}{(d-2^n\delta)^2}+\frac{1}{4}\sum_{d=-2^{n-1}+1}^{-(c+1)}\frac{1}{(d-2^n\delta)^2}\\&\leqslant\frac{1}{4}\sum_{d=c+1}^{2^{n-1}}\frac{1}{(d-1)^2}+\frac{1}{4}\sum_{d=-2^{n-1}+1}^{-(c+1)}\frac{1}{d^2}\\&<\frac{1}{2}\sum_{d=c}^{2^{n-1}-1}\frac{1}{d^2}<\frac{1}{2}\int_{c-1}^{2^{n-1}-1}\frac{1}{y^2}dy<\frac{1}{2(c-1)}。\end{aligned}$$

希望 w 近似到精度 $2^{-p}(p\geqslant 1)$，$|m/2^n-x/2^n|<2^{-p}$，即 $|m-x|\leqslant 2^{n-p}-1$。

选取 $c=2^{n-p}-1$。获得这个精度的概率至少为 $1-\frac{1}{2(2^{n-p}-2)}$。至少以 $1-\epsilon$ 的成功概率精确到 p 比特，需选择

$$n = p + \left\lceil \log_2\left(2 + \frac{1}{2\varepsilon}\right) \right\rceil。 \tag{5.4}$$

作为一个应用，考虑振幅估计[BHM02]。令

$$|\phi\rangle = \boldsymbol{U}|0\rangle^{\otimes k} = \sin\theta|0\rangle|u\rangle + \cos\theta|1\rangle|v\rangle, \tag{5.5}$$

下面估计$\sin^2\theta$和$\cos^2\theta$。令 $\boldsymbol{Z}$ 为 Pauli-Z 阵，定义

$$\boldsymbol{G} = (\boldsymbol{I} - 2|\phi\rangle\langle\phi|)(\boldsymbol{Z}\otimes\boldsymbol{I}) = \boldsymbol{U}(\boldsymbol{I} - 2|0\rangle\langle 0|)\boldsymbol{U}^\dagger(\boldsymbol{Z}\otimes\boldsymbol{I})。$$

易验证

$$\begin{aligned}
\boldsymbol{G}|0\rangle|u\rangle &= (\boldsymbol{I} - 2|\phi\rangle\langle\phi|)|0\rangle|u\rangle = |0\rangle|u\rangle - 2\sin\theta|\phi\rangle \\
&= (1 - 2\sin^2\theta)|0\rangle|u\rangle - 2\sin\theta\cos\theta|1\rangle|v\rangle, \\
\boldsymbol{G}|1\rangle|v\rangle &= (\boldsymbol{I} - 2|\phi\rangle\langle\phi|)(-|1\rangle|v\rangle) = -|1\rangle|v\rangle + 2\cos\theta|\phi\rangle \\
&= 2\sin\theta\cos\theta|0\rangle|u\rangle + (2\cos^2\theta - 1)|1\rangle|v\rangle。
\end{aligned}$$

在基底$\{|0\rangle|u\rangle, |1\rangle|v\rangle\}$下，有

$$\boldsymbol{G} = \begin{pmatrix} \cos 2\theta & \sin 2\theta \\ -\sin 2\theta & \cos 2\theta \end{pmatrix}。 \tag{5.6}$$

其特征值 $e^{\pm 2i\theta}$ 对应的特征向量为

$$|\omega_\pm\rangle = \frac{1}{\sqrt{2}}(|0\rangle|u\rangle \pm i|1\rangle|v\rangle)。$$

将$|\phi\rangle$改写为

$$|\phi\rangle = -\frac{i}{\sqrt{2}}(e^{i\theta}|\omega_+\rangle - e^{-i\theta}|\omega_-\rangle)。$$

由量子相位估计，态演化为

$$-\frac{i}{\sqrt{2}}(e^{i\theta}|x\rangle|\omega_+\rangle - e^{-i\theta}|-x\rangle|\omega_-\rangle), \tag{5.7}$$

其中 $x \in \mathbb{Z}_{2^n}$，$2\theta \approx 2\pi x/2^n$。由此可得$\sin^2\theta$和$\cos^2\theta$估计值。

3 奇异值估计

量子奇异值估计(quantum singular value estimation，QSVE)[KP17]是量子相位估计的推广。设 $\boldsymbol{A} = (A_{ij})_{n\times n}$ 是$n\times n$ 矩阵，$\boldsymbol{A}_j$ 表示$\boldsymbol{A}$ 的第j 列($j=0,1,2,\cdots,n-1$)，$\|\boldsymbol{A}\|_F = \left(\sum_j \|\boldsymbol{A}_j\|^2\right)^{1/2}$，定义

$$|A_j\rangle = \frac{1}{\|\boldsymbol{A}_j\|}\sum_{i=0}^{n-1} A_{ij}|i\rangle, \quad |A_F\rangle = \frac{1}{\|\boldsymbol{A}\|_F}\sum_{j=0}^{n-1}\|\boldsymbol{A}_j\||j\rangle。$$

基于量子随机存取内存(quantum random access memory，QRAM)[GLM08a,GLM08b]，可在$O(\mathrm{poly}(\log n))$时间内实现如下酉变换：

$$\boldsymbol{U}_M: |0\rangle|j\rangle \mapsto |A_j\rangle|j\rangle = \frac{1}{\|\boldsymbol{A}_j\|}\sum_{i=0}^{n-1} A_{ij}|i,j\rangle, \tag{5.8}$$

$$\boldsymbol{U}_N: |i\rangle|0\rangle \mapsto |i\rangle|A_F\rangle = \frac{1}{\|\boldsymbol{A}\|_F}\sum_{j=0}^{n-1}\|\boldsymbol{A}_j\||i,j\rangle, \tag{5.9}$$

这里 poly(log$n$)表示关于 log$n$ 的多项式。

定义退化算子 $\boldsymbol{M}$ 和 $\boldsymbol{N}$：

$$\boldsymbol{M}: |j\rangle \mapsto |A_j\rangle|j\rangle, \quad \boldsymbol{N}: |i\rangle \mapsto |i\rangle|A_F\rangle。$$

$$\boldsymbol{M} = \sum_{j=0}^{n-1} |A_j\rangle|j\rangle\langle j|, \quad \boldsymbol{N} = \sum_{i=0}^{n-1} |i\rangle|A_F\rangle\langle i|。 \tag{5.10}$$

容易验证 $\boldsymbol{M}^\dagger\boldsymbol{M} = \boldsymbol{N}^\dagger\boldsymbol{N} = \boldsymbol{I}_n$，且

$$\begin{aligned}\boldsymbol{N}^\dagger\boldsymbol{M} &= \sum_{i,j=0}^{n-1}(|i\rangle\langle i|\langle A_F|)(|A_j\rangle|j\rangle\langle j|) \\ &= \sum_{i,j=0}^{n-1}|i\rangle\langle i|A_j\rangle\langle A_F|j\rangle\langle j| \\ &= \sum_{i,j=0}^{n-1}\frac{A_{ij}}{\|\boldsymbol{A}\|_F}|i\rangle\langle j| = \frac{\boldsymbol{A}}{\|\boldsymbol{A}\|_F}。\end{aligned}$$

考查酉变换

$$\begin{aligned}2\boldsymbol{M}\boldsymbol{M}^\dagger - \boldsymbol{I}_{n^2} &= 2\sum_{j=0}^{n-1}|A_j\rangle|j\rangle\langle A_j|\langle j| - \boldsymbol{I}_{n^2} \\ &= \boldsymbol{U}_M\left(2\sum_{j=0}^{n-1}|0\rangle|j\rangle\langle 0|\langle j| - \boldsymbol{I}_{n^2}\right)\boldsymbol{U}_M^\dagger。\end{aligned} \tag{5.11}$$

该酉变换可在 O(poly(log$n$))时间内实现；同样，对 $2\boldsymbol{N}\boldsymbol{N}^\dagger - \boldsymbol{I}_{n^2}$ 亦如此。定义酉变换

$$\boldsymbol{W} = (2\boldsymbol{N}\boldsymbol{N}^\dagger - \boldsymbol{I}_{n^2})(2\boldsymbol{M}\boldsymbol{M}^\dagger - \boldsymbol{I}_{n^2})。 \tag{5.12}$$

设 $\boldsymbol{A}$ 的奇异值分解为 $\boldsymbol{A} = \sum_{i=0}^{n-1}\sigma_i|\boldsymbol{u}_i\rangle\langle \boldsymbol{v}_i|$，则

$$\begin{aligned}\boldsymbol{W}\boldsymbol{M}|\boldsymbol{v}_i\rangle &= (2\boldsymbol{N}\boldsymbol{N}^\dagger - \boldsymbol{I}_{n^2})(2\boldsymbol{M}\boldsymbol{M}^\dagger - \boldsymbol{I}_{n^2})\boldsymbol{M}|\boldsymbol{v}_i\rangle \\ &= (2\boldsymbol{N}\boldsymbol{N}^\dagger - \boldsymbol{I}_{n^2})\boldsymbol{M}|\boldsymbol{v}_i\rangle \\ &= \frac{2}{\|\boldsymbol{A}\|_F}\boldsymbol{N}\boldsymbol{A}|\boldsymbol{v}_i\rangle - \boldsymbol{M}|\boldsymbol{v}_i\rangle \\ &= \frac{2\sigma_i}{\|\boldsymbol{A}\|_F}\boldsymbol{N}|\boldsymbol{u}_i\rangle - \boldsymbol{M}|\boldsymbol{v}_i\rangle, \\ \boldsymbol{W}\boldsymbol{N}|\boldsymbol{u}_i\rangle &= (2\boldsymbol{N}\boldsymbol{N}^\dagger - \boldsymbol{I}_{n^2})(2\boldsymbol{M}\boldsymbol{M}^\dagger - \boldsymbol{I}_{n^2})\boldsymbol{N}|\boldsymbol{u}_i\rangle \\ &= (2\boldsymbol{N}\boldsymbol{N}^\dagger - \boldsymbol{I}_{n^2})\left(\frac{2}{\|\boldsymbol{A}\|_F}\boldsymbol{M}\boldsymbol{A}^\dagger|\boldsymbol{u}_i\rangle - \boldsymbol{N}|\boldsymbol{u}_i\rangle\right) \\ &= (2\boldsymbol{N}\boldsymbol{N}^\dagger - \boldsymbol{I}_{n^2})\left(\frac{2\sigma_i}{\|\boldsymbol{A}\|_F}\boldsymbol{M}|\boldsymbol{v}_i\rangle - \boldsymbol{N}|\boldsymbol{u}_i\rangle\right) \\ &= \frac{4\sigma_i}{\|\boldsymbol{A}\|_F^2}\boldsymbol{N}\boldsymbol{A}|\boldsymbol{v}_i\rangle - \frac{2\sigma_i}{\|\boldsymbol{A}\|_F}\boldsymbol{M}|\boldsymbol{v}_i\rangle - \boldsymbol{N}|\boldsymbol{u}_i\rangle \\ &= \left(\frac{4\sigma_i^2}{\|\boldsymbol{A}\|_F^2} - 1\right)\boldsymbol{N}|\boldsymbol{u}_i\rangle - \frac{2\sigma_i}{\|\boldsymbol{A}\|_F}\boldsymbol{M}|\boldsymbol{v}_i\rangle。\end{aligned}$$

故 $\{\boldsymbol{M}|\boldsymbol{v}_i\rangle, \boldsymbol{N}|\boldsymbol{u}_i\rangle\}$ 是 $\boldsymbol{W}$ 的不变子空间。对其 Gram-Schmidt 正交化：

$$|e_1^{(i)}\rangle = \boldsymbol{M}|v_i\rangle,$$

$$|e_2^{(i)}\rangle = -\frac{\boldsymbol{N}|u_i\rangle - \langle u_i|\boldsymbol{N}^\dagger\boldsymbol{M}|v_i\rangle|e_1^{(i)}\rangle}{\|\boldsymbol{N}|u_i\rangle - \langle u_i|\boldsymbol{N}^\dagger\boldsymbol{M}|v_i\rangle|e_1^{(i)}\rangle\|} = -\frac{\boldsymbol{N}|u_i\rangle - \sigma_i\|\boldsymbol{A}\|_F^{-1}|e_1^{(i)}\rangle}{\sqrt{1-\sigma_i^2\|\boldsymbol{A}\|_F^{-2}}}。$$

在这组基底下，有

$$\boldsymbol{W}|e_1^{(i)}\rangle = \left(2\frac{\sigma_i^2}{\|\boldsymbol{A}\|_F^2}-1\right)|e_1^{(i)}\rangle - 2\frac{\sigma_i}{\|\boldsymbol{A}\|_F}\sqrt{1-\frac{\sigma_i^2}{\|\boldsymbol{A}\|_F^2}}|e_2^{(i)}\rangle。\tag{5.13}$$

$\boldsymbol{W}$ 的特征值为 $\mathrm{e}^{\pm\mathrm{i}\theta_i}$，其中 θ_i 满足 $\cos\theta_i = 2\sigma_i^2/\|\boldsymbol{A}\|_F^2 - 1$，即 $\cos(\theta_i/2) = \sigma_i/\|\boldsymbol{A}\|_F$；对应的特征向量为 $|x_\pm^{(i)}\rangle = \frac{1}{\sqrt{2}}(|e_1^{(i)}\rangle \pm \mathrm{i}|e_2^{(i)}\rangle)$，满足 $\boldsymbol{W}|x_\pm^{(i)}\rangle = \mathrm{e}^{\pm\mathrm{i}\theta}|x_\pm^{(i)}\rangle$。下面用 $|x_\pm^{(i)}\rangle$ 表达 $\boldsymbol{M}|v_i\rangle$ 和 $\boldsymbol{N}|u_i\rangle$：

$$\boldsymbol{M}|v_i\rangle = \frac{1}{\sqrt{2}}(|x_+^{(i)}\rangle + |x_-^{(i)}\rangle),$$

$$\boldsymbol{N}|u_i\rangle = \frac{1}{\sqrt{2}}(\mathrm{e}^{\mathrm{i}\theta_i/2}|x_+^{(i)}\rangle + \mathrm{e}^{-\mathrm{i}\theta_i/2}|x_-^{(i)}\rangle)。$$

对任意向量 $|b\rangle = \sum_{i=0}^{n-1}\beta_i|v_i\rangle$，则有

$$\boldsymbol{U}_M|0\rangle|b\rangle = \boldsymbol{M}|b\rangle = \sum_{i=0}^{n-1}\beta_i\boldsymbol{M}|v_i\rangle = \sum_{i=0}^{n-1}\frac{1}{\sqrt{2}}\beta_i(|x_+^{(i)}\rangle + |x_-^{(i)}\rangle)。$$

利用量子相位估计和计算 $\sigma_i = \|\boldsymbol{A}\|_F\cos(\theta_i/2)$ 的 Oracle 函数得

$$\sum_{i=0}^{n-1}\frac{1}{\sqrt{2}}\beta_i(|\theta_i\rangle|x_+^{(i)}\rangle + |-\theta_i\rangle|x_-^{(i)}\rangle)|\sigma_i\rangle。$$

由相位旋转，态演化为

$$\sum_{i=0}^{n-1}\frac{1}{\sqrt{2}}\beta_i(\mathrm{e}^{\mathrm{i}\theta_i/2}|\theta_i\rangle|x_+^{(i)}\rangle + \mathrm{e}^{-\mathrm{i}\theta_i/2}|-\theta_i\rangle|x_-^{(i)}\rangle)|\sigma_i\rangle。$$

反向相位估计，可得

$$\sum_{i=0}^{n-1}\frac{1}{\sqrt{2}}\beta_i(\mathrm{e}^{\mathrm{i}\theta_i/2}|x_+^{(i)}\rangle + \mathrm{e}^{-\mathrm{i}\theta_i/2}|x_-^{(i)}\rangle)|\sigma_i\rangle = \sum_{i=0}^{n-1}\beta_i\boldsymbol{N}|u_i\rangle|\sigma_i\rangle。$$

注意到 $\boldsymbol{U}_N|u_i\rangle|0\rangle = \boldsymbol{N}|u_i\rangle$，作用 $\boldsymbol{U}_N^\dagger$ 后，演化出量子态 $\sum_{i=0}^{n-1}\beta_i|u_i\rangle|\sigma_i\rangle$。

上述内容小结如下[WZP18,SX18]：存在量子算法，在 $O(\mathrm{poly}(\log n)/\varepsilon)$ 时间内至少以概率 $1-1/\mathrm{poly}(\log n)$ 实现

$$\sum_i\beta_i|0\rangle|v_i\rangle|0\rangle \mapsto \sum_i\beta_i|u_i\rangle|0\rangle|\tilde{\sigma}_i\rangle,\tag{5.14}$$

其中 $|\tilde{\sigma}_i - \sigma_i| \leqslant \varepsilon\|\boldsymbol{A}\|_F$。类似地，可高效实现

$$\sum_i\alpha_i|u_i\rangle|0\rangle|0\rangle \mapsto \sum_i\alpha_i|0\rangle|v_i\rangle|\tilde{\sigma}_i\rangle。$$

第6章

Hamilton量模拟

Schrödinger 方程 $i\hbar\frac{d}{dt}|\psi(t)\rangle=\boldsymbol{H}(t)|\psi(t)\rangle$ 刻画了波函数 $|\psi(t)\rangle$ 的演化。设 Hamilton 量 $\boldsymbol{H}$ 与时间无关，初态为 $|\psi(0)\rangle$，则 $|\psi(t)\rangle=e^{-i\boldsymbol{H}t}|\psi(0)\rangle$（取 $\hbar=1$）。给定 n 量子比特的 $\boldsymbol{H}$ 和时间 t，我们希望以精度 ε 实现 $e^{-it\boldsymbol{H}}$。如果 $\mathrm{poly}(n,t,1/\varepsilon)$ 个量子门构成的量子线路 $\boldsymbol{U}$ 满足 $\|\boldsymbol{U}-e^{-it\boldsymbol{H}}\|\leqslant\varepsilon$，则称 Hamilton 量 $\boldsymbol{H}$ 可有效模拟[BAC07]。

1 Lie-Trotter-Suzuki 方法

对表示为局部作用项之和的 Hamilton 量 $\boldsymbol{H}$，Lloyd 应用了一阶 Lie-Trotter-Suzuki 方法[Llo96]。后来 Aharonov 和 Ta-Shma 对更一般的稀疏矩阵给出了有效模拟算法[ATS03,ATS07]。

Lie-Trotter-Suzuki 方法的理念是将原始 Hamilton 量的演化通过一系列易于模拟的 Hamilton 量来近似实现。比如，对 Hamilton 量分成两部分的简单情形，由 Baker-Campbell-Hausdorff 公式，易验证

$$e^{i(\boldsymbol{A}+\boldsymbol{B})\Delta t}=e^{i\boldsymbol{A}\Delta t}e^{i\boldsymbol{B}\Delta t}+O(\Delta t^2)^{①},$$

$$e^{i(\boldsymbol{A}+\boldsymbol{B})\Delta t}=e^{i\boldsymbol{A}\Delta t/2}e^{i\boldsymbol{B}\Delta t}e^{i\boldsymbol{A}\Delta t/2}+O(\Delta t^3),$$

$$e^{(\boldsymbol{A}+\boldsymbol{B})\Delta t}=e^{\boldsymbol{A}\Delta t}e^{\boldsymbol{B}\Delta t}e^{-\frac{1}{2}[\boldsymbol{A},\boldsymbol{B}]\Delta t^2}+O(\Delta t^3)。$$

由 $e^{i\boldsymbol{A}t/n}=\boldsymbol{I}+i\boldsymbol{A}t/n+O(\|\boldsymbol{A}\|^2t^2/n^2)$ 可直接得出如下估计：

$$\begin{aligned}(e^{i\boldsymbol{A}t/n}e^{i\boldsymbol{B}t/n})^n&=(\boldsymbol{I}+i(\boldsymbol{A}+\boldsymbol{B})t/n+O(h^2t^2/n^2))^n\\&=(e^{i(\boldsymbol{A}+\boldsymbol{B})t/n}+O(h^2t^2/n^2))^n。\\&=e^{i(\boldsymbol{A}+\boldsymbol{B})t}+O(h^2t^2/n)。\end{aligned}$$

其中 $h=\max\{\|\boldsymbol{A}\|,\|\boldsymbol{B}\|\}$，从而

$$\lim_{n\to\infty}(e^{i\boldsymbol{A}t/n}e^{i\boldsymbol{B}t/n})^n=e^{i(\boldsymbol{A}+\boldsymbol{B})t},\quad \forall t\in\mathbb{R}。\tag{6.1}$$

---

① 参见本书 40 页的脚注，余同。

此结论可以推广到多个算符 $\boldsymbol{H}_1,\boldsymbol{H}_2,\cdots,\boldsymbol{H}_k$ 的情形。设 $h=\max_j\|\boldsymbol{H}_j\|$，则

$$\begin{aligned}(\mathrm{e}^{-\mathrm{i}\boldsymbol{H}_1 t/n}\mathrm{e}^{-\mathrm{i}\boldsymbol{H}_2 t/n}\cdots\mathrm{e}^{-\mathrm{i}\boldsymbol{H}_k t/n})^n &= (\boldsymbol{I}-\mathrm{i}(\boldsymbol{H}_1+\boldsymbol{H}_2+\cdots+\boldsymbol{H}_k)t/n+O(kh^2t^2/n^2))^n\\ &=(\mathrm{e}^{-\mathrm{i}(\boldsymbol{H}_1+\boldsymbol{H}_2+\cdots+\boldsymbol{H}_k)t/n}+O(kh^2t^2/n^2))^n\\ &=\mathrm{e}^{-\mathrm{i}(\boldsymbol{H}_1+\boldsymbol{H}_2+\cdots+\boldsymbol{H}_k)t}+O(kh^2t^2/n)。\end{aligned}$$

这是一个一阶公式，也可构造高阶公式[CMN18]。令 $\boldsymbol{H}=\sum_{l=1}^{k}\alpha_l\boldsymbol{H}_l$，二阶和四阶 Trotter-Suzuki 公式分别为

$$\boldsymbol{U}_2(t)\equiv\left(\prod_{j=1}^{k}\mathrm{e}^{-\mathrm{i}\alpha_j\boldsymbol{H}_j t/2n}\prod_{j=k}^{1}\mathrm{e}^{-\mathrm{i}\alpha_j\boldsymbol{H}_j t/2n}\right)^n=\mathrm{e}^{-\mathrm{i}\boldsymbol{H}t}+O\left(\frac{(kht)^3}{n^2}\right),$$

$$\boldsymbol{U}_4(t)\equiv[\boldsymbol{U}_2(s_2t)]^2\boldsymbol{U}_2((1-4s_2)t)[\boldsymbol{U}_2(s_2t)]^2=\mathrm{e}^{-\mathrm{i}\boldsymbol{H}t}+O\left(\frac{(kht)^5}{n^4}\right),$$

其中 $s_2=(4-4^{1/3})^{-1}$。更高阶公式可由如下递推关系构造[Suz90,Suz91]：

$$\boldsymbol{U}_{2l}(t)\equiv[\boldsymbol{U}_{2l-2}(s_lt)]^2\boldsymbol{U}_{2l-2}((1-4s_l)t)[\boldsymbol{U}_{2l-2}(s_lt)]^2=\mathrm{e}^{-\mathrm{i}\boldsymbol{H}t}+O((kht)^{2l+1}/n^{2l}),$$

这里 $s_l=(4-4^{1/(2l-1)})^{-1}$，$l>1$。

2 酉组合

已知 $\boldsymbol{U}_j$ 是酉矩阵($j\in[M]=\{0,1,\cdots,M-1\}$，$M=2^m$)，$\boldsymbol{A}$ 是酉矩阵的线性组合(linear combination of unitaries，LCU)：

$$\boldsymbol{A}=\sum_{j\in[M]}\alpha_j\boldsymbol{U}_j,\quad \alpha_j\geqslant 0。\tag{6.2}$$

给定态 $|\psi\rangle$，可制备 $\boldsymbol{A}|\psi\rangle/\|\boldsymbol{A}|\psi\rangle\|$。考查简单情形，$\boldsymbol{A}=\alpha_0\boldsymbol{U}_0+\alpha_1\boldsymbol{U}_1$，$\alpha=\alpha_0+\alpha_1$。定义酉算符 $\boldsymbol{G}$ 为

$$|0\rangle\mapsto\frac{1}{\sqrt{\alpha}}(\sqrt{\alpha_0}|0\rangle+\sqrt{\alpha_1}|1\rangle),$$

$$|1\rangle\mapsto\frac{1}{\sqrt{\alpha}}(\sqrt{\alpha_0}|1\rangle-\sqrt{\alpha_1}|0\rangle)。$$

$\boldsymbol{V}_{\mathrm{sel}}=|0\rangle\langle 0|\otimes\boldsymbol{U}_0+|1\rangle\langle 1|\otimes\boldsymbol{U}_1$，据辅助控制位执行酉算符 $\boldsymbol{U}_0$ 和 $\boldsymbol{U}_1$。

$$\begin{aligned}|0\rangle|\psi\rangle &\xrightarrow{\boldsymbol{G}\otimes\boldsymbol{I}}\frac{1}{\sqrt{\alpha}}(\sqrt{\alpha_0}|0\rangle+\sqrt{\alpha_1}|1\rangle)|\psi\rangle\\ &\xrightarrow{\boldsymbol{V}_{\mathrm{sel}}}\frac{1}{\sqrt{\alpha}}(\sqrt{\alpha_0}|0\rangle\boldsymbol{U}_0|\psi\rangle+\sqrt{\alpha_1}|1\rangle\boldsymbol{U}_1|\psi\rangle)\\ &\xrightarrow{\boldsymbol{G}^\dagger\otimes\boldsymbol{I}}\frac{1}{\alpha}(|0\rangle(\alpha_0\boldsymbol{U}_0+\alpha_1\boldsymbol{U}_1)|\psi\rangle+\sqrt{\alpha_0\alpha_1}|1\rangle(\boldsymbol{U}_1-\boldsymbol{U}_0)|\psi\rangle)\end{aligned}$$

测量辅助位，结果为 0 则得到态 $\boldsymbol{A}|\psi\rangle/\|\boldsymbol{A}|\psi\rangle\|$；算法失败的概率 $P(\text{fail})\leqslant\frac{\alpha_0\alpha_1}{\alpha^2}\|\boldsymbol{U}_0-\boldsymbol{U}_1\|^2\leqslant\frac{4\alpha_0\alpha_1}{\alpha^2}$，这里用到 $\|\boldsymbol{U}_0-\boldsymbol{U}_1\|\leqslant 2$[SBJ19]。

一般地，定义 $\boldsymbol{G}$ 作用于 $\lceil \log M \rceil$ 位上，$|0\rangle \mapsto \frac{1}{\sqrt{\|\boldsymbol{\alpha}\|_1}} \sum_j \sqrt{\alpha_j}\, |j\rangle = |G\rangle$，即 $\boldsymbol{G}|0\rangle = |G\rangle$。

定义 $\|\boldsymbol{\alpha}\|_1 = \sum_j \alpha_j$，$\boldsymbol{V}_{\text{sel}} = \sum_{j\in[M]} |j\rangle\langle j| \otimes \boldsymbol{U}_j$，$\boldsymbol{A} = \sum_{j\in[M]} \alpha_j \boldsymbol{U}_j$，则 $\boldsymbol{U} = (\boldsymbol{G}\otimes\boldsymbol{I})^\dagger \boldsymbol{V}_{\text{sel}} (\boldsymbol{G}\otimes\boldsymbol{I})$：

$$|0\rangle|\psi\rangle \mapsto \frac{1}{\|\boldsymbol{\alpha}\|_1}|0\rangle\boldsymbol{A}|\psi\rangle + \sqrt{1-\frac{1}{\|\boldsymbol{\alpha}\|_1^2}}\,|\perp\rangle, \tag{6.3}$$

其中 $|\perp\rangle$ 表示与前一部分正交，即 $(|0\rangle\langle 0|\otimes\boldsymbol{I})|\perp\rangle = 0$。实现了从一个已知初态 $|0\rangle$ 制备所需的态；如果成功概率小，可用 $O(\|\boldsymbol{\alpha}\|_1/\|\boldsymbol{A}|\psi\rangle\|)$ 次振幅放大提高概率。易验证

$$\begin{aligned}(\langle 0|\otimes\boldsymbol{I})\boldsymbol{U}(|0\rangle\otimes\boldsymbol{I}) &= (\langle 0|\otimes\boldsymbol{I})(G\otimes\boldsymbol{I})^\dagger \boldsymbol{V}_{\text{sel}}(\boldsymbol{G}\otimes\boldsymbol{I})(|0\rangle\otimes\boldsymbol{I}) \\ &= (\langle G|\otimes\boldsymbol{I})\boldsymbol{V}_{\text{sel}}(|G\rangle\otimes\boldsymbol{I}) = \frac{1}{\|\boldsymbol{\alpha}\|_1}\boldsymbol{A}。\end{aligned}$$

推广到非酉矩阵的线性组合 $\boldsymbol{A} = \sum \alpha_j \boldsymbol{T}_j$，其中 $\boldsymbol{T}_j$ 非酉（为酉矩阵 $\boldsymbol{U}_j$ 的一部分）[CKS17]，满足

$$\boldsymbol{U}_j|0\rangle|\psi\rangle = |0\rangle\boldsymbol{T}_j|\psi\rangle + \beta|\perp\rangle, \tag{6.4}$$

这里 $(|0\rangle\langle 0|\otimes\boldsymbol{I})|\perp\rangle = 0$，$|\perp\rangle$ 代表与前一项正交的部分（不关心的垃圾态），β 是其规范化因子，下文在不引起混淆的情况下，将其省略。

设 $\boldsymbol{V} = \sum_{j\in[M]} |j\rangle\langle j|\otimes\boldsymbol{U}_j$，$\boldsymbol{G}$：$|0\rangle \mapsto \frac{1}{\sqrt{\|\boldsymbol{\alpha}\|_1}}\sum_j \sqrt{\alpha_j}\,|j\rangle$，定义

$$\boldsymbol{U} = (\boldsymbol{G}^\dagger\otimes\boldsymbol{I})\boldsymbol{V}(\boldsymbol{G}\otimes\boldsymbol{I}),$$

则

$$\boldsymbol{U}|0\rangle|\varphi\rangle = \frac{1}{\|\boldsymbol{\alpha}\|_1}|0\rangle\widetilde{\boldsymbol{A}}|\varphi\rangle + |\perp\rangle,$$

其中 $\widetilde{\boldsymbol{A}} = \sum \alpha_j \boldsymbol{U}_j$，注意 $\langle 0|\boldsymbol{G}^\dagger|j\rangle = \frac{1}{\sqrt{\|\boldsymbol{\alpha}\|_1}}\sqrt{\alpha_j}$。设 $|\varphi\rangle = |0\rangle|\psi\rangle$，则

$$\begin{aligned}\boldsymbol{U}|0\rangle|0\rangle|\psi\rangle &= \frac{1}{\|\boldsymbol{\alpha}\|_1}|0\rangle\left(\sum\alpha_j\boldsymbol{U}_j\right)|0\rangle|\psi\rangle + |\perp\rangle \\ &= \frac{1}{\|\boldsymbol{\alpha}\|_1}|0\rangle|0\rangle\left(\sum\alpha_j\boldsymbol{T}_j\right)|\psi\rangle + |\perp\rangle \\ &= \frac{1}{\|\boldsymbol{\alpha}\|_1}|0\rangle|0\rangle\boldsymbol{A}|\psi\rangle + |\perp\rangle。\end{aligned}$$

易验证，$(\langle 0|\otimes\boldsymbol{I})\boldsymbol{U}(|0\rangle\otimes\boldsymbol{I}) = \frac{1}{\|\boldsymbol{\alpha}\|_1}\sum\alpha_j\boldsymbol{U}_j$。若 $(\langle 0|\otimes\boldsymbol{I})\boldsymbol{U}_j(|0\rangle\otimes\boldsymbol{I}) = \boldsymbol{T}_j$，则

$$(\langle 0|\langle 0|\otimes\boldsymbol{I})\boldsymbol{U}(|0\rangle|0\rangle\otimes\boldsymbol{I}) = \frac{1}{\|\boldsymbol{\alpha}\|_1}\sum\alpha_k\boldsymbol{T}_k = \frac{\boldsymbol{A}}{\|\boldsymbol{\alpha}\|_1}。$$

对展开式 $\mathrm{e}^{-\mathrm{i}t\boldsymbol{H}} = \sum_{k=0}^{\infty}\frac{(-\mathrm{i}t\boldsymbol{H})^k}{k!}$ 截断，定义

$$\boldsymbol{U}(t) \equiv \sum_{k=0}^{K}\frac{(-\mathrm{i}t\boldsymbol{H})^k}{k!}。$$

由 Taylor 定理，得

$$\| \boldsymbol{U}(t) - \mathrm{e}^{-\mathrm{i}t\boldsymbol{H}} \| \leqslant \frac{\mathrm{e}^{t\|\boldsymbol{H}\|}(t\|\boldsymbol{H}\|)^{K+1}}{(K+1)!}。$$

取 $K=O(\log(t\|\boldsymbol{H}\|/\varepsilon)/\log\log(t\|\boldsymbol{H}\|/\varepsilon))$，则逼近误差界为 ε[BCC15,Chi21]。

设 $\boldsymbol{H}=\sum_{j=1}^{M}\alpha_j\boldsymbol{V}_j$，这里 $\boldsymbol{V}_j$ 为酉矩阵，则

$$\boldsymbol{U}(t)=\sum_{k=0}^{K}\sum_{j_1,\cdots,j_k=1}^{M}\frac{t^k}{k!}\alpha_{j_1}\cdots\alpha_{j_k}(-i)^k\boldsymbol{V}_{j_1}\cdots\boldsymbol{V}_{j_k}=\sum_j\beta_j\boldsymbol{U}_j。$$

由酉矩阵的线性组合，得

$$|0\rangle|\psi\rangle\mapsto\frac{1}{\|\boldsymbol{\beta}\|_1}|0\rangle\otimes\boldsymbol{U}(t)|\psi\rangle+\sqrt{1-\frac{1}{\|\boldsymbol{\beta}\|_1^2}}|\perp\rangle,$$

其中

$$\|\boldsymbol{\beta}\|_1=\sum_j|\beta_j|=\sum_{k=0}^{K}\sum_{j_1,\cdots,j_k=1}^{M}\frac{t^k}{k!}|\alpha_{j_1}\cdots\alpha_{j_k}|=\sum_{k=0}^{K}\frac{1}{k!}\left(t\sum_{j=1}^{M}\alpha_j\right)^k<\mathrm{e}^{t\|\alpha\|_1}。$$

3 酉嵌入

对于范数小于 1 的矩阵 $\boldsymbol{A}$，希望找到酉矩阵 $\boldsymbol{U}$，使得

$$\boldsymbol{U}=\begin{pmatrix}\boldsymbol{A} & \cdot\\ \cdot & \cdot\end{pmatrix}=|0\rangle\langle 0|\otimes\boldsymbol{A}+\cdots。$$

此即为 $\boldsymbol{A}$ 的酉嵌入(unitary embedding)或块编码。

定义 6.1 给定 $N\times N$ 矩阵 $\boldsymbol{A}$，如果存在参数 $\alpha,\varepsilon\in\mathbb{R}_+$，$a\in\mathbb{N}$ 和 2^aN 阶酉矩阵 $\boldsymbol{U}$，使得

$$\|\boldsymbol{A}-\alpha(\langle 0|^{\otimes a}\otimes\boldsymbol{I})\boldsymbol{U}(|0\rangle^{\otimes a}\otimes\boldsymbol{I})\|\leqslant\varepsilon,\tag{6.5}$$

则称 $\boldsymbol{U}$ 是 $\boldsymbol{A}$ 的 (α,a,ε)-酉嵌入。

例 6.2 设 $\|\boldsymbol{A}\|\leqslant 1$，$\boldsymbol{X}=(\boldsymbol{I}-\boldsymbol{A}\boldsymbol{A}^\dagger)^{\frac{1}{2}}$，$\boldsymbol{Y}=(\boldsymbol{I}-\boldsymbol{A}^\dagger\boldsymbol{A})^{\frac{1}{2}}$，证明：$\boldsymbol{W}=\begin{pmatrix}\boldsymbol{A} & \boldsymbol{X}\\ \boldsymbol{Y} & -\boldsymbol{A}^\dagger\end{pmatrix}$ 为酉矩阵。

证 由 $\boldsymbol{A}(\boldsymbol{I}-\boldsymbol{A}^\dagger\boldsymbol{A})^{1/2}=(\boldsymbol{I}-\boldsymbol{A}\boldsymbol{A}^\dagger)^{1/2}\boldsymbol{A}$ 知，$\boldsymbol{A}\boldsymbol{Y}=\boldsymbol{X}\boldsymbol{A}$；同理，$\boldsymbol{Y}\boldsymbol{A}^\dagger=\boldsymbol{A}^\dagger\boldsymbol{X}$。故

$$\boldsymbol{W}\boldsymbol{W}^\dagger=\begin{pmatrix}\boldsymbol{A} & \boldsymbol{X}\\ \boldsymbol{Y} & -\boldsymbol{A}^\dagger\end{pmatrix}\begin{pmatrix}\boldsymbol{A}^\dagger & \boldsymbol{Y}\\ \boldsymbol{X} & -\boldsymbol{A}\end{pmatrix}=\begin{pmatrix}\boldsymbol{A}\boldsymbol{A}^\dagger+\boldsymbol{X}^2 & \boldsymbol{A}\boldsymbol{Y}-\boldsymbol{X}\boldsymbol{A}\\ \boldsymbol{Y}\boldsymbol{A}^\dagger-\boldsymbol{A}^\dagger\boldsymbol{X} & \boldsymbol{Y}^2+\boldsymbol{A}^\dagger\boldsymbol{A}\end{pmatrix}=\begin{pmatrix}\boldsymbol{I} & \boldsymbol{0}\\ \boldsymbol{0} & \boldsymbol{I}\end{pmatrix}。$$

□

注 投影 $\boldsymbol{A}=\boldsymbol{I}-|u\rangle\langle u|$ 可编码到下面的酉矩阵：

$$\boldsymbol{U}\equiv\begin{pmatrix}\boldsymbol{I}-|u\rangle\langle u| & |u\rangle\langle u|\\ |u\rangle\langle u| & \boldsymbol{I}-|u\rangle\langle u|\end{pmatrix}=\boldsymbol{I}_2\otimes(\boldsymbol{I}-|u\rangle\langle u|)+\boldsymbol{X}\otimes|u\rangle\langle u|,$$

显然，$(\langle 0|\otimes\boldsymbol{I})\boldsymbol{U}(|0\rangle\otimes\boldsymbol{I})=\boldsymbol{I}-|u\rangle\langle u|=\boldsymbol{A}$，这一技巧被用到行/列迭代格式[SX20b]。

设 $\|\boldsymbol{A}\|\leqslant 1$，定义

$$\boldsymbol{W}=\begin{pmatrix}\boldsymbol{A} & (\boldsymbol{I}-\boldsymbol{A}\boldsymbol{A}^\dagger)^{1/2}\boldsymbol{U}\\ \boldsymbol{V}^\dagger(\boldsymbol{I}-\boldsymbol{A}^\dagger\boldsymbol{A})^{1/2} & -\boldsymbol{V}^\dagger\boldsymbol{A}^\dagger\boldsymbol{U}\end{pmatrix},$$

这里 $\boldsymbol{U}$ 和 $\boldsymbol{V}$ 均为列正交阵，且 $\boldsymbol{U}\boldsymbol{U}^\dagger$ 和 $\boldsymbol{V}\boldsymbol{V}^\dagger$ 分别是 $(\boldsymbol{I}-\boldsymbol{A}\boldsymbol{A}^\dagger)^{1/2}$ 和 $(\boldsymbol{I}-\boldsymbol{A}^\dagger\boldsymbol{A})^{1/2}$ 值域空间上

的正交投影[Fuh12]。易验证

$$UU^\dagger(I-AA^\dagger)^{1/2}=(I-AA^\dagger)^{1/2},\quad (I-AA^\dagger)^{1/2}UU^\dagger=(I-AA^\dagger)^{1/2}。$$

计算

$$WW^\dagger=\begin{pmatrix} A & (I-AA^\dagger)^{1/2}U \\ V^\dagger(I-A^\dagger A)^{1/2} & -V^\dagger A^\dagger U\end{pmatrix}\begin{pmatrix} A^\dagger & (I-A^\dagger A)^{1/2}V \\ U^\dagger(I-AA^\dagger)^{1/2} & -U^\dagger AV\end{pmatrix}。$$

其(1,1)块为

$$AA^\dagger+(I-AA^\dagger)^{1/2}UU^\dagger(I-AA^\dagger)^{1/2}=AA^\dagger+(I-AA^\dagger)^{1/2}(I-AA^\dagger)^{1/2}=I,$$

其(1,2)块为

$$A(I-A^\dagger A)^{1/2}V-(I-AA^\dagger)^{1/2}UU^\dagger AV=A(I-A^\dagger A)^{1/2}V-(I-AA^\dagger)^{1/2}AV=0。$$

类似地计算(2,1)块和(2,2)块,有

$$V^\dagger(I-A^\dagger A)^{1/2}A^\dagger-V^\dagger A^\dagger UU^\dagger(I-AA^\dagger)^{1/2}=V^\dagger((I-A^\dagger A)^{1/2}A^\dagger-A^\dagger(I-AA^\dagger)^{1/2})=0,$$

$$V^\dagger(I-A^\dagger A)^{1/2}(I-A^\dagger A)^{1/2}V+V^\dagger A^\dagger UU^\dagger AV=V^\dagger(I-A^\dagger A)^{1/2}V+V^\dagger A^\dagger AV=V^\dagger V=I。$$

故 W 为酉矩阵。

设方阵 A 的奇异值分解为 $A=U\Sigma V^\dagger$,则

$$W=\begin{pmatrix} A & U(I-\Sigma^2)^{1/2} \\ (I-\Sigma^2)^{1/2}V^\dagger & -\Sigma\end{pmatrix}=\begin{pmatrix} U & 0 \\ 0 & I\end{pmatrix}\begin{pmatrix} \Sigma & \sqrt{I-\Sigma^2} \\ \sqrt{I-\Sigma^2} & -\Sigma\end{pmatrix}\begin{pmatrix} V^\dagger & 0 \\ 0 & I\end{pmatrix}。$$

考虑密度矩阵的酉嵌入。设 ρ 为 s-比特密度矩阵,G 是 $(a+s)$-比特酉矩阵,满足 $G|0\rangle^{\otimes a}|0\rangle^{\otimes s}=|\rho\rangle$,且 $\mathrm{tr}_1|\rho\rangle\langle\rho|=\rho$。下面证明

$$(G^\dagger\otimes I_s)(I_a\otimes \mathrm{SWAP})(G\otimes I_s)$$

是 ρ 的 $(1,a+s,0)$-酉嵌入,这里 I_s 是 $2^s\times 2^s$ 单位矩阵。

设 ρ 的 Schmidt-秩为 r,$\{|\psi_k\rangle: k\in[2^s]\}$ 是正交基。定义列正交向量 $\{|\phi_k\rangle: k\in[r]\subset[2^a]\}$,使得

$$|\rho\rangle=\sum_{k=1}^r\sqrt{p_k}\,|\phi_k\rangle|\psi_k\rangle,\quad \mathrm{tr}_1|\rho\rangle\langle\rho|=\sum_{k=1}^r p_k|\psi_k\rangle\langle\psi_k|=\rho。$$

$\forall i,j\in[2^s]$,计算

$$\begin{aligned}&\langle 0|^{\otimes a+s}\langle\psi_i|(G^\dagger\otimes I_s)(I_a\otimes \mathrm{SWAP})(G\otimes I_s)|0\rangle^{\otimes a+s}|\psi_j\rangle\\
&=(\langle\rho|\otimes\langle\psi_i|)(I_a\otimes \mathrm{SWAP})(|\rho\rangle\otimes|\psi_j\rangle)\\
&=\Big(\sum_{l=1}^r\sqrt{p_l}\langle\phi_l|\langle\psi_l|\langle\psi_i|\Big)(I_a\otimes \mathrm{SWAP})\Big(\sum_{k=1}^r\sqrt{p_k}|\phi_k\rangle|\psi_k\rangle|\psi_j\rangle\Big)\\
&=\sum_{l=1}^r\sqrt{p_l}\langle\phi_l|\langle\psi_l|\langle\psi_i|\sum_{k=1}^r\sqrt{p_k}|\phi_k\rangle|\psi_j\rangle|\psi_k\rangle\\
&=\sum_{l,k=1}^r\sqrt{p_l}\sqrt{p_k}\delta_{ik}\delta_{kl}\delta_{lj}=\sqrt{p_ip_j}\delta_{ij}=\langle\psi_i|\rho|\psi_j\rangle。\end{aligned}$$

考虑矩阵积的酉嵌入。设 U 是 n-量子比特算符 A 的 (α,a,ε_1)-酉嵌入,V 是 n-量子比特算符 B 的 (β,b,ε_2)-酉嵌入,定义算符

$$\mathrm{SWAP}_{a,b}=\prod_{i=1}^a \mathrm{SWAP}_{b+i}^i,$$

其中 SWAP_i^j 交换第 i 和第 j 量子位。易验证 SWAP 算子满足如下关系：

$$\begin{aligned}\mathrm{SWAP}_{a,b}(|0\rangle^{\otimes a}\otimes \boldsymbol{I}_b) &= \prod_{i=1}^{a}\mathrm{SWAP}_{b+i}^{i}(|0\rangle^{\otimes a}\otimes \boldsymbol{I}_b)\\ &= \prod_{i=1}^{a-1}\mathrm{SWAP}_{b+i}^{i}(|0\rangle^{\otimes (a-1)}\otimes \boldsymbol{I}_b\otimes |0\rangle)\\ &= \boldsymbol{I}_b\otimes |0\rangle^{\otimes a},\end{aligned}$$

$$\begin{aligned}&(\langle 0|^{\otimes b}\otimes \boldsymbol{I}_{a+n})(\mathrm{SWAP}_{a,b}\otimes \boldsymbol{I}_n)(|0\rangle^{\otimes a}\otimes \boldsymbol{I}_{b+n})\\ &= (\langle 0|^{\otimes b}\otimes \boldsymbol{I}_{a+n})(\boldsymbol{I}_b\otimes |0\rangle^{\otimes a}\otimes \boldsymbol{I}_n)\\ &= (\langle 0|^{\otimes b}\otimes \boldsymbol{I}_a)(\boldsymbol{I}_b\otimes |0\rangle^{\otimes a})\otimes \boldsymbol{I}_n\\ &= (\langle 0|^{\otimes b}\otimes |0\rangle^{\otimes a})\otimes \boldsymbol{I}_n\\ &= |0\rangle^{\otimes a}\langle 0|^{\otimes b}\otimes \boldsymbol{I}_n\\ &= (|0\rangle^{\otimes a}\otimes \boldsymbol{I}_n)(\langle 0|^{\otimes b}\otimes \boldsymbol{I}_n),\end{aligned}$$

这里 $\boldsymbol{I}_d$ 表示 $2^d\times 2^d$ 单位阵。直接计算可得

$$\begin{aligned}&\alpha\beta(\langle 0|^{\otimes a+b}\otimes \boldsymbol{I})(\boldsymbol{I}_b\otimes \boldsymbol{U})(\mathrm{SWAP}_{a,b}\otimes \boldsymbol{I}_n)(\boldsymbol{I}_a\otimes \boldsymbol{V})(|0\rangle^{\otimes a+b}\otimes \boldsymbol{I})\\ &= \alpha(\langle 0|^{\otimes b}\otimes\langle 0|^{\otimes a}\otimes \boldsymbol{I})(\boldsymbol{I}_b\otimes \boldsymbol{U})(\mathrm{SWAP}_{a,b}\otimes \boldsymbol{I}_n)\beta(\boldsymbol{I}_a\otimes \boldsymbol{V})(|0\rangle^{\otimes a}\otimes|0\rangle^{\otimes b}\otimes \boldsymbol{I})\\ &= \alpha(\langle 0|^{\otimes b}\otimes(\langle 0|^{\otimes a}\otimes \boldsymbol{I}_n)\boldsymbol{U})(\mathrm{SWAP}_{a,b}\otimes \boldsymbol{I}_n)\beta(|0\rangle^{\otimes a}\otimes \boldsymbol{V}(|0\rangle^{\otimes b}\otimes \boldsymbol{I}_n))\\ &= \alpha(\langle 0|^{\otimes a}\otimes \boldsymbol{I}_n)\boldsymbol{U}(\langle 0|^{\otimes b}\otimes \boldsymbol{I}_{a+n})(\mathrm{SWAP}_{a,b}\otimes \boldsymbol{I}_n)\beta(|0\rangle^{\otimes a}\otimes \boldsymbol{I}_{b+n})\boldsymbol{V}(|0\rangle^{\otimes b}\otimes \boldsymbol{I}_n)\\ &= \alpha(\langle 0|^{\otimes a}\otimes \boldsymbol{I}_n)\boldsymbol{U}(|0\rangle^{\otimes a}\otimes \boldsymbol{I}_n)\beta(\langle 0|^{\otimes b}\otimes \boldsymbol{I}_n)\boldsymbol{V}(|0\rangle^{\otimes b}\otimes \boldsymbol{I}_n)\\ &= \widetilde{\boldsymbol{A}}\widetilde{\boldsymbol{B}}。\end{aligned}$$

这里 $\widetilde{\boldsymbol{A}}=\alpha(\langle 0|^{\otimes a}\otimes \boldsymbol{I}_n)\boldsymbol{U}(|0\rangle^{\otimes a}\otimes \boldsymbol{I}_n)$，$\widetilde{\boldsymbol{B}}=\beta(\langle 0|^{\otimes b}\otimes \boldsymbol{I}_n)\boldsymbol{V}(|0\rangle^{\otimes b}\otimes \boldsymbol{I}_n)$，满足 $\|\boldsymbol{A}-\widetilde{\boldsymbol{A}}\|\leqslant\varepsilon_1$，$\|\boldsymbol{B}-\widetilde{\boldsymbol{B}}\|\leqslant\varepsilon_2$，故有

$$\begin{aligned}&\|\boldsymbol{AB}-\alpha\beta(\langle 0|^{\otimes a+b}\otimes \boldsymbol{I})(\boldsymbol{I}_b\otimes \boldsymbol{U})(\mathrm{SWAP}_{a,b}\otimes \boldsymbol{I}_n)(\boldsymbol{I}_a\otimes \boldsymbol{V})(|0\rangle^{\otimes a+b}\otimes \boldsymbol{I})\|\\ &= \|\boldsymbol{AB}-\widetilde{\boldsymbol{A}}\widetilde{\boldsymbol{B}}\| = \|(\boldsymbol{A}-\widetilde{\boldsymbol{A}})(\boldsymbol{B}-\widetilde{\boldsymbol{B}})+(\boldsymbol{A}-\widetilde{\boldsymbol{A}})\widetilde{\boldsymbol{B}}+\widetilde{\boldsymbol{A}}(\boldsymbol{B}-\widetilde{\boldsymbol{B}})\|\\ &\leqslant \beta\varepsilon_1+\alpha\varepsilon_2+\varepsilon_1\varepsilon_2,\end{aligned}$$

故 $(\boldsymbol{I}_b\otimes\boldsymbol{U})(\mathrm{SWAP}_{a,b}\otimes\boldsymbol{I}_n)(\boldsymbol{I}_a\otimes\boldsymbol{V})$ 是 $\boldsymbol{AB}$ 的 $(\alpha\beta, a+b, \beta\varepsilon_1+\alpha\varepsilon_2+\varepsilon_1\varepsilon_2)$-酉嵌入。

考虑稀疏矩阵的酉嵌入。设 $\boldsymbol{A}$ 为 s-稀疏（每行每列至多 s 个非零元），其元素 $\boldsymbol{A}_{ij}$ 满足 $|\boldsymbol{A}_{ij}|\leqslant 1, \forall i,j$。假设存在稀疏访问（sparse-access）模式能高效实现如下酉变换[GSL19]：

$$\boldsymbol{R}: |0\rangle|0\rangle|i\rangle \to |0\rangle\sum_k \frac{1}{\sqrt{s}}(\sqrt{\boldsymbol{A}_{ik}})^*|i\rangle|k\rangle+|1\rangle|\mathrm{garbage}\rangle,$$

$$\boldsymbol{C}: |0\rangle|0\rangle|j\rangle \to |0\rangle\sum_k \frac{1}{\sqrt{s}}\sqrt{A_{kj}}|k\rangle|j\rangle+|2\rangle|\mathrm{garbage}\rangle,$$

其中 $|\mathrm{garbage}\rangle$ 是不关心的垃圾态。则 $\boldsymbol{R}^\dagger\boldsymbol{C}$ 给出 $\boldsymbol{A}/s$ 的酉嵌入：

$$\begin{aligned}\langle 0|\langle 0|\langle i|\boldsymbol{R}^\dagger\boldsymbol{C}|0\rangle|0\rangle|j\rangle &= (\boldsymbol{R}|0\rangle|0\rangle|i\rangle)^\dagger\boldsymbol{C}|0\rangle|0\rangle|j\rangle\\ &= \left(\sum_l \frac{(\sqrt{A_{il}})^*}{\sqrt{s}}|i\rangle|l\rangle\right)^\dagger\left(\sum_k \frac{\sqrt{A_{kj}}}{\sqrt{s}}|k\rangle|j\rangle\right)\end{aligned}$$

$$=\frac{(\sqrt{A_{ij}})^*}{\sqrt{s}}\frac{\sqrt{A_{kj}}}{\sqrt{s}}=\frac{A_{ij}}{s}。$$

例 6.3 令 $\boldsymbol{P}=(p_{ij})$ 是概率转移矩阵，酉变换 $\boldsymbol{U}$：$|0\rangle|i\rangle\mapsto\sum_j\sqrt{p_{ji}}|j\rangle|i\rangle$，$\mathrm{SWAP}=\sum_{i,j}|i\rangle|j\rangle\langle j|\langle i|$。定义(Szegedy 量子游走)算符：

$$\boldsymbol{W}'=\boldsymbol{U}^\dagger\cdot\mathrm{SWAP}\cdot\boldsymbol{U},$$
$$\boldsymbol{W}=\boldsymbol{U}^\dagger\cdot\mathrm{SWAP}\cdot\boldsymbol{U}(2|0\rangle\langle 0|\otimes\boldsymbol{I}-\boldsymbol{I})。$$

设 $p_{ij}=p_{ji}$，证明：(1) $(\langle 0|\otimes\boldsymbol{I})\boldsymbol{W}'(|0\rangle\otimes\boldsymbol{I})=\boldsymbol{P}$；(2) $(\langle 0|\otimes\boldsymbol{I})\boldsymbol{W}^k(|0\rangle\otimes\boldsymbol{I})=\mathrm{T}_k(\boldsymbol{P})$，这里 T_k 是 k 阶第一类 Chebyshev 多项式，$\mathrm{T}_k(x)=\cos(k\arccos(x))(|x|\leqslant 1)$，满足递推关系 $\mathrm{T}_{k+1}(x)=2x\mathrm{T}_k(x)-\mathrm{T}_{k-1}(x)$。

证 (1)

$$\begin{aligned}(\langle 0|\otimes\langle i|)\boldsymbol{W}'(|0\rangle\otimes|j\rangle)&=\langle 0|\langle i|\boldsymbol{U}^\dagger\cdot\mathrm{SWAP}\cdot\boldsymbol{U}|0\rangle|j\rangle\\&=\Big(\sum_v\sqrt{p_{vi}}|v\rangle|i\rangle\Big)^\dagger\cdot\mathrm{SWAP}\cdot\sum_u\sqrt{p_{uj}}|u\rangle|j\rangle\\&=\Big(\sum_v\sqrt{p_{vi}}|v\rangle|i\rangle\Big)^\dagger\Big(\sum_u\sqrt{p_{uj}}|j\rangle|u\rangle\Big)\\&=\sqrt{p_{ji}}\cdot\sqrt{p_{ij}}=p_{ij}。\end{aligned}$$

(2) 用归纳法证明。观察到 $\mathrm{T}_0(\boldsymbol{P})=\boldsymbol{I}$，$\mathrm{T}_1(\boldsymbol{P})=\boldsymbol{P}$。

$$\begin{aligned}&(\langle 0|\otimes\boldsymbol{I})\boldsymbol{W}^{k+1}(|0\rangle\otimes\boldsymbol{I})\\=&(\langle 0|\otimes\boldsymbol{I})\boldsymbol{W}'(2|0\rangle\langle 0|\otimes\boldsymbol{I}-\boldsymbol{I})\boldsymbol{W}^k(|0\rangle\otimes\boldsymbol{I})\\=&\underbrace{(\langle 0|\otimes\boldsymbol{I})\boldsymbol{W}'(2|0\rangle}_{2\boldsymbol{P}}\underbrace{\langle 0|\otimes\boldsymbol{I})\boldsymbol{W}^k(|0\rangle\otimes\boldsymbol{I})}_{\mathrm{T}_k(\boldsymbol{P})}-\underbrace{(\langle 0|\otimes\boldsymbol{I})\boldsymbol{W}^{k-1}(|0\rangle\otimes\boldsymbol{I})}_{\mathrm{T}_{k-1}(\boldsymbol{P})}\\=&2\boldsymbol{P}\cdot\mathrm{T}_k(\boldsymbol{P})-\mathrm{T}_{k-1}(\boldsymbol{P})=\mathrm{T}_{k+1}(\boldsymbol{P})。\end{aligned}$$

4 量子位化

设酉矩阵 $\boldsymbol{G}$ 和 $\boldsymbol{U}$ 实现 Hermite 矩阵 $\boldsymbol{A}$ 的酉嵌入，满足

$$(\langle G|\otimes\boldsymbol{I})\boldsymbol{U}(|G\rangle\otimes\boldsymbol{I})=\boldsymbol{A},$$
$$\boldsymbol{U}|G\rangle|\psi\rangle=|G\rangle\boldsymbol{A}|\psi\rangle+\sqrt{1-\|\boldsymbol{A}|\psi\rangle\|^2}\,|G_\psi^\perp\rangle,$$

其中 $\|\boldsymbol{A}\|<1$，$\boldsymbol{G}|0\rangle=|G\rangle$，$(\langle G|\otimes\boldsymbol{I})|G_\psi^\perp\rangle=0$。

设 $\boldsymbol{A}|\psi_\lambda\rangle=\lambda|\psi_\lambda\rangle$，定义 $|G_\lambda\rangle=|G\rangle|\psi_\lambda\rangle$。一般说来 $\mathrm{span}\{|G_\lambda\rangle,\boldsymbol{U}|G_\lambda\rangle\}$ 并非 $\boldsymbol{U}$ 的不变子空间。希望构造酉矩阵 $\boldsymbol{W}$，使得

$$(\langle G|\otimes\boldsymbol{I})\boldsymbol{W}(|G\rangle\otimes\boldsymbol{I})=\boldsymbol{A},$$

且 $\mathrm{span}\{|G_\lambda\rangle,\boldsymbol{W}|G_\lambda\rangle\}$ 张成不变子空间。在此基底下，有

$$\boldsymbol{W}=\begin{pmatrix}\lambda & -\sqrt{1-\lambda^2}\\ \sqrt{1-\lambda^2} & \lambda\end{pmatrix}=\mathrm{e}^{-\mathrm{i}\theta_\lambda\boldsymbol{\sigma}_y},\tag{6.6}$$

其中 $\theta_\lambda=\arccos(\lambda)$。

设 $\boldsymbol{G}$ 和 $\boldsymbol{U}$ 给定，$\boldsymbol{S}$ 为用于修正 $\boldsymbol{U}$ 的待定酉矩阵，令

$$\boldsymbol{W}=((2\mid G\rangle\langle G\mid-\boldsymbol{I})\otimes\boldsymbol{I})\boldsymbol{SU}, \tag{6.7}$$

且

$$(\langle G\mid\otimes\boldsymbol{I})\boldsymbol{SU}(\mid G\rangle\otimes\boldsymbol{I})=\boldsymbol{A},\quad (\langle G\mid\otimes\boldsymbol{I})(\boldsymbol{SU})^2(\mid G\rangle\otimes\boldsymbol{I})=\boldsymbol{I}。 \tag{6.8}$$

下面验证，由式(6.7)和式(6.8)的酉矩阵 $\boldsymbol{S}$ 可推出 $\boldsymbol{W}$ 具有形式(6.6)。

$$\begin{aligned}\boldsymbol{W}\mid G_\lambda\rangle&=(2\mid G\rangle\langle G\mid\otimes\boldsymbol{I})\boldsymbol{SU}\mid G_\lambda\rangle-\boldsymbol{SU}\mid G_\lambda\rangle\\&=2(\mid G\rangle\otimes\boldsymbol{I})((\langle G\mid\otimes\boldsymbol{I})\boldsymbol{SU}(\mid G\rangle\otimes\boldsymbol{I})(1\otimes\mid\psi_\lambda\rangle)-\boldsymbol{SU}\mid G_\lambda\rangle\\&=2(\mid G\rangle\otimes\boldsymbol{I})\boldsymbol{A}\mid\psi_\lambda\rangle-\boldsymbol{SU}\mid G_\lambda\rangle\\&=2\lambda\mid G_\lambda\rangle-\boldsymbol{SU}\mid G_\lambda\rangle,\end{aligned}$$

$$\langle G_\lambda\mid\boldsymbol{SU}\mid G_\lambda\rangle=(1\otimes\langle\psi_\lambda\mid)((\langle G\mid\otimes\boldsymbol{I})\boldsymbol{SU}(\mid G\rangle\otimes\boldsymbol{I})(1\otimes\mid\psi_\lambda\rangle)=\langle\lambda\mid\boldsymbol{A}\mid\lambda\rangle=\lambda。$$

定义 $|G_\lambda^\perp\rangle=(\lambda|G_\lambda\rangle-\boldsymbol{SU}|G_\lambda\rangle)/\sqrt{1-\lambda^2}$。显然，$\langle G_\lambda|G_\lambda^\perp\rangle=0$，且 $\boldsymbol{W}|G_\lambda\rangle=\lambda|G_\lambda\rangle+\sqrt{1-\lambda^2}|G_\lambda^\perp\rangle$，$\mathrm{span}\{|G_\lambda\rangle,\boldsymbol{W}|G_\lambda\rangle\}=\mathrm{span}\{|G_\lambda\rangle,|G_\lambda^\perp\rangle\}$，故

$$\langle G_\lambda\mid\boldsymbol{W}\mid G_\lambda\rangle=\lambda,\quad\langle G_\lambda^\perp\mid\boldsymbol{W}\mid G_\lambda\rangle=\sqrt{1-\lambda^2}。$$

易验证

$$\begin{aligned}\boldsymbol{WSU}\mid G_\lambda\rangle&=((2\mid G\rangle\langle G\mid-\boldsymbol{I})\otimes\boldsymbol{I})(\boldsymbol{SU})^2\mid G_\lambda\rangle\\&=2(\mid G\rangle\otimes\boldsymbol{I})((\langle G\mid\otimes\boldsymbol{I})(\boldsymbol{SU})^2(\mid G\rangle\otimes\boldsymbol{I})(1\otimes\mid\psi_\lambda\rangle)-(\boldsymbol{SU})^2\mid G_\lambda\rangle\\&=2\mid G_\lambda\rangle-(\boldsymbol{SU})^2\mid G_\lambda\rangle,\end{aligned}$$

$$\langle G_\lambda\mid\boldsymbol{WSU}\mid G_\lambda\rangle=2-\langle G_\lambda\mid(\boldsymbol{SU})^2\mid G_\lambda\rangle=1,$$

$$\langle G_\lambda^\perp\mid\boldsymbol{WSU}\mid G_\lambda\rangle=-\langle G_\lambda^\perp\mid(\boldsymbol{SU})^2\mid G_\lambda\rangle=0。$$

由 $|G_\lambda^\perp\rangle$ 定义，$\sqrt{1-\lambda^2}\boldsymbol{W}|G_\lambda^\perp\rangle=\lambda\boldsymbol{W}|G_\lambda\rangle-\boldsymbol{WSU}|G_\lambda\rangle$，分别与 $|G_\lambda\rangle$ 和 $|G_\lambda^\perp\rangle$ 作内积可得

$$\sqrt{1-\lambda^2}\langle G_\lambda\mid\boldsymbol{W}\mid G_\lambda^\perp\rangle=\lambda\langle G_\lambda\mid\boldsymbol{W}\mid G_\lambda\rangle-\langle G_\lambda\mid\boldsymbol{WSU}\mid G_\lambda\rangle=\lambda^2-1,$$

$$\sqrt{1-\lambda^2}\langle G_\lambda^\perp\mid\boldsymbol{W}\mid G_\lambda^\perp\rangle=\lambda\langle G_\lambda^\perp\mid\boldsymbol{W}\mid G_\lambda\rangle-\langle G_\lambda^\perp\mid\boldsymbol{WSU}\mid G_\lambda\rangle=\lambda\sqrt{1-\lambda^2}。$$

故

$$\langle G_\lambda\mid\boldsymbol{W}\mid G_\lambda^\perp\rangle=-\sqrt{1-\lambda^2},\quad\langle G_\lambda^\perp\mid\boldsymbol{W}\mid G_\lambda^\perp\rangle=\lambda。$$

在基底 $\{|G_\lambda\rangle,|G_\lambda^\perp\rangle\}$ 下，$\boldsymbol{W}$ 有式(6.6)的形式。

另外，由式(6.7)和式(6.6)不难验证式(6.8)。但是对一般的酉矩阵 $\boldsymbol{U}$，满足式(6.8)的 $\boldsymbol{S}$ 不一定存在，这时可将其代之以另一个酉矩阵，使式(6.8)的解存在[LC19]。这是所谓的量子位化(qubitization)技术[LC19]，是构造其他量子算法的基本模块。比如，可实现 k 次 Chebyshev 矩阵多项式 $\mathrm{T}_k(\boldsymbol{A})$ 的酉嵌入[Chi21]。

设 $\boldsymbol{A}$ 的酉嵌入是 $2n\times2n$ 酉矩阵 $\boldsymbol{U}=|0\rangle\langle0|\otimes\boldsymbol{A}+\cdots$，这里 $\boldsymbol{A}$ 为 $n\times n$ 的 Hermite 矩阵。定义 $|\lambda\rangle=|0\rangle\otimes|\psi_\lambda\rangle$，$\boldsymbol{\Pi}=|0\rangle\langle0|\otimes\boldsymbol{I}$。易验证，

$$\boldsymbol{\Pi U\Pi}=\mid0\rangle\langle0\mid\otimes\boldsymbol{A},\quad\boldsymbol{\Pi}\mid\lambda\rangle=\mid\lambda\rangle,\quad\boldsymbol{\Pi U\Pi}\mid\lambda\rangle=\lambda\mid\lambda\rangle,$$

$$\boldsymbol{U}\mid\lambda\rangle=(\boldsymbol{\Pi}+\boldsymbol{I}-\boldsymbol{\Pi})\boldsymbol{U}\mid\lambda\rangle=\boldsymbol{\Pi U\Pi}\mid\lambda\rangle+(\boldsymbol{I}-\boldsymbol{\Pi})\boldsymbol{U}\mid\lambda\rangle=\lambda\mid\lambda\rangle+\sqrt{1-\lambda^2}\mid\lambda^\perp\rangle,$$

这里 $|\lambda^\perp\rangle=(\boldsymbol{I}-\boldsymbol{\Pi})\boldsymbol{U}|\lambda\rangle/\sqrt{1-\lambda^2}$。

$$\boldsymbol{U}(\boldsymbol{I}-\boldsymbol{\Pi})\boldsymbol{U}^\dagger\mid\lambda\rangle=\mid\lambda\rangle-\boldsymbol{U\Pi U}^\dagger\mid\lambda\rangle=\mid\lambda\rangle-\boldsymbol{U}(\mid0\rangle\boldsymbol{A}^\dagger\mid\psi_\lambda\rangle)=\mid\lambda\rangle-\lambda\boldsymbol{U}\mid\lambda\rangle$$

$$=|\lambda\rangle-\lambda\left(\lambda\,|\,\lambda\rangle+\sqrt{1-\lambda^2}\,|\,\lambda^{\perp}\rangle\right)=(1-\lambda^2)\,|\,\lambda\rangle-\lambda\sqrt{1-\lambda^2}\,|\,\lambda^{\perp}\rangle。$$

令$|\lambda_{\perp}\rangle=(\boldsymbol{I}-\boldsymbol{\Pi})\boldsymbol{U}^{\dagger}|\lambda\rangle/\sqrt{1-\lambda^2}$，则

$$\boldsymbol{U}\,|\,\lambda_{\perp}\rangle=\sqrt{1-\lambda^2}\,|\,\lambda\rangle-\lambda\,|\,\lambda^{\perp}\rangle。$$

以上结果可表示为

$$\boldsymbol{U}(|\,\lambda\rangle,|\,\lambda_{\perp}\rangle)=(|\,\lambda\rangle,|\,\lambda^{\perp}\rangle)\begin{pmatrix}\lambda & \sqrt{1-\lambda^2}\\ \sqrt{1-\lambda^2} & -\lambda\end{pmatrix}。$$

类似可得

$$\boldsymbol{U}^{\dagger}(|\,\lambda\rangle,|\,\lambda^{\perp}\rangle)=(|\,\lambda\rangle,|\,\lambda_{\perp}\rangle)\begin{pmatrix}\lambda & \sqrt{1-\lambda^2}\\ \sqrt{1-\lambda^2} & -\lambda\end{pmatrix}。$$

注意到$\boldsymbol{\Pi}(\boldsymbol{I}-\boldsymbol{\Pi})=\boldsymbol{0}$，$\boldsymbol{\Pi}|\lambda^{\perp}\rangle=\boldsymbol{0}$，故$(2\boldsymbol{\Pi}-\boldsymbol{I})|\lambda^{\perp}\rangle=-|\lambda^{\perp}\rangle$；同理，$(2\boldsymbol{\Pi}-\boldsymbol{I})|\lambda_{\perp}\rangle=-|\lambda_{\perp}\rangle$。又$(2\boldsymbol{\Pi}-\boldsymbol{I})|\lambda\rangle=|\lambda\rangle$，故$2\boldsymbol{\Pi}-\boldsymbol{I}$在$\{|\lambda\rangle,|\lambda^{\perp}\rangle\}$或$\{|\lambda\rangle,|\lambda_{\perp}\rangle\}$下为$\begin{pmatrix}1 & 0\\ 0 & -1\end{pmatrix}$，$\boldsymbol{\Pi}_{\phi}\equiv e^{i\phi(2\boldsymbol{\Pi}-\boldsymbol{I})}$在此基底下为$\begin{pmatrix}e^{i\phi} & 0\\ 0 & e^{-i\phi}\end{pmatrix}=e^{i\phi\boldsymbol{\sigma}_z}$。由此可定义

$$\boldsymbol{\Pi}_{\phi_1}\boldsymbol{U}^{\dagger}\boldsymbol{\Pi}_{\phi_2}\boldsymbol{U}\cdots\boldsymbol{\Pi}_{\phi_{k-1}}\boldsymbol{U}^{\dagger}\boldsymbol{\Pi}_{\phi_k}\boldsymbol{U},$$

$(\phi_1,\phi_2,\cdots,\phi_k)\in\mathbb{R}^k$，下一节将进一步展开相关讨论。

特殊地，设$\boldsymbol{U}^{\dagger}=\boldsymbol{U}$，则在适当的基底下表示为直和形式：

$$\boldsymbol{U}=\bigoplus_{\lambda}\begin{pmatrix}\lambda & \sqrt{1-\lambda^2}\\ \sqrt{1-\lambda^2} & -\lambda\end{pmatrix}。$$

此时，$(2\boldsymbol{\Pi}-\boldsymbol{I})\boldsymbol{U}$具有式(6.6)中$\boldsymbol{W}$的形式，且$((2\boldsymbol{\Pi}-\boldsymbol{I})\boldsymbol{U})^k=\begin{pmatrix}\mathrm{T}_k(\boldsymbol{A}) & *\\ * & *\end{pmatrix}$。

5 量子信号处理

与量子位化密切相关的是量子信号处理[LC17]。假设给定单量子比特旋转：

$$\boldsymbol{V}(\lambda)=e^{i\arccos\lambda\boldsymbol{\sigma}_x}=e^{-i\frac{\pi}{4}\boldsymbol{\sigma}_z}\boldsymbol{W}e^{i\frac{\pi}{4}\boldsymbol{\sigma}_z}=\begin{pmatrix}\lambda & i\sqrt{1-\lambda^2}\\ i\sqrt{1-\lambda^2} & \lambda\end{pmatrix}。$$

给定$\boldsymbol{\Phi}=(\phi_0,\phi_1,\cdots,\phi_d)\in\mathbb{R}^{d+1}$，存在多项式$(P(x),Q(x))\in\mathbb{C}_d[x]\times\mathbb{C}_{d-1}[x]$，$x\in[-1,1]$，使得

$$\boldsymbol{U}(x,\boldsymbol{\Phi})\equiv e^{i\phi_0\boldsymbol{\sigma}_z}\prod_{j=1}^{d}\boldsymbol{V}(x)e^{i\phi_j\boldsymbol{\sigma}_z}=\begin{pmatrix}P(x) & iQ(x)\sqrt{1-x^2}\\ iQ^*(x)\sqrt{1-x^2} & P^*(x)\end{pmatrix},\tag{6.9}$$

满足如下条件：

(i) $\deg(P(x))\leqslant d$，$\deg(Q(x))\leqslant d-1$；

(ii) $P(x)$的奇偶性同$(d \bmod 2)$，$Q(x)$奇偶性同$(d-1 \bmod 2)$；

(iii) $|P(x)|^2+(1-x^2)|Q(x)|^2=1, \forall x\in[-1,1]$。

当 $d=0$ 时,式(6.9)的右端为对角矩阵

$$\begin{pmatrix} e^{i\phi_0} & 0 \\ 0 & e^{-i\phi_0} \end{pmatrix}。$$

当$\boldsymbol{\Phi}=(0,0,\cdots,0)$时,有

$$\boldsymbol{U}(x,\boldsymbol{\Phi})=[\boldsymbol{V}(x)]^d=e^{id\arccos(x)\boldsymbol{\sigma}_x}=\begin{pmatrix} T_d(x) & iU_{d-1}(x)\sqrt{1-x^2} \\ iU_{d-1}(x)\sqrt{1-x^2} & T_d(x) \end{pmatrix},$$

$$P(x)=\langle 0\mid \boldsymbol{U}(x,\boldsymbol{\Phi})\mid 0\rangle=\cos(d\arccos(x))=T_d(x),$$

其中 $U_{d-1}(x)$为第二类 Chebyshev 多项式。

下面用数学归纳法证明(i)~(ii)。当 $d=0$ 时结论显然成立。假设结论对 $d-1$ 成立,即

$$e^{i\phi_0\boldsymbol{\sigma}_z}\prod_{j=1}^{d-1}\boldsymbol{V}(x)e^{i\phi_j\boldsymbol{\sigma}_z}=\begin{pmatrix} \widetilde{P}(x) & i\widetilde{Q}(x)\sqrt{1-x^2} \\ i\widetilde{Q}^*(x)\sqrt{1-x^2} & \widetilde{P}^*(x) \end{pmatrix},$$

$\widetilde{P}(x),\widetilde{Q}(x)\in\mathbb{C}[x]$,满足(i)~(ii)。考查

$$\begin{aligned} e^{i\phi_0\boldsymbol{\sigma}_z}\prod_{j=1}^{d}\boldsymbol{V}(x)e^{i\phi_j\boldsymbol{\sigma}_z} &=\begin{pmatrix} \widetilde{P}(x) & i\widetilde{Q}(x)\sqrt{1-x^2} \\ i\widetilde{Q}^*(x)\sqrt{1-x^2} & \widetilde{P}^*(x) \end{pmatrix}\begin{pmatrix} e^{i\phi_d}x & ie^{-i\phi_d}\sqrt{1-x^2} \\ ie^{i\phi_d}\sqrt{1-x^2} & e^{-i\phi_d}x \end{pmatrix} \\ &=\begin{pmatrix} e^{i\phi_d}(x\widetilde{P}(x)+(x^2-1)\widetilde{Q}(x)) & ie^{-i\phi_d}(x\widetilde{Q}(x)+\widetilde{P}(x))\sqrt{1-x^2} \\ ie^{i\phi_d}(x\widetilde{Q}^*(x)+\widetilde{P}^*(x))\sqrt{1-x^2} & e^{-i\phi_d}(x\widetilde{P}^*(x)+(x^2-1)\widetilde{Q}^*(x)) \end{pmatrix}。\end{aligned}$$

令 $P(x)=e^{i\phi_d}(x\widetilde{P}(x)+(x^2-1)\widetilde{Q}(x))$,$Q(x)=e^{-i\phi_d}(x\widetilde{Q}(x)+\widetilde{P}(x))\sqrt{1-x^2}$,可验证 $P(x)$和 $Q(x)$满足(i)~(ii)。再由酉性知(iii)成立。

反之,如果 $P(x),Q(x)\in\mathbb{C}[x]$满足条件(i)~(iii),则可找到相应的$\boldsymbol{\Phi}\in\mathbb{R}^{d+1}$[GSL19]。仍以归纳法证之。当 $d=0$ 时,$\deg(P(x))=0$,(iii)表明(对某个 ϕ_0)$P(x)=e^{i\phi_0}$,$Q(x)=0$。假设 $d=k-1$ 时,(i)~(iii)给出角度($\phi_0,\phi_1,\cdots,\phi_{k-1}$)。考查 $d=k$ 情形。(iii)表明

$$1=|P(x)|^2+(1-x^2)|Q(x)|^2=P(x)P^*(x)+(1-x^2)Q(x)Q^*(x)。$$

右边多项式恒为 1,则 $\deg(P(x))=\deg(Q(x))+1=k$,$P(x)$首项系数 p_k 与 $Q(x)$首项系数 q_{k-1} 存在关系:$|p_k|=|q_{k-1}|$。选 ϕ_k,使得 $e^{i2\phi_k}=p_k/q_{k-1}$。考查

$$\begin{pmatrix} P(x) & iQ(x)\sqrt{1-x^2} \\ iQ^*(x)\sqrt{1-x^2} & P^*(x) \end{pmatrix}e^{-i\phi_k\boldsymbol{\sigma}_z}\boldsymbol{V}^\dagger(x) \tag{6.10}$$

$$\begin{aligned} &=\begin{pmatrix} P(x) & iQ(x)\sqrt{1-x^2} \\ iQ^*(x)\sqrt{1-x^2} & P^*(x) \end{pmatrix}\begin{pmatrix} e^{-i\phi_k}x & -ie^{-i\phi_k}\sqrt{1-x^2} \\ -ie^{i\phi_k}\sqrt{1-x^2} & e^{i\phi_k}x \end{pmatrix} \\ &=\begin{pmatrix} e^{-i\phi_k}xP(x)+e^{i\phi_k}(1-x^2)Q(x) & i(e^{i\phi_k}xQ(x)-e^{-i\phi_k}P(x))\sqrt{1-x^2} \\ i(e^{-i\phi_k}xQ^*(x)-e^{i\phi_k}P^*(x))\sqrt{1-x^2} & e^{i\phi_k}xP^*(x)+e^{-i\phi_k}(1-x^2)Q^*(x) \end{pmatrix} \end{aligned}$$

$$\equiv\begin{pmatrix} \hat{P}(x) & i\hat{Q}(x)\sqrt{1-x^2} \\ i\hat{Q}^*(x)\sqrt{1-x^2} & \hat{P}^*(x) \end{pmatrix}, \tag{6.11}$$

其中 $\hat{P}(x)=\mathrm{e}^{-\mathrm{i}\phi_k}xP(x)+\mathrm{e}^{\mathrm{i}\phi_k}(1-x^2)Q(x)$，$\hat{Q}(x)=-\mathrm{e}^{-\mathrm{i}\phi_k}P(x)+\mathrm{e}^{\mathrm{i}\phi_k}xQ(x)$。由 ϕ_k 的选取，$\hat{P}(x)$ 中 x^{k+1} 项的系数为 $\mathrm{e}^{-\mathrm{i}\phi_k}p_k-\mathrm{e}^{\mathrm{i}\phi_k}q_{k-1}=0$；由(iii)知 x^k 项的系数也为0。故 $\hat{P}(x)$ 为 $k-1$ 次多项式。同理，$\hat{Q}(x)$ 为 $k-2$ 次。$\hat{P}(x)$ 和 $\hat{Q}(x)$ 的奇偶性满足条件(ii)，由酉性知条件(iii)也满足。由假设，式(6.11)可以写成 $\mathrm{e}^{\mathrm{i}\phi_0\boldsymbol{\sigma}_z}\prod_{j=1}^{k-1}\boldsymbol{V}(x)\mathrm{e}^{\mathrm{i}\phi_j\boldsymbol{\sigma}_z}$。从而式(6.10)中的矩阵可表示为 $\mathrm{e}^{\mathrm{i}\phi_0\boldsymbol{\sigma}_z}\prod_{j=1}^{k}\boldsymbol{V}(x)\mathrm{e}^{\mathrm{i}\phi_j\boldsymbol{\sigma}_z}$。

$\forall f(x)\in\mathbb{R}[x]$，令 $f_{\mathrm{e}}(x)=\frac{1}{2}(f(x)+f(-x))$，$f_{\mathrm{o}}(x)=\frac{1}{2}(f(x)-f(-x))$，则 $f_{\mathrm{e}}(A)$ 和 $f_{\mathrm{o}}(A)$ 可分别逼近，再用 LCU 实现 $\frac{1}{2}(f_{\mathrm{e}}(A)+f_{\mathrm{o}}(A))$。

量子位化结合量子信号处理，可广泛用于 Hamilton 模拟。比如，$\mathrm{e}^{-\mathrm{i}t\boldsymbol{A}}$ 的实现[LC19]，需要 Jacobi-Anger 展开[AS64]

$$\mathrm{e}^{\mathrm{i}t\cos\theta}=\sum_{n=-\infty}^{\infty}\mathrm{i}^n\mathrm{J}_n(t)\mathrm{e}^{\mathrm{i}n\theta}=\mathrm{J}_0(t)+2\sum_{n=1}^{\infty}\mathrm{i}^n\mathrm{J}_n(t)\cos(n\theta),$$

这里 $\mathrm{J}_n(t)$ 为第一类 Bessel 函数，$\mathrm{J}_{-n}(t)=(-1)^n\mathrm{J}_n(t)$。令 $\cos\theta=\lambda$，记 $\mathrm{e}^{-\mathrm{i}t\lambda}\equiv M(\lambda)+\mathrm{i}N(\lambda)$，则

$$M(\lambda)=\mathrm{J}_0(t)+2\sum_{\text{even }k>0}(-1)^{k/2}\mathrm{J}_k(t)\mathrm{T}_k(\lambda),$$

$$N(\lambda)=-2\sum_{\text{odd }k>0}(-1)^{(k-1)/2}\mathrm{J}_k(t)\mathrm{T}_k(\lambda)。$$

量子信号处理通过选择角度 $\boldsymbol{\Phi}$ [Haa19,DMWL21]，可逼近 $M(\lambda)+\mathrm{i}N(\lambda)$ 到预设精度。

6 量子奇异值变换

量子信号处理还可进一步推广为量子奇异值变换[GSL19,MRT21]。这里从较为简单的量子特征值变换开始。设 $\boldsymbol{H}$ 为 Hermite 矩阵，$\|\boldsymbol{H}\|\leqslant 1$，且有谱分解 $\boldsymbol{H}=\sum_{\lambda}\lambda|\lambda\rangle\langle\lambda|$。构造酉矩阵

$$\boldsymbol{U}=\begin{pmatrix}\boldsymbol{H} & \sqrt{\boldsymbol{I}-\boldsymbol{H}^2}\\ \sqrt{\boldsymbol{I}-\boldsymbol{H}^2} & -\boldsymbol{H}\end{pmatrix},$$

即 $\boldsymbol{U}=\boldsymbol{Z}\otimes\boldsymbol{H}+\boldsymbol{X}\otimes\sqrt{\boldsymbol{I}-\boldsymbol{H}^2}$，其中 $\sqrt{\boldsymbol{I}-\boldsymbol{H}^2}=\sum_{\lambda}\sqrt{1-\lambda^2}|\lambda\rangle\langle\lambda|$。易验证

$$\boldsymbol{U}|0\rangle|\lambda\rangle=\lambda|0\rangle|\lambda\rangle+\sqrt{1-\lambda^2}|1\rangle|\lambda\rangle,$$

$$\boldsymbol{U}|1\rangle|\lambda\rangle=-\lambda|1\rangle|\lambda\rangle+\sqrt{1-\lambda^2}|0\rangle|\lambda\rangle。$$

$\boldsymbol{U}$ 可以表示为如下直和形式：

$$\boldsymbol{U}=\bigoplus_{\lambda}\begin{pmatrix}\lambda & \sqrt{1-\lambda^2}\\ \sqrt{1-\lambda^2} & -\lambda\end{pmatrix}\otimes|\lambda\rangle\langle\lambda|\equiv\bigoplus_{\lambda}\boldsymbol{R}(\lambda)\otimes|\lambda\rangle\langle\lambda|。$$

设$\boldsymbol{\Pi}$为投影算符，定义投影控制非门

$$C_{\boldsymbol{\Pi}}\mathrm{NOT}=\boldsymbol{X}\otimes\boldsymbol{\Pi}+\boldsymbol{I}\otimes(\boldsymbol{I}-\boldsymbol{\Pi})。$$

易验证

$$C_{\boldsymbol{\Pi}}\mathrm{NOT}(\mathrm{e}^{-\mathrm{i}\phi\boldsymbol{\sigma}_z}\otimes\boldsymbol{I})C_{\boldsymbol{\Pi}}\mathrm{NOT}=\mathrm{e}^{\mathrm{i}\phi\boldsymbol{\sigma}_z}\otimes\boldsymbol{\Pi}+\mathrm{e}^{-\mathrm{i}\phi\boldsymbol{\sigma}_z}\otimes(\boldsymbol{I}-\boldsymbol{\Pi})。$$

可实现如下投影控制相位操作：

$$\boldsymbol{\Pi}_{\varphi}=\bigoplus_{\lambda}\mathrm{e}^{\mathrm{i}\varphi\boldsymbol{\sigma}_z}\otimes|\lambda\rangle\langle\lambda|。$$

给定$\boldsymbol{H}$的酉嵌入$\boldsymbol{U}=\begin{pmatrix}\boldsymbol{H} & * \\ * & *\end{pmatrix}$和$\boldsymbol{\Pi}_{\varphi}$，对偶数$d$，可验证

$$\boldsymbol{U}_{\boldsymbol{\Phi}}\equiv\prod_{k=1}^{d/2}\boldsymbol{\Pi}_{\phi_{2k-1}}\boldsymbol{U}^{\dagger}\boldsymbol{\Pi}_{\phi_{2k}}\boldsymbol{U}=\begin{pmatrix}P(\boldsymbol{H}) & * \\ * & *\end{pmatrix},$$

这里$\boldsymbol{\Phi}=(\phi_1,\phi_2,\cdots,\phi_d)$，$P(\boldsymbol{H})=\sum_{\lambda}P(\lambda)|\lambda\rangle\langle\lambda|$，$P$为式(6.9)中(至多$d$次)的多项式。事实上

$$\boldsymbol{U}_{\boldsymbol{\Phi}}=\bigoplus_{\lambda}\left(\prod_{k=1}^{d/2}\mathrm{e}^{\mathrm{i}\phi_{2k-1}\boldsymbol{\sigma}_z}\boldsymbol{R}(\lambda)\mathrm{e}^{\mathrm{i}\phi_{2k}\boldsymbol{\sigma}_z}\boldsymbol{R}(\lambda)\right),$$

这里省略了$|\lambda\rangle\langle\lambda|$。代入$\boldsymbol{R}(\lambda)=-\mathrm{i}\mathrm{e}^{\mathrm{i}\frac{\pi}{4}\boldsymbol{\sigma}_z}\boldsymbol{V}(\lambda)\mathrm{e}^{\mathrm{i}\frac{\pi}{4}\boldsymbol{\sigma}_z}$，可得

$$\begin{aligned}\boldsymbol{U}_{\boldsymbol{\Phi}}&=\bigoplus_{\lambda}\left((-\mathrm{i})^d\mathrm{e}^{\mathrm{i}\left(\phi_1+\frac{\pi}{4}\right)\boldsymbol{\sigma}_z}\boldsymbol{V}(\lambda)\mathrm{e}^{\mathrm{i}\left(\phi_2+\frac{\pi}{4}\right)\boldsymbol{\sigma}_z}\boldsymbol{V}(\lambda)\cdots\mathrm{e}^{\mathrm{i}\left(\phi_d+\frac{\pi}{4}\right)\boldsymbol{\sigma}_z}\boldsymbol{V}(\lambda)\mathrm{e}^{\mathrm{i}\frac{\pi}{4}\boldsymbol{\sigma}_z}\right)\\&\equiv\bigoplus_{\lambda}\left(\mathrm{e}^{\mathrm{i}\varphi_0'\boldsymbol{\sigma}_z}\prod_{j=1}^{d}\boldsymbol{V}(\lambda)\mathrm{e}^{\mathrm{i}\varphi_j'\boldsymbol{\sigma}_z}\right),\end{aligned}$$

此式形同式(6.9)。类似地，对奇数d，我们有

$$\boldsymbol{U}_{\boldsymbol{\Phi}}\equiv\boldsymbol{\Pi}_{\phi_1}\boldsymbol{U}\left(\prod_{k=1}^{(d-1)/2}\boldsymbol{\Pi}_{\phi_{2k}}\boldsymbol{U}^{\dagger}\boldsymbol{\Pi}_{\phi_{2k+1}}\boldsymbol{U}\right)=\begin{pmatrix}P(\boldsymbol{H}) & * \\ * & *\end{pmatrix}。$$

下面将量子特征值变换推广，考虑一般的$N\times N$非Hermite方阵$\boldsymbol{A}$。设$\boldsymbol{A}$有奇异值分解$\boldsymbol{A}=\boldsymbol{W}\boldsymbol{\Sigma}\boldsymbol{V}^{\dagger}$，其中$\boldsymbol{W},\boldsymbol{V}$是酉阵。记左奇异向量为$\{|w_k\rangle\}$，右奇异向量为$\{|v_k\rangle\}$，相应的奇异值为$\sigma_k$，则$\boldsymbol{A}=\sum\sigma_k|w_k\rangle\langle v_k|$。

设$f:\mathbb{R}\to\mathbb{C}$，$f(\sigma_i)$有定义。定义广义矩阵函数

$$f^{\diamondsuit}(\boldsymbol{A})\equiv\boldsymbol{W}f(\boldsymbol{\Sigma})\boldsymbol{V}^{\dagger},$$

其中，$f(\boldsymbol{\Sigma})=\mathrm{diag}(f(\sigma_1),\cdots,f(\sigma_N))$。定义如下的左/右广义矩阵函数：

$$f^{\mathrm{L}}(\boldsymbol{A})\equiv\boldsymbol{W}f(\boldsymbol{\Sigma})\boldsymbol{W}^{\dagger},\quad f^{\mathrm{R}}(\boldsymbol{A})\equiv\boldsymbol{V}f(\boldsymbol{\Sigma})\boldsymbol{V}^{\dagger}。$$

设$\|\boldsymbol{A}\|\leqslant1$，$\boldsymbol{A}$的酉嵌入为

$$\boldsymbol{U}=\begin{pmatrix}\boldsymbol{A} & \sqrt{\boldsymbol{I}-\boldsymbol{A}^2} \\ \sqrt{\boldsymbol{I}-\boldsymbol{A}^2} & -\boldsymbol{A}\end{pmatrix},$$

即$\boldsymbol{U}=\boldsymbol{Z}\otimes\boldsymbol{A}+\boldsymbol{X}\otimes\sqrt{\boldsymbol{I}-\boldsymbol{A}^2}$，其中$\sqrt{\boldsymbol{I}-\boldsymbol{A}^2}$定义为$\sum_k\sqrt{1-\sigma_k^2}|w_k\rangle\langle v_k|$。易验证

$$\boldsymbol{U}|0\rangle|v_k\rangle=\sigma_k|0\rangle|w_k\rangle+\sqrt{1-\sigma_k^2}|1\rangle|w_k\rangle,$$

$$\boldsymbol{U}|1\rangle|v_k\rangle=-\sigma_k|1\rangle|w_k\rangle+\sqrt{1-\sigma_k^2}|0\rangle|w_k\rangle。$$

U 可表示为如下直和形式：

$$\boldsymbol{U}=\bigoplus_k\begin{pmatrix}\sigma_k & \sqrt{1-\sigma_k^2}\\ \sqrt{1-\sigma_k^2} & -\sigma_k\end{pmatrix}\otimes|w_k\rangle\langle v_k|\equiv\bigoplus_k \boldsymbol{R}(\sigma_k)\otimes|w_k\rangle\langle v_k|。$$

显然，$\boldsymbol{U}^\dagger=\bigoplus_k \boldsymbol{R}(\sigma_k)\otimes|v_k\rangle\langle w_k|$。

假设已有 $\boldsymbol{A}$ 的酉嵌入，可实现投影控制相位操作

$$\boldsymbol{\Pi}_\phi=\bigoplus_k \mathrm{e}^{\mathrm{i}\phi\boldsymbol{\sigma}_z}\otimes|v_k\rangle\langle v_k|,\quad \widetilde{\boldsymbol{\Pi}}_\phi=\bigoplus_k \mathrm{e}^{\mathrm{i}\phi\boldsymbol{\sigma}_z}\otimes|w_k\rangle\langle w_k|。$$

对偶数 d，可验证

$$\boldsymbol{U}_{\boldsymbol{\Phi}}\equiv\prod_{k=1}^{d/2}\boldsymbol{\Pi}_{\phi_{2k-1}}\boldsymbol{U}^\dagger\widetilde{\boldsymbol{\Pi}}_{\phi_{2k}}\boldsymbol{U}=\begin{bmatrix}P^{\mathrm{R}}(\boldsymbol{A}) & *\\ * & *\end{bmatrix},$$

其中，$P^{\mathrm{R}}(\boldsymbol{A})=\sum_k P(\sigma_k)|v_k\rangle\langle v_k|$，$P$ 是至多 d 次的多项式，满足与式(6.9)相同的约束。同理可证

$$\boldsymbol{U}_{\boldsymbol{\Phi}}\equiv\prod_{k=1}^{d/2}\widetilde{\boldsymbol{\Pi}}_{\phi_{2k-1}}\boldsymbol{U}\boldsymbol{\Pi}_{\phi_{2k}}\boldsymbol{U}^\dagger=\begin{bmatrix}P^{\mathrm{L}}(\boldsymbol{A}) & *\\ * & *\end{bmatrix},$$

其中，$P^{\mathrm{L}}(\boldsymbol{A})=\sum_k P(\sigma_k)|w_k\rangle\langle w_k|$。

对奇数 d，我们有

$$\boldsymbol{U}_{\boldsymbol{\Phi}}\equiv\widetilde{\boldsymbol{\Pi}}_{\phi_1}\boldsymbol{U}\left[\prod_{k=1}^{(d-1)/2}\boldsymbol{\Pi}_{\phi_{2k}}\boldsymbol{U}^\dagger\widetilde{\boldsymbol{\Pi}}_{\phi_{2k+1}}\boldsymbol{U}\right]=\begin{bmatrix}P^{\diamond}(\boldsymbol{A}) & *\\ * & *\end{bmatrix}。$$

其中，$P^{\diamond}(\boldsymbol{A})=\sum_k P(\sigma_k)|w_k\rangle\langle v_k|$。

在北京 QIP2013 会议期间，笔者曾给文献[GSL19]作者之一的 Wiebe 详细介绍了 SVD，并强调了它在科学计算中的重要性；在此之前除了用于 Schmidt 分解刻画两体态纠缠外，鲜有 SVD 与量子计算的讨论。

第7章

Deutsch算法及其推广

早在 20 世纪 80 年代初 Benioff 和 Feynman 就提出了量子计算的概念，Deutsch 研究了量子图灵机并提出了 Deutsch 算法，姚期智于 1993 年证明了量子线路模型与量子图灵机的等价性，Simon 算法于 1994 年提出并启发了 Shor 算法，大数质因数分解的 Shor 算法相对于经典算法有指数量级加速，Grover 于 1996 年提出了量子搜索算法，相对于经典算法有平方量级加速。本章和后面两章主要介绍早期典型量子算法：Deutsch 算法、Simon 算法、Shor 算法和 Grover 算法等。

1　Deutsch 算法

考查映射 $f:\{0,1\}\to\{0,1\}$，有四种可能

$$f_1: 0\mapsto 0, 1\mapsto 0 \qquad f_3: 0\mapsto 0, 1\mapsto 1$$

$$f_2: 0\mapsto 1, 1\mapsto 1 \qquad f_4: 0\mapsto 1, 1\mapsto 0$$

我们把函数分成两类：f_1 和 f_2 定义为常值(constant)型，其中 $f(0)=f(1)$；f_3 和 f_4 定义为平衡(balanced)型，其中 $f(0)\neq f(1)$。现在的问题是如何判断 f 是常值型还是平衡型。用经典方法，需计算 f 两次；而量子算法只调用 f 一次。

设初态为 $|\psi_0\rangle=|0\rangle\otimes|1\rangle$。算法主要包括以下三个步骤。

(1) 作用 Walsh-Hadamard 变换 $\boldsymbol{W}_2=\boldsymbol{H}\otimes\boldsymbol{H}$，得到量子态

$$|\psi_1\rangle=\boldsymbol{W}_2|\psi_0\rangle=\boldsymbol{H}^{\otimes 2}|\psi_0\rangle=\boldsymbol{H}|0\rangle\otimes\boldsymbol{H}|1\rangle=|+\rangle|-\rangle$$

$$=\frac{1}{2}(|00\rangle-|01\rangle+|10\rangle-|11\rangle)。$$

定义西算子(Deutsch Oracle)：$\boldsymbol{U}_f=\sum\limits_{x,y\in\{0,1\}^n}|x\rangle\langle x|\otimes|y\oplus f(x)\rangle\langle y|$，实现

$$|x,y\rangle\mapsto|x,y\oplus f(x)\rangle,$$

其中$\oplus$为模 2 加法。

(2) 作用 $\boldsymbol{U}_f$，得到量子态

$$|\psi_2\rangle=\boldsymbol{U}_f|\psi_1\rangle$$

$$=\frac{1}{2}(|0,f(0)\rangle-|0,1\oplus f(0)\rangle+|1,f(1)\rangle-|1,1\oplus f(1)\rangle)$$

$$=\frac{1}{2}(|0,f(0)\rangle-|0,\overline{f(0)}\rangle+|1,f(1)\rangle-|1,\overline{f(1)}\rangle)$$

$$=\frac{1}{2}[|0\rangle(|f(0)\rangle-|\overline{f(0)}\rangle)+|1\rangle(|f(1)\rangle-|\overline{f(1)}\rangle)],$$

其中 $\bar{f}=1\oplus f$,表示取反。下面将 $|\psi_2\rangle$ 进一步化简。

$$|\psi_2\rangle=\frac{1}{\sqrt{2}}[(-1)^{f(0)}|0\rangle|-\rangle+(-1)^{f(1)}|1\rangle|-\rangle]$$

$$=\frac{1}{\sqrt{2}}(-1)^{f(1)}((-1)^{f(0)-f(1)}|0\rangle+|1\rangle)\otimes|-\rangle。$$

当 f 为常值型时,$|f(0)\rangle=|f(1)\rangle$,从而(忽略整体相位)

$$|\psi_2\rangle=|+\rangle|-\rangle。$$

当 f 为平衡型时,则有

$$|\psi_2\rangle=|-\rangle|-\rangle。$$

(3) 作用 Hadamard 门于第一个量子位,得到量子态 $|\psi_3\rangle=(\boldsymbol{H}\otimes\boldsymbol{I})|\psi_2\rangle$。当 f 为常值型时,$|\psi_3\rangle=|0\rangle|-\rangle$;当 f 为平衡型时,$|\psi_3\rangle=|1\rangle|-\rangle$。

最后,测量第一个量子位即可作出判断。算法步骤总结如下:

初态制备→Hadamard 变换→$\boldsymbol{U}_f$→(部分)Hadamard 变换→测量。

2 Deutsch-Jozsa 算法

考虑二值函数 $f: S_n\equiv\{0,1,\cdots,2^n-1\}\to\{0,1\}$。如果对任意 $x\in S_n$,$f(x)=$常数(即 0 或 1),则称此函数为常值型;如果对 S_n 中一半元素有 $f(x)=0$,而对另一半元素满足 $f(x)=1$,则称此函数为平衡型,亦即 $|f^{-1}(0)|=|f^{-1}(1)|=2^{n-1}$,这里 $|A|$ 表示集合 A 中元素的个数(cardinality)。给定 f,判断它是常值型还是平衡型;不考虑那些既不是常值型又不是平衡型的函数。对该问题经典算法的最坏情形至少要 $2^{n-1}+1$ 次计算;而下面介绍的 Deutsch-Jozsa(DJ)量子算法只需一次。DJ 算法发表于 1992 年,是第一个获得指数加速的例子。

准备初态

$$|\psi_0\rangle=|0\rangle^{\otimes n}\otimes|1\rangle,$$

这里使用 $n+1$ 位量子比特寄存器,前 n 个量子比特为输入,第 $n+1$ 个存储中间信息,叫辅助量子位(ancilla)。

第一步,作用 Walsh-Hadamard 变换于初态。

$$|\psi_1\rangle=\boldsymbol{W}_{n+1}|\psi_0\rangle=\boldsymbol{H}^{\otimes n+1}|\psi_0\rangle$$

$$=\frac{1}{\sqrt{2^n}}(|0\rangle+|1\rangle)^{\otimes n}\otimes\frac{1}{\sqrt{2}}(|0\rangle-|1\rangle)$$

$$=\frac{1}{\sqrt{2^n}}\sum_{x=0}^{2^n-1}|x\rangle\otimes\frac{1}{\sqrt{2}}(|0\rangle-|1\rangle)。$$

第二步，定义受 $f(x)$ 控制的非门：$\boldsymbol{U}_f|x\rangle|c\rangle=|x\rangle|c\oplus f(x)\rangle$。仅当 $f(x)=1$ 时，翻转第 $n+1$ 个量子位。

$$\begin{aligned}|\psi_2\rangle&=\boldsymbol{U}_f|\psi_1\rangle\\&=\frac{1}{\sqrt{2^n}}\sum_{x=0}^{2^n-1}|x\rangle\frac{1}{\sqrt{2}}(|f(x)\rangle-|\overline{f(x)}\rangle)\\&=\frac{1}{\sqrt{2^n}}\sum_{x}(-1)^{f(x)}|x\rangle\frac{1}{\sqrt{2}}(|0\rangle-|1\rangle),\end{aligned}$$

这里 $\bar{f}=1\oplus f$。注意所谓的相位反冲(phase kickback)技术：

$$|x\rangle|-\rangle\mapsto|x\rangle\frac{|f(x)\rangle-|\overline{f(x)}\rangle}{\sqrt{2}}=(-1)^{f(x)}|x\rangle|-\rangle。$$

第三步，作用 Walsh-Hadamard 变换于前 n 个量子位。

$$\begin{aligned}|\psi_3\rangle&=(\boldsymbol{H}^{\otimes n}\otimes\boldsymbol{I})|\psi_2\rangle\\&=\frac{1}{\sqrt{2^n}}\sum_{x=0}^{2^n-1}(-1)^{f(x)}\boldsymbol{H}^{\otimes n}|x\rangle\frac{1}{\sqrt{2}}(|0\rangle-|1\rangle)\\&=\frac{1}{2^n}\left(\sum_{x,y=0}^{2^n-1}(-1)^{f(x)}(-1)^{x\cdot y}|y\rangle\right)\frac{1}{\sqrt{2}}(|0\rangle-|1\rangle)。\end{aligned}$$

下面分析该量子态：

(1) 设 $f(x)$ 为常值型，忽略整体相位因子，注意到 $x\cdot y\equiv x_1y_1\oplus\cdots\oplus x_ny_n$（模 2 加法），有

$$\begin{aligned}\frac{1}{2^n}\sum_{x=0}^{2^n-1}(-1)^{x\cdot y}&=\frac{1}{2^n}\sum_{x_1,\cdots,x_n\in\{0,1\}}(-1)^{x_1y_1\oplus\cdots\oplus x_ny_n}\\&=\frac{1}{2^n}\sum_{x_1,\cdots,x_{n-1}\in\{0,1\}}\sum_{x_n\in\{0,1\}}(-1)^{x_1y_1\oplus\cdots\oplus x_ny_n}\\&=\frac{1}{2^n}\sum_{x_1,\cdots,x_{n-1}\in\{0,1\}}((-1)^{x_1y_1\oplus\cdots\oplus x_{n-1}y_{n-1}\oplus 0\cdot y_n}+(-1)^{x_1y_1\oplus\cdots\oplus x_{n-1}y_{n-1}\oplus 1\cdot y_n})\\&=\frac{1}{2^n}(1+(-1)^{y_n})\sum_{x_1,\cdots,x_{n-1}\in\{0,1\}}(-1)^{x_1y_1\oplus\cdots\oplus x_{n-1}y_{n-1}}\\&=\frac{1}{2^n}(1+(-1)^{y_n})\cdots(1+(-1)^{y_1})=\delta_{y0},\end{aligned}$$

从而

$$|\psi_3\rangle=\frac{1}{2^n}\sum_{x,y}(-1)^{x\cdot y}|y\rangle\frac{1}{\sqrt{2}}(|0\rangle-|1\rangle)=|0\rangle^{\otimes n}\frac{1}{\sqrt{2}}(|0\rangle-|1\rangle)。$$

事实上，$\frac{1}{2^n}\sum_{x,y=0}^{2^n-1}(-1)^{f(x)}(-1)^{x\cdot y}|y\rangle$ 中与态 $|0\rangle$ 相关的项为 $\frac{1}{2^n}\sum_{x=0}^{2^n-1}(-1)^{x\cdot 0}|0\rangle=|0\rangle$（忽

略整体相位)，考虑到概率幅模方等于1,容易得出上述结论。

(2) 设 $f(x)$为平衡型，$|\psi_3\rangle$中$|y=0\rangle$的概率振幅为

$$\sum_{x=0}^{2^n-1}(-1)^{f(x)}(-1)^{x\cdot 0}=\sum_{x=0}^{2^n-1}(-1)^{f(x)}=0。$$

最后，测量前 n 个量子位。若 $f(x)$为常值型，则测量前 n 个量子位的结果总是00…0；若 $f(x)$为平衡型，则测量前 n 个量子位，结果为00…0 的概率为0。总之，测量结果为0，则 f 为常值型，否则为平衡型。

Deutsch-Jozsa 算法量子线路如图 7.1 所示。

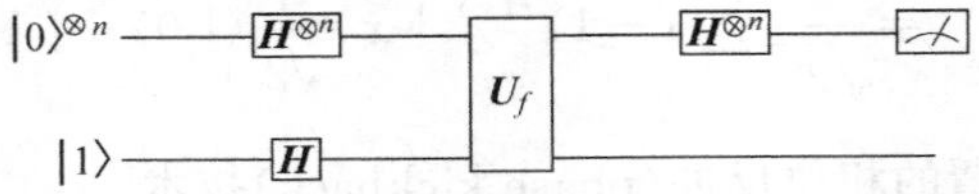

图 7.1　Deutsch-Jozsa 算法量子线路(图中 表示测量)

3　Bernstein-Vazirani 算法

令 $f(x)=c\cdot x$，其中 $c=(c_{n-1}c_{n-2}\cdots c_0)$(二进制数)，考虑如何通过计算 $f(x)$找出 c。经典算法需要计算 n 次函数值，Bernstein-Vazirani(BV)量子算法只需运行一次即可。

应用与 Deutsch-Jozsa 算法相同的前三步，可得

$$|\psi_3\rangle=\frac{1}{2^n}\sum_{x,y=0}^{2^n-1}(-1)^{c\cdot x}(-1)^{x\cdot y}\ |y\rangle\frac{1}{\sqrt{2}}(|0\rangle-|1\rangle)$$

对 $y=c$，$\frac{1}{2^n}\sum_x(-1)^{c\cdot x}(-1)^{x\cdot c}=1$；$|y\neq c\rangle$的概率振幅为0。实际上

$$\frac{1}{2^n}\sum_x(-1)^{c\cdot x}(-1)^{x\cdot y}=\frac{1}{2^n}\sum_x(-1)^{(c\oplus y)\cdot x}=\delta_{yc}。$$

从而$|\psi_3\rangle=|c\rangle\frac{1}{\sqrt{2}}(|0\rangle-|1\rangle)$，测量前 n 个量子位可得 c。BV 算法量子线路如图 7.2 所示。

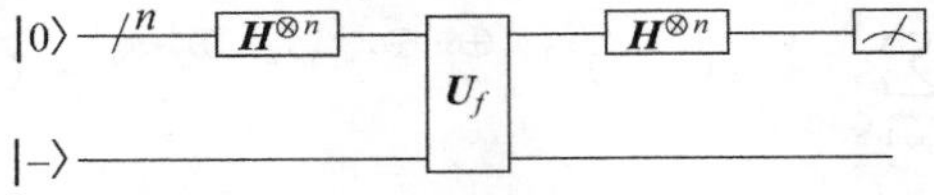

图 7.2　BV 算法量子线路(图中 $\not{}^{n}$ 表示线上的 n 个量子比特)

Walsh-Hadamard 变换 $\boldsymbol{H}^{\otimes n}$ 在 DJ 算法[DJ92]中已介绍，它是群$\mathbb{Z}_2^n$ 上的量子 Fourier 变换[Deu85,BV93]。Bernstein 和 Vazirani 的 1993 年论文[BV93]还考虑了小误差影响。

4　Simon 算法

考虑 $f:\{0,1\}^n\rightarrow\{0,1\}^n$。假设存在某个 $s\in\{0,1\}^n$ 满足 $f(x)=f(x\oplus s)$，当 $s\neq 0$ 时，两个不同二进制输入对应于一个函数值。Simon 问题是：已知映射 f，如何确定 s。经

典算法需要 $O(2^{n-1})$次调用 f；Simon 量子算法仅需 $O(n)$次调用相应的量子黑盒 $\boldsymbol{U}_f$，外加 $O(n^2)$步求解一个经典线性代数问题[Ber19]。

第一步，作用 Hadamard 变换于初始态：$\boldsymbol{H}^{\otimes n}|0\rangle^{\otimes n}=\frac{1}{\sqrt{2^n}}\sum_{x=0}^{2^n-1}|x\rangle$。

第二步，作用量子 Oracle：$\boldsymbol{U}_f=\sum_{x,y\in\{0,1\}^n}|x\rangle\langle x|\otimes|y\oplus f(x)\rangle\langle y|$。

$$\boldsymbol{U}_f:\frac{1}{\sqrt{2^n}}\sum_{x=0}^{2^n-1}|x\rangle|0\rangle\rightarrow\frac{1}{\sqrt{2^n}}\sum_{x=0}^{2^n-1}|x\rangle|f(x)\rangle。$$

考虑到 $s\neq0^n$，则 $f(x)$对应于第一寄存器中叠加态$\frac{1}{\sqrt{2}}(|x\rangle+|x\oplus s\rangle)$。

注意，$\boldsymbol{H}^{\otimes n}=\sum_{x\in\{0,1\}^n}|\varphi_x\rangle\langle x|$，$|\varphi_x\rangle=\frac{1}{\sqrt{2^n}}\sum_{y\in\{0,1\}^n}(-1)^{x\cdot y}|y\rangle$。

第三步，作用 Hadamard 变换于第一寄存器，得到量子态：

$$\begin{aligned}\frac{1}{\sqrt{2}}(|\varphi_x\rangle+|\varphi_{x\oplus s}\rangle)&=\frac{1}{\sqrt{2^{n+1}}}\sum_{y\in\{0,1\}^n}[(-1)^{x\cdot y}+(-1)^{(x\oplus s)\cdot y}]|y\rangle\\&=\frac{1}{\sqrt{2^{n-1}}}\sum_{y\in\{0,1\}^n}(-1)^{x\cdot y}\frac{1}{2}[1+(-1)^{s\cdot y}]|y\rangle,\end{aligned}$$

当且仅当 $s\cdot y=0$ 时，$|y\rangle$前概率振幅为$\frac{1}{\sqrt{2^{n-1}}}$(对于 $s\cdot y\neq0$ 即 $s\cdot y=1$，系数干涉相消)。上述结果化简为

$$\frac{1}{\sqrt{2^{n-1}}}\sum_{y\cdot s=0}(-1)^{x\cdot y}|y\rangle。$$

第四步，测量第一寄存器，以概率$\frac{1}{2^{n-1}}$得一特定的态$|y\rangle$。

重复以上步骤，找到 n 个线性无关向量$|y\rangle$，再用经典方法求解 $y\cdot s=0$。Simon 算法的量子线路如图 7.3 所示。

Simon 首先注意到量子算法可求解函数 $f(x\oplus s)=f(x)$的隐含周期，文献[Sim94]涉及周期寻找(period-finding)，这一工作被 Shor 所借鉴，以 $\mathbb{Z}_N$ 上的 Fourier 变换代替了 Hadamard 变换($\mathbb{Z}_2^n$ 上的 Fourier 变换)。此外，Brassard 等给出了 Simon 问题的精确量子多项式时间算法[BH97]。

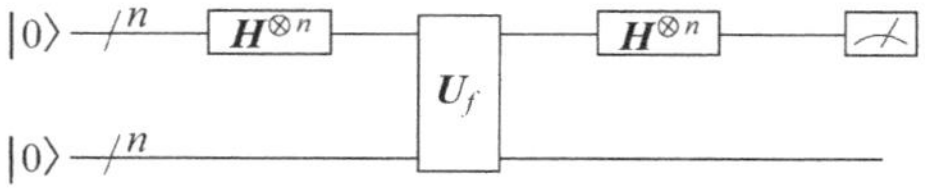

图 7.3 Simon 算法量子线路

第8章

Shor大数质因数分解算法与隐子群问题

1 RSA 密码

密码学(cryptology)包括密码编码和密码分析。密码编码设计加密方案隐藏消息；密码分析则破解加密代码提取消息。加密就是明文到密文的函数变换,参数叫密钥。一种简单加密方案是替换,比如古罗马的 Caesar 密码,G. Vernam 的一次一密技术等。加密技术依赖于密钥的安全性。C. Shannon 证明如果密钥采用与消息等长的真随机数且只使用一次,则一次一密是绝对安全的；但一次一密存在一个障碍而不能广泛使用,那就是密钥分配问题(key distribution)。密钥分配有两种解决方案：一种是基于物理原理的量子密码；一种是下面将介绍的基于数学原理的公钥加密算法,比如 RSA,Merkle-Hellman,McEliece 和椭圆曲线等。公钥密码由 Diffie 和 Hellman 于 1976 年提出(Merkle 也有不可忽略的贡献)；1977 年 R. Rivest,A. Shamir 和 L. Adleman 提出 RSA 加密算法。下面是 RSA 加密的简单介绍。

假设 Alice 要发送消息给 Bob,分下面三个阶段进行。

(1) Bob 用如下步骤准备公钥：①取两个不同的大素数 p 和 q,令 $N=pq$；②取最小公倍数 $M=\mathrm{lcm}(p-1,q-1)$；③取正整数 e,使 e 与 M 互质,即最大公约数 $\gcd(e,M)=1$；④找正整数 s,使 $es\equiv1(\mathrm{mod}\ M)$；⑤发布公钥 N 和 e(密钥是 s)。

(2) Alice 利用接收的公钥采用如下步骤加密消息：①转换消息成数字串；②将数字串以相同长度分组,记第 i 分组为 X_i；③对所有 i,计算 $R_i\equiv X_i^e(\mathrm{mod}\ N)$；④发送所有 R_i 给 Bob。

(3) Bob 接收消息后解密：对所有 i 计算 $R_i^s(\mathrm{mod}\ N)$,它等于 X_i(参考附录 E),从而恢复 Alice 发送的信息。

比如,Alice 打算将消息“YQ”发送给 Bob。

(1) Bob 取 $p=61,q=11,N=61\times11=671,M=\mathrm{lcm}(p-1,q-1)=60$。设 $e=7$,满足 $\gcd(e,M)=1$。确定 s,使 $es\equiv1(\mathrm{mod}\ M)$；这里 $7\times43\equiv1(\mathrm{mod}\ M)$,故取 $s=43$。然后公开 $N=671$ 和 $e=7$。

(2) Alice 用 ASCII 码将消息转换为数字：字母 Y 在 ASCII 中用 089 表示，Q 用 081 表示。设分组长度为 3，则 $X_1=089$，$X_2=081$。计算 $R_1=89^7 \pmod N=23$，$R_2=81^7 \pmod N=522$，并发送 R_1 和 R_2 给 Bob。

(3) Bob 接收后，计算 $23^{43} \pmod N=89$，$522^{43} \pmod N=81$。从 ASCII 码转换回字母，恢复消息“YQ”。如果窃听者能对 N 作质因数分解，则可求出 s，破解密码；然而大数质因数分解是困难的，如

$$F_5=2^{2^5}+1=641\times 6700417(\text{Euler},1732),$$

$$F_6=2^{2^6}+1=274177\times 67280421310721(\text{Landry},1880),$$

$$M_{67}=2^{67}-1=193707721\times 761838257287(\text{Cole},1903)。$$

目前尚无高效的大数质因数分解算法。

定义 8.1 设 $\gcd(a,N)=1$，满足 $a^r\equiv 1 \pmod N$ 的最小正整数称为数 a 模 N 的阶（指数）。

分解大数 N 的质因子可转化为求小于 N 且与 N 互质的随机数 a 的阶（若 a 与 N 不互质，可用 Euclid 算法求出公约数，使之互质）。数 a 的阶是下面函数 $f(x)$ 的周期：

$$f(x)=a^x \pmod N。$$

设求得的周期为 r，并假设 r 为偶数，且 $a\neq -1 \pmod N$（否则，若 r 为奇数，则重取 a 重新计算，直到 r 为偶数），那么

$$a^r-1\equiv 0 \pmod N, \quad (a^{r/2}-1)(a^{r/2}+1)\equiv 0 \pmod N。$$

左边是 N 的整数倍，可设 $(a^{r/2}-1)(a^{r/2}+1)=kpq$。$a^{r/2}\pm 1$ 和 N 的最大公约数必含 N 的因子。这里 N 不能整除 $(a^{r/2}-1)$，否则阶不大于 $r/2$。

例 8.2 求 $N=15$ 的素数分解。

寻找比 N 小，与 N 互质的数 a，可取 $a=7$。为了在量子计算机上寻找阶 r，使 $a^r=1 \pmod N$，将 Hadamard 门作用于初态 $|0\rangle^{\otimes m}|0\rangle$ 的第一寄存器上：

$$(\boldsymbol{H}^{\otimes m}\otimes \boldsymbol{I})|0\rangle^{\otimes m}|0\rangle=\frac{1}{\sqrt{2^m}}\sum_{x=0}^{2^m-1}|x\rangle|0\rangle。$$

计算 $f(x)=a^x \pmod N$，具体如下表。

x	0	1	2	3	4	5	6	7	…
$f(x)$	1	7	4	13	1	7	4	13	…

结果放在第二寄存器上：

$$\frac{1}{\sqrt{2^m}}\sum_{x=0}^{2^m-1}|x\rangle|a^x \bmod N\rangle$$

$$=\frac{1}{\sqrt{2^m}}(|0\rangle|1\rangle+|1\rangle|7\rangle+|2\rangle|4\rangle+|3\rangle|13\rangle+|4\rangle|1\rangle+|5\rangle|7\rangle+|6\rangle|4\rangle+\cdots)$$

对第二寄存器处理，可发现 $r=4$。从而 $a^{r/2}\pm 1=7^2\pm 1$，得 $\gcd(49+1,15)=5$，$\gcd(49-1,15)=3$，故得素因子 5 和 3。

2 Shor 算法

Shor 算法的要点在于求函数周期。我们需要两个寄存器。第一寄存器有 m 个量子位,用于表达自变量 x。考虑到周期 $r(\leqslant N)$可能与 N 同一量级,为使整数 x 最大值数倍于N,有足够的概率求出周期,取 $N^2\leqslant 2^m<2N^2$,则 $m\approx 2\log_2 N$。第二寄存器用于表达函数 $f(x)=a^x \pmod N$的值。(取值范围 $0\sim N-1$),需量子比特$\lceil \log_2 N\rceil$。两个寄存器量子位数目之和约为 N 的二进制形式长度的 3 倍。

将两个寄存器初始化:$|\phi_0\rangle=|0\rangle|0\rangle$。然后执行以下步骤。

第一步,对第一寄存器上每个量子位执行 Hadamard 变换。两个寄存器当前态为

$$|\phi_1\rangle=(\boldsymbol{H}^{\otimes m}\otimes \boldsymbol{I})|0\rangle|0\rangle=\frac{1}{\sqrt{2^m}}\sum_{x=0}^{2^m-1}|x\rangle|0\rangle。$$

第二步,执行酉变换

$$\boldsymbol{U}_f: \boldsymbol{U}_f|x\rangle|y\rangle=|x\rangle|y\oplus f(x)\rangle,$$

这里 $f(x)=a^x \pmod N$。此时两个寄存器变为纠缠态:

$$|\phi_2\rangle=\boldsymbol{U}_f|\phi_1\rangle=\frac{1}{\sqrt{2^m}}\sum_{x=0}^{2^m-1}|x\rangle|f(x)\rangle。$$

第三步,测量第二寄存器,使之坍塌为某个整数 f_0。第一寄存器也相应地坍塌,仍处于叠加态,其中所有 x 满足 $f(x)=f_0$。将这些 x 取值记为 $x_0, x_0+r, x_0+2r,\cdots$直至 $x_0+(D-1)r$,其中 x_0 是满足 $f(x)=f_0$ 的最小值$(0\leqslant x_0\leqslant r-1)$,$D$ 为大于或等于$(2^m-x_0)/r$ 的最小整数,即 $D=\lceil(2^m-x_0)/r\rceil$。测量后,第一寄存器坍塌为

$$|\varphi_3\rangle=\frac{1}{\sqrt{D}}\sum_{j=0}^{D-1}|x_0+jr\rangle,$$

这里 x_0,r 和 D 均未知。第二寄存器当前处于状态$|f_0\rangle$,之后无需对其作任何变换。

设 $g(x)$在 $x=x_0, x_0+r,\cdots,x_0+(D-1)r$ 处函数值为 1,其余为 0,即

$$g(x)=\begin{cases}1, & f(x)=f_0,\\ 0, & f(x)\neq f_0。\end{cases}$$

测后两寄存器状态为

$$|\varphi_3\rangle|f_0\rangle=\frac{1}{\sqrt{D}}\sum_{x=0}^{2^m-1}g(x)|x\rangle|f_0\rangle。$$

问题转化为求 $g(x)$的周期。

第四步,量子 Fourier 变换求 $g(x)$周期,这是该算法核心。注意到

$$\boldsymbol{U}_{\mathrm{QFT}}|x\rangle=\frac{1}{\sqrt{2^m}}\sum_{v=0}^{2^m-1}\mathrm{e}^{\mathrm{i}2\pi xv/2^m}|v\rangle。$$

把 $\boldsymbol{U}_{\mathrm{QFT}}$ 作用于 $|\varphi_3\rangle=\frac{1}{\sqrt{D}}\sum_{x=0}^{2^m-1}g(x)|x\rangle$ 上,有

$$|\varphi_4\rangle = \boldsymbol{U}_{\mathrm{QFT}}|\varphi_3\rangle = \frac{1}{\sqrt{D}}\sum_{x=0}^{2^m-1} g(x)\cdot\frac{1}{\sqrt{2^m}}\sum_{v=0}^{2^m-1} \mathrm{e}^{\mathrm{i}2\pi xv/2^m}|v\rangle$$

$$= \frac{1}{\sqrt{D}}\sum_{v=0}^{2^m-1}\left(\frac{1}{\sqrt{2^m}}\sum_{x=0}^{2^m-1} g(x)\mathrm{e}^{\mathrm{i}2\pi xv/2^m}\right)|v\rangle$$

$$\equiv \frac{1}{\sqrt{D}}\sum_{v=0}^{2^m-1} G(v)|v\rangle,$$

其中

$$G(v) \equiv \frac{1}{\sqrt{2^m}}\sum_{x=0}^{2^m-1} g(x)\mathrm{e}^{\mathrm{i}2\pi xv/2^m}。$$

我们将证明,若整数 v 满足 $\left|v-j\dfrac{2^m}{r}\right| \leqslant \dfrac{1}{2}$ $\left(即\dfrac{2^m}{r}整数倍附近的 v\right)$,则 $|G(v)|$ 值较大,否则该值较小。故 $G(v)$ 峰值的位置可提供关于周期 r 的信息。

例 8.3 考查 $m=3$,周期 $r=2$,求函数 $g(x)$ 的 Fourier 变换,这里

$$g(x) = \begin{cases} 1, & x=0,2,4,6; \\ 0, & 其他。\end{cases}$$

解

$$G(v) = \frac{1}{\sqrt{8}}\sum_{x=0}^{7} g(x)\mathrm{e}^{\mathrm{i}2\pi xv/8} = \sqrt{2}(\delta_{0v} + \delta_{4v})。$$

可以观察到,$G(v)$ 在 $v=0,4$(即 $2^m/r$ 的整数倍)处存在峰值。 □

考虑到 $g(x)$ 在 $x=x_0,x_0+r,\cdots,x_0+(D-1)r$ 处函数值为 1,其余为 0。将 $G(v)$ 改写为

$$G(v) = \frac{1}{\sqrt{2^m}}\sum_{k=0}^{D-1} \mathrm{e}^{\mathrm{i}2\pi(x_0+kr)v/2^m} = \frac{1}{\sqrt{2^m}}\mathrm{e}^{\mathrm{i}2\pi x_0 v/2^m}\sum_{k=0}^{D-1}\mathrm{e}^{\mathrm{i}2\pi krv/2^m}。$$

先考虑 r 整除 2^m 的情形,这时 $D=2^m/r$。令

$$\alpha = \exp(\mathrm{i}2\pi vr/2^m) = \exp(\mathrm{i}2\pi v/D)。$$

当 v 为 D 的整数倍时,$\alpha=1$,$G(v)$ 表达式的右端累加和为 D;若 v 不是 D 的整数倍,则 $\alpha\neq 1$,且 $\alpha^D=1$,因而 $G(v)$ 表达式的右端累加和为 $\dfrac{1-\alpha^D}{1-\alpha}=0$。总之,$\sum_{k=0}^{D-1}\mathrm{e}^{\mathrm{i}2\pi vk/D} = D\delta_{\mathrm{mod}(v,D),0}$。测量得 v 值的概率为

$$\frac{1}{D}|G(v)|^2 = \frac{D}{2^m}\delta_{\mathrm{mod}(v,D),0} = \frac{1}{r}\delta_{\mathrm{mod}(v,D),0},$$

当且仅当 $v=jD(j=0,1,\cdots,r-1)$ 时,概率不为 0。

接着考虑 r 不能整除 2^m 的情形,探讨何时量子态 $|v\rangle$ 以大概率出现(这里考虑 2^m 不整除 rv 的情形,对 $2^m|rv$ 的情形前文已讨论),这时有

$$G(v) = \frac{1}{\sqrt{2^m}}\mathrm{e}^{\mathrm{i}2\pi x_0 v/2^m}\frac{1-\mathrm{e}^{\mathrm{i}2\pi Drv/2^m}}{1-\mathrm{e}^{\mathrm{i}2\pi rv/2^m}}。$$

考查与$\frac{2^m}{r}$整数倍接近的整数 v。设存在整数 j,使得

$$j\frac{2^m}{r}=v-\varepsilon,\quad |\varepsilon|<\frac{1}{2},$$

亦即$\left|\frac{v}{2^m}-\frac{j}{r}\right|=\left|\frac{\varepsilon}{2^m}\right|<\frac{1}{2^{m+1}}$。

从而

$$|G(v)|=\frac{1}{\sqrt{2^m}}\left|\frac{1-\mathrm{e}^{\mathrm{i}2\pi Drv/2^m}}{1-\mathrm{e}^{\mathrm{i}2\pi rv/2^m}}\right|=\frac{1}{\sqrt{2^m}}\left|\frac{1-\mathrm{e}^{\mathrm{i}2\pi Dr\varepsilon/2^m}}{1-\mathrm{e}^{\mathrm{i}2\pi r\varepsilon/2^m}}\right|。$$

因为$|1-\mathrm{e}^{\mathrm{i}2\beta}|=|2\sin\beta(\sin\beta-\mathrm{i}\cos\beta)|=2|\sin\beta|$,且 $2\beta\leqslant\sin\pi\beta\leqslant\pi\beta$, $\forall\beta\in\left[0,\frac{1}{2}\right]$,所以

$$\frac{1}{D}|G(v)|^2=\frac{1}{2^m}\frac{1}{D}\left(\frac{\sin\pi Dr\varepsilon/2^m}{\sin\pi r\varepsilon/2^m}\right)^2\geqslant\frac{1}{2^m}\frac{1}{D}\left(\frac{2Dr\varepsilon/2^m}{\pi r\varepsilon/2^m}\right)^2=\frac{D}{2^m}\frac{4}{\pi^2}。$$

另外,对 $G(v)$ 计算式中累加和部分,可以从相位的角度加以理解。代入 $v=j\frac{2^m}{r}+\varepsilon$,则 $G(v)$ 表达式中累加和$\sum_{k=0}^{D-1}\mathrm{e}^{\mathrm{i}2\pi k\frac{rv}{2^m}}=\sum_{k=0}^{D-1}\mathrm{e}^{\mathrm{i}2\pi k\frac{r\varepsilon}{2^m}}$。注意到:①当 $0\leqslant\varepsilon\leqslant\frac{1}{2}$时,$0\leqslant2\pi k\frac{r\varepsilon}{2^m}\leqslant\frac{\pi kr}{2^m}<\pi$;②当$-\frac{1}{2}<\varepsilon\leqslant0$ 时,$-\pi<2\pi k\frac{r\varepsilon}{2^m}\leqslant0$。当 v 接近 $2^m/r$ 整数倍时,相位集中在复平面的上半平面或下半平面,对 k 的累加和导致相位叠加(正的干涉);否则,对 k 的求和导致相位互相抵消,其大小几乎可以忽略不计。

最后一步,测量第一寄存器。测得特定整数 v 的概率为$\frac{1}{D}|G(v)|^2$。当$\left|v-j\frac{2^m}{r}\right|\leqslant\frac{1}{2}$时,此概率值大。确定分数$\frac{j}{r}$使

$$\left|\frac{v}{2^m}-\frac{j}{r}\right|\leqslant\frac{1}{2^{m+1}}。$$

用找到的 r 计算:若 $a^r\,(\mathrm{mod}\ N)=1$,则找到 a 的阶;若 $a^r\,(\mathrm{mod}\ N)\neq1$,则重新执行算法。

Shor 算法每次执行中,计算 $\boldsymbol{U}_f$ 的代价最大,整体上计算复杂度为 $O(n^2\log n\log\log n)$[Sho94,RP11],而目前经典算法的复杂度为 $\exp(O(n^{1/3}(\log n)^{2/3}))$。

例 8.4 分解 $N=39$。取 $m=11, a=7$。

假设执行 Shor 算法,对第一寄存器测量,得 $v=853$。理论上应满足$\left|853-j\frac{2048}{r}\right|<\frac{1}{2}$。对连分数

$$\frac{853}{2048}=\cfrac{1}{2+\cfrac{1}{2+\cfrac{169}{342}}}=\cfrac{1}{2+\cfrac{1}{2+\cfrac{1}{2+\cfrac{4}{169}}}}=\cfrac{1}{2+\cfrac{1}{2+\cfrac{1}{2+\cfrac{1}{42+\cfrac{1}{4}}}}}$$

取渐近值：$\frac{1}{2},\frac{2}{5},\frac{5}{12},\frac{212}{509}$。仅存在一个分母小于 39 的分式与$\frac{853}{2048}$的差值在$\frac{1}{2^{m+1}}$内。取分式$\frac{5}{12}$，可验证$\left|\frac{853}{2048}-\frac{5}{12}\right|<\frac{1}{2^{12}}$，从而

$$r=12,\quad 7^{12}\ (\mathrm{mod}\ 39)=1。$$

利用搜索到阶 $r=12$，计算

$$a^{r/2}\pm 1=7^6\pm 1=117648,117650,\quad \gcd(117648,39)=3,\quad \gcd(117650,39)=13。$$

最后得到素数分解 $39=3\times 13$。

2001 年 12 月，研究者利用 Shor 的素数分解方法，将核自旋为$\frac{1}{2}$的 7 个原子作为量子比特，在核磁共振(nuclear magnetic resonance，NMR)量子计算机中完成了 $N=15$ 的素数分解[VSB01]。用于求解整数 15 的素数分解的分子如图 8.1 所示，其中 5 个^{19}F 和 2 个^{13}C 的核自旋作为量子比特进行计算。

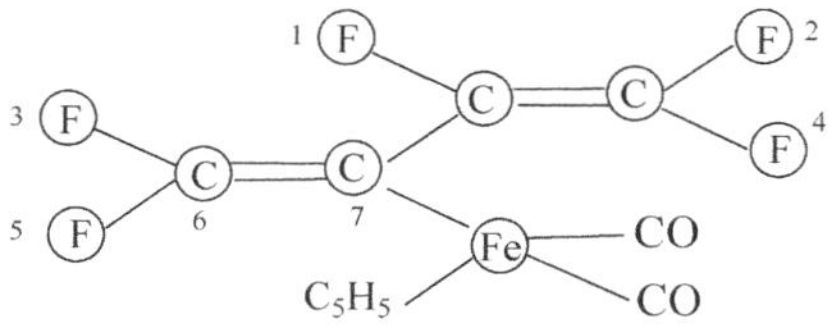

图 8.1　七量子比特分解 $N=15$

此外，人们已经验证，利用量子计算机同余式计算中的 Oracle 算符，可以在多项式时间内解决在经典计算机中难以解决的离散对数问题[Sho97]。

设 g 是群 G 的生成元[Zha78]，$x\in G$，找最小正整数 a，使得 $g^a=x$，记为 $a=\log_g x$。离散对数问题就是根据给定的 x 和 g 求$\log_g x$。记 G 的阶为 $N=|G|$，定义 $f:\mathbb{Z}_N\times\mathbb{Z}_N\to G$，$f(m,n)=g^m x^n$。因为 $f(m,n)=g^{m+n\log_g x}$，在$\{(m,n)\in\mathbb{Z}_N^2: m+n\log_g x=\mathrm{const}\}$上，$f$ 值固定。定义子集 $H=\{(-k\log_g x,k)\}_{k=0,1,\cdots,N-1}$，$\mathbb{Z}_N\times\mathbb{Z}_N$ 中 H 的陪集形如$(a,b)+H$，$a,b\in\mathbb{Z}_N$；特别地，$(c,0)+H=\{(c-k\log_g x,k),k\in\mathbb{Z}_N\}$。离散对数问题的 Shor 算法如下：

$$\frac{1}{N}\sum_{a,b\in\mathbb{Z}_N}|a,b\rangle\mapsto\frac{1}{N}\sum_{a,b\in\mathbb{Z}_N}|a,b,f(a,b)\rangle,$$

测量第三寄存器，若结果为 g^c，则得陪集态

$$|(c,0)H\rangle\equiv\frac{1}{\sqrt{N}}\sum_{k\in\mathbb{Z}_N}|c-k\log_g x,k\rangle。$$

作用$\mathbb{Z}_N\times\mathbb{Z}_N$ 上的量子 Fourier 变换后，得

$$\frac{1}{N^{3/2}}\sum_{k,\mu,\nu}\omega_N^{\mu k+\nu(c-k\log_g x)}|\nu,\mu\rangle=\frac{1}{N^{3/2}}\sum_{\mu,\nu\in\mathbb{Z}_N}\omega_N^{\nu c}\sum_{k\in\mathbb{Z}_N}\omega_N^{k(\mu-\nu\log_g x)}|\nu,\mu\rangle,$$

这里 $\omega_N=\mathrm{e}^{\mathrm{i}2\pi/N}$。由 $\sum_{j\in\mathbb{Z}_N}\omega_N^{jk}=N\delta_{k0}$，可化简为

$$\frac{1}{\sqrt{N}}\sum_{\nu\in\mathbb{Z}_N}\omega_N^{\nu c}|\nu,\nu\log_g x\rangle。$$

测量可得数对$(\nu,\nu\log_g x)$。若ν关于模N可逆，则第二寄存器结果除以ν即可；否则，重新计算。

椭圆曲线加密算法（附录E）密钥量小、安全性高，得到了广泛应用。修正的Shor算法亦可用于求解椭圆曲线离散对数问题（elliptic curve discrete logarithm problem，ECDLP），请参考Eicher-Opoku算法[EO97]和Proos-Zalka算法[PZ03]。

3 Abel隐子群问题

群G由群元与乘法定义，满足封闭性、结合律，存在单位元与逆元。有限群中元素个数称为群的阶，记为$|G|$。若$gh=hg$，$\forall g,h\in G$，则为Abel群，如$\mathbb{Z}_2^n$，$\mathbb{Z}_n$，$\mathbb{Z}_n^*$等。非Abel群最典型的是对称群S_n和二面体群D_n。

设H为群G的子集，H本身构成群，即含有单位元，在乘法与求逆下封闭，则H为G的子群，记为$H\leqslant G$。H的左陪集$gH=\{gh\,|\,h\in H\}$是关于H的平移。两个陪集gH和$g'H$要么相同要么交为空集，故陪集的集合构成一个划分，将G分为等大小的部分。

给定群G，设$T\subseteq G$，所有包含T的子群的交是包含T的最小子群，称之为由T生成的子群，记

$$\langle T\rangle=\{a_1^{\varepsilon_1}a_2^{\varepsilon_2}\cdots a_n^{\varepsilon_n}\,|\,a_i\in T,\varepsilon_i\in\mathbb{Z},n=1,2,\cdots\}\text{。}$$

特别地，$\langle a\rangle=\{a^k\,|\,k\in\mathbb{Z}\}$为由$a$生成的循环群。每个大小为$n$的循环群同构于$\mathbb{Z}_n$。任意有限Abel群同构于循环群的直积。

定义在Abel群G上的函数$f\colon G\to S$，这里S为某有限集。假设f有性质：存在子群$H\leqslant G$，使得f在每个陪集上为常量，不同陪集上取值不同，即$f(g)=f(g')$当且仅当$gH=g'H$。由于$H\leqslant G$，可将G中元素相对于子群H作陪集分解。f是G上周期函数，周期等于H在G中的指数（陪集个数）。我们的目标是寻找子群H，即所谓的隐子群问题（hidden subgroup problem，HSP）。

例8.5 考查Deutsch算法、Simon算法和Shor算法涉及的隐子群H。

解 (1) Deutsch算法。$f\colon\{0,1\}\to\{0,1\}$。若子群$H=\{0\}\subset G$，则群G对于H可分为两个陪集：$0\oplus0=0$，$1\oplus0=1$。在两个陪集上f值不同，$f(0)\neq f(1)$，函数为平衡型。若子群$H=\{0,1\}\subseteq G$，则G对于H只有一个陪集，即G，在这个陪集上取值相同，$f(0)=f(1)$，函数为常值型。

(2) Simon算法。$G=\mathbb{Z}_2^n=\{0,1\}^n$，$|G|=2^n$，$H=\{0,s\}$，其中$s\in\{0,1\}^n$未知。$f$满足$f(x)=f(y)$，当且仅当$x-y\in H$。算法寻找$H$的生成元（即$s$）。

(3) Shor算法。大数N的质因数分解等价于求函数f_a的周期r。

$$f_a\colon\mathbb{Z}\to\mathbb{Z}_N^*,\quad f_a(x)=a^x \bmod N,\quad a\text{与}N\text{互质},$$

满足周期性：$f_a(x+r)=f_a(x)$。令$G=\mathbb{Z}_M\,(M\gg N^2)$，为简单起见假设$r\,|\,M$，定义子群$H=\langle r\rangle=\{kr\,|\,k\in[0,\cdots,M/r)\}$。$f_a$在每个陪集$x+H$为常值，不同陪集取值不同。周期问题转化为寻找$H$的生成元。

若作用于线性空间的矩阵群同态于有限群G，则称之为G的一个表示。若二者同构则称为忠实表示。以矩阵代替群元，使线性代数可作为群论工具。对群G，一个d维表示是

映射$\boldsymbol{\rho}: g\mapsto\boldsymbol{\rho}(g)$,从 G 到 $d\times d$ 可逆复阵。满足同态关系$\boldsymbol{\rho}(gh)=\boldsymbol{\rho}(g)\boldsymbol{\rho}(h)$,$\forall g,h\in G$。特殊地,恒等于 1 的函数是任意群的平凡表示。

表示矩阵跟基底选择有关,而矩阵的迹与基底无关。$\boldsymbol{\rho}$ 的特征标(character)$\chi: G\to\mathbb{C}$,由 $\chi(g)=\mathrm{tr}(\boldsymbol{\rho}(g))$定义。相互共轭的群元素具有相同的特征标。

对于 $d=1$ 的 Abel 群,表示$\boldsymbol{\rho}$ 与 χ 相同(群表示矩阵与表示特征标重合)。这时由同态关系 $\chi(gh)=\chi(g)\chi(h)$知 $\chi(e)=1$,$\chi(g^{-1})=\overline{\chi(g)}$;每个 $\chi(g)$ 是 1 的 k 次根,这里 k 是元素 g 的阶,$g^k=e$(e 是单位元)。阶为$|G|$的 Abel 群恰有$|G|$个不同的 χ_j,满足

$$\chi_j(k+k')=\chi_j(k)\chi_j(k'),$$

这里 $\chi_h(g)=\mathrm{e}^{\mathrm{i}2\pi gh/|G|}$,$g\in G$。定义群特征标矢量

$$|\chi_h\rangle=\frac{1}{\sqrt{|G|}}\sum_{g\in G}\mathrm{e}^{\mathrm{i}2\pi gh/|G|}|g\rangle。$$

引理 8.6 令 χ_i 和 χ_j 为 Abel 群 G 的表示,则

$$\langle\chi_i|\chi_j\rangle=\sum_{g\in G}\overline{\chi_i(g)}\chi_j(g)=\delta_{ij}。$$

证 对任意单位根 χ 均满足 $\bar{\chi}\chi=1$,易证 $\sum_{g\in G}\overline{\chi_i(g)}\chi_i(g)=1$。对 $i\neq j$,任取 $h\in G$,有

$$\begin{aligned}\Big(\sum_{g\in G}\overline{\chi_i(g)}\chi_j(g)\Big)\chi_j(h)&=\sum_{g\in G}\overline{\chi_i(g)}\chi_j(g)\chi_j(h)=\sum_{g\in G}\overline{\chi_i(ghh^{-1})}\chi_j(gh)\\&=\sum_{g\in G}\overline{\chi_i(gh^{-1})}\chi_j(g)=\sum_{g\in G}\overline{\chi_i(g)}\chi_i(h)\chi_j(g)\\&=\Big(\sum_{g\in G}\overline{\chi_i(g)}\chi_j(g)\Big)\chi_i(h)。\end{aligned}$$

因 $\chi_i(h)\neq\chi_j(h)$,故 $\sum_{g\in G}\overline{\chi_i(g)}\chi_j(g)=0$。 □

注 (1) 直接计算,有

$$\begin{aligned}\langle\chi_k|\chi_j\rangle&=\Big(\frac{1}{\sqrt{|G|}}\sum_{g\in G}\mathrm{e}^{\mathrm{i}2\pi kg/|G|}|g\rangle\Big)^{\dagger}\Big(\frac{1}{\sqrt{|G|}}\sum_{g\in G}\mathrm{e}^{\mathrm{i}2\pi jh/|G|}|h\rangle\Big)\\&=\frac{1}{|G|}\sum_{g\in G}\mathrm{e}^{\mathrm{i}2\pi g(j-k)/|G|}=\delta_{kj}。\end{aligned}$$

(2) 对 Abel 群 G,$|G|=n$,向量$\{(\chi_i(g_0),\cdots,\chi_i(g_{n-1}))\}$相互正交。

(3) 对子群 H,可证:$\sum_{h\in H}\chi(h)=|H|$(若$\chi(h)=1,\forall h\in H$);$\sum_{h\in H}\chi(h)=0$(其他)。设 $\tau=\sum_{h\in H}\chi(h)$。若 $\exists h_0\in H$,使得 $\chi(h_0)\neq1$,记 $h=h'+h_0$,则 $\tau=\sum_{h'\in H}\chi(h'+h_0)=\chi(h_0)\sum_{h'\in H}\chi(h')=\chi(h_0)\tau$,从而 $\tau=0$。

定义 8.7 对于 n 阶 Abel 群 G,有 n 维复向量空间 V,其标准基底用 n 个群元标记$\{|g_0\rangle,\cdots,|g_{n-1}\rangle\}$。Fourier 基底$\{|e_k\rangle\,|\,k\in G\}$定义为

$$|e_k\rangle=\frac{1}{\sqrt{|G|}}\sum_{g\in G}\overline{\chi_k(g)}|g\rangle=\frac{1}{\sqrt{|G|}}\sum_{g\in G}\mathrm{e}^{-\mathrm{i}2\pi kg/|G|}|g\rangle。$$

有限 Abel 群 G 上的量子 Fourier 变换 $\boldsymbol{F}$:$|e_g\rangle\mapsto|g\rangle$,

$$F=\sum_{g\in G}|g\rangle\langle e_g|=\sum_{g\in G}\frac{1}{\sqrt{|G|}}\sum_{h\in G}e^{i2\pi gh/|G|}|g\rangle\langle h|。$$

由引理 8.6 和事实 $\langle g'|g\rangle=0$（当 $g\neq g'$），易验证

$$\begin{aligned}\langle e_j|e_k\rangle&=\frac{1}{|G|}\Big(\sum_{g'\in G}\overline{\chi_j(g')}\langle g'|\Big)\Big(\sum_{g\in G}\chi_k(g)|g\rangle\Big)\\&=\frac{1}{|G|}\sum_{g'\in G}\sum_{g\in G}\overline{\chi_j(g')}\chi_k(g)\langle g'|g\rangle\\&=\frac{1}{|G|}\sum_{g\in G}\overline{\chi_j(g)}\chi_k(g)\\&=\delta_{jk}。\end{aligned}$$

由定义

$$\begin{aligned}F|h\rangle&=\sum_{g\in G}|g\rangle\langle e_g|h\rangle\\&=\sum_{g\in G}|g\rangle\sum_{k\in G}\frac{1}{\sqrt{|G|}}\chi_g(k)\langle k|h\rangle\\&=\frac{1}{\sqrt{|G|}}\sum_{g\in G}\chi_g(h)|g\rangle。\end{aligned}$$

在标准基底下，有

$$F_{gh}=\langle g|F|h\rangle=\frac{\chi_g(h)}{\sqrt{|G|}}。$$

Fourier 逆变换为 $F^{-1}=\sum_{g\in G}|e_g\rangle\langle g|$，则

$$F^{-1}|h\rangle=|e_h\rangle=\frac{1}{\sqrt{|G|}}\sum_{g\in G}\overline{\chi_h(g)}|g\rangle,\quad F^{-1}_{gh}=\frac{\overline{\chi_h(g)}}{\sqrt{|G|}}。$$

对 $G=\mathbb{Z}_N$，$\chi_j(k)=\omega_N^{jk}$，$F_{jk}=\frac{1}{\sqrt{N}}\omega_N^{jk}$，这里 $\omega_N=e^{i2\pi/N}$。一般地，有限 Abel 群 G 与循环群直积同构，$G\cong\mathbb{Z}_{N_1}\times\mathbb{Z}_{N_2}\times\cdots\times\mathbb{Z}_{N_l}$，这里 $\mathbb{Z}_{N_i}$ 是模 N_i 的加法群。$\forall a\in G$，记为 $a=(a_1,a_2,\cdots,a_l)$，其中 $a_i\in\mathbb{Z}_{N_i}$。对 $j_1,j_2,\cdots,j_l$，有特征标 $\chi_{j_1,\cdots,j_l}(a_1,a_2,\cdots,a_l)=\omega_{N_1}^{j_1a_1}\omega_{N_2}^{j_2a_2}\cdots\omega_{N_l}^{j_la_l}$。态 $|a\rangle=|a_1,a_2,\cdots,a_l\rangle$ 的 Fourier 变换为

$$|a_1,a_2,\cdots,a_l\rangle\mapsto\frac{1}{\sqrt{|G|}}\sum_{(j_1,\cdots,j_l)}\omega_{N_1}^{j_1a_1}\omega_{N_2}^{j_2a_2}\cdots\omega_{N_l}^{j_la_l}|j_1,j_2,\cdots,j_l\rangle。$$

特殊地，对 $G=\mathbb{Z}_2^n$，特征标 $\chi_g(h)=(-1)^{g\cdot h}$，量子 Fourier 变换矩阵为

$$F=\frac{1}{\sqrt{2^n}}\sum_{x,y\in\mathbb{Z}_2^n}(-1)^{x\cdot y}|y\rangle\langle x|=H^{\otimes n}。$$

例 8.8 对子群 H，定义 $H^{\perp}=\{g\in G|\chi_g(h)=1,\forall h\in H\}$。证明：

$$\frac{1}{\sqrt{|H|}}\sum_{h\in H}|h\rangle\xrightarrow{\text{QFT}}\frac{1}{\sqrt{|H^{\perp}|}}\sum_{g\in H^{\perp}}|g\rangle。$$

证

$$F\left(\frac{1}{\sqrt{|H|}}\sum_{h\in H}|h\rangle\right)=\frac{1}{\sqrt{|G|}}\frac{1}{\sqrt{|H|}}\sum_{h\in H}\sum_{g\in G}\chi_g(h)|g\rangle$$

$$=\frac{1}{\sqrt{|G|}}\frac{1}{\sqrt{|H|}}\sum_{g\in G}\sum_{h\in H}\chi_g(h)|g\rangle$$

$$=\frac{1}{\sqrt{|G|}}\frac{1}{\sqrt{|H|}}\sum_{g\in H^{\perp}}|H||g\rangle=\sqrt{\frac{|H|}{|G|}}\sum_{g\in H^{\perp}}|g\rangle。$$

考虑到 F 是酉变换，$\sqrt{\frac{|H|}{|G|}}=\frac{1}{\sqrt{|H^{\perp}|}}$，证毕。 □

例 8.9 $\mathbb{Z}_4$ 的四个表示 $\chi_j(k)=\exp(\mathrm{i}2\pi kj/4)$。求其 Fourier 基底和 Fourier 变换矩阵。

解

	0	1	2	3
χ_0	1	1	1	1
χ_1	1	i	−1	−i
χ_2	1	−1	1	−1
χ_3	1	−i	−1	i

Fourier 基：

$$|e_0\rangle=\frac{1}{2}\sum_{j=0}^{3}\overline{\chi_0(j)}|j\rangle=\frac{1}{2}(|0\rangle+|1\rangle+|2\rangle+|3\rangle),$$

$$|e_1\rangle=\frac{1}{2}\sum_{k=0}^{3}\overline{\chi_1(k)}|k\rangle=\frac{1}{2}(|0\rangle-\mathrm{i}|1\rangle-|2\rangle+\mathrm{i}|3\rangle),$$

$$|e_2\rangle=\frac{1}{2}\sum_{m=0}^{3}\overline{\chi_2(m)}|m\rangle=\frac{1}{2}(|0\rangle-|1\rangle+|2\rangle-|3\rangle),$$

$$|e_3\rangle=\frac{1}{2}\sum_{n=0}^{3}\overline{\chi_3(n)}|n\rangle=\frac{1}{2}(|0\rangle+\mathrm{i}|1\rangle-|2\rangle-\mathrm{i}|3\rangle)。$$

Fourier 变换：

$$F_4=\frac{1}{2}\begin{pmatrix}\mathrm{i}^0&\mathrm{i}^0&\mathrm{i}^0&\mathrm{i}^0\\\mathrm{i}^0&\mathrm{i}^1&\mathrm{i}^2&\mathrm{i}^3\\\mathrm{i}^0&\mathrm{i}^2&\mathrm{i}^4&\mathrm{i}^6\\\mathrm{i}^0&\mathrm{i}^3&\mathrm{i}^6&\mathrm{i}^9\end{pmatrix}=\frac{1}{2}\begin{pmatrix}1&1&1&1\\1&\mathrm{i}&-1&-\mathrm{i}\\1&-1&1&-1\\1&-\mathrm{i}&-1&\mathrm{i}\end{pmatrix}。$$

考查群 G，有限集 S 和函数 $f:G\to S$。下面列出有限 Abel 群隐子群问题的一般算法。制备初态 $|0\rangle|0\rangle$，寄存器大小分别为 $|G|$，$|S|$。

第一步，在第一寄存器上产生等权重叠加态：$\frac{1}{\sqrt{|G|}}\sum_{g\in G}|g\rangle|0\rangle$。

第二步，执行 U_f 计算：$U_f\left(\frac{1}{\sqrt{|G|}}\sum_{g\in G}|g\rangle|0\rangle\right)=\frac{1}{\sqrt{|G|}}\sum_{g\in G}|g\rangle|f(g)\rangle$。

第三步，测量第二寄存器，产生某个值 $f(s)$（这里 $s\in G$ 未知）。第一寄存器坍缩到叠加态（陪集 sH 上有相同函数值）：陪集态 $\frac{1}{\sqrt{|H|}}\sum_{h\in H}|sh\rangle$。

第四步，应用量子 Fourier 变换

$$\begin{aligned}\boldsymbol{F}\left(\frac{1}{\sqrt{|H|}}\sum_{h\in H}|sh\rangle\right)&=\frac{1}{\sqrt{|G||H|}}\sum_{h\in H}\sum_{g\in G}\chi_g(sh)\,|g\rangle\\&=\frac{1}{\sqrt{|G||H|}}\sum_{h\in H}\sum_{g\in G}\chi_g(s)\chi_g(h)\,|g\rangle\\&=\frac{1}{\sqrt{|G||H|}}\sum_{g\in G}\chi_g(s)\Big(\sum_{h\in H}\chi_g(h)\Big)\,|g\rangle\\&=\sqrt{\frac{|H|}{|G|}}\sum_{g\in H^{\perp}}\chi_g(s)\,|g\rangle。\end{aligned}$$

注 第三步若测量第一寄存器，等概率得量子态 $|sh\rangle$，但无子群 H 的信息。量子 Fourier 变换推导中用到结论：$\sum_{h\in H}\chi_g(h)\neq 0$，当且仅当 $\chi_g(h)=1,\forall h\in H$。从而问题转化为 $H^{\perp}$ 上均匀抽样。

例 8.10 Simon 问题的隐子群及求法。

解 对 Simon 问题，$G=\mathbb{Z}_2^n$，群表示 $\chi_g(y)=(-1)^{g\cdot y}$。定义子群 $H=\{0,s\}$，函数 $f(g\oplus s)=f(g)$。算法从 $H^{\perp}$ 中均匀抽样。

$$\begin{aligned}H^{\perp}&=\{g\in G\mid \chi_g(h)=1,\forall h\in H\}\\&=\{g\mid (-1)^{g\cdot y}=1,\forall y\in H\}\\&=\{g\mid g\cdot s=0 \bmod 2\}。\end{aligned}$$

算法给出 $g\in\{0,1\}^n$，使得 $g\cdot s=0 \pmod 2$。运行 $O(n)$ 次，给出 $n-1$ 个线性无关方程，用 Gauss 消去法求之。

例 8.11 对函数周期问题，$G=\mathbb{Z}_N$。假设周期 r 整除 N，求其隐子群。

解 函数 $f(x+r)=f(x)$ 决定子群：

$$H=\langle r\rangle=\{kr\mid k\in[0,\cdots,N/r)\}。$$

$\mathbb{Z}_N$ 的表示 $\chi_g(h)=\exp\left(\mathrm{i}2\pi\frac{gh}{N}\right)$，故

$$H^{\perp}=\left\{x\,\middle|\,\exp\left(\mathrm{i}2\pi\frac{xh}{N}\right)=1,\forall h\in H\right\}=\{x\mid xkr=0 \bmod N,\forall k\in[0,\cdots,N/r)\}。$$

测量得 $x\in H^{\perp}$，x 是 N/r 的整数倍。

4 非 Abel 隐子群问题

Hallgren[Hal07]探讨了代数数论中的 Pell 方程。Pell 方程形如 $x^2-dy^2=1$（$d\in\mathbb{N}$，$\sqrt{d}$ 是无理数），求其正整数解 $(x,y)\in\mathbb{Z}\times\mathbb{Z}$。设 (x_0,y_0) 是解，且 $A=x_0+y_0\sqrt{d}$ 最小。例如，$d=5$，$A=9+4\sqrt{5}$。Lagrange(1768)证明，每组正整数解 (s,t) 可由 A 的幂得到：$s+t\sqrt{d}=$

$(x_0+y_0\sqrt{d})^n$，对某个 $n\in\mathbb{Z}$，A 可能很大，与 d 成指数关系。定义 $R=\ln A$，最好的经典算法计算 R 的 n 个十进制位所需时间为 $O(\exp\sqrt{\log d},\mathrm{poly}(n))$，是亚指数的。利用代数数论中的结论，可将 R 的计算转化为求函数周期。Hallgren 量子算法在多项式时间 $O(\mathrm{poly}(\log d),\mathrm{poly}(n))$ 以概率 $1/\mathrm{poly}(\log d)$ 求得结果[Joz03]。

非交换隐子群问题也有一些量子算法[Kup03,HRS10,EH99]，其中包括 Kuperberg 对二面体群隐子群问题的探讨[Kup03]。定义 N 次二面体群 $D_N=\langle x,y\mid x^N=y^2=(xy)^2=1\rangle$，这里 $xyx=y$，$xy=yx^{-1}=yx^{N-1}$，$yx=x^{-1}y=x^{N-1}y$。亦即

$$\begin{aligned}D_N&=\{x^iy^j\mid i=0,1,\cdots,N-1;\ j=0,1\}\\&=\{1,x,x^2,\cdots,x^{N-1},y,xy,x^2y,\cdots,x^{N-1}y\}\text{。}\end{aligned}$$

D_1 同构于$\mathbb{Z}_2$，D_2 同构于四阶 Klein 群 K_4，均为 Abel 群；$N\geqslant 3$ 对应非 Abel 群。D_N 中元素 x^ay^b 可代之以有序数对 $(a,b)\in\mathbb{Z}_N\times\mathbb{Z}_2$。注意到 $(x^ay^b)(x^cy^d)=x^{a+(-1)^bc}y^{b+d}$，故 $(a,b)(c,d)=(a+(-1)^bc,b+d)$。不难验证，

$$(a+s,1)(s,1)=(a,0),\quad (a,b)^{-1}=(-(-1)^ba,b)\text{。}$$

设函数 $f\colon D_N\to S$，其中 S 为有限集合，满足

$$f(g_1)=f(g_2)\Leftrightarrow g_1H=g_2H,$$

这里 $H=\langle(s,1)\rangle$是待求的隐子群。二面体群的隐子群问题等价于求解斜率 $s\in\mathbb{Z}_N$。2003 年 Kuperberg 提出了第一个亚指数级时间复杂度的量子算法[Kup03]，算法的主要部分是确定 s 的奇偶性，这需要量子态

$$|\psi_k\rangle=\frac{1}{\sqrt{2}}(|0\rangle+\mathrm{e}^{\mathrm{i}2\pi ks/N}|1\rangle)\text{。}$$

该量子态的制备需要一个 n 位量子寄存器存储 $a\in\mathbb{Z}_N$，这里 $N=2^n$；一个单比特寄存器存储 $b\in\mathbb{Z}_2$，以及一个寄存器存储 $f(g)$，这里 $g=x^ay^b\in D_N$，$f(g)$可记为 $f(a,b)$。

对初态$|0\rangle^{\otimes n}|0\rangle|0\rangle$应用如下酉变换：

$$(\boldsymbol{H}^{\otimes n}\otimes\boldsymbol{H}\otimes\boldsymbol{I})(|0\rangle^{\otimes n}|0\rangle|0\rangle)=\frac{1}{\sqrt{N}}\sum_{a=0}^{N-1}|a\rangle|+\rangle|0\rangle\text{。}$$

定义酉变换 $\boldsymbol{U}_f$：$\boldsymbol{U}_f(|g\rangle\otimes|0\rangle)=|g\rangle\otimes|f(g)\rangle$，$g\in\mathbb{Z}_N\times\mathbb{Z}_2$。作用 $\boldsymbol{U}_f$，得

$$\begin{aligned}&\frac{1}{\sqrt{2N}}\sum_{a=0}^{N-1}\boldsymbol{U}_f(|a\rangle|0\rangle|0\rangle+|a\rangle|1\rangle|0\rangle)\\&=\frac{1}{\sqrt{2N}}\sum_{a=0}^{N-1}(|a\rangle|0\rangle|f(a,0)\rangle+|a\rangle|1\rangle|f(a,1)\rangle)\text{。}\end{aligned}$$

测量第三量子寄存器后，第一、二寄存器量子态坍缩为

$$\frac{1}{\sqrt{2}}(|a\rangle|0\rangle+|a+s\rangle|1\rangle)\text{。}$$

对第一量子寄存器应用 Fourier 变换，得

$$\frac{1}{\sqrt{2N}}\sum_{k=0}^{N-1}(\mathrm{e}^{\mathrm{i}2\pi ak/N}|k\rangle|0\rangle+\mathrm{e}^{\mathrm{i}2\pi(a+s)k/N}|k\rangle|1\rangle)\text{。}$$

测量第一量子寄存器后，忽略整体相位，第二寄存器中量子态为

$$|\psi_k\rangle \propto |0\rangle + e^{i2\pi ks/N}|1\rangle。$$

当 $k=2^{n-1}$ 时，$|\psi_{2^{n-1}}\rangle \propto |0\rangle + (-1)^s|1\rangle$，此即 $|+\rangle$ 或 $|-\rangle$；$\boldsymbol{H}|\psi_{2^{n-1}}\rangle = \frac{1+(-1)^s}{2}|0\rangle + \frac{1-(-1)^s}{2}|1\rangle$，对其测量可确定 s 的奇偶性。Kuperberg 提出筛(sieve)算法构造 $|\psi_{2^{n-1}}\rangle$。考虑两个已制备的量子态 $|\psi_k\rangle$ 和 $|\psi_l\rangle$。

$$|\psi_k\rangle \otimes |\psi_l\rangle \propto |0,0\rangle + e^{i2\pi ks/N}|1,0\rangle + e^{i2\pi ls/N}|0,1\rangle + e^{i2\pi(k+l)s/N}|1,1\rangle。$$

作用受控非门 U_{CNOT}，

$$U_{\text{CNOT}}(|\psi_k\rangle|\psi_l\rangle) \propto |0,0\rangle + e^{i2\pi ks/N}|1,1\rangle + e^{i2\pi ls/N}|0,1\rangle + e^{i2\pi(k+l)s/N}|1,0\rangle。$$

测量第二量子位，若结果为 0，则第一量子位坍缩为

$$|\psi_{k+l}\rangle \propto |0\rangle + e^{i2\pi(k+l)s/N}|1\rangle；$$

若结果为 1，则第一量子位坍缩为

$$|\psi_{k-l}\rangle \propto |0\rangle + e^{i2\pi(k-l)s/N}|1\rangle。$$

从而可由 $|\psi_k\rangle$ 和 $|\psi_l\rangle$ 构造新的量子态 $|\psi_{k\pm l}\rangle$，使之更接近期望的 $|\psi_{2^{n-1}}\rangle$。

注意 $k\pm l$ 是随机的，其二进制低位可能有更多的零；若有 $n-1$ 个零则对应于 2^{n-1}。如前所述，由 $|\psi_{2^{n-1}}\rangle$ 可确定 s 的最低位是 0 还是 1。重复上述步骤，可获得 s 的所有二进制位。

Kuperberg 算法复杂度分析详见[Kup03]。2004 年 Regev 将空间复杂度降为多项式级[Reg04]，2011 年 Kuperberg 做了进一步改进[Kup11]。

第9章

Grover算法与振幅放大

1 Grover 算法

令 $N=2^n$，定义 $[N]\equiv\{0,1,\cdots,N-1\}$，函数 $f:[N]\to\{0,1\}$ 为

$$f(x)=\delta_{xg}=\begin{cases}1, & x=g,\\ 0, & x\neq g,\end{cases}$$

其中 g 是(单个)标记(marked)目标。经典算法平均需 $O(N)$ 次查询，而 Grover 算法仅需 $O(\sqrt{N})$ 次，算法是通过放大态 $|g\rangle$ 的振幅同时减少其他态 $|x\rangle(x\neq g)$ 的振幅达到这一目的。算法用到如下定义的三个酉算符。

定义 9.1 相位旋转变换 $\boldsymbol{R}_g$，$\boldsymbol{R}_g|j\rangle=(-1)^{\delta_{jg}}|j\rangle$，即 $|g\rangle\to-|g\rangle$，其他不变：

$$\boldsymbol{R}_g\equiv\boldsymbol{I}-2|g\rangle\langle g|。$$

在数值代数中，$\boldsymbol{R}_g$ 称为 Householder 变换，亦称之为镜面反射(矢量 $|g\rangle$ 为镜面法向)。对任意态 $|\psi\rangle$，

$$\boldsymbol{R}_g|\psi\rangle=|\psi\rangle-2\langle g|\psi\rangle|g\rangle。$$

设 $\langle g|g^{\perp}\rangle=0$，$|\psi\rangle=w_g|g\rangle+\sqrt{1-|w_g|^2}|g^{\perp}\rangle$，则

$$\boldsymbol{R}_g|\psi\rangle=-w_g|g\rangle+\sqrt{1-|w_g|^2}|g^{\perp}\rangle。$$

设 $|\psi\rangle=\sum_{x=0}^{N-1}w_x|x\rangle$，$\sum_x|w_x|^2=1$，作用 $\boldsymbol{R}_g$，则

$$\boldsymbol{R}_g|\psi\rangle=w_0|0\rangle+\cdots+(-1)w_g|g\rangle+\cdots+w_{N-1}|N-1\rangle。$$

比如 $\boldsymbol{R}_0=\boldsymbol{I}-2|0\rangle\langle 0|$ 只给 $|0\rangle$ 态带来相位 (-1)，即 $\boldsymbol{R}_0|x\rangle=(-1)^{\delta_{x0}}|x\rangle$。

定义 9.2 酉矩阵

$$\boldsymbol{R}_D\equiv-\boldsymbol{W}_n\boldsymbol{R}_0\boldsymbol{W}_n=-\boldsymbol{H}^{\otimes n}(\boldsymbol{I}-2|0\rangle\langle 0|)\boldsymbol{H}^{\otimes n}=2|D\rangle\langle D|-\boldsymbol{I},$$

其中，$\boldsymbol{W}_n$ 是 Walsh-Hadamard 变换，$\boldsymbol{H}^{\otimes n}\boldsymbol{H}^{\otimes n}=(\boldsymbol{H}^2)^{\otimes n}=\boldsymbol{I}$。对角态

$$|D\rangle=\boldsymbol{H}^{\otimes n}|0\rangle=\frac{1}{\sqrt{N}}\sum_{x=0}^{N-1}|x\rangle。$$

易验证，$\boldsymbol{R}_D|D\rangle=|D\rangle$；若$\langle D|D^{\perp}\rangle=0$，则$\boldsymbol{R}_D|D^{\perp}\rangle=-|D^{\perp}\rangle$。

$$\boldsymbol{R}_D\mid\psi\rangle=(2\mid D\rangle\langle D\mid-\boldsymbol{I})\mid\psi\rangle=2\langle D\mid\psi\rangle\mid D\rangle-\mid\psi\rangle$$

是态$|\psi\rangle$关于$|D\rangle$的反射。具体如下：设$\mid\psi\rangle=\sum_{x=0}^{N-1}w_x\mid x\rangle$，$\sum_x|w_x|^2=1$，$\widehat{w}=\frac{1}{N}\sum_{x=0}^{N-1}w_x$，则$\langle D|\psi\rangle=\sqrt{N}\widehat{w}$，

$$\boldsymbol{R}_D\mid\psi\rangle=2\sqrt{N}\widehat{w}\mid D\rangle-\mid\psi\rangle=\sum_{x=0}^{N-1}(2\widehat{w}-w_x)\mid x\rangle。$$

定义 9.3 Grover 酉算符

$$\boldsymbol{U}\equiv\boldsymbol{R}_D\boldsymbol{R}_g=-(\boldsymbol{I}-2\mid D\rangle\langle D\mid)(\boldsymbol{I}-2\mid g\rangle\langle g\mid)。$$

作用于$|\psi\rangle$，得

$$\begin{aligned}\boldsymbol{U}\mid\psi\rangle&=\boldsymbol{R}_D\boldsymbol{R}_g\mid\psi\rangle=\boldsymbol{R}_D\Big(\sum_{x\neq g}w_x\mid x\rangle-w_g\mid g\rangle\Big)\\&=(2\bar{w}-(-w_g))\mid g\rangle+\sum_{x=0,\neq g}^{N-1}(2\bar{w}-w_x)\mid x\rangle,\end{aligned}$$

其中，$\bar{w}=\frac{1}{N}\Big(-w_g+\sum_{x=0,\neq g}^{N-1}w_x\Big)$是态$\boldsymbol{R}_f\mid\psi\rangle$的系数平均。

注 设w_x均为正，$|g\rangle$的振幅$2\bar{w}+w_g$增加，而其他则下降；反复应用$\boldsymbol{U}$若干次，可增加$|g\rangle$振幅，使得这一态被观测到的概率为1。

令$\mid g^{\perp}\rangle=\frac{1}{\sqrt{N-1}}\sum_{x=0,\neq g}^{N-1}\mid x\rangle$，$\alpha_0=\frac{1}{\sqrt{N}}$，$\beta_0=\frac{\sqrt{N-1}}{\sqrt{N}}$。设$\boldsymbol{U}=\boldsymbol{R}_D\boldsymbol{R}_g$实现变换：

$$\alpha_{k-1}\mid g\rangle+\beta_{k-1}\mid g^{\perp}\rangle\xrightarrow{\boldsymbol{U}}\alpha_k\mid g\rangle+\beta_k\mid g^{\perp}\rangle。$$

下面逐步计算：

$$\boldsymbol{R}_g(\alpha_{k-1}\mid g\rangle+\beta_{k-1}\mid g^{\perp}\rangle)=-\alpha_{k-1}\mid g\rangle+\beta_{k-1}\mid g^{\perp}\rangle。$$

其中右边第二项$\beta_{k-1}|g^{\perp}\rangle$中有$N-1$个大小为$\beta_{k-1}/\sqrt{N-1}$的振幅。令平均值$\bar{w}=(-\alpha_{k-1}+\sqrt{N-1}\beta_{k-1})/N$，则

$$\begin{aligned}\boldsymbol{R}_D(-\alpha_{k-1}\mid g\rangle+\beta_{k-1}\mid g^{\perp}\rangle)&=(2\bar{w}+\alpha_{k-1})\mid g\rangle+\sum_{x\neq g}\Big(2\bar{w}-\frac{\beta_{k-1}}{\sqrt{N-1}}\Big)\mid x\rangle\\&=(2\bar{w}+\alpha_{k-1})\mid g\rangle+(2\bar{w}\sqrt{N-1}-\beta_{k-1})\mid g^{\perp}\rangle。\end{aligned}$$

故有如下递推关系：

$$\alpha_k=2\bar{w}+\alpha_{k-1},\quad\beta_k=2\bar{w}\sqrt{N-1}-\beta_{k-1}。$$

令$\varepsilon=1/N$，则

$$\alpha_k=(1-2\varepsilon)\alpha_{k-1}+2\sqrt{\varepsilon(1-\varepsilon)}\beta_{k-1},\quad\beta_k=-2\sqrt{\varepsilon(1-\varepsilon)}\alpha_{k-1}+(1-2\varepsilon)\beta_{k-1},$$

其中$\alpha_0=\sqrt{\varepsilon}$，$\beta_0=\sqrt{1-\varepsilon}$。令$\sqrt{\varepsilon}=\sin\theta$，则

$$\begin{pmatrix}\alpha_k\\\beta_k\end{pmatrix}=\begin{pmatrix}1-2\varepsilon&2\sqrt{\varepsilon(1-\varepsilon)}\\-2\sqrt{\varepsilon(1-\varepsilon)}&1-2\varepsilon\end{pmatrix}\begin{pmatrix}\alpha_{k-1}\\\beta_{k-1}\end{pmatrix}=\begin{pmatrix}\cos2\theta&\sin2\theta\\-\sin2\theta&\cos2\theta\end{pmatrix}\begin{pmatrix}\alpha_{k-1}\\\beta_{k-1}\end{pmatrix}。$$

可证，$\alpha_k=\sin(2k+1)\theta$，$\beta_k=\cos(2k+1)\theta$。

下面给出一种直观解释。如图9.1所示，将初态记为

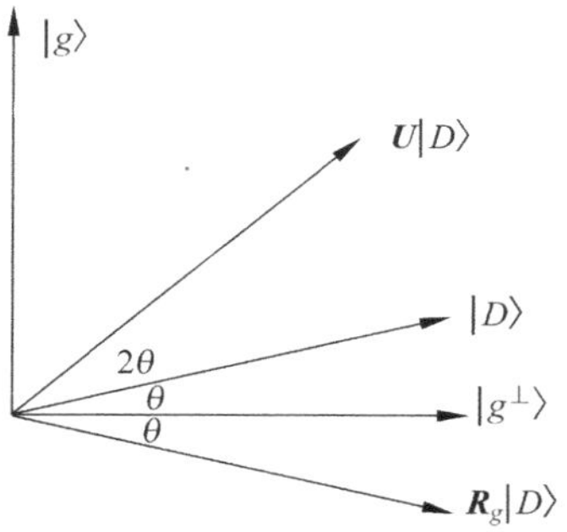

图 9.1 Grover 旋转

$$|D\rangle=\alpha_0\ |g\rangle+\beta_0\ |g^{\perp}\rangle。$$

设$|D\rangle$与$|g^{\perp}\rangle$夹角为θ,则

$$\alpha_0=\frac{1}{\sqrt{N}}=\sin\theta,\quad \beta_0=\sqrt{\frac{N-1}{N}}=\cos\theta。$$

算符$\boldsymbol{R}_g$在$|g\rangle$与$|g^{\perp}\rangle$定义的平面上关于$|g^{\perp}\rangle$的反射,将态$|g\rangle$前系数反向,即

$$\boldsymbol{R}_g(\alpha_0\ |g\rangle+\beta_0\ |g^{\perp}\rangle)=-\alpha_0\ |g\rangle+\beta_0\ |g^{\perp}\rangle。$$

算符$\boldsymbol{R}_D=2|D\rangle\langle D|-\boldsymbol{I}$在$|g\rangle$与$|g^{\perp}\rangle$定义的平面上关于$|D\rangle$的反射。两次反射的效果相当于一个旋转:

$$\boldsymbol{R}_D\boldsymbol{R}_g\ |D\rangle=\sin 3\theta\ |g\rangle+\cos 3\theta\ |g^{\perp}\rangle。$$

相当于在$|D\rangle$的基础上旋转了2θ。使$|g\rangle$所占比例变大;逐次作用$\boldsymbol{U}=\boldsymbol{R}_D\boldsymbol{R}_g$使$|g\rangle$所占比例越来越大,状态向量旋转地接近$|g\rangle$。最终通过量子测量得以脱颖而出。

作用k次,旋转角度为$2k\theta$,再加上$|D\rangle$原有的夹角θ,所以

$$\boldsymbol{U}^k\ |D\rangle=\sin(2k+1)\theta\ |g\rangle+\cos(2k+1)\theta\ |g^{\perp}\rangle。$$

测量得到态$|g\rangle$的概率为

$$\alpha_k^2=\sin^2(2k+1)\theta,\quad \theta=\arcsin\frac{1}{\sqrt{N}},$$

可确定k,使α_k^2最大化。

$$(2k+1)\theta\approx\frac{\pi}{2}\Rightarrow k\approx\frac{1}{2}\left(\frac{\pi}{2\theta}-1\right)。$$

当$N\gg 1$时,$\theta\approx\sqrt{\frac{1}{N}}$,故$k\approx\frac{\pi}{4}\sqrt{N}$。龙桂鲁等将相位取反改为特定角度,使成功概率为100%[LLZN99,Long01]。

进一步考虑在多个目标中搜索。定义 Oracle 函数

$$f(x)=\begin{cases}1, & x\in A,\\ 0, & x\notin A,\end{cases}$$

其中A为(目标)子集,该子集中元素个数(cardinality)为$|A|$。

定义$\boldsymbol{R}_g=\boldsymbol{I}-2\sum_{g\in A}|g\rangle\langle g|$,作用于$|\psi\rangle=\sum_{x=0}^{N-1}w_x\ |x\rangle$,$\sum_x|w_x|^2=1$,得

$$\boldsymbol{R}_g\ |\psi\rangle=\sum_{x\notin A}w_x\ |x\rangle-\sum_{g\in A}w_g\ |g\rangle。$$

定义$\boldsymbol{R}_D=-\boldsymbol{W}_n\boldsymbol{R}_0\boldsymbol{W}_n$和$\boldsymbol{U}=\boldsymbol{R}_D\boldsymbol{R}_g=(-\boldsymbol{I}+2\ |D\rangle\langle D|)\left(\boldsymbol{I}-2\sum_{g\in A}|g\rangle\langle g|\right)$。应用$\boldsymbol{U}$于$|\psi\rangle$,得

$$\begin{aligned}\boldsymbol{U}\ |\psi\rangle&=(-\boldsymbol{I}+2\ |D\rangle\langle D|)\left(\sum_{x\notin A}w_x\ |x\rangle-\sum_{g\in A}w_g\ |g\rangle\right)\\&=-\sum_{x\notin A}w_x\ |x\rangle+\sum_{g\in A}w_g\ |g\rangle+2\sqrt{N}\bar{w}\ |D\rangle\\&=\sum_{x\notin A}(2\bar{w}-w_x)\ |x\rangle+\sum_{g\in A}(2\bar{w}+w_g)\ |g\rangle,\end{aligned}$$

其中，$\bar{w}=\frac{1}{N}\left(\sum_{x\notin A}w_x-\sum_{g\in A}w_g\right)$。

令初态 $|D\rangle=\frac{1}{\sqrt{N}}\sum_{x=0}^{N-1}|x\rangle=\sqrt{\frac{|A|}{N}}|G\rangle+\sqrt{1-\frac{|A|}{N}}|B\rangle$，其中 $|G\rangle=\sum_{x\in A}\frac{1}{\sqrt{|A|}}|x\rangle$，$|B\rangle=\sum_{x\notin A}\frac{1}{\sqrt{N-|A|}}|x\rangle$。令 $a_{k+1}|G\rangle+b_{k+1}|B\rangle=\boldsymbol{U}(a_k|G\rangle+b_k|B\rangle)$，则

$$a_{k+1}=\left(1-\frac{2|A|}{N}\right)a_k+2\sqrt{\frac{|A|}{N}\left(1-\frac{|A|}{N}\right)}b_k,$$

$$b_{k+1}=-2\sqrt{\frac{|A|}{N}\left(1-\frac{|A|}{N}\right)}a_k+\left(1-\frac{2|A|}{N}\right)b_k,$$

其中 $a_0=\sqrt{\frac{|A|}{N}}=\sin\theta$，$b_0=\sqrt{1-\frac{|A|}{N}}=\cos\theta$，从而

$$a_k=\sin(2k+1)\theta,\quad b_k=\cos(2k+1)\theta。$$

若 $N\gg|A|$，则 $k=O\left(\sqrt{\frac{N}{|A|}}\right)$ 时为极大化态 $|G\rangle$ 的概率。

例 9.4 试用量子搜索算法，从 N 个数据库中搜索标号为 g 的未知数据。取初态为 $|D\rangle$，考查 Grover 算符 $\boldsymbol{U}$ 作用 2 次的结果。写出 $g=2$ 时，$\boldsymbol{U}$ 的矩阵形式并考查它的搜索功能。

解

$$|D\rangle=\frac{1}{\sqrt{N}}|g\rangle+\sum_{x\neq g}\frac{1}{\sqrt{N}}|x\rangle,$$

$$\boldsymbol{U}|D\rangle=\frac{3N-4}{N\sqrt{N}}|g\rangle+\sum_{x\neq g}\frac{N-4}{N\sqrt{N}}|x\rangle,$$

$$\boldsymbol{U}^2|D\rangle=\frac{5N^2-20N+16}{N^2\sqrt{N}}|g\rangle+\sum_{x\neq g}\frac{N^2-12N+16}{N^2\sqrt{N}}|x\rangle。$$

从 $N=2^3$ 个数据库中搜索：

$$\boldsymbol{U}^2|D\rangle=\frac{11}{8\sqrt{2}}|g\rangle-\frac{1}{8\sqrt{2}}\sum_{x\neq g}|x\rangle,\quad P\{x=g\}=\frac{121}{128}=0.95。$$

特殊地，设搜索标号为 $g=2$（从 0 开始编号）。三个酉算符分别为

$$\boldsymbol{R}_g=\boldsymbol{I}-2|g=2\rangle\langle g=2|=\begin{pmatrix}1&&&&&\\&1&&&&\\&&-1&&&\\&&&1&&\\&&&&\ddots&\\&&&&&1\end{pmatrix},$$

$$\boldsymbol{R}_D=2|D\rangle\langle D|-\boldsymbol{I}=\frac{1}{4}\begin{pmatrix}-3&1&1&1&\cdots&1\\1&-3&1&1&\cdots&1\\1&1&-3&1&\cdots&1\\1&1&1&-3&\cdots&1\\\vdots&\vdots&\vdots&\vdots&\ddots&\vdots\\1&1&1&1&\cdots&-3\end{pmatrix},$$

$$U=R_DR_g=\frac{1}{4}\begin{pmatrix}-3&1&-1&1&\cdots&1\\1&-3&-1&1&\cdots&1\\1&1&3&1&\cdots&1\\1&1&-1&-3&\cdots&1\\\vdots&\vdots&\vdots&\vdots&\ddots&\vdots\\1&1&-1&1&\cdots&-3\end{pmatrix}。$$

第三列与其他列有不同的相位，下面可看出，此相位具有数据搜索功能。

制备态$|0\rangle^{\otimes 3}$，并作用 Hadamard 算法$\boldsymbol{H}^{\otimes 3}$得$|D\rangle=\frac{1}{\sqrt{8}}\sum_{x=0}^{7}|x\rangle$。将 Grover 算符$\boldsymbol{U}$作用到$|D\rangle$上，$k=\frac{\pi\sqrt{8}}{4}\approx 2$次。

$$U|D\rangle=\frac{1}{4}\begin{pmatrix}-3&1&-1&1&\cdots&1\\1&-3&-1&1&\cdots&1\\1&1&3&1&\cdots&1\\1&1&-1&-3&\cdots&1\\\vdots&\vdots&\vdots&\vdots&\ddots&\vdots\\1&1&-1&1&\cdots&-3\end{pmatrix}\cdot\frac{1}{\sqrt{8}}\begin{pmatrix}1\\1\\1\\1\\\vdots\\1\end{pmatrix}=\frac{1}{4\sqrt{2}}\begin{pmatrix}1\\1\\5\\1\\1\\1\\1\\1\end{pmatrix},\quad U^2|D\rangle=\frac{1}{8\sqrt{2}}\begin{pmatrix}-1\\-1\\11\\-1\\-1\\-1\\-1\\-1\end{pmatrix}。$$

观测带标号寄存器，得$P\{x=2\}=\frac{121}{128}=0.95$，$P\{x\neq 2\}=\frac{7}{128}=0.05$。从而以概率 95%得$g=2$。

下面讨论 Grover 算法的最优性。假设算法从$|\psi_0\rangle$开始，定义

$$|\psi_t\rangle=U_tR_g\cdots U_1R_gU_0|\psi_0\rangle,\qquad|\phi_t\rangle=U_t\cdots U_1U_0|\psi_0\rangle,$$

其中$R_g=I-2|g\rangle\langle g|$，$|\psi_t\rangle$为调用$t$次 Oracle 的结果，而$|\phi_t\rangle$为直接执行酉变换$U_0,U_1,\cdots,U_t$的结果。定义二者的差异为

$$D_t=\frac{1}{N}\sum_{t=0}^{N-1}\||\psi_t\rangle-|\phi_t\rangle\|^2。$$

如果D_t很小则所有$|\psi_t\rangle$大致相同，不可能以大概率正确识别。先用归纳法证$D_t\leqslant 4t^2/N$，再证$c\leqslant D_t$，其中c为正常数[Por18]。故$cN\leqslant 4t^2$，亦即$t=\Omega(\sqrt{N})$。若t小于$\Omega(\sqrt{N})$，比如$N^{\frac{1}{4}}$，则渐近行为不能满足$c\leqslant D_t\leqslant 4t^2/N$。

2 振幅放大

在 Grover 搜索中，态$|g\rangle$前的振幅由α_0提升至α_k。作为 Grover 算法的推广，我们考虑振幅放大(amplitude amplification)。在 Grover 算法中，

$$U=R_DR_g=-W_nR_0W_nR_g,$$

这里$R_0=I-2|0\rangle\langle 0|$，$R_g=I-2|g\rangle\langle g|$，$W_n|0\rangle=|D\rangle$，即$W_n$将初态$|0\rangle$映成等概率叠加

态，搜索到目标的概率为 $\nu=1/N$。

设有一个(可逆)算法 $\boldsymbol{Q}$，使 $\boldsymbol{Q}|0\rangle$ 以某概率给出问题的解 $|G\rangle$。令

$$\boldsymbol{Q}\mid 0\rangle=g_0\mid G\rangle+b_0\mid B\rangle,$$

其中，$g_0=\langle \boldsymbol{G}|\boldsymbol{Q}|0\rangle$，$b_0=\langle \boldsymbol{B}|\boldsymbol{Q}|0\rangle$，且 $|g_0|^2+|b_0|^2=1$。算法 $\boldsymbol{Q}$ 以概率 $\nu=|g_0|^2$ 得到解。振幅放大推广了 Grover 算法，代之以

$$\boldsymbol{U}=-\boldsymbol{Q}\boldsymbol{R}_0\boldsymbol{Q}^{\dagger}\boldsymbol{R}_g,$$

其中，$\boldsymbol{R}_g|G\rangle=-|G\rangle$，$\boldsymbol{R}_g|B\rangle=|B\rangle$，$\boldsymbol{R}_0=\boldsymbol{I}-2|0\rangle\langle 0|$。考虑到 $\boldsymbol{R}_0=\mathrm{e}^{\mathrm{i}\pi|0\rangle\langle 0|}$，$\boldsymbol{R}_g=\mathrm{e}^{\mathrm{i}\pi|g\rangle\langle g|}$，上式等价于

$$\boldsymbol{U}=-\boldsymbol{Q}\mathrm{e}^{\mathrm{i}\pi|0\rangle\langle 0|}\boldsymbol{Q}^{\dagger}\mathrm{e}^{\mathrm{i}\pi|g\rangle\langle g|}。$$

当 $\boldsymbol{Q}=\boldsymbol{W}_n$ 时退化为 Grover 算符。

对任意态 $|\psi\rangle$，易计算

$$\boldsymbol{Q}\boldsymbol{R}_0\boldsymbol{Q}^{\dagger}\mid\psi\rangle=\mid\psi\rangle-2\langle 0|\boldsymbol{Q}^{\dagger}|\psi\rangle\boldsymbol{Q}\mid 0\rangle=\mid\psi\rangle-2\overline{\langle\psi|\boldsymbol{Q}|0\rangle}\boldsymbol{Q}\mid 0\rangle。$$

考查 $\boldsymbol{U}$ 的作用效果。忽略整体相位，可设 $g_0=\sqrt{\nu}$，$b_0=\mathrm{e}^{\mathrm{i}\theta}\sqrt{1-\nu}$。易验证

$$\begin{aligned}\boldsymbol{U}\mid G\rangle&=-\boldsymbol{Q}\boldsymbol{R}_0\boldsymbol{Q}^{\dagger}\boldsymbol{R}_g\mid G\rangle=\boldsymbol{Q}\boldsymbol{R}_0\boldsymbol{Q}^{\dagger}\mid G\rangle=\mid G\rangle-2\overline{g_0}\boldsymbol{Q}\mid 0\rangle\\&=\mid G\rangle-2\overline{g_0}g_0\mid G\rangle-2\overline{g_0}b_0\mid B\rangle\\&=(1-2\nu)\mid G\rangle-2\sqrt{\nu(1-\nu)}\mathrm{e}^{\mathrm{i}\theta}\mid B\rangle,\\\boldsymbol{U}\mid B\rangle&=-\boldsymbol{Q}\boldsymbol{R}_0\boldsymbol{Q}^{\dagger}\boldsymbol{R}_g\mid B\rangle=-\mid B\rangle+2\overline{b_0}\boldsymbol{Q}\mid 0\rangle\\&=-\mid B\rangle+2\overline{b_0}g_0\mid G\rangle+2\overline{b_0}b_0\mid B\rangle\\&=(1-2\nu)\mid B\rangle+2\sqrt{\nu(1-\nu)}\mathrm{e}^{-\mathrm{i}\theta}\mid G\rangle。\end{aligned}$$

在 $\boldsymbol{U}$ 变换下，有

$$\begin{aligned}g_{k+1}\mid G\rangle+b_{k+1}\mid B\rangle&=\boldsymbol{U}(g_k\mid G\rangle+b_k\mid B\rangle)\\&=(g_k(1-2\nu)+2b_k\sqrt{\nu(1-\nu)}\mathrm{e}^{-\mathrm{i}\theta})\mid G\rangle+\\&\quad(b_k(1-2\nu)-2g_k\sqrt{\nu(1-\nu)}\mathrm{e}^{\mathrm{i}\theta})\mid B\rangle。\end{aligned}$$

从而有递推关系：

$$g_{k+1}=(1-2\nu)g_k+2\sqrt{\nu(1-\nu)}\mathrm{e}^{-\mathrm{i}\theta}b_k,\quad b_{k+1}=(1-2\nu)b_k-2\sqrt{\nu(1-\nu)}\mathrm{e}^{\mathrm{i}\theta}g_k。$$

即

$$\begin{pmatrix}g_{k+1}\\b_{k+1}\end{pmatrix}=\begin{pmatrix}\mathrm{e}^{-\mathrm{i}\theta/2}&0\\0&\mathrm{e}^{\mathrm{i}\theta/2}\end{pmatrix}\begin{pmatrix}1-2\nu&2\sqrt{\nu(1-\nu)}\\-2\sqrt{\nu(1-\nu)}&1-2\nu\end{pmatrix}\begin{pmatrix}\mathrm{e}^{\mathrm{i}\theta/2}&0\\0&\mathrm{e}^{-\mathrm{i}\theta/2}\end{pmatrix}\begin{pmatrix}g_k\\b_k\end{pmatrix}。$$

在 Grover 搜索中已出现过类似的递推关系。通解为

$$g_k=\sin(2k+1)\theta,\quad \mathrm{e}^{-\mathrm{i}\theta}b_k=\cos(2k+1)\theta,$$

其中，$\sin\theta=\sqrt{\nu}=g_0$。对于小参数 g_0，当

$$k\approx\frac{\pi}{4}\frac{1}{g_0}=\frac{\pi}{4}\frac{1}{\sqrt{\nu}}$$

时，概率幅 $|g_k|$ 最大(而经典算法约需 ν^{-1} 次)。

为了将目标态 $|g\rangle$ 的振幅放大，我们使用了关于这个态的反射 $\boldsymbol{R}_g$，这是标准的振幅放大技术；如果目标态未知则无法使用。这时可以使用茫然振幅放大(oblivious amplitude amplification，OAA）[MW05,BCC14]。设 $\boldsymbol{Q}$ 和 $\boldsymbol{V}$ 分别为作用于 $l+n$ 和 n 量子比特的酉算符，$\theta\in(0,\pi/2)$。对任意 n 量子比特态 $|\psi\rangle$，有

$$\boldsymbol{Q}\,|0^{\otimes l}\rangle\,|\psi\rangle=\sin\theta\,|0^{\otimes l}\rangle\boldsymbol{V}\,|\psi\rangle+\cos\theta\,|\bot\rangle,$$

这里 $\boldsymbol{\Pi}\,|\bot\rangle=0$，$\boldsymbol{\Pi}=|0^{\otimes l}\rangle\langle 0^{\otimes l}|\otimes\boldsymbol{I}$。令 $\boldsymbol{R}=2\boldsymbol{\Pi}-\boldsymbol{I}$，$\boldsymbol{U}=-\boldsymbol{Q}\boldsymbol{R}\boldsymbol{Q}^{\dagger}\boldsymbol{R}$，则

$$\boldsymbol{U}^k\boldsymbol{Q}\,|0^{\otimes l}\rangle\,|\psi\rangle=\sin(2k+1)\theta\,|0^{\otimes l}\rangle\boldsymbol{V}\,|\psi\rangle+\cos(2k+1)\theta\,|\bot\rangle。$$

Grover 算法中的量子振幅放大和 Shor 算法中的量子相位估计都是构造量子算法的重要技术。

第10章

线性方程组的量子算法

线性方程组的求解是经典数值代数中的基本问题,求解方法分为直接法和迭代法两大类[Dem97,TB97,GVL01,XL15]。直接法主要基于 Gauss 消去,主要用于系数矩阵为中小型稠密矩阵(稀疏矩阵则涉及矩阵重排、符号分解、数值分解和三角矩阵求解等)的情形。系数矩阵对称正定时用 Cholesky 分解,对称不定时可用 Aasen、Bunch-Parlett 算法,一般情形用 LU 分解加选主元策略(如列选主元、CALU[LDX11]等)。迭代法主要用于系数矩阵为大规模稀疏矩阵的情形。经典迭代法有 Jacobi,Gauss-Seidel,SOR 等,近代的则有基于 Lanczos 和 Arnoldi 过程的 Krylov 子空间方法。系数矩阵对称正定时一般用 CG,对称不定时可用 MINRES,一般情形可用 GMRES(基于长递推)、BiCGStab(基于短递推)、LSQR 等,往往跟预条件技术结合。此外还有随机算法[XZ17]等。

Harrow,Hassidim 和 Lloyd 于 2009 年发表了量子线性求解器——HHL 算法[HHL09],求解线性方程组 $\boldsymbol{Ax}=\boldsymbol{b}$,其中 $\boldsymbol{A}$ 是 $N\times N$ Hermite 矩阵。这是继 Deutsch 算法,Grover 算法和 Shor 算法之后的又一重要进展。本章内容基于文献[HHL09,CJS13,WZP18]。

1 Harrow-Hassidim-Lloyd 算法

假设线性方程组 $\boldsymbol{Ax}=\boldsymbol{b}$ 的右端项 $\boldsymbol{b}$ 的量子态易制备,系数矩阵 $\boldsymbol{A}$ 是 s-稀疏的(每行至多有 s 个非零元)。将 Hermite 矩阵 $\boldsymbol{A}$ 变换为酉算符 $e^{i\boldsymbol{A}t}$。当 $\boldsymbol{A}$ 是稀疏 Hamilton 量时可在 $O(s^2 t\log N)$ 时间内高效实现 $e^{-i\boldsymbol{A}t}$(见文献[HHL09]及其参考文献)。

设 $\boldsymbol{A}$ 的特征值为 $\lambda_1,\lambda_2,\cdots,\lambda_N$ 且 $1/\kappa\leqslant|\lambda_j|\leqslant 1$,$\kappa$ 为矩阵 $\boldsymbol{A}$ 的条件数(condition number);对应的特征向量为 $|u_1\rangle,|u_2\rangle,\cdots,|u_N\rangle$。在特征向量构成的正交基底下,$|b\rangle=\sum_{j=1}^{N}\beta_j\,|u_j\rangle$。HHL 算法经过以下步骤求得一个量子态,编码了原线性方程组的解。

假设量子态 $|b\rangle$ 已有或易于制备(存储在第一寄存器中),在初始阶段还需要制备辅助态(存储在第二寄存器中),

$$|\varphi_D\rangle\equiv\frac{1}{\sqrt{T}}\sum_{t=0}^{T-1}|t\rangle。\tag{10.1}$$

令 $\boldsymbol{U}=\mathrm{e}^{\mathrm{i}\boldsymbol{A}\tau_0/T}$，将 $\sum_{t=0}^{T-1}\boldsymbol{U}^t\otimes|t\rangle\langle t|$ 作用于 $|b\rangle\otimes|\varphi_D\rangle$，其中 $\tau_0=O(\kappa/\varepsilon)$，$\varepsilon$ 为预设计算精度，参数的取法将在后面说明。作用后量子态为

$$\sum_{j=1}^{N}\frac{1}{\sqrt{T}}\sum_{t=0}^{T-1}\mathrm{e}^{\mathrm{i}\lambda_j\tau_0 t/T}\beta_j|u_j\rangle\otimes|t\rangle. \tag{10.2}$$

应用逆量子 Fourier 变换，量子态转化为

$$\sum_{j=1}^{N}\frac{1}{\sqrt{T}}\sum_{t=0}^{T-1}\frac{1}{\sqrt{T}}\sum_{k=0}^{T-1}\mathrm{e}^{-\mathrm{i}2\pi kt/T}\mathrm{e}^{\mathrm{i}\lambda_j\tau_0 t/T}\beta_j|u_j\rangle\otimes|k\rangle\equiv\sum_{j=1}^{N}\sum_{k=0}^{T-1}\alpha_{kj}\beta_j|u_j\rangle|k\rangle, \tag{10.3}$$

其中 $\alpha_{kj}=\frac{1}{T}\sum_{t=0}^{T-1}\mathrm{e}^{\mathrm{i}t(\lambda_j\tau_0-2\pi k)/T}$。当 $\lambda_j\approx\frac{2\pi k}{\tau_0}\equiv\tilde{\lambda}_k$ 时，系数 $|\alpha_{kj}|$ 大。将 $|k\rangle$ 重标记，$\sum_{j=1}^{N}\sum_{k=0}^{T-1}\alpha_{kj}\beta_j|u_j\rangle|\tilde{\lambda}_k\rangle$。对于理想的相位估计：$\alpha_{kj}=1$，若 $\tilde{\lambda}_k=\lambda_j$；否则为 0。至此，第一和第二寄存器中的态是纠缠的，第二寄存器编码了特征值。简单起见，下面的讨论基于量子态

$$\sum_{j=1}^{N}\beta_j|u_j\rangle|\lambda_j\rangle。 \tag{10.4}$$

加入辅助位(即第三量子寄存器)，并根据 $|\lambda_j\rangle$ 作用受控旋转，即将 $\sum_{j=1}^{N}\boldsymbol{I}\otimes|\lambda_j\rangle\langle\lambda_j|\otimes\mathrm{e}^{-\mathrm{i}\boldsymbol{\sigma}_y\arcsin\frac{C}{\lambda_j}}$ 作用于 $\sum_{j=1}^{N}\beta_j|u_j\rangle|\lambda_j\rangle|0\rangle$，这时三个量子寄存器中的态为

$$\sum_{j=1}^{N}\beta_j|u_j\rangle|\lambda_j\rangle\left(\sqrt{1-C^2\lambda_j^{-2}}|0\rangle+C\lambda_j^{-1}|1\rangle\right), \tag{10.5}$$

其中 $C=O(1/\kappa)$。

反向相位估计，得到量子态

$$\sum_{j=1}^{N}\beta_j|u_j\rangle\left(\sqrt{1-C^2\lambda_j^{-2}}|0\rangle+C\lambda_j^{-1}|1\rangle\right)。 \tag{10.6}$$

最后测量辅助量子比特。测量结果为 1 的概率 p_{succ} 为

$$p_{\text{succ}}=\sum_{i=1}^{N}C^2|\beta_i|^2/|\lambda_i|^2\geqslant\sum_{i=1}^{N}C^2|\beta_i|^2=C^2=O(1/\kappa^2)。$$

结合振幅放大，成功概率可提升至 $O(1/\kappa)$。如果测量结果为 1，则测量之后的态为

$$|x\rangle|1\rangle\equiv\sqrt{1\Big/\left(\sum_{i=1}^{N}C^2|\beta_i|^2/|\lambda_i|^2\right)}\sum_{j=1}^{N}\beta_j\frac{C}{\lambda_j}|u_j\rangle|1\rangle, \tag{10.7}$$

方程解编码到量子态 $|x\rangle\propto\sum_{j=1}^{N}\beta_j\lambda_j^{-1}|u_j\rangle$。如果结果为 0，则舍弃并重复以上步骤。

HHL 算法用到三个寄存器：第一寄存器大小为 $O(\log N)$，初态为 $|b\rangle$，末态为 $|x\rangle$；第二寄存器以 n 比特二进制数近似 $\boldsymbol{A}$ 的特征值；第三存储器是单量子比特位。HHL 算法的量子线路如图 10.1 所示。算法步骤总结如下：

HHL 算法

1. 制备初态$|b\rangle\otimes|0\rangle\to|b\rangle\otimes|\varphi_D\rangle$。
2. 应用条件 Hamilton 演化$\sum_{t=0}^{T-1}\boldsymbol{U}^t\otimes|t\rangle\langle t|$,这里$\boldsymbol{U}=\mathrm{e}^{\mathrm{i}\boldsymbol{A}\tau_0/T}$。
3. 作用逆 $\mathrm{QFT}^\dagger$ 于第二寄存器。
4. 对辅助量子比特作用受控旋转。
5. 反向计算第二寄存器。
6. 测量辅助量子比特。
7. 若结果为 1 则返回;否则重复以上步骤。

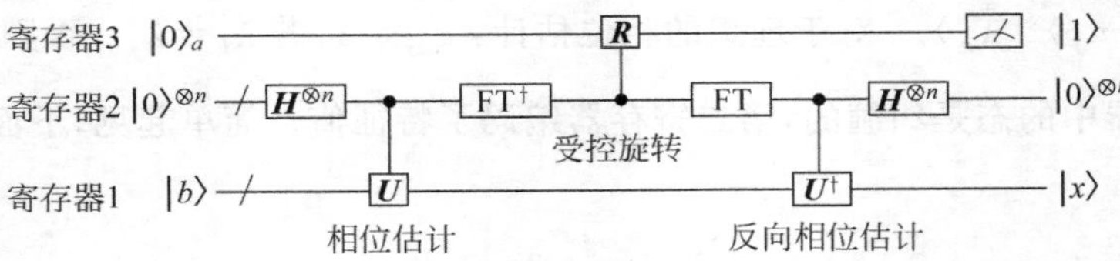

图 10.1 HHL 算法量子线路

文献[CWS13,PCY14]验证了 HHL 算法。这里以 2×2 矩阵为例说明 HHL 算法。令

$$\boldsymbol{A}=\begin{pmatrix}3\pi & \pi\\ \pi & 3\pi\end{pmatrix},\quad \boldsymbol{b}=\begin{pmatrix}b_0\\ b_1\end{pmatrix},\quad b_0^2+b_1^2=1。$$

线性方程组 $\boldsymbol{Ax}=\boldsymbol{b}$ 的解为

$$\boldsymbol{x}=\boldsymbol{A}^{-1}\boldsymbol{b}=\frac{1}{8\pi}\begin{pmatrix}3b_0-b_1\\ -b_0+3b_1\end{pmatrix}=\begin{pmatrix}x_0\\ x_1\end{pmatrix}。$$

系数矩阵 $\boldsymbol{A}$ 的特征值λ_j,特征向量$|u_j\rangle$分别为

$$\lambda_j=2\pi\cdot 2^j\,(j=0,1),\quad |u_0\rangle=\frac{1}{\sqrt{2}}(|0\rangle-|1\rangle),\quad |u_1\rangle=\frac{1}{\sqrt{2}}(|0\rangle+|1\rangle)。$$

令$|b\rangle=b_0|0\rangle+b_1|1\rangle=\sum_{j=0}^{1}\beta_j|u_j\rangle$,则$\beta_0=\frac{1}{\sqrt{2}}(b_0-b_1)$,$\beta_1=\frac{1}{\sqrt{2}}(b_0+b_1)$。

HHL 算法第一部分是相位估计。令 $T=2^2$,作用受控酉变换$\sum_{t=0}^{T-1}\mathrm{e}^{\mathrm{i}\boldsymbol{A}t/T\otimes|t\rangle\langle t|}$ 于 $|b\rangle|\varphi_D\rangle$,得

$$\frac{1}{\sqrt{2^2}}\sum_{j=0}^{1}\sum_{t=0}^{3}\mathrm{e}^{\mathrm{i}\lambda_j t/2^2}\beta_j|u_j\rangle|t\rangle。$$

作用逆 QFT,得

$$\begin{aligned}&\frac{1}{2^2}\sum_{j=0}^{1}\sum_{k=0}^{3}\sum_{t=0}^{3}\mathrm{e}^{-\mathrm{i}2\pi kt/2^2}\mathrm{e}^{\mathrm{i}2\pi 2^j t/2^2}\beta_j|u_j\rangle|k\rangle\\ =&\frac{1}{2^2}\sum_{j=0}^{1}\sum_{k=0}^{3}\Big(\sum_{t=0}^{3}\mathrm{e}^{-\mathrm{i}2\pi(k-2^j)t/2^2}\Big)\beta_j|u_j\rangle|k\rangle\end{aligned}$$

$$=\frac{1}{2^2}\sum_{j=0}^{1}\sum_{k=0}^{3}4\delta_{k,2^j}\beta_j\ |u_j\rangle\ |k\rangle$$
$$=\beta_0\ |u_0\rangle\ |01\rangle+\beta_1\ |u_1\rangle\ |10\rangle。$$

增加一个辅助位，量子态记为$\sum_{j=0}^{1}\beta_j\ |u_j\rangle\ |\lambda_j\rangle\ |0\rangle$。

HHL 算法第二部分是受控旋转，可得量子态

$$\sum_{j=0}^{1}\beta_j\ |u_j\rangle\ |\lambda_j\rangle\left(\sqrt{1-\frac{C^2}{\lambda_j^2}}\ |0\rangle+\frac{C}{\lambda_j}\ |1\rangle\right)。$$

HHL 算法第三部分为反向相位估计，可得量子态

$$\sum_{j=0}^{1}\beta_j\ |u_j\rangle|0\rangle^{\otimes 2}\left(\sqrt{1-\frac{C^2}{\lambda_j^2}}\ |0\rangle+\frac{C}{\lambda_j}\ |1\rangle\right)$$
$$=|\mathrm{trash}\rangle\otimes|0\rangle+C\sum_{j=0}^{1}\frac{\beta_j}{\lambda_j}\ |u_j\rangle|0\rangle^{\otimes 2}\ |1\rangle$$
$$=|\mathrm{trash}\rangle\otimes|0\rangle+\frac{C}{8\pi}((3b_0-b_1)\ |0\rangle+(-b_0+3b_1)\ |1\rangle)\ |0\rangle^{\otimes 2}\ |1\rangle$$
$$=|\mathrm{trash}\rangle\otimes|0\rangle+C(x_0\ |0\rangle+x_1\ |1\rangle)\ |0\rangle^{\otimes 2}\ |1\rangle,$$

其中$|\mathrm{trash}\rangle$为我们不关心的垃圾态。若测量辅助位所得结果为 1，则获得量子态$|x\rangle\propto x_0|0\rangle+x_1|1\rangle$。

算法的主要误差来源于量子相位估计，这步估计 λ 的误差为 $O(1/\tau_0)$，相对误差为 $O(1/\lambda\tau_0)$；又 $\lambda\geqslant 1/\kappa$，取 $\tau_0=O(\kappa/\varepsilon)$，则最终相对误差为 $O(\varepsilon)$。因 $C=O(1/\kappa)$，$|\lambda|\leqslant 1$，测得 1 的概率至少为 $1/\kappa^2$；应用振幅放大技术，重复 $O(\kappa)$ 次足够。考虑到这些因素，HHL 算法复杂度为

$$O(s^2\kappa^2\log N/\varepsilon),$$

其中，s 为稀疏度，κ 为条件数，ε 为误差。

若 $\boldsymbol{A}$ 是非 Hermite 矩阵，则可将其转化为如下形式的 Hermite 矩阵：

$$\begin{pmatrix}\boldsymbol{0} & \boldsymbol{A}\\ \boldsymbol{A}^{\dagger} & \boldsymbol{0}\end{pmatrix}。$$

我们还可以得到更一般的结果：

$$\sum_{j=1}^{N}\beta_j\ |u_j\rangle\left(\sqrt{1-C^2f(\lambda_j)^2}\ |0\rangle+Cf(\lambda_j)\ |1\rangle\right),$$

由此计算 $f(\boldsymbol{A})|b\rangle$。

2010 年 Ambainis 改进了对条件数的依赖，算法复杂度由 κ^2 降至 $\kappa\log^3\kappa$[Amb12]。2017 年 Childs，Kothari 和 Somma 进一步改进了对精度的依赖关系，对精度的依赖由 $O(\mathrm{poly}(1/\varepsilon))$ 降至 $O(\mathrm{poly}\log(1/\varepsilon))$[CKS17]。

HHL 算法是求解其他问题的引擎，比如预处理[CJS13,SX18]、最小二乘[WBL12]、岭回归[LZ17,Wan17]、Tikhonov 正则化[SX20a]、常微分方程组的求解[Ber14]以及机器学习问题[RML14,LMR14,LGZ16,GZD18,ZFF19,LDD20]等。

2 右端项态矢

关于态$|b\rangle$的制备，文献[CJS13]给出了改进方案。初始化三个量子寄存器和一个辅助态：

$$|\psi\rangle=\frac{1}{\sqrt{N}}\sum_{j=0}^{N-1}|j\rangle|0\rangle|0\rangle|0\rangle_a,$$

这里的下标a强调它是辅助量子比特。设$|b\rangle=\sum_{j=0}^{N-1}b_j\mathrm{e}^{\mathrm{i}\phi_j}|j\rangle, b_j,\phi_j\in\mathbb{R}^+$，Oracle 函数根据指标返回$b_j$和$\phi_j$：

$$|\psi\rangle\to\frac{1}{\sqrt{N}}\sum_{j=0}^{N-1}|j\rangle|b_j\rangle|\phi_j\rangle|0\rangle_a。$$

根据ϕ_j构造受控相位门，得

$$\frac{1}{\sqrt{N}}\sum_{j=0}^{N-1}\mathrm{e}^{\mathrm{i}\phi_j}|j\rangle|b_j\rangle|\phi_j\rangle|0\rangle_a。$$

根据b_j构造受控旋转，并调用 Oracle 反向计算，有

$$\frac{1}{\sqrt{N}}\sum_{j=0}^{N-1}\mathrm{e}^{\mathrm{i}\phi_j}|j\rangle|0\rangle|0\rangle\left(\sqrt{1-C_b^2b_j^2}|0\rangle_a+C_bb_j|1\rangle_a\right),$$

其中$|C_b|\leqslant 1/\max\{b_j\}$。

定义

$$\begin{aligned}|b_T\rangle&\equiv\frac{1}{\sqrt{N}}\sum_{j=0}^{N-1}\mathrm{e}^{\mathrm{i}\phi_j}|j\rangle\left(\sqrt{1-C_b^2b_j^2}|0\rangle_a+C_bb_j|1\rangle_a\right)\\&=\cos\phi_b|\tilde{b}\rangle|0\rangle_a+\sin\phi_b|b\rangle|1\rangle_a,\end{aligned}$$

其中，$\sin^2\phi_b=\frac{C_b}{N}\sum_{j=0}^{N-1}b_j^2$，$\cos^2\phi_b=\frac{1}{N}\sum_{j=0}^{N-1}(1-C_b^2b_j^2)$，$|b\rangle=\frac{1}{\sqrt{N}\sin\phi_b}\sum_{j=0}^{N-1}\mathrm{e}^{\mathrm{i}\phi_j}C_bb_j|j\rangle$，$|\tilde{b}\rangle=\frac{1}{\sqrt{N}\cos\phi_b}\sum_{j=0}^{N-1}\mathrm{e}^{\mathrm{i}\phi_j}\sqrt{1-C_b^2b_j^2}|j\rangle$为垃圾态。

令$|D\rangle=\frac{1}{\sqrt{T}}\sum_{t=0}^{T-1}|t\rangle$，酉变换$\boldsymbol{U}=\mathrm{e}^{\mathrm{i}\boldsymbol{A}\tau_0t/T}$，选取$\tau_0=\|\boldsymbol{A}\|\kappa/\varepsilon$来极小化误差。考虑三量子寄存器$|D\rangle|b_T\rangle$。

设展开式$|b\rangle=\sum_{j=0}^{N-1}\beta_j|u_j\rangle$，$|\tilde{b}\rangle=\sum_{j=0}^{N-1}\tilde{\beta}_j|u_j\rangle$，基于寄存器 1 的受控酉变换作用于寄存器 2。作用受控U变换后，得

$$\frac{1}{\sqrt{T}}\sum_{j=0}^{N-1}\sum_{t=0}^{T-1}(\cos\phi_b\tilde{\beta}_j\mathrm{e}^{\mathrm{i}\lambda_j\tau_0t/T}|t\rangle|u_j\rangle|0\rangle+\sin\phi_b\beta_j\mathrm{e}^{\mathrm{i}\lambda_j\tau_0t/T}|t\rangle|u_j\rangle|1\rangle)。$$

对寄存器 1 作逆 QFT 得

$$\sum_{j=0}^{N-1}\sum_{t=0}^{T-1}(\cos\phi_b\tilde{\beta}_j\alpha_{kj}|k\rangle|u_j\rangle|0\rangle+\sin\phi_b\beta_j\alpha_{kj}|k\rangle|u_j\rangle|1\rangle),$$

其中 $\alpha_{kj}=\frac{1}{T}\sum_{t=0}^{T-1}\exp\left(-\mathrm{i}2\pi\frac{t}{T}\left(k-\frac{\lambda_j\tau_0}{2\pi}\right)\right)$。简单起见，假设有足够的比特位(相当于无限精度)，则 $\alpha_{kj}=\delta_{kj}$。在 δ 函数近似下，上述态简化为

$$\sum_{j=0}^{N-1}(\cos\phi_b\widetilde{\beta}_j|\bar{\lambda}_j\rangle|u_j\rangle|0\rangle+\sin\phi_b\beta_j|\bar{\lambda}_j\rangle|u_j\rangle|1\rangle),$$

其中 $\bar{\lambda}_j=\lambda_j\tau_0/(2\pi)$。

引入辅助量子比特，据寄存器 1 中比特值应用受控旋转，则

$$\sum_{j=0}^{N-1}(\cos\phi_b\widetilde{\beta}_j|\bar{\lambda}_j\rangle|u_j\rangle|0\rangle+\sin\phi_b\beta_j|\bar{\lambda}_j\rangle|u_j\rangle|1\rangle)\left(\sqrt{1-\frac{C^2}{\lambda_j^2}}|0\rangle+\frac{C}{\lambda_j}|1\rangle\right),$$

其中 C 为常数使得 $C/\lambda_j<1$。

反向计算可得

$$|0\rangle\sum_{j=0}^{N-1}(\cos\phi_b\widetilde{\beta}_j|u_j\rangle|0\rangle+\sin\phi_b\beta_j|u_j\rangle|1\rangle)(\cos\theta_j|0\rangle+\sin\theta_j|1\rangle),$$

其中 $\sin\theta_j=C\lambda_j^{-1}$，$\cos\theta_j=\sqrt{1-C^2\lambda_j^{-2}}$。

简单起见，忽略第一寄存器，把 $|1\rangle|1\rangle$ 之外的项记为 $|\Phi_0\rangle$，考查态矢

$$(1-\sin^2\phi_b\sin^2\phi_x)^{1/2}|\Phi_0\rangle+\sin\phi_b\sin\phi_x|x\rangle|1\rangle|1\rangle,$$

其中 $|\Phi_0\rangle$ 是不需要的垃圾态，$\sin^2\phi_x=\sum_{j=0}^{N-1}|\beta_j|^2\sin^2\theta_j=C^2\sum_{j=0}^{N-1}|\beta_j|^2/\lambda_j^2$，$|x\rangle=\frac{C}{\sin\phi_x}\sum_{j=0}^{N-1}\frac{\beta_j}{\lambda_j}|u_j\rangle$。态矢 $|x\rangle$ 编码了 $\boldsymbol{A}|x\rangle=|b\rangle$ 的规范化解。

3 稠密线性方程组

2018 年 Wossnig，Zhao 和 Prakash 的论文[WZP18]，考虑了一般的 $n\times n$ 稠密系数矩阵 $\boldsymbol{A}$。由前文所述量子 SVE 算法，采用 QRAM[GLM08a,GLM08b]，使得下面定义的两个酉操作能在 $O(\mathrm{poly}(\log n))$ 时间内实现：

$$\boldsymbol{U_M}:|0\rangle|j\rangle\mapsto|\boldsymbol{A}_j\rangle|j\rangle=\frac{1}{\|\boldsymbol{A}_j\|}\sum_{i=0}^{n-1}A_{ij}|i,j\rangle,$$

$$\boldsymbol{U_N}:|i\rangle|0\rangle\mapsto|i\rangle|\boldsymbol{A}_{\mathrm{F}}\rangle=\frac{1}{\|\boldsymbol{A}\|_{\mathrm{F}}}\sum_{j=0}^{n-1}\|\boldsymbol{A}_j\||i,j\rangle,$$

这里 A_{ij} 是 $n\times n$ 矩阵的元素，$\boldsymbol{A}_j$ 是矩阵的第 j 列，F- 范数 $\|\boldsymbol{A}\|_{\mathrm{F}}=\left(\sum_j\|\boldsymbol{A}_j\|^2\right)^{1/2}$，态矢量 $|A_j\rangle=\frac{1}{\|\boldsymbol{A}_j\|}\sum_{i=0}^{n-1}A_{ij}|i\rangle$，$|A_{\mathrm{F}}\rangle=\frac{1}{\|\boldsymbol{A}\|_{\mathrm{F}}}\sum_{j=0}^{n-1}\|\boldsymbol{A}_j\||j\rangle$。对应于酉算符 $\boldsymbol{U_M}$ 和 $\boldsymbol{U_N}$ 有列正交矩阵 $\boldsymbol{M}$ 和 $\boldsymbol{N}$，满足 $\boldsymbol{M}^\dagger\boldsymbol{M}=\boldsymbol{N}^\dagger\boldsymbol{N}=\boldsymbol{I}$，且 $\boldsymbol{N}^\dagger\boldsymbol{M}=\boldsymbol{A}/\|\boldsymbol{A}\|_{\mathrm{F}}$。考虑到 $2\boldsymbol{M}\boldsymbol{M}^\dagger-\boldsymbol{I}=\boldsymbol{U_M}(2\sum_{j=0}^{n-1}|0\rangle|j\rangle\langle 0|\langle j|-\boldsymbol{I})\boldsymbol{U_M}^\dagger$ 以及 $2\boldsymbol{N}\boldsymbol{N}^\dagger-\boldsymbol{I}$ 的类似表达式，酉算符 $\boldsymbol{W}=(2\boldsymbol{N}\boldsymbol{N}^\dagger-\boldsymbol{I})(2\boldsymbol{M}\boldsymbol{M}^\dagger-\boldsymbol{I})$ 可以 $O(\mathrm{poly}(\log n))$ 时间复杂度高效实现。

设 $\boldsymbol{A}$ 的奇异值分解为 $\boldsymbol{A}=\sum_{i=0}^{n-1}\sigma_i|u_i\rangle\langle v_i|$，可以证明不变子空间 $\{\boldsymbol{M}|v_i\rangle,\boldsymbol{N}|u_i\rangle\}$ 上 $\boldsymbol{W}$ 对应的特征值为 $e^{\pm i\theta_i}$，满足 $\cos\theta_i=2\sigma_i^2/\|\boldsymbol{A}\|_F^2-1$，即 $\cos(\theta_i/2)=\sigma_i/\|\boldsymbol{A}\|_F$。由量子相位估计可以实现奇异值估计，可在 $O(\mathrm{poly}(\log n)/\varepsilon)$ 时间复杂度内至少以概率 $1-1/\mathrm{poly}(\log n)$ 实现

$$\sum_i\alpha_i|u_i\rangle|0\rangle\mapsto\sum_i\alpha_i|v_i\rangle|\tilde{\sigma}_i\rangle,$$

其中 $|\tilde{\sigma}_i-\sigma_i|\leqslant\varepsilon\|\boldsymbol{A}\|_F$。对于线性方程组 $\boldsymbol{Ax}=\boldsymbol{b}$，令 $|b\rangle=\sum_j\beta_j|u_j\rangle$，进行如下变换：

$$\begin{aligned}\sum_j\beta_j|u_j\rangle|0\rangle|0\rangle|0\rangle &\to \sum_j\beta_j|0\rangle|v_j\rangle|\tilde{\sigma}_j\rangle|0\rangle\\ &\to \sum_j\beta_j|0\rangle|v_j\rangle|\tilde{\sigma}_j\rangle\left[C\tilde{\sigma}_j^{-1}|1\rangle+\sqrt{1-C^2\tilde{\sigma}_j^{-2}}|0\rangle\right]。\end{aligned}$$

反向相位估计并测量辅助量子比特，所得态矢量给出 $\boldsymbol{A}^{-1}|b\rangle=\sum_j\beta_j\sigma_j^{-1}|v_j\rangle$ 近似解。对稠密系数矩阵问题，计算复杂度为 $O(\kappa(\boldsymbol{A})^2\mathrm{poly}(\log n)\|\boldsymbol{A}\|_F/\varepsilon)$[WZP18]。算法的线路如图 10.2 所示。

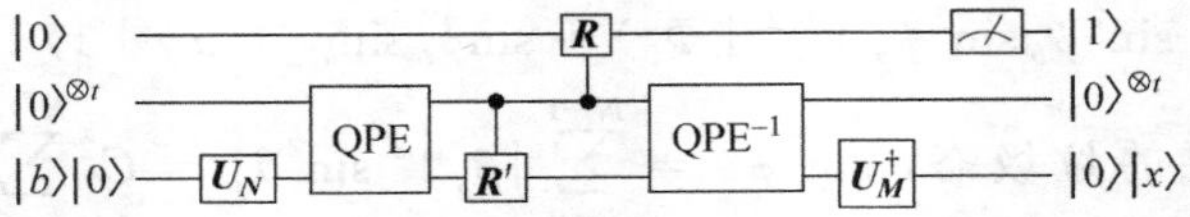

图 10.2　SVE 求解稠密线性方程组的量子线路示意图，其中 QPE 是关于 $\boldsymbol{W}$ 的 t 比特相位估计，$\boldsymbol{R}$ 和 $\boldsymbol{R}'$ 为受控旋转，$\boldsymbol{R}'$ 引入相对相位，$\boldsymbol{R}$ 等同于 HHL 中的相应操作

线性方程组量子算法内容丰富，除了这里介绍的，还包括基于容噪中型量子(NISQ)计算[HBR19,BLC+20,XSE+21,PSPP21]和量子绝热计算(AQC)[SSO19]的方法，以及物理实现[CWS+13,PCY+14,ZSC+17,WKW+19]。

第11章

量子游走

1 一维量子游走

考虑一维经典随机游走：右行 t_R 步，左行 t_L 步，$t=t_R+t_L$。设向右的概率为 p_R，向左 $p_L=1-p_R$。向右有 $C_t^{t_R}$ 种方式，每种方式出现的概率为 $p_R^{t_R}p_L^{t_L}=p_R^{t_R}(1-p_R)^{t-t_R}$，向右 t_R 步的总概率为 $p(t_R)=C_t^{t_R}p_R^{t_R}(1-p_R)^{t-t_R}$。向右游走的平均步数记为 $\langle t_R\rangle$，

$$\begin{aligned}
\langle t_R\rangle &\equiv \sum_{k=0}^{t}kp(k)=\sum_{k=1}^{t}kC_t^k p_R^k(1-p_R)^{t-k}\\
&=\sum_{k=1}^{t}k\frac{t!}{k!(t-k)!}p_R^k(1-p_R)^{t-k}\\
&=\sum_{k=1}^{t}\frac{t\cdot(t-1)!}{(k-1)!(t-k)!}p_R\cdot p_R^{k-1}(1-p_R)^{t-1-(k-1)}\\
&=p_Rt\sum_{l=1}^{t-1}\frac{(t-1)!}{l!(t-1-l)!}p_R^l(1-p_R)^{t-1-l}\\
&=p_Rt(p_R+1-p_R)^{t-1}=p_Rt。
\end{aligned}$$

同理，向左的平均步数为 $\langle t_L\rangle=p_Lt=(1-p_R)t$。类似地可计算

$$\begin{aligned}
\langle t_R^2\rangle &\equiv \sum_{k=0}^{t}k^2p(k)=\sum_{k=1}^{t}(k(k-1)+k)p(k)\\
&=\sum_{k=2}^{t}k(k-1)p(k)+\sum_{k=1}^{t}kp(k)\\
&=\sum_{k=2}^{t}\frac{t(t-1)\cdot(t-2)!}{(k-2)!(t-k)!}p_R^2\cdot p_R^{k-2}(1-p_R)^{t-2-(k-2)}+\langle t_R\rangle\\
&=t(t-1)p_R^2\sum_{l=0}^{t-2}\frac{(t-2)!}{l!(t-2-l)!}p_R^l(1-p_R)^{t-2-l}+\langle t_R\rangle
\end{aligned}$$

$$=t(t-1)p_R^2(p_R+1-p_R)^{t-2}+\langle t_R\rangle$$
$$=t^2p_R^2+p_R(1-p_R)t。$$

从而，方差 $\sigma_R^2=\langle t_R^2\rangle-\langle t_R\rangle^2=t(1-p_R)p_R$。离开出发点的距离约等于标准差，即 $\sigma_R=\sqrt{t(1-p_R)p_R}$。

经典游走中抛硬币的结果是0或者是1(分别代表左行和右行)，二者必居其一；量子游走中使用量子硬币，它可处于正面和反面的叠加态，设量子硬币态：$|c\rangle=\alpha|0\rangle+\beta|1\rangle$。用 $|n\rangle$ 代表位置态，量子游走的初态设为：$|\psi(0)\rangle=|n\rangle|c\rangle$。

定义 11.1 硬币(翻转)算符 $\boldsymbol{C}$，是按如下方式作用的酉变换：

$$\boldsymbol{C}\mid n,0\rangle\rightarrow a\mid n,0\rangle+b\mid n,1\rangle,\quad \boldsymbol{C}\mid n,1\rangle\rightarrow c\mid n,0\rangle+d\mid n,1\rangle,$$

其中 $\begin{pmatrix}a & c\\ b & d\end{pmatrix}$ 是二阶酉矩阵。移动算符 $\boldsymbol{S}$ 的作用方式如下：

$$\boldsymbol{S}\mid n,0\rangle\rightarrow\mid n-1,0\rangle,\quad \boldsymbol{S}\mid n,1\rangle\rightarrow\mid n+1,1\rangle。$$

量子游走的酉演化算符为 $\boldsymbol{U}=\boldsymbol{S}(\boldsymbol{I}\otimes\boldsymbol{C})$。

移动算符可表示为

$$\boldsymbol{S}=\sum_{n=-\infty}^{\infty}\mid n-1\rangle\langle n\mid\otimes\mid 0\rangle\langle 0\mid+\sum_{n=-\infty}^{\infty}\mid n+1\rangle\langle n\mid\otimes\mid 1\rangle\langle 1\mid$$
$$=\sum_{j=0}^{1}\sum_{n=-\infty}^{\infty}\mid n-(-1)^j,j\rangle\langle n,j\mid$$

游走 t 步后的量子态为 $|\psi(t)\rangle=\boldsymbol{U}^t|n\rangle|c\rangle$。注意，每步抛硬币后，不观察结果；如果观察则退化到经典随机游走。

考虑硬币算符为 $\boldsymbol{C}=\boldsymbol{H}=\frac{1}{\sqrt{2}}\begin{pmatrix}1 & 1\\ 1 & -1\end{pmatrix}$ 的一维 Hadamard 随机游走。假设

$$\mid\psi(t)\rangle=\sum_{n=-\infty}^{\infty}\mid n\rangle(A_n(t)\mid 0\rangle+B_n(t)\mid 1\rangle),$$

其概率分布 $p_n(t)=|A_n(t)|^2+|B_n(t)|^2$，$\sum\limits_{n=-\infty}^{\infty}p_n(t)=1$。计算下一时刻的量子态，

$$\mid\psi(t+1)\rangle=\boldsymbol{S}(\boldsymbol{I}\otimes\boldsymbol{C})\mid\psi(t)\rangle=\boldsymbol{S}\sum_{n=-\infty}^{\infty}\mid n\rangle\left(A_n\frac{\mid 0\rangle+\mid 1\rangle}{\sqrt{2}}+B_n\frac{\mid 0\rangle-\mid 1\rangle}{\sqrt{2}}\right)$$
$$=\sum_{n=-\infty}^{\infty}\left(\frac{A_n}{\sqrt{2}}(\mid n-1\rangle\mid 0\rangle+\mid n+1\rangle\mid 1\rangle)+\frac{B_n}{\sqrt{2}}(\mid n-1\rangle\mid 0\rangle-\mid n+1\rangle\mid 1\rangle)\right)$$
$$=\sum_{n=-\infty}^{\infty}\left(\frac{A_n+B_n}{\sqrt{2}}\mid n-1,0\rangle+\frac{A_n-B_n}{\sqrt{2}}\mid n+1,1\rangle\right),$$

$$A_n(t+1)=\frac{A_{n+1}(t)+B_{n+1}(t)}{\sqrt{2}},\quad B_n(t+1)=\frac{A_{n-1}(t)-B_{n-1}(t)}{\sqrt{2}}。$$

概率分布为

$$p_n(t+1)=|A_n(t+1)|^2+|B_n(t+1)|^2$$
$$=\frac{1}{2}(p_{n+1}(t)+p_{n-1}(t))+\mathrm{Re}(A_{n+1}\bar{B}_{n+1}-A_{n-1}\bar{B}_{n-1})。$$

下面讨论不同的量子硬币和初始态下，量子随机游走的概率分布。

1. Hadamard 量子硬币＋有偏初始态

设位置初态 $|x\rangle=|0\rangle$，硬币初态 $|c\rangle=|0\rangle$（对应 $A_0(0)=1, B_0(0)=0$）。硬币算符与移动算符定义如下：

$$|x,0\rangle \xrightarrow{C} \frac{1}{\sqrt{2}}(|x,0\rangle+|x,1\rangle), \quad |x,0\rangle \xrightarrow{S} |x-1,0\rangle,$$

$$|x,1\rangle \xrightarrow{C} \frac{1}{\sqrt{2}}(|x,0\rangle-|x,1\rangle), \quad |x,1\rangle \xrightarrow{S} |x+1,1\rangle。$$

将系数 $A_n(t)$ 和 $B_n(t)$ 以 $\begin{Bmatrix} A_n(t) \\ B_n(t) \end{Bmatrix}$ 记录，下表给出了 $t=0,1,\cdots,4$ 的结果。比如，$t=2$ 时，$\begin{Bmatrix} \frac{1}{2} \\ \frac{1}{2} \end{Bmatrix}$ 表示 $|n=0\rangle\left(\frac{1}{2}|0\rangle+\frac{1}{2}|1\rangle\right)$。

	-4	-3	-2	-1	$n=0$	1	2	3	4
$t=0$					$\begin{Bmatrix} 1 \\ 0 \end{Bmatrix}$				
$t=1$				$\begin{Bmatrix} \frac{1}{\sqrt{2}} \\ 0 \end{Bmatrix}$		$\begin{Bmatrix} 0 \\ \frac{1}{\sqrt{2}} \end{Bmatrix}$			
$t=2$			$\begin{Bmatrix} \frac{1}{2} \\ 0 \end{Bmatrix}$		$\begin{Bmatrix} \frac{1}{2} \\ \frac{1}{2} \end{Bmatrix}$		$\begin{Bmatrix} 0 \\ \frac{-1}{2} \end{Bmatrix}$		
$t=3$		$\begin{Bmatrix} \frac{1}{2\sqrt{2}} \\ 0 \end{Bmatrix}$		$\begin{Bmatrix} \frac{1}{\sqrt{2}} \\ \frac{1}{2\sqrt{2}} \end{Bmatrix}$		$\begin{Bmatrix} \frac{-1}{2\sqrt{2}} \\ 0 \end{Bmatrix}$		$\begin{Bmatrix} 0 \\ \frac{1}{2\sqrt{2}} \end{Bmatrix}$	
$t=4$	$\begin{Bmatrix} \frac{1}{4} \\ 0 \end{Bmatrix}$		$\begin{Bmatrix} \frac{3}{4} \\ \frac{1}{4} \end{Bmatrix}$		$\begin{Bmatrix} \frac{-1}{4} \\ \frac{1}{4} \end{Bmatrix}$		$\begin{Bmatrix} \frac{1}{4} \\ \frac{-1}{4} \end{Bmatrix}$		$\begin{Bmatrix} 0 \\ \frac{-1}{4} \end{Bmatrix}$

该表给出了前四步的态，具体如下：

$$|\psi(0)\rangle=|0,0\rangle,$$

$$|\psi(1)\rangle=\frac{1}{\sqrt{2}}(|-1,0\rangle+|1,1\rangle),$$

$$|\psi(2)\rangle=\frac{1}{2}(|-2,0\rangle+|0,0\rangle+|0,1\rangle-|2,1\rangle),$$

$$|\psi(3)\rangle=\frac{1}{2\sqrt{2}}(|-3,0\rangle+2|-1,0\rangle+|-1,1\rangle-|1,0\rangle+|3,1\rangle),$$

$$|\psi(4)\rangle=\frac{1}{4}(|-4,0\rangle+3\,|-2,0\rangle+|-2,1\rangle-|0,0\rangle+|0,1\rangle+|2,0\rangle-|2,1\rangle-|4,1\rangle)。$$

注意到

$$(\boldsymbol{I}\otimes\boldsymbol{C})\,|\psi(2)\rangle=\frac{1}{2\sqrt{2}}[|-2\rangle(|0\rangle+|1\rangle)+|0\rangle(|0\rangle+|1\rangle)+$$
$$|0\rangle(|0\rangle-|1\rangle)-|2\rangle(|0\rangle-|1\rangle)],$$

方括号内$|0\rangle|1\rangle$和$-|0\rangle|1\rangle$两项相互抵消，可见量子游走中有量子干涉发生。进一步可计算 $t=5$ 各系数及概率如下表所示。

n	-5	-4	-3	-2	-1	0	1	2	3	4	5
A_n	$\frac{1}{4\sqrt{2}}$		$\frac{1}{\sqrt{2}}$		0		0		$\frac{-1}{4\sqrt{2}}$		0
B_n	0		$\frac{1}{4\sqrt{2}}$		$\frac{1}{2\sqrt{2}}$		$\frac{-1}{2\sqrt{2}}$		$\frac{1}{2\sqrt{2}}$		$\frac{1}{4\sqrt{2}}$

容易计算各时刻 t 量子随机游走在位置 n 的概率分布如下表所示。

n	-5	-4	-3	-2	-1	0	1	2	3	4	5
$t=0$						1					
$t=1$					$\frac{1}{2}$		$\frac{1}{2}$				
$t=2$				$\frac{1}{4}$		$\frac{1}{2}$		$\frac{1}{4}$			
$t=3$			$\frac{1}{8}$		$\frac{5}{8}$		$\frac{1}{8}$		$\frac{1}{8}$		
$t=4$		$\frac{1}{16}$		$\frac{5}{8}$		$\frac{1}{8}$		$\frac{1}{8}$		$\frac{1}{16}$	
$t=5$	$\frac{1}{32}$		$\frac{17}{32}$		$\frac{1}{8}$		$\frac{1}{8}$		$\frac{5}{32}$		$\frac{1}{32}$

我们也给出经典随机游走的结果来作对比。初始位置为 0，五步经典随机游走的概率分布如下表所示。

n	-5	-4	-3	-2	-1	0	1	2	3	4	5
$t=0$						1					
$t=1$					$\frac{1}{2}$		$\frac{1}{2}$				
$t=2$				$\frac{1}{4}$		$\frac{1}{2}$		$\frac{1}{4}$			
$t=3$			$\frac{1}{8}$		$\frac{3}{8}$		$\frac{3}{8}$		$\frac{1}{8}$		
$t=4$		$\frac{1}{16}$		$\frac{1}{4}$		$\frac{3}{8}$		$\frac{1}{4}$		$\frac{1}{16}$	
$t=5$	$\frac{1}{32}$		$\frac{5}{32}$		$\frac{5}{16}$		$\frac{5}{16}$		$\frac{5}{32}$		$\frac{1}{32}$

计算表明，经典随机游走的概率分布是对称的；而初始态分别为$|00\rangle$和$|01\rangle$时的量子随机游走的概率分布情况，与经典随机游走有很大的不同。初始位置为$|0\rangle$，如果硬币初始为$|0\rangle$则总体向左走；反之硬币初始为$|1\rangle$，则总体向右。这种不对称性来自于 Hadamard 算符作用于$|0\rangle$和$|1\rangle$的不同结果，对于$|1\rangle$增加一个相位-1。这里初始态的不同导致的相位差决定了最后粒子位置左右分布的差异。

2. Hadamard 量子硬币+对称初始态

量子硬币的初态取为对称的叠加态$|c\rangle=\frac{1}{\sqrt{2}}(|0\rangle+|1\rangle)$，且$|x\rangle=|0\rangle$。计算前四步的态：

$$
\begin{aligned}
&|\psi(0)\rangle=\frac{1}{\sqrt{2}}(|0,0\rangle+|0,1\rangle),\\
&|\psi(1)\rangle=|-1,0\rangle,\\
&|\psi(2)\rangle=\frac{1}{\sqrt{2}}(|-2,0\rangle+|0,1\rangle),\\
&|\psi(3)\rangle=\frac{1}{2}(|-3,0\rangle+|-1,0\rangle+|-1,1\rangle-|1,1\rangle),\\
&|\psi(4)\rangle=\frac{1}{2\sqrt{2}}(|-4,0\rangle+2|-2,0\rangle+|-2,1\rangle-|0,0\rangle+|2,1\rangle)。
\end{aligned}
$$

第四步的概率分布如下表所示。

n	-4	-3	-2	-1	0	1	2	3	4
$p_n(t=4)$	$\frac{1}{8}$		$\frac{5}{8}$		$\frac{1}{8}$		$\frac{1}{8}$		

3. Hadamard 量子硬币+Chiral 初始态

初态取为$|x\rangle=|0\rangle$，$|c\rangle=\frac{1}{\sqrt{2}}(|0\rangle+\mathrm{i}|1\rangle)$。计算前四步的态：

$$
\begin{aligned}
&|\psi(0)\rangle=\frac{1}{\sqrt{2}}(|0,0\rangle+\mathrm{i}|0,1\rangle),\\
&|\psi(1)\rangle=\frac{1+\mathrm{i}}{2}|-1,0\rangle+\frac{1-\mathrm{i}}{2}|1,1\rangle,\\
&|\psi(2)\rangle=\frac{1}{\sqrt{2}}\left(\frac{1+\mathrm{i}}{2}|-2,0\rangle+\frac{1-\mathrm{i}}{2}|0,0\rangle+\frac{1+\mathrm{i}}{2}|0,1\rangle-\frac{1-\mathrm{i}}{2}|2,1\rangle\right),\\
&|\psi(3)\rangle=\frac{1+\mathrm{i}}{4}|-3,0\rangle+\frac{1}{2}|-1,0\rangle+\frac{1+\mathrm{i}}{4}|-1,1\rangle-\\
&\qquad\frac{1-\mathrm{i}}{4}|1,0\rangle-\frac{\mathrm{i}}{2}|1,1\rangle+\frac{1-\mathrm{i}}{4}|3,1\rangle,\\
&|\psi(4)\rangle=\frac{1}{4\sqrt{2}}((1+\mathrm{i})|-4,0\rangle+(3+\mathrm{i})|-2,0\rangle+(1+\mathrm{i})|-2,1\rangle-\\
&\qquad(1+\mathrm{i})|0,0\rangle+(1-\mathrm{i})|0,1\rangle+(1-\mathrm{i})|2,0\rangle-\\
&\qquad(1-3\mathrm{i})|2,1\rangle-(1-\mathrm{i})|4,1\rangle)。
\end{aligned}
$$

取 $t=100$ 步时，计算所得的概率在空间上的(对称)分布如图 11.1 所示。

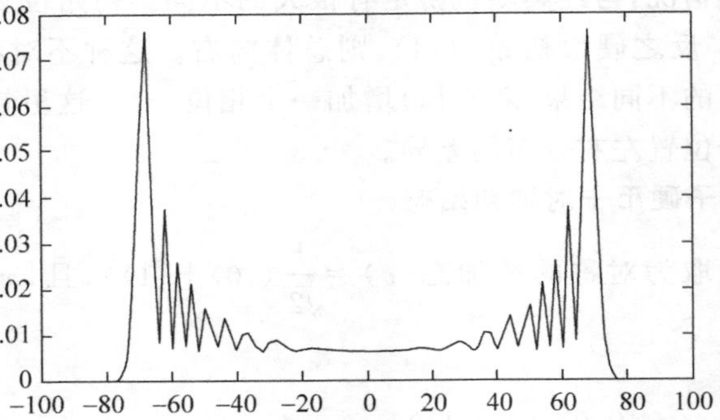

图 11.1 Chiral 初始态下的 Hadamard 量子游走

4. 非 Hadamard 量子硬币+对称初始态

改用更对称的量子硬币 $\boldsymbol{C}=\frac{1}{\sqrt{2}}\begin{pmatrix} \mathrm{i} & 1 \\ 1 & \mathrm{i} \end{pmatrix}$。初态取为 $|x\rangle=|0\rangle$，$|c\rangle=\frac{1}{\sqrt{2}}(|0\rangle+|1\rangle)$。

$$|x,0\rangle \xrightarrow{\boldsymbol{C}} \frac{1}{\sqrt{2}}(\mathrm{i}\,|x,0\rangle+|x,1\rangle), \quad |x,0\rangle \xrightarrow{\boldsymbol{S}} |x-1,0\rangle,$$

$$|x,1\rangle \xrightarrow{\boldsymbol{C}} \frac{1}{\sqrt{2}}(|x,0\rangle+\mathrm{i}\,|x,1\rangle), \quad |x,1\rangle \xrightarrow{\boldsymbol{S}} |x+1,1\rangle。$$

计算前四步的态：

$$|\psi(0)\rangle=\frac{1}{\sqrt{2}}(|0,0\rangle+|0,1\rangle),$$

$$|\psi(1)\rangle=\frac{1+\mathrm{i}}{2}(|-1,0\rangle+|1,1\rangle),$$

$$|\psi(2)\rangle=\frac{1+\mathrm{i}}{2\sqrt{2}}(\mathrm{i}\,|-2,0\rangle+|0,0\rangle+|0,1\rangle+\mathrm{i}\,|2,1\rangle),$$

$$|\psi(3)\rangle=\frac{1+\mathrm{i}}{4}(-|-3,0\rangle+(1+\mathrm{i})\,|-1,0\rangle+\mathrm{i}\,|-1,1\rangle+ \\ \mathrm{i}\,|1,0\rangle+(1+\mathrm{i})\,|1,1\rangle-|3,1\rangle),$$

$$|\psi(4)\rangle=\frac{1+\mathrm{i}}{4\sqrt{2}}(-\mathrm{i}\,|-4,0\rangle+(-1+2\mathrm{i})\,|-2,0\rangle-|-2,1\rangle+\mathrm{i}\,|0,0\rangle+\mathrm{i}\,|0,1\rangle- \\ |2,0\rangle+(-1+2\mathrm{i})\,|2,1\rangle-\mathrm{i}\,|4,1\rangle)。$$

第四步的概率分布如下表所示。

n	-4	-3	-2	-1	0	1	2	3	4
$p_n(t=4)$	$\frac{1}{16}$		$\frac{3}{8}$		$\frac{1}{8}$		$\frac{3}{8}$		$\frac{1}{16}$

最后，我们将经典随机游走和量子随机游走总结如下表。

经典随机游走	量子随机游走
1. 设初始点 $x=0$， 初始化硬币	1. 设初始点 $x=0$， 初始化量子硬币
2. 掷硬币 结果为正(Head)或反(Tail)	2. 掷量子硬币 $\boldsymbol{C}\|x,0\rangle \to a\|x,0\rangle+b\|x,1\rangle$ $\boldsymbol{C}\|x,1\rangle \to c\|x,0\rangle+d\|x,1\rangle$
3. 根据投硬币结果左移或右移 TAIL: $x \to x-1$ HEAD: $x \to x+1$	3. 根据量子硬币态左移或右移 $\boldsymbol{S}\|x,0\rangle \to \|x-1,0\rangle$ $\boldsymbol{S}\|x,1\rangle \to \|x+1,1\rangle$
4. 重复第 2 步和第 3 步 t 次	4. 重复第 2 步和第 3 步 t 次
5. 测量位置 $-t \leqslant x \leqslant t$	5. 测量位置 $-t \leqslant x \leqslant t$
6. 重复 1～5 步骤多次 $\to$概率分布 $p(x,t)$ 标准偏差 $\langle x^2\rangle^{1/2} \propto \sqrt{t}$	6. 重复 1～5 步骤多次 $\to$概率分布 $p(x,t)$ 标准偏差 $\langle x^2\rangle^{1/2} \propto t$

2 SKW 算法

考虑 n 维超立方体上的量子随机游走。它有 $N=2^n$ 个顶点，每个顶点用一个 n 位二进制串表示。当由 n 比特标记的两个点仅有一个比特不同(即 Hamming 距离为 1)时，它们通过一条边直接相连，相当于有 N 个节点的无向图。用 $|k\rangle$ 标记硬币方向空间的基矢，$k\in[n]$。每一个 $|k\rangle$ 对应于一个 N 维矢量 $|e_k\rangle$，这里 e_k 是 n 位二进制串，除了第 k 位是 1 以外其余全为 0，即 $|e_k\rangle=|0\cdots010\cdots0\rangle$，它指示下一步游走的方向。span$\{|x\rangle: x\in\{0,1\}^n\}$ 定义位置空间。2003 年 N. Shenvi，J. Kempe 和 K. B. Whaley 提出基于 n 维超立方体上量子随机游走的搜索算法，即 SKW 算法[SKW03]。

定义 11.2 超立方体上的移动算符

$$\boldsymbol{S} \mid x,k\rangle = \mid x \oplus e_k,k\rangle。$$

硬币翻转算符

$$\boldsymbol{C}=\mid g_0\rangle\langle g_0 \mid \otimes \boldsymbol{C}_1 + (\boldsymbol{I} - \mid g_0\rangle\langle g_0 \mid) \otimes \boldsymbol{G},$$

其中，g_0 为待搜索的标注节点，$\boldsymbol{C}_1$ 是应用于标注节点的特殊硬币算符，$\boldsymbol{G}$ 为 Grover 旋转

$$\boldsymbol{G} = -\boldsymbol{I} + 2 \mid D\rangle\langle D \mid,$$

其中 $\mid D\rangle = \frac{1}{\sqrt{n}}\sum_{k=1}^{n} \mid k\rangle$ 是各个方向等权叠加态。定义演化算子

$$\boldsymbol{U}=\boldsymbol{SC}。 \tag{11.1}$$

移动算符 $\boldsymbol{S}$ 使 x 的第 k 个比特位翻转，显式表达为

$$\boldsymbol{S}=\sum_{d=1}^{n}\sum_{x=0}^{N-1} \mid x \oplus e_d,d\rangle\langle x,d \mid。 \tag{11.2}$$

硬币算符 $\boldsymbol{C}=\boldsymbol{I}\otimes\boldsymbol{G}+|g_0\rangle\langle g_0|\otimes(\boldsymbol{C}_1-\boldsymbol{G})$ 是在 $\boldsymbol{I}\otimes\boldsymbol{G}$ 基础上的修正，修正后的算符 $\boldsymbol{C}$ 与标注位置相关。取 $\boldsymbol{C}_1=-\boldsymbol{I}$，则

$$C=|g_0\rangle\langle g_0|\otimes(-I)+\sum_{x\neq g_0}|x\rangle\langle x|\otimes G。\tag{11.3}$$

显然

$$C|x\rangle|d\rangle=\begin{cases}-|g_0\rangle|d\rangle, & x=g_0;\\ |x\rangle(G|d\rangle), & x\neq g_0。\end{cases}$$

相当于对节点 g_0 用硬币算符 $-I$，对其他节点用 Grover 算符 G。单步游走算子

$$\begin{aligned}W=SC&=S(-|g_0\rangle\langle g_0|\otimes I+(I-|g_0\rangle\langle g_0|)\otimes G)\\&=S(I\otimes G)-S(|g_0\rangle\langle g_0|\otimes(I+G))=U-2S(|g_0\rangle\langle g_0|\otimes|D\rangle\langle D|)\\&=U-2S(I\otimes G)(|g_0\rangle\langle g_0|\otimes|D\rangle\langle D|)=U(I-2|g_0\rangle\langle g_0|\otimes|D\rangle\langle D|)\\&\equiv UR。\end{aligned}$$

这里用到 $|D\rangle=G|D\rangle$，$U=S(I\otimes G)$，$R\equiv I-2|g_0,D\rangle\langle g_0,D|$。$R$ 是反射算符，满足

$$R|x\rangle|\psi\rangle=\begin{cases}-|x\rangle|\psi\rangle, & |\psi\rangle=|D\rangle,x=g_0,\\ |x\rangle|\psi\rangle, & |\psi\rangle=|D\rangle^{\perp},\text{或 }x\neq g_0。\end{cases}$$

将任意向量分解成 $|g_0,D\rangle$ 和其垂直方向（垂直于 $|g_0,D\rangle$ 的超平面），在 R 作用下，垂直方向不变，而 $|g_0,D\rangle$ 方向变号。向量 $|g_0,D\rangle$ 是目标态；通过测量第一寄存器，以大概率获得 g_0。

SKW 算法

---

1. 初始化为所有位置和所有方向的等权叠加态：

$$|\psi_0\rangle=|D^s\rangle\otimes|D^c\rangle=\frac{1}{\sqrt{2^n n}}\sum_{x,k}|x\rangle|k\rangle,$$

其中

$$|D^s\rangle=\frac{1}{\sqrt{2^n}}\sum_{x=0}^{2^n-1}|x\rangle,\quad |D^c\rangle=\frac{1}{\sqrt{n}}\sum_{d=1}^{n}|d\rangle。$$

2. 如下操作 $O(\sqrt{N})$ 次，$N=2^n$。

(i) C：对标记位置用量子硬币 $C_1=-I$，对未标记位置用 $C_0=G$。

(ii) S：$|x\rangle|k\rangle\to|x\oplus e_k\rangle|k\rangle$，其中 $x\oplus e_k$ 表示 x 的第 k 个比特位翻转。

用演化算符 $W=SC=S(I\otimes C_0)-S(|g_0\rangle\langle g_0|\otimes(C_0-C_1))$，共 $\left\lceil\frac{\pi}{2}\sqrt{N}\right\rceil$ 次。

3. 测量第一寄存器，以概率 $\frac{1}{2}-O\left(\frac{1}{n}\right)$ 得标记态。

重复以上步骤，可以任意小的误差概率获得标记态[SKW03]。

---

3 Szegedy 游走

Szegedy 模型研究对称二部(bipartite)图上的离散时间无硬币量子游走，本节主要内容参考文献[Por18]。给定连接图，通过如下复制过程构造对称二部图(图 11.2)：原图 11.2(a)中的每条连接 x_i 和 x_j 的边 $\{x_i,x_j\}$ 复制为图 11.2(b)的二部图中的两条边 $\{x_i,y_j\}$ 和 $\{y_i,x_j\}$；反之亦可以由后者构造前者。

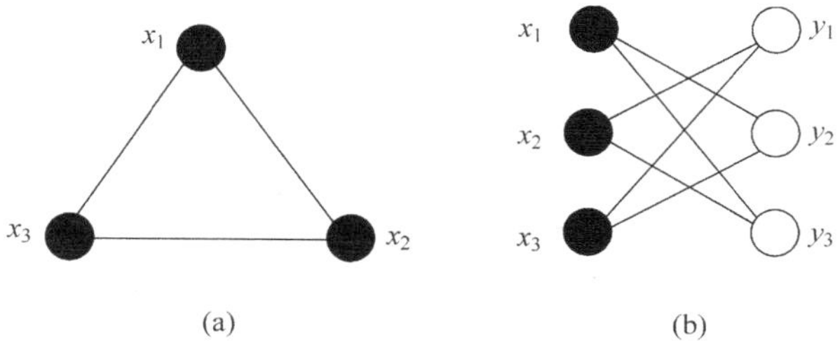

图 11.2 对称二部图的构造

(a) 原图；(b) 二部图

设上述复制过程构造的二部图有两个节点集合 X 和 Y，$|X|=|Y|=n$，一个集合中的点可与另一个集合中的点连接，而集合内的点之间无连接。定义二部图上从 X 跳转到 Y，Y 跳至 X 的概率转移矩阵分别为 $\boldsymbol{P}$ 和 $\boldsymbol{Q}$，其中 $\boldsymbol{P}=(p_{xy})$，$\boldsymbol{Q}=(q_{yx})$，满足 $\sum\limits_{y\in Y} p_{xy}=1$，$\forall x\in X$；$\sum\limits_{x\in X} q_{yx}=1$，$\forall y\in Y$。比如，若 y 与 x 相邻，$p_{xy}=1/\deg(x)$，否则为 0（这里 $\deg(x)$ 是与 x 相连的边的个数）；若 x 与 y 相邻，$q_{yx}=1/\deg(y)$，否则为 0。

二部图上的 Szegedy 游走为原图上经典 Markov 链的量子版本，对应的 Hilbert 空间为

$$H^{n^2}=H^n\otimes H^n=\mathrm{span}\{|x,y\rangle,x\in X,y\in Y\}。$$

定义 11.3 等距算子 $\boldsymbol{A}$ 和 $\boldsymbol{B}$：

$$\boldsymbol{A}:H^n\to H^{n^2},\quad \boldsymbol{A}=\sum_{i\in X}|a_i\rangle\langle i|,\quad |a_i\rangle=|i\rangle\otimes\Big(\sum_{j\in Y}\sqrt{p_{ij}}\,|j\rangle\Big),$$

$$\boldsymbol{B}:H^n\to H^{n^2},\quad \boldsymbol{B}=\sum_{j\in Y}|b_j\rangle\langle j|,\quad |b_j\rangle=\Big(\sum_{i\in X}\sqrt{q_{ji}}\,|i\rangle\Big)\otimes|j\rangle。$$

反射算子

$$\boldsymbol{R_A}=2\boldsymbol{AA}^\dagger-\boldsymbol{I}_{n^2},\quad \boldsymbol{R_B}=2\boldsymbol{BB}^\dagger-\boldsymbol{I}_{n^2}。\tag{11.4}$$

判别(discriminant)矩阵 $\boldsymbol{D}=\boldsymbol{A}^\dagger\boldsymbol{B}$。

易验证 $\boldsymbol{A}|i\rangle=|a_i\rangle$，$\boldsymbol{B}|j\rangle=|b_j\rangle$，且

$$\langle a_i|a_x\rangle=\Big(\langle i|\otimes\Big(\sum_{j\in Y}\sqrt{p_{ij}}\langle j|\Big)\Big)\Big(|x\rangle\otimes\Big(\sum_{y\in Y}\sqrt{p_{xy}}\,|y\rangle\Big)\Big)=\delta_{ix}。$$

同理 $\langle b_j|b_y\rangle=\delta_{jy}$。从而 $\boldsymbol{A}^\dagger\boldsymbol{A}=\boldsymbol{B}^\dagger\boldsymbol{B}=\boldsymbol{I}_n$。投影算子

$$\boldsymbol{AA}^\dagger=\sum_{i\in X}|a_i\rangle\langle a_i|,\quad \boldsymbol{BB}^\dagger=\sum_{j\in Y}|b_j\rangle\langle b_j|,$$

分别投影到由 n 个相互正交的态张成的子空间

$$\mathcal{A}=\mathrm{span}\{|a_i\rangle,i\in X\},\quad \mathcal{B}=\mathrm{span}\{|b_j\rangle,j\in Y\}。$$

反射算子满足

$$\boldsymbol{R_A}|\psi\rangle=\begin{cases}|\psi\rangle, & |\psi\rangle\in\mathcal{A},\\ -|\psi\rangle, & |\psi\rangle\in\mathcal{A}^\perp;\end{cases}\quad \boldsymbol{R_B}|\psi\rangle=\begin{cases}|\psi\rangle, & |\psi\rangle\in\mathcal{B},\\ -|\psi\rangle, & |\psi\rangle\in\mathcal{B}^\perp。\end{cases}$$

子空间 $\mathcal{A}$ 和 $\mathcal{B}$ 的基向量间的夹角决定了判别矩阵 $\boldsymbol{D}=(d_{ij})$ 的元素：$d_{ij}=\langle a_i|b_j\rangle=\sqrt{p_{ij}q_{ji}}$。取 $p_{ij}=q_{ji}$，则 $\boldsymbol{D}=\boldsymbol{Q}=\boldsymbol{P}$。

演化算子由原图的概率转移矩阵构造，类似 Grover 算法中的 $\boldsymbol{R}_D\boldsymbol{R}_f$，定义演化算子(Szegedy 矩阵)。

定义 11.4 Szegedy 矩阵

$$\boldsymbol{W_P}=\boldsymbol{R_B}\boldsymbol{R_A}=(2\boldsymbol{B}\boldsymbol{B}^\dagger-\boldsymbol{I})(2\boldsymbol{A}\boldsymbol{A}^\dagger-\boldsymbol{I})。\tag{11.5}$$

下面将看到，演化算子 $\boldsymbol{W_P}$ 的非平凡特征值可由 $\boldsymbol{D}$ 的奇异值给出。利用 $\boldsymbol{W_P}$ 的特征分解，可计算 $\boldsymbol{W_P^t}$；从而由初始态 $|\psi(0)\rangle$ 可计算任意时刻的态 $|\psi(t)\rangle$。

设 $\boldsymbol{D}=\boldsymbol{A}^\dagger\boldsymbol{B}$ 的奇异值分解(SVD)为

$$\boldsymbol{D}=\boldsymbol{U\Sigma V}^\dagger,\quad \boldsymbol{\Sigma}=\mathrm{diag}(\sigma_1,\sigma_2,\cdots,\sigma_n),\quad \sigma_i\geqslant 0。$$

令 $\boldsymbol{U}=\sum_{i=1}^n|u_i\rangle\langle i|$，$\boldsymbol{V}=\sum_{i=1}^n|v_i\rangle\langle i|$，则

$$\boldsymbol{D}|v_i\rangle=\sigma_i|u_i\rangle,\quad \boldsymbol{D}^\dagger|u_i\rangle=\sigma_i|v_i\rangle。$$

分别左乘 $\boldsymbol{A}$ 和 $\boldsymbol{B}$，得

$$\boldsymbol{A}\boldsymbol{A}^\dagger\boldsymbol{B}|v_i\rangle=\sigma_i\boldsymbol{A}|u_i\rangle,\quad \boldsymbol{B}\boldsymbol{B}^\dagger\boldsymbol{A}|u_i\rangle=\sigma_i\boldsymbol{B}|v_i\rangle。$$

考虑到 $\|\boldsymbol{A}|u_i\rangle\|=\|\boldsymbol{B}|v_i\rangle\|=1$，且投影算子 $\boldsymbol{A}\boldsymbol{A}^\dagger$ 或 $\boldsymbol{B}\boldsymbol{B}^\dagger$ 作用到向量上范数不增，故 $\sigma_i\in[0,1]$。$\langle u_i|\boldsymbol{A}^\dagger\boldsymbol{B}|v_i\rangle=\sigma_i$，可设 $\sigma_i=\cos\theta_i$，$0\leqslant\theta_i\leqslant\pi/2$，这里 θ_i 为 $\boldsymbol{A}|u_i\rangle$ 与 $\boldsymbol{B}|v_i\rangle$ 的夹角。$\boldsymbol{A}|u_i\rangle$ 和 $\boldsymbol{B}|v_i\rangle(i=1,2,\cdots,n)$ 分别为 $\mathcal{A}$ 和 $\mathcal{B}$ 两个子空间的规范正交基：$\langle u_j|\boldsymbol{A}^\dagger\boldsymbol{A}|u_i\rangle=\delta_{ij}$，$\langle v_l|\boldsymbol{B}^\dagger\boldsymbol{B}|v_k\rangle=\delta_{kl}$。

引理 11.5 (1)若 $|\psi\rangle\in\mathcal{A}\cap\mathcal{B}+\mathcal{A}^\perp\cap\mathcal{B}^\perp$，则 $\boldsymbol{W_P}|\psi\rangle=|\psi\rangle$；(2)若 $|\psi\rangle\in\mathcal{A}\cap\mathcal{B}^\perp+\mathcal{A}^\perp\cap\mathcal{B}$，则 $\boldsymbol{W_P}|\psi\rangle=-|\psi\rangle$。

利用 $\boldsymbol{R_A}$ 和 $\boldsymbol{R_B}$ 的反射性质可证明(1)：若 $|\psi\rangle\in\mathcal{A}\cap\mathcal{B}$，则 $|\psi\rangle$ 在 $\boldsymbol{R_A}$ 和 $\boldsymbol{R_B}$ 的作用下不变，是 $\boldsymbol{W_P}$ 的特征值 $+1$ 对应的特征向量；若 $|\psi\rangle\in\mathcal{A}^\perp\cap\mathcal{B}^\perp$，则 $\boldsymbol{R_A}$ 和 $\boldsymbol{R_B}$ 的作用分别引入负号，仍给出 $(+1)$-特征值和对应的 $(+1)$-特征向量。同理可证(2)。

引理 11.6 若 $\dim(\mathcal{A}\cap\mathcal{B})=k$，则 $\dim(\mathcal{A}^\perp\cap\mathcal{B}^\perp)=N-2n+k$。

证 因为全空间 $H=(\mathcal{A}+\mathcal{B})\oplus(\mathcal{A}+\mathcal{B})^\perp$(两部分直和)，$(\mathcal{A}+\mathcal{B})^\perp=\mathcal{A}^\perp\cap\mathcal{B}^\perp$，所以

$$N=\dim H=\dim(\mathcal{A}+\mathcal{B})+\dim(\mathcal{A}^\perp\cap\mathcal{B}^\perp)。$$

又因为 $\dim(\mathcal{A}+\mathcal{B})+\dim(\mathcal{A}\cap\mathcal{B})=\dim\mathcal{A}+\dim\mathcal{B}=2n$，联合两式即有

$$N=2n-\dim(\mathcal{A}\cap\mathcal{B})+\dim(\mathcal{A}^\perp\cap\mathcal{B}^\perp)。$$

所以，$\dim(\mathcal{A}^\perp\cap\mathcal{B}^\perp)=N-2n+\dim(\mathcal{A}\cap\mathcal{B})=N-2n+k$。 □

引理 11.7 $\boldsymbol{W_P}$ 的特征多项式为[KSS17]

$$\det(\lambda\boldsymbol{I}_N-\boldsymbol{W_P})=(\lambda-1)^{N-2n}\det((\lambda+1)^2\boldsymbol{I}_n-4\lambda\boldsymbol{D}^\dagger\boldsymbol{D}),\tag{11.6}$$

其中 $N=n^2$。

证

$$\begin{aligned}\det(\lambda\boldsymbol{I}_N-\boldsymbol{W_P})&=\det(\lambda\boldsymbol{I}_N-(2\boldsymbol{B}\boldsymbol{B}^\dagger-\boldsymbol{I}_N)(2\boldsymbol{A}\boldsymbol{A}^\dagger-\boldsymbol{I}_N))\\&=\det((\lambda-1)\boldsymbol{I}_N-2\boldsymbol{B}\boldsymbol{B}^\dagger(2\boldsymbol{A}\boldsymbol{A}^\dagger-\boldsymbol{I}_N)+2\boldsymbol{A}\boldsymbol{A}^\dagger)\\&=(\lambda-1)^N\det\left(\boldsymbol{I}_N+\frac{2}{\lambda-1}\boldsymbol{A}\boldsymbol{A}^\dagger-\frac{2}{\lambda-1}\boldsymbol{B}\boldsymbol{B}^\dagger(2\boldsymbol{A}\boldsymbol{A}^\dagger-\boldsymbol{I}_N)\right)\end{aligned}$$

$$=(\lambda-1)^N\det\left(\boldsymbol{I}_N-\frac{2}{\lambda-1}\boldsymbol{B}\boldsymbol{B}^\dagger(2\boldsymbol{A}\boldsymbol{A}^\dagger-\boldsymbol{I}_N)\left(\boldsymbol{I}_N+\frac{2}{\lambda-1}\boldsymbol{A}\boldsymbol{A}^\dagger\right)^{-1}\right)\cdot$$

$$\det\left(\boldsymbol{I}_N+\frac{2}{\lambda-1}\boldsymbol{A}\boldsymbol{A}^\dagger\right)。$$

注意到 $\det\left(\boldsymbol{I}_N+\frac{2}{\lambda-1}\boldsymbol{A}\boldsymbol{A}^\dagger\right)=\det\left(\boldsymbol{I}_n+\frac{2}{\lambda-1}\boldsymbol{A}^\dagger\boldsymbol{A}\right)=\left(\frac{\lambda+1}{\lambda-1}\right)^n$，由 Sherman-Morrison-Woodbury 公式，可得 $\left(\boldsymbol{I}_N+\frac{2}{\lambda-1}\boldsymbol{A}\boldsymbol{A}^\dagger\right)^{-1}=\boldsymbol{I}_N-\frac{2}{\lambda+1}\boldsymbol{A}\boldsymbol{A}^\dagger$。故

$$\det(\lambda\boldsymbol{I}_N-\boldsymbol{W}_{\boldsymbol{P}})=(\lambda-1)^N\det\left(\boldsymbol{I}_N-\frac{2}{\lambda-1}\boldsymbol{B}\boldsymbol{B}^\dagger(2\boldsymbol{A}\boldsymbol{A}^\dagger-\boldsymbol{I}_N)\left(\boldsymbol{I}_N-\frac{2}{\lambda+1}\boldsymbol{A}\boldsymbol{A}^\dagger\right)\right)\left(\frac{\lambda+1}{\lambda-1}\right)^n$$

$$=(\lambda-1)^{N-n}(\lambda+1)^n\det\left(\boldsymbol{I}_N-\frac{2}{\lambda-1}\boldsymbol{B}\boldsymbol{B}^\dagger\left(\frac{2\lambda}{\lambda+1}\boldsymbol{A}\boldsymbol{A}^\dagger-\boldsymbol{I}_N\right)\right)$$

$$=(\lambda-1)^{N-n}(\lambda+1)^n\det\left(\boldsymbol{I}_n-\frac{2}{\lambda-1}\boldsymbol{B}^\dagger\left(\frac{2\lambda}{\lambda+1}\boldsymbol{A}\boldsymbol{A}^\dagger-\boldsymbol{I}_N\right)\boldsymbol{B}\right)$$

$$=(\lambda-1)^{N-n}(\lambda+1)^n\det\left(\frac{\lambda+1}{\lambda-1}\boldsymbol{I}_n-\frac{4\lambda}{\lambda^2-1}\boldsymbol{B}^\dagger\boldsymbol{A}\boldsymbol{A}^\dagger\boldsymbol{B}\right)$$

$$=(\lambda-1)^{N-2n}\det((\lambda+1)^2\boldsymbol{I}_n-4\lambda\boldsymbol{D}^\dagger\boldsymbol{D})。$$

结论(11.6)对 $\lambda=\pm1$ 也成立。 □

注 (1) 一般的 Sherman-Morrison-Woodbury 公式为

$$(\boldsymbol{A}+\boldsymbol{X}\boldsymbol{C}\boldsymbol{Y}^{\mathrm{T}})^{-1}=\boldsymbol{A}^{-1}-\boldsymbol{A}^{-1}\boldsymbol{X}(\boldsymbol{C}^{-1}+\boldsymbol{Y}^{\mathrm{T}}\boldsymbol{A}^{-1}\boldsymbol{X})^{-1}\boldsymbol{Y}^{\mathrm{T}}\boldsymbol{A}^{-1},$$

这里假设上述矩阵逆都存在。

(2) 计算过程中主要用到两个行列式的性质：

$\det(\lambda\boldsymbol{M})=\lambda^n\det(\boldsymbol{M})$，其中 $\boldsymbol{M}$ 为 $n\times n$ 矩阵。

$\det(\lambda\boldsymbol{I}_n-\boldsymbol{M}_1\boldsymbol{M}_2)=\lambda^{n-m}\det(\lambda\boldsymbol{I}_m-\boldsymbol{M}_2\boldsymbol{M}_1)$，其中 $\boldsymbol{M}_1$ 和 $\boldsymbol{M}_2$ 分别为 $n\times m$ 和 $m\times n$ 矩阵($m\leqslant n$)。

由引理 11.7，$\boldsymbol{W}_{\boldsymbol{P}}$ 至少有 $N-2n$ 个特征值为 $+1$，$\boldsymbol{W}_{\boldsymbol{P}}$ 有 $2n$ 个特征值由下式决定：

$$\det((\lambda+1)^2\boldsymbol{I}_n-4\lambda\boldsymbol{D}^\dagger\boldsymbol{D})=0。\tag{11.7}$$

取 $\boldsymbol{I}_n=\sum_{j=1}^n|v_j\rangle\langle v_j|$，此即

$$\det\left(\sum_{j=1}^n((\lambda+1)^2-4\lambda\sigma_j^2)|v_j\rangle\langle v_j|\right)=0,$$

故，$\prod_{j=1}^n(\lambda^2-2(2\sigma_j^2-1)\lambda+1)=0$。由 $\sigma_j=\cos\theta_j\ (j=1,2,\cdots,n)$，可解出

$$\lambda_j=2\sigma_j^2-1\pm2\sigma_j\sqrt{\sigma_j^2-1}=\mathrm{e}^{\pm\mathrm{i}2\theta_j}。\tag{11.8}$$

定理 11.8(Szegedy) 设 $\boldsymbol{D}$ 的奇异值 $\sigma_j=\cos\theta_j\ (j=1,2,\cdots,n)$，$k$ 为 $\boldsymbol{D}$ 中奇异值 $\sigma_j=1$ 的重数，则 $\boldsymbol{W}_{\boldsymbol{P}}$ 的特征值 $\lambda=\mathrm{e}^{\pm\mathrm{i}2\theta_j}\ (0<\theta_j\leqslant\pi/2, j=1,\cdots,n-k)$，对应的特征向量为

$$|\theta_j^\pm\rangle=\frac{1}{\sqrt{2}\sin\theta_j}(\boldsymbol{A}|u_j\rangle-\mathrm{e}^{\pm\mathrm{i}\theta_j}\boldsymbol{B}|v_j\rangle)。\tag{11.9}$$

证 $\sigma_j=1$ 对应于 $\theta_j=0$(这时 $\lambda=1$)，重数为 k。对 $0<\theta_j\leqslant\pi/2\ (j=1,\cdots,n-k)$，显然

$\boldsymbol{A}|u_j\rangle$和$\boldsymbol{B}|v_j\rangle$线性无关。计算

$$\boldsymbol{W_P}\boldsymbol{A}\mid u_j\rangle=-\boldsymbol{A}\mid u_j\rangle+2\sigma_j\boldsymbol{B}\mid v_j\rangle,$$

$$\boldsymbol{W_P}\boldsymbol{B}\mid v_j\rangle=-2\sigma_j\boldsymbol{A}\mid u_j\rangle+(4\sigma_j^2-1)\boldsymbol{B}\mid v_j\rangle,$$

则$\boldsymbol{A}|u_j\rangle$与$\boldsymbol{B}|v_j\rangle$张成$\boldsymbol{W_P}$的不变子空间。再由$2\sigma_j=\mathrm{e}^{\mathrm{i}\theta_j}+\mathrm{e}^{-\mathrm{i}\theta_j}$，$4\sigma_j^2-1=\mathrm{e}^{\mathrm{i}2\theta_j}+\mathrm{e}^{-\mathrm{i}2\theta_j}+1$,可得

$$\boldsymbol{W_P}(\boldsymbol{A}\mid u_j\rangle-\mathrm{e}^{\pm\mathrm{i}\theta_j}\boldsymbol{B}\mid v_j\rangle)=\mathrm{e}^{\pm\mathrm{i}2\theta_j}(\boldsymbol{A}\mid u_j\rangle-\mathrm{e}^{\pm\mathrm{i}\theta_j}\boldsymbol{B}\mid v_j\rangle),$$

$$\begin{aligned}\|\boldsymbol{A}\mid u_j\rangle-\mathrm{e}^{\pm\mathrm{i}\theta_j}\boldsymbol{B}\mid v_j\rangle\|^2&=(\langle u_j\mid\boldsymbol{A}^\dagger-\mathrm{e}^{\mp\mathrm{i}\theta_j}\langle v_j\mid\boldsymbol{B}^\dagger)(\boldsymbol{A}\mid u_j\rangle-\mathrm{e}^{\pm\mathrm{i}\theta_j}\boldsymbol{B}\mid v_j\rangle)\\&=2\sin^2\theta_j。\end{aligned}$$

令$|\theta_j^\pm\rangle=\dfrac{1}{\sqrt{2}\sin\theta_j}(\boldsymbol{A}|u_j\rangle-\mathrm{e}^{\pm\mathrm{i}\theta_j}\boldsymbol{B}|v_j\rangle)$，则$\boldsymbol{W_P}|\theta_j^\pm\rangle=\mathrm{e}^{\pm\mathrm{i}2\theta_j}|\theta_j^\pm\rangle$。 □

注 (1) $\theta_j=0$(这时$\sigma_j=1$)给出特征值$\lambda=+1$和对应的k个特征向量$\boldsymbol{A}|u_j\rangle=\boldsymbol{B}|v_j\rangle\in\mathcal{A}\cap\mathcal{B}$；这$k$个线性无关向量$\boldsymbol{A}|u_j\rangle$张成$\mathcal{A}\cap\mathcal{B}$，$k=\dim(\mathcal{A}\cap\mathcal{B})$。$\theta_j=\pi/2$(这时$\sigma_j=0$)给出特征值$\lambda=-1$，此时$\boldsymbol{A}|u_j\rangle$与$\boldsymbol{B}|v_j\rangle$垂直，特征向量属于$\mathcal{A}\cap\mathcal{B}^\perp+\mathcal{A}^\perp\cap\mathcal{B}$，其中$\mathcal{A}\cap\mathcal{B}^\perp=\mathrm{span}\{\boldsymbol{A}|u_j\rangle\}$，$\mathcal{A}^\perp\cap\mathcal{B}=\mathrm{span}\{\boldsymbol{B}|v_j\rangle\}$，$|u_j\rangle$和$|v_j\rangle$分别为$\boldsymbol{D}$的零奇异值对应的左奇异向量和右奇异向量。当$0<\theta_j<\pi/2$时，$\mathrm{e}^{\pm\mathrm{i}2\theta_j}$给出了所有复特征值。

(2) 由定理的证明知，所有特征值$\lambda=-1$对应于$\theta_j=\pi/2$，其特征向量属于$\mathcal{A}\cap\mathcal{B}^\perp+\mathcal{A}^\perp\cap\mathcal{B}$。由引理11.5，$\mathcal{A}\cap\mathcal{B}^\perp+\mathcal{A}^\perp\cap\mathcal{B}$中的任意非零向量为$\boldsymbol{W_P}$的(−1)-特征向量。$\mathcal{A}\cap\mathcal{B}^\perp+\mathcal{A}^\perp\cap\mathcal{B}$是$\boldsymbol{W_P}$特征值$\lambda=-1$的特征空间。

(3) $\mathcal{A}\cap\mathcal{B}+\mathcal{A}^\perp\cap\mathcal{B}^\perp$是$\boldsymbol{W_P}$特征值$\lambda=1$的特征空间。$\mathcal{A}\cap\mathcal{B}$中有$k$个(+1)-特征向量，$\mathcal{A}\cap\mathcal{B}=\mathrm{span}\{\boldsymbol{A}|u_j\rangle,j=n-k+1,\cdots,n\}$，$|u_j\rangle$为奇异值$\sigma_j=1$对应的左奇异向量。由引理11.6知，$\mathcal{A}^\perp\cap\mathcal{B}^\perp$中有$N-2n+k$个(+1)-特征向量，共计$N-2(n-k)$个。演化算子$\boldsymbol{W_P}$的特征值和特征向量总结在表11.1中。

表11.1 演化算子$\boldsymbol{W_P}$的特征值和特征向量

特征值	特征向量	个数	备注
$\lambda=\mathrm{e}^{\pm\mathrm{i}2\theta_j}$	$\lvert\theta_j^\pm\rangle=\dfrac{1}{\sqrt{2}\sin\theta_j}(\boldsymbol{A}\lvert u_j\rangle-\mathrm{e}^{\pm\mathrm{i}\theta_j}\boldsymbol{B}\lvert v_j\rangle)$	$2(n-k)$	$\sigma_j=\cos\theta_j\left(0<\theta_j\leqslant\dfrac{\pi}{2}\right)$
$\lambda=1$	$\lvert\theta_j\rangle=\boldsymbol{A}\lvert u_j\rangle$	k	$\sigma_j=1(\theta_j=0)$
$\lambda=1$	—	$N-2n+k$	$\mathcal{A}^\perp\cap\mathcal{B}^\perp$

下面考虑带标记顶点的二部图上Szegedy游走。在原图中标记点是个带环的汇点(见图11.3中的空心圆)。经前文所述的复制过程构造二部图(与汇点关联的边都是入射边，环对应于一条双向边)。

记M为标记顶点的集合。定义修正的概率转移矩阵$\boldsymbol{P}'=(p'_{xy})$，其元素为

$$p'_{xy}=\begin{cases}p_{xy}, & x\notin M,\\ \delta_{xy}, & x\in M.\end{cases}$$

这里p_{xy}为无标记点二部图的概率转移矩阵$\boldsymbol{P}$的元素。演化算子由之前的$\boldsymbol{W_P}$变为$\boldsymbol{W_{P'}}$。

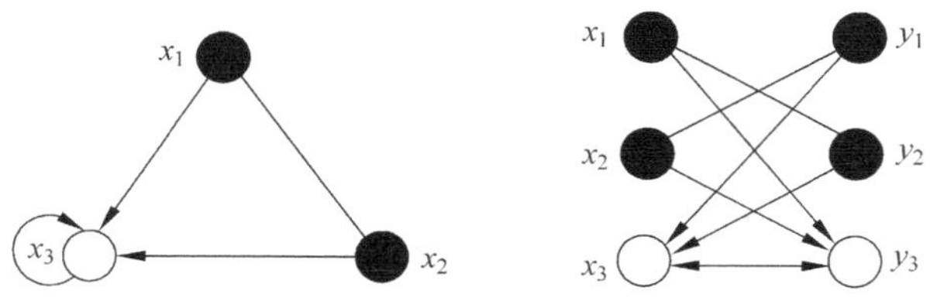

图 11.3 带标记顶点构造二部图

(a) 原图；(b) 二部图

在二部图上应用 $\boldsymbol{W}_{\boldsymbol{P}'}$，标记点相关的概率增长到一定程度后，通过位置测量找标记点。量子碰撞时间(quantum hitting time，QHT)告诉我们何时测量。

考虑原图中 n 个顶点上的均匀分布与 m 个标记点上的均匀分布，二者的 l_1 距离为

$$\frac{1}{2}\left(m\left|\frac{1}{n}-\frac{1}{m}\right|+(n-m)\left|\frac{1}{n}-0\right|\right)=1-\frac{m}{n}。$$

Szegedy 游走的初态 $|\psi(0)\rangle=\frac{1}{\sqrt{n}}\sum_{\substack{x\in X\\ y\in Y}}\sqrt{p_{xy}}\,|x,y\rangle$。$\boldsymbol{W}_{\boldsymbol{P}}|\psi(0)\rangle=|\psi(0)\rangle$，但 $|\psi(0)\rangle$ 一般不是 $\boldsymbol{W}_{\boldsymbol{P}'}$ 的特征向量。对于演化算子为 $\boldsymbol{W}_{\boldsymbol{P}'}$，初态为 $|\psi(0)\rangle$ 的二部有向图上的量子游走，定义量子碰撞时间(QHT)为满足

$$F(T)\equiv\frac{1}{T+1}\sum_{t=0}^{T}\|\,|\psi(t)\rangle-|\psi(0)\rangle\,\|^2\geqslant 1-\frac{m}{n}$$

的最小步数 T，其中 $|\psi(t)\rangle=\boldsymbol{W}_{\boldsymbol{P}'}^t|\psi(0)\rangle$。

前文已考查演化算子的特征值与特征向量。以演化算子的特征向量为基底将量子游走的初态展开为

$$|\psi(0)\rangle=\sum_{j=1}^{n-k}(c_j^+\,|\theta_j^+\rangle+c_j^-\,|\theta_j^-\rangle)+\sum_{j=n-k+1}^{n^2-n+k}c_j\,|\theta_j\rangle,$$

其中 $c_j^{\pm}=\langle\theta_j^{\pm}|\psi(0)\rangle$，且满足规范性条件：

$$\sum_{j=1}^{n-k}(|c_j^+|^2+|c_j^-|^2)+\sum_{j=n-k+1}^{n^2-n+k}|c_j|^2=1。$$

于是

$$|\psi(t)\rangle=\sum_{j=1}^{n-k}(c_j^+\mathrm{e}^{2\mathrm{i}\theta_j t}\,|\theta_j^+\rangle+c_j^-\mathrm{e}^{-2\mathrm{i}\theta_j t}\,|\theta_j^-\rangle)+\sum_{j=n-k+1}^{n^2-n+k}c_j\,|\theta_j\rangle。$$

从而

$$|\psi(t)\rangle-|\psi(0)\rangle=\sum_{j=1}^{n-k}c_j^+(\mathrm{e}^{\mathrm{i}2t\theta_j}-1)\,|\theta_j^+\rangle+c_j^-(\mathrm{e}^{-\mathrm{i}2t\theta_j}-1)\,|\theta_j^-\rangle。$$

这表明量子碰撞时间依赖于演化算子不等于 1 的特征值(或者 $\boldsymbol{D}$ 中异于 1 的奇异值)。

因为 $|\theta_j^{\pm}\rangle$ 共轭出现，$|\psi(0)\rangle$ 为实向量，故可设 $c_j^+=c_j$，$c_j^-=\bar{c}_j$。结合 $|\mathrm{e}^{\mathrm{i}2t\theta_j}-1|^2=2-2\cos 2t\theta_j$，以及 $\{|\theta_k^+\rangle\}$ 与 $\{|\theta_j^-\rangle\}$ 的正交性，则有

$$\|\,|\psi(t)-\psi(0)\rangle\,\|^2=2\sum_{j=1}^{n-k}|c_j(\mathrm{e}^{\mathrm{i}2t\theta_j}-1)|^2=4\sum_{j=1}^{n-k}|c_j|^2(1-\cos 2t\theta_j)$$

$$=4\sum_{j=1}^{n-k}|c_j|^2(1-\mathrm{T}_{2t}(\cos\theta_j)),$$

其中 T_n 为第一类切比雪夫多项式，$\mathrm{T}_n(\cos\theta)=\cos n\theta$，从而

$$F(T)=\frac{4}{T+1}\sum_{t=0}^{T}\sum_{j=1}^{n-k}|c_j|^2(1-\mathrm{T}_{2t}(\cos\theta_j))=\frac{4}{T+1}\sum_{j=1}^{n-k}|c_j|^2\left(T+1-\sum_{t=0}^{T}\cos 2t\theta_j\right)$$

$$=\frac{4}{T+1}\sum_{j=1}^{n-k}|c_j|^2\left(T+1-\frac{1}{2}\left(1+\frac{\sin(2T+1)\theta_j}{\sin\theta_j}\right)\right)$$

$$=\frac{2}{T+1}\sum_{j=1}^{n-k}|c_j|^2(2T+1-\mathrm{U}_{2T}(\cos\theta_j))$$

其中第二类切比雪夫多项式 $\mathrm{U}_n(\cos\theta)=\dfrac{\sin(n+1)\theta}{\sin\theta}$，$F(T)$ 由 U_n 表出。

设区间 $[0,T]$ 上的函数值包括 $1-\dfrac{m}{n}$，可通过下式求解出量子碰撞时间(QHT)：

$$\mathrm{QHT}=F^{-1}\left(1-\frac{m}{n}\right)。$$

完全图上的 Szegegy 量子游走为上述内容的特例[Por18]。在 n 个节点的完全图中，所有节点均相邻，从一个节点可到达其他 $n-1$ 个节点，转移概率矩阵为 $\boldsymbol{P}=\dfrac{1}{n-1}(\boldsymbol{e}\boldsymbol{e}^{\mathrm{T}}-\boldsymbol{I}_n)$，其中 $\boldsymbol{e}$ 是元素全为 1 的 $n\times 1$ 向量。

从 1 到 n 对节点编号，最后 m 个为标记点，标记点集合记为 M，即 $x\in M(n-m<x\leqslant n)$。修正的概率转移矩阵为

$$\boldsymbol{P}'=\frac{1}{n-1}\begin{pmatrix}0 & 1 & \cdots & 1 & 1 & \cdots & 1\\ 1 & 0 & \cdots & 1 & 1 & \cdots & 1\\ \vdots & \vdots & \ddots & \vdots & \vdots & \ddots & \vdots\\ 1 & 1 & \cdots & 0 & 1 & \cdots & 1\\ 0 & 0 & \cdots & 0 & n-1 & \cdots & 0\\ \vdots & \vdots & \ddots & \vdots & \vdots & \ddots & \vdots\\ 0 & 0 & \cdots & 0 & 0 & \cdots & n-1\end{pmatrix},$$

修正的判别矩阵 $\boldsymbol{D}$ 为

$$\boldsymbol{D}=\begin{bmatrix}\boldsymbol{P}_{\overline{M}} & \boldsymbol{0}\\ \boldsymbol{0} & \boldsymbol{I}_m\end{bmatrix},$$

其中 $\boldsymbol{P}_{\overline{M}}$ 可由 $\boldsymbol{P}$ 删掉标记点所对应的 m 行 m 列而得，即

$$\boldsymbol{P}_{\overline{M}}=\frac{1}{n-1}((n-m)\,|\,e^{(n-m)}\rangle\langle e^{(n-m)}\,|-\boldsymbol{I}_{n-m}),\ |\,e^{(j)}\rangle=\frac{1}{\sqrt{j}}\sum_{k=1}^{j}|\,k\rangle。$$

矩阵 $\boldsymbol{P}_{\overline{M}}$ 的特征多项式为

$$\det(\lambda\boldsymbol{I}-\boldsymbol{P}_{\overline{M}})=\left(\lambda-\frac{n-m-1}{n-1}\right)\left(\lambda+\frac{1}{n-1}\right)^{n-m-1}。$$

显然 $m\geqslant 1$ 时，1 不是 $\boldsymbol{P}_{\overline{M}}$ 的特征值。可以验证，特征值 $\dfrac{n-m-1}{n-1}$ 对应的特征向量为 $|v_{n-m}\rangle\equiv$

$|e^{(n-m)}\rangle$。定义 $|v_j\rangle=\frac{1}{\sqrt{j+1}}(|e^{(j)}\rangle-\sqrt{j}\,|j+1\rangle)$，$1\leqslant j\leqslant n-m-1$。由 $\langle e^{(n-m)}|v_j\rangle=0$，可证 $P_{\overline{M}}|v_j\rangle=-\frac{1}{n-1}|v_j\rangle$，故特征值 $\frac{-1}{n-1}$ 的特征向量为 $|v_j\rangle$。易验证 $\langle v_i|v_j\rangle=\delta_{ij}$，这 $n-m$ 个向量 $\{|v_i\rangle, 1\leqslant i\leqslant n-m\}$ 构成 $P_{\overline{M}}$ 特征空间的一组规范正交基。

演化算子 $W_{P'}$ 由 P' 定义，$W_{P'}$ 的特征值和特征向量计算要用到矩阵 D 的奇异值和奇异向量，而这可由 $P_{\overline{M}}$ 的谱分解得到。D 的奇异值和左右奇异向量如表 11.2 所示。

表 11.2 矩阵 D 的奇异值和奇异向量。

奇异值	右奇异向量	左奇异向量	指标范围
$\cos\theta_1=\frac{1}{n-1}$	$\|v_j\rangle$	$-\|v_j\rangle$	$1\leqslant j\leqslant n-m-1$
$\cos\theta_2=\frac{n-m-1}{n-1}$	$\|v_{n-m}\rangle$	$\|v_{n-m}\rangle$	$j=n-m$
$\cos\theta_3=1$	$\|j\rangle$	$\|j\rangle$	$n-m+1\leqslant j\leqslant n$

演化矩阵 $W_{P'}$ 的特征对如表 11.3 所示，这是针对完全图修改表 11.1 之后的结果，注意还有 $N-2n+m$ 个(+1)-特征向量未列出。

表 11.3 演化算子 $W_{P'}$ 的特征值和特征向量。

特征值	特征向量	指标范围
$e^{\pm 2i\theta_1}$	$\|\theta_j^{\pm}\rangle=\frac{-1}{\sqrt{2}\sin\theta_1}(A+e^{\pm i\theta_1}B)\|v_j\rangle$	$1\leqslant j\leqslant n-m-1$
$e^{\pm 2i\theta_2}$	$\|\theta_{n-m}^{\pm}\rangle=\frac{1}{\sqrt{2}\sin\theta_2}(A-e^{\pm i\theta_2}B)\|v_{n-m}\rangle$	$j=n-m$
1	$\|\theta_j\rangle=A\|j\rangle$	$n-m+1\leqslant j\leqslant n$

将初态 $\frac{1}{\sqrt{n}}\sum_{x,y=1}^{n}\sqrt{p_{xy}}\,|x,y\rangle$ 修正为

$$|\psi(0)\rangle=\frac{1}{\sqrt{n(n-1)}}\sum_{x,y=1}^{n}(1-\delta_{xy})\,|x,y\rangle。$$

下面我们证明 $\langle\theta_j^{\pm}|\psi(0)\rangle=0$，$1\leqslant j\leqslant n-m-1$；$\langle\theta_j|\psi(0)\rangle=0$，$n-m+1\leqslant j\leqslant n$。从而 $|\psi(0)\rangle$ 可表示为

$$|\psi(0)\rangle=c^{+}|\theta_{n-m}^{+}\rangle+c^{-}|\theta_{n-m}^{-}\rangle+|\eta\rangle,$$

其中 $|\eta\rangle$ 是 $|\psi(0)\rangle$ 在(+1)-特征空间的分量，$c^{\pm}$ 待求。

$$A^{\dagger}|\psi(0)\rangle=\sum_{x=1}^{n}|x\rangle\langle\alpha_x|\frac{1}{\sqrt{n(n-1)}}\sum_{s,t=1}^{n}(1-\delta_{st})\,|s,t\rangle$$

$$=\frac{1}{\sqrt{n(n-1)}}\sum_{x=1}^{n}|x\rangle\sum_{y=1}^{n}(1-\delta_{xy})\sqrt{p'_{xy}}=\frac{1}{\sqrt{n}}\sum_{x=1}^{n-m}|x\rangle。$$

同理，$B^{\dagger}|\psi(0)\rangle=\frac{1}{\sqrt{n}}\sum_{y=1}^{n-m}|y\rangle$。故 $|\theta_j\rangle$ 与 $|\psi(0)\rangle$ 正交：$\langle\theta_j|\psi(0)\rangle=0$，$n-m+1\leqslant j\leqslant n$。

又$\langle v_j|\boldsymbol{A}^\dagger|\psi(0)\rangle=0$,$\langle v_j|\boldsymbol{B}^\dagger|\psi(0)\rangle=0$,$1\leqslant j\leqslant n-m-1$。故$|\theta_j^\pm\rangle$与$|\psi(0)\rangle$正交:$\langle\theta_j^\pm|\psi(0)\rangle=0$,$1\leqslant j\leqslant n-m-1$。

$$\boldsymbol{A}\mid e^{(n-m)}\rangle=\frac{1}{\sqrt{n-m}}\sum_{x=1}^{n-m}\mid\alpha_x\rangle,$$

$$\boldsymbol{B}\mid e^{(n-m)}\rangle=\frac{1}{\sqrt{n-m}}\sum_{y=1}^{n-m}\mid\beta_y\rangle,$$

$$\begin{aligned}\mid\theta_{n-m}^\pm\rangle&=\frac{1}{\sqrt{2}\sin\theta_2}(\boldsymbol{A}-\mathrm{e}^{\pm\mathrm{i}\theta_2}\boldsymbol{B})\mid\mathrm{e}^{(n-m)}\rangle\\&=\frac{1}{\sqrt{2}\sin\theta_2}\frac{1}{\sqrt{n-m}}\left(\sum_{x=1}^{n-m}\mid\alpha_x\rangle-\mathrm{e}^{\pm\mathrm{i}\theta_2}\sum_{y=1}^{n-m}\mid\beta_y\rangle\right),\end{aligned}$$

其中

$$\sum_{x=1}^{n-m}\mid\alpha_x\rangle=\sum_{x,y=1}^{n-m}\frac{1-\delta_{xy}}{\sqrt{n-1}}\mid x\rangle\mid y\rangle+\sum_{x=1}^{n-m}\sum_{y=n-m+1}^{n}\frac{1}{\sqrt{n-1}}\mid x\rangle\mid y\rangle,$$

$$\sum_{y=1}^{n-m}\mid\beta_y\rangle=\sum_{x,y=1}^{n-m}\frac{1-\delta_{xy}}{\sqrt{n-1}}\mid x\rangle\mid y\rangle+\sum_{x=n-m+1}^{n}\sum_{y=1}^{n-m}\frac{1}{\sqrt{n-1}}\mid x\rangle\mid y\rangle。$$

所以

$$\begin{aligned}\mid\theta_{n-m}^\pm\rangle=&\frac{1}{\sqrt{2(n-1)(n-m)}\sin\theta_2}\Big((1-\mathrm{e}^{\pm\mathrm{i}\theta_2})\sum_{x,y=1}^{n-m}(1-\delta_{xy})\mid x,y\rangle+\\&\sum_{x=1}^{n-m}\sum_{y=n-m+1}^{n}\mid x,y\rangle-\mathrm{e}^{\pm\mathrm{i}\theta_2}\sum_{x=n-m+1}^{n}\sum_{y=1}^{n-m}\mid x,y\rangle\Big)。\end{aligned}$$

再代入$|\psi(0)\rangle$的表达式计算,则有

$$c^\pm=\langle\psi(0)\mid\theta_{n-m}^\pm\rangle=\frac{\sqrt{n-m}}{\sqrt{2n}\sin\theta_2}(1-\mathrm{e}^{\mp\mathrm{i}\theta_2})。$$

至此我们分析了特征对,有$\boldsymbol{W}_{\boldsymbol{P}'}$的谱分解;现在又有了$|\psi(0)\rangle$在特征向量基底下的表示。基于上述准备,可得$|\psi(t)\rangle=\boldsymbol{W}_{\boldsymbol{P}'}|\psi(0)\rangle$在特征向量系下的展开(注意 QHT 的计算无需特征值 1 的特征向量):

$$\mid\psi(t)\rangle=\boldsymbol{W}_{\boldsymbol{P}'}^t\mid\psi(0)\rangle=c^+\,\mathrm{e}^{2\mathrm{i}\theta_2 t}\mid\theta_{n-m}^+\rangle+c^-\,\mathrm{e}^{-2\mathrm{i}\theta_2 t}\mid\theta_{n-m}^-\rangle+\mid\eta\rangle。$$

从而

$$\mid\psi(t)\rangle-\mid\psi(0)\rangle=c^+\,(\mathrm{e}^{2\mathrm{i}\theta_2 t}-1)\mid\theta_{n-m}^+\rangle+c^-\,(\mathrm{e}^{-2\mathrm{i}\theta_2 t}-1)\mid\theta_{n-m}^-\rangle,$$

$$\begin{aligned}\|\mid\psi(t)\rangle-\mid\psi(0)\rangle\|^2&=|c^+\,(\mathrm{e}^{2\mathrm{i}\theta_2 t}-1)|^2+|c^-\,(\mathrm{e}^{-2\mathrm{i}\theta_2 t}-1)|^2\\&=\frac{4(n-m)}{n(1+\cos\theta_2)}(1-\cos2t\theta_2)=\frac{4(n-m)(n-1)}{n(2n-m-2)}(1-\mathrm{T}_{2t}(\cos\theta_2))。\end{aligned}$$

由$\sum_{t=0}^{T}\mathrm{T}_{2t}(\cos\theta_2)=\frac{1}{2}+\frac{1}{2}\mathrm{U}_{2t}(\cos\theta_2)$,可得

$$F(T)=\frac{2(n-1)(n-m)}{n(2n-m-2)(T+1)}\left(2T+1-\mathrm{U}_{2T}\left(\frac{n-m-1}{n-1}\right)\right)。$$

对于 $n \gg m$ 时，由 $F(T)$ 的 Laurent 展开和 $F(T)=1-\frac{m}{n}$，解出量子碰撞时间[Por18]

$$\text{QHT} = -\frac{1}{2} + \frac{1}{2}\mathrm{j}_0^{-1}\left(\frac{1}{2}\right)\sqrt{\frac{n}{2m}} + \frac{1}{2} \cdot \frac{1}{1+2\sqrt{1-\frac{1}{4}\mathrm{j}_0^{-2}\left(\frac{1}{2}\right)}} + O\left(\frac{1}{\sqrt{n}}\right),$$

其中 j_0 是第一类球 Bessel 函数，且 $\mathrm{j}_0^{-1}(1/2) \approx 1.9$。进一步可计算找到标记点的概率[Por18]。

第12章

其他算法简介

构建通用的容错量子计算机仍面临重重困难，扩大量子计算机规模的主要障碍是噪声。Preskill(2018)提出了含噪声的中型量子计算(noisy intermediate-scale quantum，NISQ)，可用于许多现有经典计算机无法胜任的开拓性研究领域。在 NISQ 时代，量子-经典混合计算是一个有前途的发展方向，经典计算机可以调用小型的量子协处理器来实现部分关键运算。比如，量子近似优化算法(quantum approximate optimization algorithm，QAOA)是可在近期量子计算机上实现并能显示量子优势的算法之一。又如，量子化学计算中，计算量随体系电子数的增加而呈指数增长。为实现量子化学模拟，提出了变分量子特征值算法(variational quantum eigensolver，VQE)计算体系基态能量，使量子化学模拟在硬件设备上成功实现。文献[Goo20]给出了超导量子比特量子计算机上用 Hartree-Fock 近似模拟二氮烯(N_2H_2)异构化反应。对于 NISQ 算法，王鹤峰等[Wan12, Wan16, LLW19, WYX21]基于量子共振跃迁的算法值得关注。除了这里提到的优化算法，还有半定规划问题(semi-definite programming，SDP)的量子算法，比如 Brandao 等[BS17, VGG20]利用 Gibbs 态将矩阵乘性加权(matrix multiplicative weight，MMW)方法[AK16]量子化。

前文介绍了基于线路模型的量子计算，本章简要介绍绝热量子计算和拓扑量子计算，此外还有基于测量的量子计算，如以簇态(cluster state)为基础的单向量子计算(1WQC)[RB01]。有些算法仍存在争议，目前做全面的评价为时尚早，或可留待来者，今仍需继续探索前行。

1 绝热量子计算

设初始量子系统处于 Hamilton 量 $\boldsymbol{H}_I$ 的基态。令

$$\boldsymbol{H}(t)=(1-f(s))\boldsymbol{H}_I+f(s)\boldsymbol{H}_P,$$

其中 $\boldsymbol{H}_P$ 为问题 Hamilton 量，$s=t/T$，$f(0)=0$，$f(1)=1\ (0\leqslant t\leqslant T)$。初始 Hamilton 量 $\boldsymbol{H}_I$ 经时间 T 逐渐变化到问题 Hamilton 量 $\boldsymbol{H}_P$。若过程足够缓慢，则系统在每个瞬态 $\boldsymbol{H}(t)$ 近似保持在当时 $\boldsymbol{H}(t)$ 对应的基态。这就是所谓的绝热定理，它是量子力学中的基本结果之一，已经被广泛地应用到理论和实验中。根据所要求的问题设计 Hamilton 量 $\boldsymbol{H}_P$，将待求

问题的解编码在 $\boldsymbol{H}_P$ 的基态上，则按量子力学规律，缓慢改变 Hamilton 量 $\boldsymbol{H}(t)$，将初态($\boldsymbol{H}_I$ 的基态)演化到末态($\boldsymbol{H}_P$ 的基态)，最后测量基态找到问题的解。

在绝热计算中，从初始 Hamilton 量逐步插值到末态 Hamilton 量，保持系统处于每个瞬时 Hamilton 量的基态[ATS03]。设 $E_0(t)$和 $E_1(t)$分别为瞬时 Hamilton 量的基态和第一激发态能量，定义能隙 $\Delta(t)=E_1(t)-E_0(t)$，$D(t)=|\langle E_1(t)|\partial_t H(t)|E_0(t)\rangle|=|\langle\partial_t H\rangle_{1,0}|$，制备初态$|\psi(0)\rangle=|E_0(0)\rangle$，绝热演化至末态$|\psi(T)\rangle$。计算效率取决于每个瞬时 Hamilton 量的基态与第一激发态的能隙。如果 Hamilton 量变化足够缓慢或演化时间 T 足够大，$\max\limits_{t\in[0,T]} D(t)/\min\limits_{t\in[0,T]}\Delta^2(t)\leqslant\varepsilon$(这里 $\varepsilon\ll 1$)，则置信度

$$F(T)\equiv|\langle E_0(T)\mid\psi(T)\rangle|\geqslant\sqrt{1-\varepsilon^2}。$$

更严格的绝热近似条件含有项 $\|\partial_t H\|^2/\Delta^3$[RKH09]。绝热量子计算是基于绝热定理的，而绝热定理要求能隙必须存在。绝热量子计算中使用的 Hamilton 量的维数随着比特数的增加呈指数增长，对能隙大小的估算通常十分困难。

1.1 离散组合优化问题

给定实数 h_i 和 K_{ij} $(i,j=1,2,\cdots,n)$，寻找关于 $\boldsymbol{s}=(s_1,s_2,\cdots,s_n)$的极小化目标函数

$$E(\boldsymbol{s})=-\sum_{i=1}^{n}h_i s_i+\sum_{i<j}K_{ij}s_i s_j,$$

其中 $s_i=\pm 1$。这是一个 NP-难问题。为在绝热量子计算机上求解此问题，选一对 Hamilton 量 $\boldsymbol{H}_I$ 和 $\boldsymbol{H}_P$，这里 $\boldsymbol{H}_I$ 的基态易获得，$\boldsymbol{H}_P$ 的基态编码问题的解。

预备 n 量子比特位存储答案，其中 0 代表 $s_i=-1$，1 代表 $s_i=+1$。初始化每个量子位为叠加态$\frac{1}{\sqrt{2}}(|0\rangle+|1\rangle)$，初态为

$$|\psi(0)\rangle=|+\rangle^{\otimes n}=\frac{1}{\sqrt{2}}(|0\rangle+|1\rangle)\otimes\cdots\otimes\frac{1}{\sqrt{2}}(|0\rangle+|1\rangle)=\frac{1}{\sqrt{2^n}}\sum_{j=0}^{2^n-1}|j\rangle。$$

基态$|\psi(0)\rangle$对应的 Hamilton 量可取为

$$\boldsymbol{H}_I=-\sum_{j=1}^{n}\boldsymbol{\sigma}_x^{(j)},$$

其中$\boldsymbol{\sigma}_x^{(j)}=\underbrace{\boldsymbol{I}\otimes\cdots\otimes\boldsymbol{I}}_{(j-1)项}\otimes\boldsymbol{\sigma}_x\otimes\underbrace{\boldsymbol{I}\otimes\cdots\otimes\boldsymbol{I}}_{(n-j)项}$(中间的$\boldsymbol{\sigma}_x$ 为第 j 项，之前的 $j-1$ 项和之后的 $n-j$ 项均为 $\boldsymbol{I}$)。由$\boldsymbol{\sigma}_x|+\rangle=|+\rangle$知，

$$\boldsymbol{\sigma}_x^{(j)}\mid\psi(0)\rangle=\mid\psi(0)\rangle,\quad \boldsymbol{H}_I\mid\psi(0)\rangle=-n\mid\psi(0)\rangle。$$

下面构造 Hamilton 量 $\boldsymbol{H}_P$，使得其基态给出问题的解。这个特殊问题可被直接地映射到一个 Hamilton 量，只需将原问题中 s_i 代之以相应的 Pauli 自旋矩阵，即可得

$$\boldsymbol{H}_P=\sum_{i=1}^{n}h_i\boldsymbol{\sigma}_z^{(i)}+\sum_{i<j}K_{ij}\boldsymbol{\sigma}_z^{(i)}\boldsymbol{\sigma}_z^{(j)},$$

其中$\boldsymbol{\sigma}_z^{(j)}$ 的定义类似于$\boldsymbol{\sigma}_x^{(j)}$，

$$\boldsymbol{\sigma}_z^{(j)}=\underbrace{\boldsymbol{I}\otimes\cdots\otimes\boldsymbol{I}}_{(j-1)项}\otimes\boldsymbol{\sigma}_z\otimes\underbrace{\boldsymbol{I}\otimes\cdots\otimes\boldsymbol{I}}_{(n-j)项}。$$

已知$\boldsymbol{\sigma}_z|k\rangle=(-1)^k|k\rangle(k=0,1)$。用$-1$标记0态，则$\boldsymbol{\sigma}_z|s=\pm1\rangle=-s|s=\pm1\rangle,\boldsymbol{\sigma}_z^{(k)}|s_1s_2\cdots s_n\rangle=-s_k|s_1s_2\cdots s_n\rangle$。

注意到$\boldsymbol{H}_P$是Ising自旋系统[BH10]的Hamilton量，外磁场强度由h_i给出，相邻自旋之间耦合由K_{ij}给出。选取$\boldsymbol{H}_I,\boldsymbol{H}_P$和初态$|\psi(0)\rangle$，绝热演化到$|\psi(T)\rangle=|s_1s_2\cdots s_n\rangle$，$\boldsymbol{H}_P|\psi(T)\rangle=E(s)|\psi(T)\rangle$。在计算基下，$\boldsymbol{H}_P$的基态极小化净能量(net energy)，给出原问题的解。

1.2 三元可满足性问题

著名的三元可满足性问题(3-SAT)也是NP-难的。设$z_i=0$或$1(i=1,2,\cdots,n)$，以及若干三元一组的约束条件C(比如$z_{i_C}+z_{j_C}+z_{k_C}=1$)，询问是否存在满足所有约束的一组数$z_1,z_2,\cdots,z_n$。

对每个约束C定义能量函数h_C：$h_C(z_{i_C},z_{j_C},z_{k_C})=0$，若$(z_{i_C},z_{j_C},z_{k_C})$满足$C$；$h_C(z_{i_C},z_{j_C},z_{k_C})=1$，若$(z_{i_C},z_{j_C},z_{k_C})$不满足$C$。定义总能量函数

$$h(z_1,z_2,\cdots,z_n)=\sum_C h_C(z_{i_C},z_{j_C},z_{k_C}),$$

其值反映一组值$z_1,z_2,\cdots,z_n$中不满足的约束数目。$h(z_1,z_2,\cdots,z_n)=0$当且仅当$(z_1,z_2,\cdots,z_n)$满足所有约束条件。

考虑将经典能量函数变成算符形式。定义

$$\begin{aligned}\boldsymbol{H}_{P,C}=&\frac{\boldsymbol{I}+\boldsymbol{\sigma}_z^i}{2}\frac{\boldsymbol{I}-\boldsymbol{\sigma}_z^j}{2}\frac{\boldsymbol{I}-\boldsymbol{\sigma}_z^k}{2}+\frac{\boldsymbol{I}-\boldsymbol{\sigma}_z^i}{2}\frac{\boldsymbol{I}+\boldsymbol{\sigma}_z^j}{2}\frac{\boldsymbol{I}-\boldsymbol{\sigma}_z^k}{2}+\frac{\boldsymbol{I}-\boldsymbol{\sigma}_z^i}{2}\frac{\boldsymbol{I}-\boldsymbol{\sigma}_z^j}{2}\frac{\boldsymbol{I}+\boldsymbol{\sigma}_z^k}{2}+\\&\frac{\boldsymbol{I}-\boldsymbol{\sigma}_z^i}{2}\frac{\boldsymbol{I}-\boldsymbol{\sigma}_z^j}{2}\frac{\boldsymbol{I}-\boldsymbol{\sigma}_z^k}{2}+\frac{\boldsymbol{I}+\boldsymbol{\sigma}_z^i}{2}\frac{\boldsymbol{I}+\boldsymbol{\sigma}_z^j}{2}\frac{\boldsymbol{I}+\boldsymbol{\sigma}_z^k}{2},\end{aligned}$$

其中上标(i,j,k)理解为(i_C,j_C,k_C)，$\boldsymbol{\sigma}_z^i$表示在第i个位置为$\boldsymbol{\sigma}_z$其余为$\boldsymbol{I}$。已知$\frac{\boldsymbol{I}-\boldsymbol{\sigma}_z}{2}|0\rangle=0|0\rangle,\frac{\boldsymbol{I}-\boldsymbol{\sigma}_z}{2}|1\rangle=1|1\rangle,\frac{\boldsymbol{I}+\boldsymbol{\sigma}_z}{2}|0\rangle=1|0\rangle,\frac{\boldsymbol{I}+\boldsymbol{\sigma}_z}{2}|1\rangle=0|1\rangle$，即$\frac{1}{2}(\boldsymbol{I}-\boldsymbol{\sigma}_z)|s\rangle=s|s\rangle$，$\frac{1}{2}(\boldsymbol{I}+\boldsymbol{\sigma}_z)|s\rangle=(1-s)|s\rangle$，则

$$\boldsymbol{H}_{P,C}|z_{i_C}\rangle|z_{j_C}\rangle|z_{k_C}\rangle=\begin{cases}0|z_{i_C}z_{j_C}z_{k_C}\rangle,z_{i_C}+z_{j_C}+z_{k_C}=1;\\1|z_{i_C}z_{j_C}z_{k_C}\rangle,z_{i_C}+z_{j_C}+z_{k_C}\neq1。\end{cases}$$

亦即$\boldsymbol{H}_{P,C}|z_1\rangle|z_2\rangle\cdots|z_n\rangle=h_C(z_{i_C},z_{j_C},z_{k_C})|z_1\rangle|z_2\rangle\cdots|z_n\rangle$。定义问题Hamilton量$\boldsymbol{H}_P=\sum_C\boldsymbol{H}_{P,C}$，满足$\boldsymbol{H}_P|z_1\rangle|z_2\rangle\cdots|z_n\rangle=h(z_1,z_2,\cdots,z_n)|z_1\rangle|z_2\rangle\cdots|z_n\rangle$。$\boldsymbol{H}_P$的基态对应的不满足约束数目最少。若基态能为0，则存在解(此时简并度为解的个数)。

下面构造初始Hamilton量及其基态。定义作用于单个量子比特的Hamilton量$\boldsymbol{H}_I^{(k)}=\frac{1}{2}(\boldsymbol{I}-\boldsymbol{\sigma}_x^k)$，满足$\boldsymbol{H}_I^{(k)}|x_k=x\rangle=x|x_k=x\rangle$，其中$|x_k=0\rangle=|+\rangle=\frac{1}{\sqrt{2}}(|0\rangle+|1\rangle)$，$|x_k=1\rangle=|-\rangle=\frac{1}{\sqrt{2}}(|0\rangle-|1\rangle)$。对应于约束$C$的初始Hamilton量

$$\boldsymbol{H}_{I,C}=\boldsymbol{H}_I^{(i_C)}+\boldsymbol{H}_I^{(j_C)}+\boldsymbol{H}_I^{(k_C)}=\frac{1}{2}(\boldsymbol{I}-\boldsymbol{\sigma}_x^{i_C})+\frac{1}{2}(\boldsymbol{I}-\boldsymbol{\sigma}_x^{j_C})+\frac{1}{2}(\boldsymbol{I}-\boldsymbol{\sigma}_x^{k_C})。$$

定义初始 Hamilton 量 $\boldsymbol{H}_I=\sum_C \boldsymbol{H}_{I,C}$，其基态为

$$|x_1=0\rangle|x_2=0\rangle\cdots|x_n=0\rangle=\frac{1}{\sqrt{2^n}}\sum_{x=0}^{2^n}|x\rangle。$$

1.3 搜索问题

设 N 个无序数据中有一个被标记($N=2^n$)，标记态为$|m\rangle$。取初始 Hamilton 量 $\boldsymbol{H}_I=\boldsymbol{I}-|D\rangle\langle D|$，$|D\rangle=\frac{1}{\sqrt{N}}\sum_{j=0}^{N-1}|j\rangle$，基态对应的特征值为 0。定义 $\boldsymbol{H}_P=\boldsymbol{I}-|m\rangle\langle m|$。类似标准 Grover 算符，使用量子 Oracle 实现 $\boldsymbol{H}_P$ 的演化。定义

$$\boldsymbol{H}(t)=(1-s)\boldsymbol{H}_I+s\boldsymbol{H}_P,\quad s=t/T。$$

制备初态$|\psi(0)\rangle=|D\rangle$。易验证$\{|D\rangle,|m\rangle\}$张成不变子空间，因为

$$\boldsymbol{H}|D\rangle=s|D\rangle-s\langle m|D\rangle|m\rangle,$$
$$\boldsymbol{H}|m\rangle=(1-s)(|m\rangle-\langle D|m\rangle|D\rangle)。$$

对 $x\in\{|D\rangle,|m\rangle\}^\perp$，$\boldsymbol{H}(t)\boldsymbol{x}=\boldsymbol{x}$，特征值 1 的重数(简并度)为 $N-2$。

将$\{|D\rangle,|m\rangle\}$正交化，定义 $\boldsymbol{W}=(|m\rangle,|m^\perp\rangle)$，其中 $|m^\perp\rangle=\frac{1}{\sqrt{N-1}}\sum_{j=0,j\neq m}^{N-1}|j\rangle$。

$$\boldsymbol{W}^{\mathrm{T}}\boldsymbol{H}\boldsymbol{W}=\frac{1}{2}\boldsymbol{I}-\frac{\Delta}{2}\begin{pmatrix}\cos\theta & \sin\theta\\ \sin\theta & -\cos\theta\end{pmatrix},$$

$$\Delta=\sqrt{1-4s(1-s)\left(1-\frac{1}{N}\right)},$$

$$\sin\theta=\frac{2}{\Delta}(1-s)\sqrt{\frac{1}{N}\left(1-\frac{1}{N}\right)},$$

$$\cos\theta=\frac{1}{\Delta}\left(1-2(1-s)\left(1-\frac{1}{N}\right)\right),$$

$\boldsymbol{W}^{\mathrm{T}}\boldsymbol{H}\boldsymbol{W}$ 的特征值为 $E_{0,1}=\frac{1}{2}(1\pm\Delta)$，特征向量为$|E_0\rangle=\cos\frac{\theta}{2}|m\rangle+\sin\frac{\theta}{2}|m^\perp\rangle$，$|E_1\rangle=-\sin\frac{\theta}{2}|m\rangle+\cos\frac{\theta}{2}|m^\perp\rangle$；整个演化过程中另有 $N-2$ 个特征值为 1。

基态与第一激发态的间隔 Δ，在 $s=\frac{1}{2}$处有极小值 $\min\Delta=\frac{1}{\sqrt{N}}=2^{-n/2}$。

$$\left\langle\frac{\mathrm{d}H}{\mathrm{d}t}\right\rangle_{1,0}=\frac{\mathrm{d}s}{\mathrm{d}t}\left\langle\frac{\mathrm{d}H}{\mathrm{d}s}\right\rangle_{1,0}=\frac{1}{T}\left\langle\frac{\mathrm{d}H}{\mathrm{d}s}\right\rangle_{1,0},$$

其中$\frac{\mathrm{d}H}{\mathrm{d}s}=H_1-H_0$，限制矩阵元素$\left|\left\langle\frac{\mathrm{d}H}{\mathrm{d}s}\right\rangle_{1,0}\right|\leqslant 1$，则当 $T\geqslant\frac{N}{\varepsilon}$时，$\left|\frac{1}{T}\left\langle\frac{\mathrm{d}H}{\mathrm{d}s}\right\rangle_{1,0}\right|\leqslant\frac{\varepsilon}{N}\cdot 1$，绝热条件$\frac{\max D(t)}{\min\Delta^2(t)}\leqslant\varepsilon$ 可满足。但计算时间为 $O(N)$，并无优势可言[AL18]。下面加以改

进,将 T 分成若干时间段,在每个时间区间,有

$$\frac{\mathrm{d}s}{\mathrm{d}t} \leqslant \varepsilon\Delta^2(s) / \left| \left\langle \frac{\mathrm{d}H}{\mathrm{d}s} \right\rangle_{1,0} \right|, \quad \forall t。$$

选取如下的 Hamilton 演化速率

$$\frac{\mathrm{d}s}{\mathrm{d}t} = \varepsilon\Delta^2(s) = \varepsilon\left(1 - 4\frac{N-1}{N}s(1-s)\right),$$

积分可得

$$t = \frac{1}{2\varepsilon}\frac{N}{\sqrt{N-1}}\left(\arctan\left(\sqrt{N-1}(2s-1)\right) + \arctan\left(\sqrt{N-1}\right)\right),$$

这等价地定义了 $s(t)$。令 $s=1$,得 $T = \frac{1}{\varepsilon}\frac{N}{\sqrt{N-1}}\arctan\left(\sqrt{N-1}\right)$。当 $N \gg 1$ 时,$T \simeq \frac{\pi}{2\varepsilon}\sqrt{N}$,由此可得平方加速[RC02, AL18]。

绝热计算被证明是等价于标准的量子线路模型[ADK07]。Rezakhani 等[RKH09]推广 Nielsen 等人[NDG06]的几何方法到绝热计算,用黎曼几何的方法得到一个量子绝热算法所需的最优路径。含时 Hamilton 依赖于参数 $x(t)$(比如电磁场、激光束等),设参数位于流形 M 上,即 $\boldsymbol{H} = \boldsymbol{H}(x(t))$, $x \in M$。Hamilton 随时间演化在几何上对应于流形 M 上一条控制曲线 $x(t)$。时间最优曲线是量子绝热最速降线(quantum adiabatic brachistochrone, QAB),等价于$(M, \boldsymbol{g})$上测地线:

$$\ddot{x}^k + \Gamma^k_{ij}\dot{x}^i\dot{x}^j = 0$$

这里 $\Gamma^k_{ij} = \frac{1}{2}g^{kl}(\partial_j g_{li} + \partial_i g_{lj} - \partial_l g_{ij})$(参考附录 B),$\boldsymbol{g}$ 为度规张量,文献[RKH09]给出 $\boldsymbol{g}(x) = \boldsymbol{C}/\Delta^4(x)$, $\boldsymbol{C} = (C_{ij}) = (\mathrm{tr}[\boldsymbol{\sigma}_i\boldsymbol{\sigma}_j])$。

2 量子近似优化算法

量子近似优化算法(quantum approximate optimization algorithm, QAOA)由 Farhi, Goldstone 和 Gutmann 于 2014 年提出[FGG14],是含噪声中型量子(noisy intermediate-scale quantum, NISQ)技术的一种,也是一种量子-经典混合算法。算法使用量子处理器制备一个量子态,再使用经典优化算法处理测量结果,然后指示量子处理器调整下一个量子态制备;重复多次,直至收敛到一个可提取近似解的量子态。

设目标函数

$$C(\boldsymbol{z}) = \sum_{\alpha=1}^{m} C_\alpha(\boldsymbol{z}),$$

其中 $\alpha \in [m]$, $\boldsymbol{z} \in \{0,1\}^n$。若 $\boldsymbol{z}$ 满足约束 α,则 $C_\alpha(\boldsymbol{z}) = 1$,否则为 0。

最大切割(max-cut)问题属于此类问题。给定图 $G = \{V, E\}$,其中有 $n = |V|$ 个顶点, $m = |E|$ 条边。目标是寻找 $\boldsymbol{z}$,极大化函数

$$C(z)=\frac{1}{2}\sum_{\langle i,j\rangle\in E}(1-z_iz_j), \tag{12.1}$$

这里关于图中所有边$\langle i,j\rangle$求和，z_i 和 z_j 分别为±1(取决于分割后的点在哪一边)，一般情况下还需考虑每条边所带权重 w_{ij}。定义

$$\boldsymbol{C}_{jk}\equiv\frac{1}{2}(\boldsymbol{I}-\boldsymbol{\sigma}_z^{(j)}\boldsymbol{\sigma}_z^{(k)}),$$

目标函数对应的 Hamilton 量为

$$\boldsymbol{C}\equiv\sum_{\langle i,j\rangle}w_{ij}\boldsymbol{C}_{ij}=\frac{1}{2}\sum_{\langle i,j\rangle}w_{ij}(\boldsymbol{I}-\boldsymbol{\sigma}_z^{(i)}\boldsymbol{\sigma}_z^{(j)}), \tag{12.2}$$

其中$\boldsymbol{\sigma}_z^{(i)}$ 表示作用于第 i 个自旋粒子上的 Pauli-Z 算符(特征值为±1)，下文为简单起见取 $w_{ij}=1$。定义酉算符

$$\boldsymbol{U}_C(\gamma)\equiv\mathrm{e}^{-\mathrm{i}\gamma\boldsymbol{C}}=\prod_{\alpha=1}^{m}\mathrm{e}^{-\mathrm{i}\gamma\boldsymbol{C}_\alpha}, \tag{12.3}$$

第二个等号成立是因为在计算基底下，$[\boldsymbol{C}_\alpha,\boldsymbol{C}_\beta]=\boldsymbol{0}$，$\forall\alpha,\beta\in[m]$。可视 γ 为 Hamilton 量演化时间(亦可视为旋转角)，考虑到 $\boldsymbol{C}$ 的特征值取整，限制 γ 在 0 到 2π[FGG14]。

定义混合 Hamilton 量

$$\boldsymbol{B}\equiv\sum_{j=1}^{n}\boldsymbol{\sigma}_x^{(j)}, \tag{12.4}$$

其中$\boldsymbol{\sigma}_x^{(j)}$ 是作用于自旋 j 的 Pauli-X 矩阵。定义酉算符

$$\boldsymbol{U}_B(\beta)\equiv\mathrm{e}^{-\mathrm{i}\beta\boldsymbol{B}}=\prod_{j=1}^{n}\mathrm{e}^{-\mathrm{i}\beta\boldsymbol{\sigma}_x^{(j)}}, \tag{12.5}$$

第二个等号成立也是由于每一项可对易。可视 $\mathrm{e}^{-\mathrm{i}\beta\boldsymbol{\sigma}_x^{(j)}}$ 为自旋 j 绕 x 轴旋转角度 $2\beta(0\leqslant\beta<\pi)$。定义

$$|\gamma,\beta\rangle\equiv\mathrm{e}^{-\mathrm{i}\beta\boldsymbol{B}}\mathrm{e}^{-\mathrm{i}\gamma\boldsymbol{C}}|D\rangle。 \tag{12.6}$$

下面选取 γ 和 β，极大化

$$F(\gamma,\beta)\equiv\langle\gamma,\beta|\boldsymbol{C}|\gamma,\beta\rangle=\sum_{\langle j,k\rangle}\langle D|\boldsymbol{U}_C^\dagger(\gamma)\boldsymbol{U}_B^\dagger(\beta)\boldsymbol{C}_{jk}\boldsymbol{U}_B(\beta)\boldsymbol{U}_C(\gamma)|D\rangle。 \tag{12.7}$$

$\boldsymbol{U}_B(\beta)$中不涉及量子位 j 和 k 的因子与 $\boldsymbol{C}_{jk}$ 对易，所以

$$\langle\boldsymbol{C}_{jk}\rangle\equiv\langle D|\boldsymbol{U}_C^\dagger(\gamma)\,\mathrm{e}^{\mathrm{i}\beta(\boldsymbol{\sigma}_x^{(j)}+\boldsymbol{\sigma}_x^{(k)})}\boldsymbol{C}_{jk}\,\mathrm{e}^{-\mathrm{i}\beta(\boldsymbol{\sigma}_x^{(j)}+\boldsymbol{\sigma}_x^{(k)})}\boldsymbol{U}_C(\gamma)|D\rangle。 \tag{12.8}$$

$\boldsymbol{U}_C(\gamma)$中不涉及量子位 j 和 k 的项也可对易相消，最终式(12.8)只涉及边$\langle j,k\rangle$及其邻边。可证[WHJ18]

$$\langle\boldsymbol{C}_{jk}\rangle=\frac{1}{2}+\frac{1}{4}\sin4\beta\sin\gamma(\cos^{d_j}\gamma+\cos^{d_k}\gamma)-$$

$$\frac{1}{4}(\sin^2\beta\cos^{d_j+d_k-2\mu_{jk}}\gamma)(1-\cos^{\mu_{jk}}\gamma),$$

其中 d_j+1 和 d_k+1 分别为顶点 j 和 k 的度，μ_{jk} 为图中包含边$\langle j,k\rangle$的三角形个数，期望仅依赖于参数(d_j,d_k,μ_{jk})。

一般地，取 $2p$ 个参数：$\boldsymbol{\gamma}=(\gamma_1,\cdots,\gamma_p)$，$\boldsymbol{\beta}=(\beta_1,\cdots,\beta_p)$，制备

$$|\boldsymbol{\gamma},\boldsymbol{\beta}\rangle \equiv e^{-i\beta_p \boldsymbol{B}} e^{-i\gamma_p \boldsymbol{C}} \cdots e^{-i\beta_1 \boldsymbol{B}} e^{-i\gamma_1 \boldsymbol{C}} |D\rangle,$$

然后极大化 $F_p(\boldsymbol{\gamma},\boldsymbol{\beta}) \equiv \langle \boldsymbol{\gamma},\boldsymbol{\beta}|\boldsymbol{C}|\boldsymbol{\gamma},\boldsymbol{\beta}\rangle$。文献[FGG14]已证明

$$\lim_{p\to\infty} \max_{\boldsymbol{\gamma},\boldsymbol{\beta}} F_p(\boldsymbol{\gamma},\boldsymbol{\beta}) = \max_{\boldsymbol{z}} C(\boldsymbol{z})。 \tag{12.9}$$

QAOA 计算流程

---

(0) 制备初态 $|D\rangle = \frac{1}{\sqrt{2^n}} \sum_{k\in\{0,1\}^n} |k\rangle$。

(1) 初始化参数 $\boldsymbol{\gamma}$ 和 $\boldsymbol{\beta}$，酉演化 $\boldsymbol{U}_C(\boldsymbol{\gamma})$，$\boldsymbol{U}_B(\boldsymbol{\beta})$。

(2) 重复 p 次，每次用不同参数 $\gamma_i,\beta_i\ (i=1,2,\cdots,p)$，形成态

$$|\boldsymbol{\gamma},\boldsymbol{\beta}\rangle \equiv \prod_{i=1}^{p} \boldsymbol{U}_B(\beta_i)\boldsymbol{U}_C(\gamma_i)|D\rangle。$$

(3) 测量，计算期望 $F_p(\boldsymbol{\gamma},\boldsymbol{\beta}) \equiv \langle \boldsymbol{\gamma},\boldsymbol{\beta}|\boldsymbol{C}|\boldsymbol{\gamma},\boldsymbol{\beta}\rangle$。

(4) 用经典优化算法极值化 $F_p(\boldsymbol{\gamma},\boldsymbol{\beta})$，得一组新的参数。

重复以上步骤直至满足预设条件。

QAOA 量子线路如图 12.1 所示。

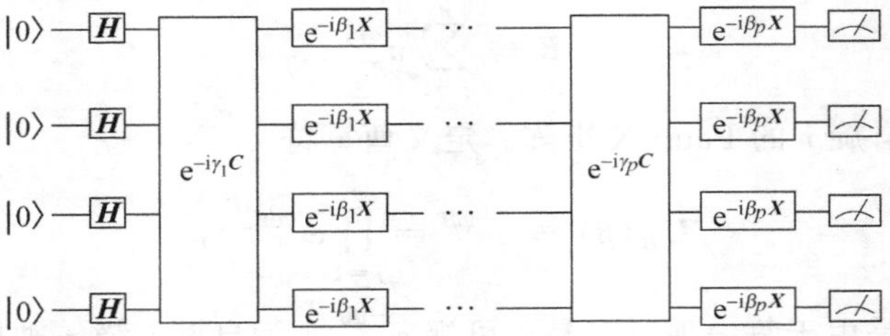

图 12.1 QAOA 量子线路

3 拓扑量子计算

Kitaev 于 1997 年提出了拓扑量子计算，利用二维多体量子系统中特殊的准粒子——非 Abel 任意子运动的世界线编织，实现酉运算。在硬件层面有容错特性，因为它利用的是拓扑态，对局部扰动不敏感，能有效抵抗环境的退相干。拓扑量子计算需要借助合适的物理体系，可编码存储量子信息，可通过对非 Abel 任意子的编织，执行酉操作，并能测量读出结果。在强磁场下二维电子气中的分数量子 Hall 态就是一个候选者。

任意子可成对产生或湮灭，可融结(fusion)为其他类型任意子，可绝热互换。定义有限集 $M=\{1,a,b,c,\cdots\}$，其中 1 对应于真空，a,b,c(比如拓扑荷)用于标记任意子，满足一定的融结规则(fusion rule)：

$$a\times b=\sum_{c\in M} N_{ab}^{c} c,$$

给出不同粒子融结后的产物。融结系数 N_{ab}^{c} 为非负整数(一般为 0 或 1)。若 $N_{ab}^{c}=0$，则融结后不能产生粒子 c。如果只有一个 $N_{ab}^{c}\neq 0$，其余为 0，则为 Abel 情形；如果有两个或更

多融结系数 $N_{ab}^{c}\geqslant 1$,则为非 Abel 情形。如,$a\times a=1+b$,给出两个可能融结结果,a 是非 Abel 任意子;它是自身的反粒子,因为有一种可能融结结果为真空。融结规则满足交换律和结合律:

$$a\times b=b\times a,\quad (a\times b)\times c=a\times(b\times c)。$$

设 a,b 的融结结果 $c\in M$ 有多种,则定义融结空间的规范正交基 $|ab;c\rangle$,满足

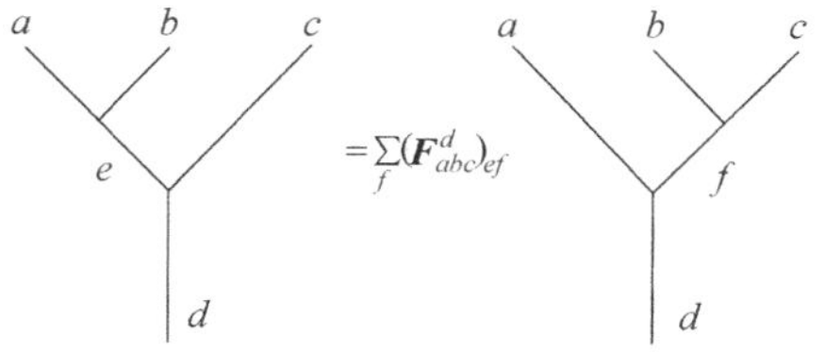

图 12.2 F-矩阵

$$\langle ab;c\mid ab;d\rangle=\delta_{cd}。$$

设三个初态粒子 a,b,c 融结为末态粒子 d,中间过程有一定的自由度(不同的融结次序),可先融结 a,b 为 e,或者 b,c 先融结为 f,如图 12.2 所示。

对应的两种基底选择,由酉矩阵 $\boldsymbol{F}_{abc}^{d}$(所谓的 F-矩阵)联系:

$$|(ab)c;ec;d\rangle=\sum_f(\boldsymbol{F}_{abc}^{d})_{ef}\,|a(bc);af;d\rangle,$$

这里针对 b 与 c 融结产生的所有任意子 f 求和(即满足 $N_{bc}^{f}\neq 0$ 的 f)。融结矩阵 $\boldsymbol{F}_{abc}^{d}$ 刻画了融结空间不同融结态之间的线性组合关系,必须与融结规则的结合律和交换律自洽,满足所谓的五边形方程(pentagon equation)[Pac12]。

考查态的演化,忽略任意子间的相互作用,能改变任意子拓扑态的只有全局操作如任意子间的缠绕。任意子运动的世界线形成辫子,编织辫子是对融结空间的态作酉变换,这由所谓的 R-矩阵来刻画。

当融结通道(fusion channel)固定:$a\times b\to c$,交换两个任意子 a 和 b,如图 12.3 所示。

相当于粒子 e 扭动半周,交换演化算符 $\boldsymbol{R}_{ab}^{e}$ 给出相应的相因子。一般地,逆时针交换两个任意子获得相位由 R-矩阵描述。

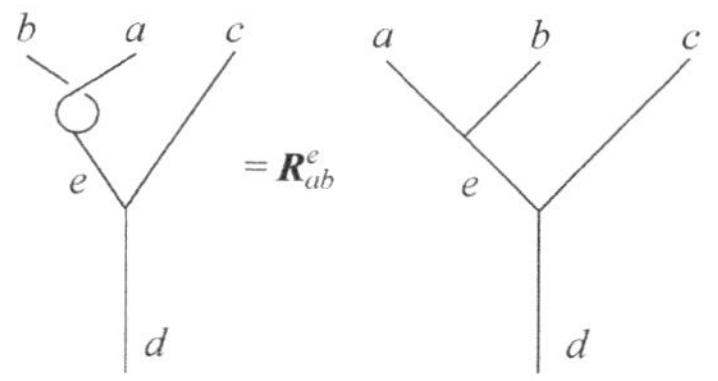

图 12.3 R-矩阵

辫子群可描述二维平面上任意子交换对应于任意子在 2+1 维时空中世界线的编织[Zhu93]。只有相邻两条线交叉的辫子为基本辫子,记 σ_i 为逆时针交换粒子 i 和 $i+1$;σ_i^{-1} 为顺时针交换粒子 i 和 $i+1$。一般地,$\sigma_i^{-1}\neq\sigma_i$,即 $\sigma_i^2\neq 1$,且满足

$$\sigma_i\sigma_j=\sigma_j\sigma_i\ (|i-j|\geqslant 2),\quad \sigma_i\sigma_j\neq\sigma_j\sigma_i\ (|i-j|=1),$$

以及 Yang-Baxter 关系:

$$\sigma_i\sigma_{i+1}\sigma_i=\sigma_{i+1}\sigma_i\sigma_{i+1}。$$

至此我们提及了描述任意子的有限集合 M,融结规则,F-矩阵和 R-矩阵,下面给出两个常见例子。

例 12.1 Fibonacci 任意子模型。这是最简单的非 Abel 任意子。对任意子仅有如下非平凡融结规则:

$$\tau\times\tau=1+\tau。$$

可见 τ 是自身的反粒子。易验证

$$\tau\times\tau\times\tau=1+2\cdot\tau,\quad \tau\times\tau\times\tau\times\tau=2\cdot 1+3\cdot\tau,\quad \tau\times\tau\times\tau\times\tau\times\tau=3\cdot 1+5\cdot\tau,$$

如此类推,可见融结空间的维数按 Fibonacci 数列增长。二维融结空间的基底为 $|(\tau\tau)\tau;$

$1\tau;\ \tau\rangle$和$|(\tau\tau)\tau;\ \tau\tau;\ \tau\rangle$，可编码一个量子比特。F-矩阵给出基变换，R-矩阵描述编织，结合五边形和六边形方程，可得[Pac12]

$$\boldsymbol{F}=\boldsymbol{F}^{\tau}_{\tau\tau\tau}=\begin{pmatrix}\phi^{-1} & \phi^{-1}\\ \phi^{-1} & \phi^{-1}\end{pmatrix},\quad \boldsymbol{R}=\begin{pmatrix}R^{1}_{\tau\tau} & 0\\ 0 & R^{\tau}_{\tau\tau}\end{pmatrix}=\begin{pmatrix}\mathrm{e}^{\mathrm{i}\frac{4}{5}\pi} & 0\\ 0 & \mathrm{e}^{-\mathrm{i}\frac{2}{5}\pi}\end{pmatrix},$$

其中 $\phi=(1+\sqrt{5})/2$。

由 $\boldsymbol{R},\boldsymbol{F}^{-1}\boldsymbol{R}\boldsymbol{F}$ 生成的辫子群在 SU(2)中稠，SU(2)中任意元可由 $O\left(\mathrm{poly}\left(\log\dfrac{1}{\varepsilon}\right)\right)$次编织操作近似到预设精度 ε，可实现通用计算。

例 12.2 Ising 任意子模型。该模型包括了三种粒子：真空 1，非 Abel 任意子 σ，和费米子 ψ。满足以下融结规则：

$$1\times1=1,\quad 1\times\psi=\psi,\quad 1\times\sigma=\sigma,$$
$$\psi\times\psi=1,\quad \psi\times\sigma=\sigma,\quad \sigma\times\sigma=1+\psi。$$

任意子的非 Abel 特性体现在最后一条。因为 $\sigma\times\sigma=1+\psi$，中间融结空间是二维的，基底为

$$|(\sigma\sigma)\sigma;\ 1\sigma;\ \sigma\rangle,\quad |(\sigma\sigma)\sigma;\ \psi\sigma;\ \sigma\rangle。$$

4 个 σ 可编码一个量子比特，6 个 σ 可编码两个量子比特，…，$2n$ 个 σ 可编码 $(n-1)$ 个量子比特，空间维数为 2^{n-1}。考查 6 个 Ising 任意子情形，融结图示如图 12.4 所示。

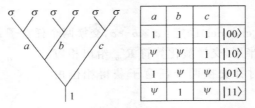

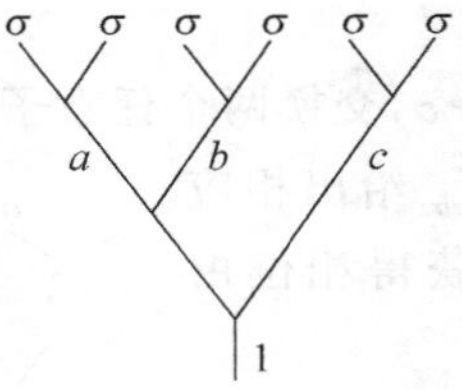

a	b	c	
1	1	1	$\|00\rangle$
ψ	ψ	1	$\|10\rangle$
1	ψ	ψ	$\|01\rangle$
ψ	1	ψ	$\|11\rangle$

图 12.4 六个 Ising 任意子的融结通道

可将四条融结通道与两个量子比特计算基底对应：

$$|00\rangle=|\sigma\sigma;\ 1\rangle|\sigma\sigma;\ 1\rangle|\sigma\sigma;\ 1\rangle,\quad |10\rangle=|\sigma\sigma;\ \psi\rangle|\sigma\sigma;\ \psi\rangle|\sigma\sigma;\ 1\rangle,$$
$$|01\rangle=|\sigma\sigma;\ 1\rangle|\sigma\sigma;\ \psi\rangle|\sigma\sigma;\ \psi\rangle,\quad |11\rangle=|\sigma\sigma;\ \psi\rangle|\sigma\sigma;\ 1\rangle|\sigma\sigma;\ \psi\rangle。$$

对 Ising 任意子模型，通过编织可实现 Clifford 群中所有单量子门和双比特受控相位门，结合某些非拓扑操作，可实现通用量子计算。

第13章

量子信息简介

1 von Neumann 熵不等式

Shannon 在文献[Sha48]中将概率论应用于信息领域，引入熵的概念，给信息以定量的描述。

定义 13.1 设随机变量 X 的概率分布为 $p_1, p_2, \cdots, p_N$，则定义 Shannon 熵

$$H(X) = -\sum_{i=1}^{N} p_i \log_2 p_i。 \tag{13.1}$$

熵是信息量大小的度量，反映变量的平均不确定度。假设某一事件有 N 个可能结果且服从均匀分布，则熵为

$$I = -\sum_{i=1}^{N} \frac{1}{N} \log_2 \frac{1}{N} = \log_2 N。$$

例如，抛硬币一次有 $N=2$ 个结果，$I=\log_2 2=1$；若抛两次，$N=2^2$，$I=\log_2 2^2=2$。抛一次骰子，$I=\log_2 6\approx 2.585$。熵反映了在平均意义下描述随机变量所需的比特数。

为度量两个定义在同一指标集 x 上的概率分布 $p(x)$ 和 $q(x)$ 之间接近程度，引入经典相对熵

$$H(p(x)\parallel q(x)) = \sum_x p(x)\log_2 \frac{p(x)}{q(x)} = -H(X) - \sum_x p(x)\log_2 q(x)。 \tag{13.2}$$

定义 $-0\log_2 0 \equiv 0$；若 $p(x)>0$，则 $-p(x)\log_2 0 \equiv +\infty$。本书内缺省地，log 是以 2 为底的对数。

定理 13.2（相对熵的非负性） $H(p(x)\parallel q(x)) \geqslant 0$，当且仅当 $p(x)=q(x)$ 时取等号。

证 $\forall x>0$，$\ln x \leqslant x-1$，当且仅当 $x=1$ 时取等号。故 $-\log x \geqslant \dfrac{1-x}{\ln 2}$，于是

$$H(p(x)\parallel q(x)) = \sum_x p(x)\log \frac{p(x)}{q(x)}$$

$$\geqslant \frac{1}{\ln 2}\sum_x p(x)\Big(1-\frac{q(x)}{p(x)}\Big)$$
$$=\frac{1}{\ln 2}\sum_x (p(x)-q(x))$$
$$=\frac{1}{\ln 2}\Big(\sum_x p(x)-\sum_x q(x)\Big)=0。$$

当且仅当 $q(x)/p(x)=1$ 时取等号。 □

特殊地，令 $q(x)$ 为 d 个结果上的均匀分布，即 $q(x)=\frac{1}{d}$，则

$$H(p(x)\,\|\,q(x))=-H(X)-\sum_x p(x)\log\frac{1}{d}=\log d-H(X)。$$

由相对熵非负性，$H(X)\leqslant\log d$，当且仅当 X 为均匀分布时取等号。

一对随机变量 X 和 Y 的联合熵定义为

$$H(X,Y)=-\sum_{x,y}p(x,y)\log p(x,y)。\tag{13.3}$$

在已知 Y 值的条件下 X 的条件熵定义为 $H(X|Y)\equiv H(X,Y)-H(Y)$，定义 X 和 Y 的互信息 $H(X:Y)\equiv H(X)+H(Y)-H(X,Y)$。经典信息论中的相对熵、联合熵、条件熵和互信息等概念都有其相应的量子版本。

Shannon 熵可推广至量子系统的 von Neumann 熵，用以描述量子信源的信息。

定义 13.3 设量子系统用密度算符 $\boldsymbol{\rho}$ 描述，相应的 von Neumann 量子熵为

$$S(\boldsymbol{\rho})\equiv-\mathrm{tr}(\boldsymbol{\rho}\log\boldsymbol{\rho})。\tag{13.4}$$

若 $\boldsymbol{\rho}$ 的特征值为 $\{\lambda_a\}$，则

$$S(\boldsymbol{\rho})=-\sum_a\lambda_a\log\lambda_a。$$

例 13.4 考虑处于纯态的复合系统 AB。态矢量由单一波函数 $|\psi\rangle$ 描述，密度矩阵 $\boldsymbol{\rho}_{AB}=|\psi\rangle\langle\psi|$。设 $|\psi\rangle=\sum a_{kj}|k_A\rangle|j_B\rangle$，由 Schmidt 分解，在适当基底下，$|\psi\rangle=\sum\lambda_i|i_A\rangle|i_B\rangle$。子系统 A 的约化密度算子

$$\boldsymbol{\rho}_A=\mathrm{tr}_B(\boldsymbol{\rho}_{AB})=\sum_k(\boldsymbol{I}\otimes\langle k_B|)\boldsymbol{\rho}(\boldsymbol{I}\otimes|k_B\rangle)=\sum_i\lambda_i|i_A\rangle\bar{\lambda}_i\langle i_A|=\sum_i\lambda_i^2|i_A\rangle\langle i_A|,$$

同理，$\boldsymbol{\rho}_B=\sum_i\lambda_i^2|i_B\rangle\langle i_B|$。约化密度算符具有相同的特征值，故 $S(\boldsymbol{\rho}_A)=S(\boldsymbol{\rho}_B)$。习惯上也用 $S(A)$ 和 $S(B)$ 分别表示 $S(\boldsymbol{\rho}_A)$ 和 $S(\boldsymbol{\rho}_B)$。

von Neumann 熵有许多常用的性质，比如：

(a) von Neumann 熵非负，当且仅当状态为纯态时 $S(\boldsymbol{\rho})=0$。

(b) 当系统处于最大混态 $\boldsymbol{\rho}=\boldsymbol{I}/d$ 时，取最大值 $S(\boldsymbol{\rho})=\log_2 d$（这里 d 表示 Hilbert 空间的维数）。

(c) 酉变换下的不变性：$S(\boldsymbol{\rho})=S(\boldsymbol{U}\boldsymbol{\rho}\boldsymbol{U}^\dagger)$。

还有下面将讨论的次可加性和三角不等式等（参考文献[NC00]）。

(1) 相对熵

定义 13.5 设 $\boldsymbol{\rho}$ 和 $\boldsymbol{\sigma}$ 是密度算子，$\boldsymbol{\rho}$ 到 $\boldsymbol{\sigma}$ 的相对熵为

$$S(\boldsymbol{\rho}\parallel\boldsymbol{\sigma})\equiv -S(\boldsymbol{\rho})-\operatorname{tr}(\boldsymbol{\rho}\log\boldsymbol{\sigma})=\operatorname{tr}(\boldsymbol{\rho}\log\boldsymbol{\rho})-\operatorname{tr}(\boldsymbol{\rho}\log\boldsymbol{\sigma})。\tag{13.5}$$

量子相对熵的非负性由下面的 Klein 不等式刻画[NC00]。

定理 13.6 $S(\boldsymbol{\rho}\parallel\boldsymbol{\sigma})\geqslant 0$,当且仅当$\boldsymbol{\rho}=\boldsymbol{\sigma}$时取等号。

证 令$\boldsymbol{\rho}=\sum_i p_i|i\rangle\langle i|$,$\boldsymbol{\sigma}=\sum_j q_j|j\rangle\langle j|$分别为$\boldsymbol{\rho}$与$\boldsymbol{\sigma}$的谱分解。由相对熵的定义,有

$$S(\boldsymbol{\rho}\parallel\boldsymbol{\sigma})=\sum_i p_i\log p_i-\sum_i\langle i|\boldsymbol{\rho}\log\boldsymbol{\sigma}|i\rangle。$$

因为$\langle i|\boldsymbol{\rho}=p_i\langle i|$,且

$$\langle i|\log\boldsymbol{\sigma}|i\rangle=\left\langle i\left|\left(\sum_j\log(q_j)|j\rangle\langle j|\right)\right|i\right\rangle=\sum_j\log(q_j)P_{ij},$$

其中 $P_{ij}\equiv\langle i|j\rangle\langle j|i\rangle\geqslant 0$,所以

$$S(\boldsymbol{\rho}\parallel\boldsymbol{\sigma})=\sum_i p_i\left(\log p_i-\sum_j P_{ij}\log(q_j)\right),$$

这里 $P_{ij}\geqslant 0$, $\sum_i P_{ij}=\operatorname{tr}(|j\rangle\langle j|)=1$, $\sum_j P_{ij}=\left\langle i\left|\left(\sum_j|j\rangle\langle j|\right)\right|i\right\rangle=\langle i|\boldsymbol{I}|i\rangle=1$,即$\boldsymbol{P}=(P_{ij})$是双随机矩阵。

因为 $\log(\cdot)$是严格凹函数,所以$\sum_j P_{ij}\log q_j\leqslant\log\left(\sum_j P_{ij}q_j\right)\equiv\log t_i$,当且仅当存在某个 j 使得$P_{ij}=1$时等号成立。故$S(\boldsymbol{\rho}\parallel\boldsymbol{\sigma})\geqslant\sum_i p_i\log\frac{p_i}{t_i}$,当且仅当对每个 i 存在某个 j 使得$P_{ij}=1$,亦即 $\boldsymbol{P}$ 为置换矩阵。由经典相对熵的形式及其非负性,$S(\boldsymbol{\rho}\parallel\boldsymbol{\sigma})\geqslant 0$。当且仅当 $p_i=t_i\ \forall i$,且 $\boldsymbol{P}$ 为置换矩阵时等号成立。取等号的条件可进一步简化。重新编号$\boldsymbol{\sigma}$的本征态,可使 $\boldsymbol{P}$ 为单位矩阵,这样$\boldsymbol{\rho}$和$\boldsymbol{\sigma}$可以在同一组基底下对角化。条件 $p_i=t_i$ 表明$\boldsymbol{\rho}$和$\boldsymbol{\sigma}$对应的特征值相同,故取等号条件为$\boldsymbol{\rho}=\boldsymbol{\sigma}$。 □

相对熵还有如下性质:

(a) 酉不变性:$S(\boldsymbol{U}\boldsymbol{\rho}\boldsymbol{U}^\dagger\parallel\boldsymbol{U}\boldsymbol{\sigma}\boldsymbol{U}^\dagger)=S(\boldsymbol{\rho}\parallel\boldsymbol{\sigma})$,$\boldsymbol{U}$是酉算子。

(b) 单调性:$S(\boldsymbol{\Phi}(\boldsymbol{\rho})\parallel\boldsymbol{\Phi}(\boldsymbol{\sigma}))\leqslant S(\boldsymbol{\rho}\parallel\boldsymbol{\sigma})$,$\boldsymbol{\Phi}$是 CPTP 映射。

(c) 联合凸性:设$\boldsymbol{\rho}=\sum_i p_i\boldsymbol{\rho}_i$,$\boldsymbol{\sigma}=\sum_i p_i\boldsymbol{\sigma}_i$,则 $S(\boldsymbol{\rho}\parallel\boldsymbol{\sigma})\leqslant\sum_i p_i S(\boldsymbol{\rho}_i\parallel\boldsymbol{\sigma}_i)$。

(2) 次可加性和三角不等式

定义 13.7 对由 A 和 B 两部分组成的复合系统的态$\boldsymbol{\rho}_{AB}$,联合熵为

$$S(A,B)\equiv S(\boldsymbol{\rho}_{AB})=-\operatorname{tr}(\boldsymbol{\rho}_{AB}\log\boldsymbol{\rho}_{AB})。\tag{13.6}$$

定理 13.8 设量子体系 A 和 B 有联合态$\boldsymbol{\rho}_{AB}$,其联合熵满足

$$|S(A)-S(B)|\leqslant S(A,B)\leqslant S(A)+S(B)。\tag{13.7}$$

证 由定理 13.6 中的 Klein 不等式,$S(\boldsymbol{\rho})\leqslant-\operatorname{tr}(\boldsymbol{\rho}\log\boldsymbol{\sigma})$。令$\boldsymbol{\rho}\equiv\boldsymbol{\rho}_{AB}$,$\boldsymbol{\sigma}\equiv\boldsymbol{\rho}_A\otimes\boldsymbol{\rho}_B$,则

$$\begin{aligned}S(A,B)=S(\boldsymbol{\rho}_{AB})&\leqslant-\operatorname{tr}(\boldsymbol{\rho}\log\boldsymbol{\sigma})=-\operatorname{tr}(\boldsymbol{\rho}_{AB}(\log\boldsymbol{\rho}_A+\log\boldsymbol{\rho}_B))\\&=-\operatorname{tr}(\boldsymbol{\rho}_A\log\boldsymbol{\rho}_A)-\operatorname{tr}(\boldsymbol{\rho}_B\log\boldsymbol{\rho}_B)=S(A)+S(B),\end{aligned}$$

故 Klein 不等式给出 $S(A,B)\leqslant S(A)+S(B)$。由 Klein 不等式取等号的条件$\boldsymbol{\rho}=\boldsymbol{\sigma}$,给出等号成立的条件$\boldsymbol{\rho}_{AB}=\boldsymbol{\rho}_A\otimes\boldsymbol{\rho}_B$。

为证明式(13.7)左边的不等式,引入辅助体系 R 来纯化 A 和 B,使 ABR 为纯态。应用

次可加性，有

$$S(R)+S(A)\geqslant S(A,R)。$$

因为 ABR 为纯态，$S(R)=S(A,B)$，$S(A,R)=S(B)$。上面这个不等式可改写为

$$S(A,B)\geqslant S(B)-S(A)。$$

由体系 A 和 B 地位的对称性，有 $S(A,B)\geqslant S(A)-S(B)$。结合此二式即得 $|S(A)-S(B)|\leqslant S(A,B)$。 □

定理 13.8 中第一个不等式为三角不等式，也叫 Araki-Lieb 不等式，是 Shannon 熵不等式 $H(X,Y)\geqslant H(X)$ 的量子版本。第二个不等式是 von Neumann 熵的次可加性，当且仅当 $\boldsymbol{\rho}_{AB}=\boldsymbol{\rho}_A\otimes\boldsymbol{\rho}_B$ 时等号成立。

引入辅助系统是量子信息论中常见的技巧。应用该技巧可证明混合量子态的熵满足

$$\sum_i p_i S(\boldsymbol{\rho}_i)\leqslant S\Big(\sum_i p_i\boldsymbol{\rho}_i\Big)\leqslant \sum_i p_i S(\boldsymbol{\rho}_i)+H(p_i), \tag{13.8}$$

这里量子系统以概率 p_i 处于未知状态 $\boldsymbol{\rho}_i$。该不等式反映了熵的凹性和混合量子态熵的上界[NC00]。其他重要内容如 Holevo 界、Schumacher（无噪声）信道编码定理、Holevo-Schumacher-Westmoreland 定理、量子 Fano 不等式等请参考文献[NC00，Wil17，Wat18]。

2 密集编码

量子通信中可利用量子纠缠态实现一个量子比特传送两经典比特信息，此为 Bennett，Wiesner 提出的量子密集编码(dense coding)。

设 Alice 要发送信息给 Bob，第三方制备 Bell 态

$$|\Phi^+\rangle=\frac{1}{\sqrt{2}}(|00\rangle+|11\rangle)。$$

将第一个量子比特分给 Alice，第二个分给 Bob。

Alice 送出的内容 $x\in\{00,01,10,11\}$。根据发送内容 x 选择 $\boldsymbol{I},\boldsymbol{X},\boldsymbol{Y},\boldsymbol{Z}$，并作用到她所拥有的量子比特(即 Bell 态的第一个)。相当于对 Bob 手中的 Bell 态第二个量子比特作用了 $\boldsymbol{I}$。表 13.1 给出了相应的酉变换及酉变换后的结果(最后一列即 Bell 基)。

表 13.1 Alice 待传递的信息 x(第 1 列)，执行酉变换(第 2 列)后，系统的量子态(第 3 列)

x	酉变换	变换后量子态
0=00	$\boldsymbol{I}\otimes\boldsymbol{I}$	$\lvert\psi_0\rangle=\frac{1}{\sqrt{2}}(\lvert 00\rangle+\lvert 11\rangle)$
1=01	$\boldsymbol{X}\otimes\boldsymbol{I}$	$\lvert\psi_1\rangle=\frac{1}{\sqrt{2}}(\lvert 10\rangle+\lvert 01\rangle)$
2=10	$\boldsymbol{Y}\otimes\boldsymbol{I}$	$\lvert\psi_2\rangle=\frac{1}{\sqrt{2}}(\lvert 10\rangle-\lvert 01\rangle)$
3=11	$\boldsymbol{Z}\otimes\boldsymbol{I}$	$\lvert\psi_3\rangle=\frac{1}{\sqrt{2}}(\lvert 00\rangle-\lvert 11\rangle)$

Alice 将变换后的量子比特发给 Bob。Bob 应用 CNOT 于纠缠对，其中控制比特是第一个量子比特(即收到的)；目标比特是第二个量子比特(即 Bob 所持有的)。结果是直积

态,这样可独立测量第一个和第二个量子比特。

测量第二个量子比特,若测量结果为$|0\rangle$,则 $x=00$ 或 11;若测量结果为$|1\rangle$,则 $x=01$ 或 10。

Bob 应用 Hadamard 变换于第一量子比特,测量第一量子比特,若结果为$|0\rangle$,则 $x=00$ 或 01;若测量结果为$|1\rangle$,则 $x=10$ 或 11。综合两次测量结果可知 x 的具体值。表 13.2 给出了具体过程。

表 13.2 Bob 对接收态(第 2 列)执行 CNOT 后结果为第 3 列。第一量子比特的态为第 4 列,再作用 Hadamard 变换得第 6 列;第二量子比特测量结果在第 5 列

x	接收态	CNOT 后结果	第一量子比特$\|1\mathrm{st}\rangle$	第二量子比特	$H\|1\mathrm{st}\rangle$
00	$\|\psi_0\rangle$	$\frac{1}{\sqrt{2}}(\|00\rangle+\|10\rangle)$	$\frac{1}{\sqrt{2}}(\|0\rangle+\|1\rangle)$	$\|0\rangle$	$\|0\rangle$
01	$\|\psi_1\rangle$	$\frac{1}{\sqrt{2}}(\|11\rangle+\|01\rangle)$	$\frac{1}{\sqrt{2}}(\|1\rangle+\|0\rangle)$	$\|1\rangle$	$\|0\rangle$
10	$\|\psi_2\rangle$	$\frac{1}{\sqrt{2}}(\|11\rangle-\|01\rangle)$	$\frac{1}{\sqrt{2}}(\|1\rangle-\|0\rangle)$	$\|1\rangle$	$-\|1\rangle$
11	$\|\psi_3\rangle$	$\frac{1}{\sqrt{2}}(\|00\rangle-\|10\rangle)$	$\frac{1}{\sqrt{2}}(\|0\rangle-\|1\rangle)$	$\|0\rangle$	$\|1\rangle$

3 量子纠错码

设单量子态

$$|\psi\rangle=\alpha\,|0\rangle+\beta\,|1\rangle,$$

这里 α 和 β 的值未知。由于环境噪声的影响,量子态会消相干(decoherence)而退化为经典态,需要引入量子纠错码,保护该量子态免于噪声干扰。与经典纠错相同,需要引入冗余。但据不可克隆定理,不能简单将量子态复制三次来实现重复码$|\psi\rangle\otimes|\psi\rangle\otimes|\psi\rangle$。

1. 三位重复码

引入两个辅助量子位,初态为$|00\rangle$,使用 CNOT(控制非)操作,

$$(\alpha\,|0\rangle+\beta\,|1\rangle)\,|00\rangle=\alpha\,|000\rangle+\beta\,|100\rangle\mapsto\alpha\,|000\rangle+\beta\,|111\rangle\equiv|\psi_C\rangle,$$

这里的下标 C 表示编码后的态。将单量子比特状态 $\alpha|0\rangle+\beta|1\rangle$用三个量子比特编码为 $\alpha|000\rangle+\beta|111\rangle$,记为

$$|0\rangle\rightarrow|000\rangle\equiv|0_C\rangle,\quad |1\rangle\rightarrow|111\rangle\equiv|1_C\rangle,$$

这里$|0_C\rangle$,$|1_C\rangle$表示逻辑$|0\rangle$态,逻辑$|1\rangle$态。

假设噪声至多影响三个量子比特中的一个,使其中一个量子位发生比特翻转,把$|0\rangle$变为$|1\rangle$,把$|1\rangle$变为$|0\rangle$,相当于对其中一个量子比特进行了 $\boldsymbol{X}$-变换。我们不能对三个编码量子位中任何一个测量,因为测后状态塌缩,编码态中由系数 α 和 β 所给出的量子信息会丢失。下面假设至多有一个量子比特出现了比特翻转的情形下,检测出错信息并施以适当的酉变换纠错。

差错检测。为诊断出现差错的量子位,需执行一次测量。测量对应的投影算符

$$\boldsymbol{\Pi}_0 \equiv |000\rangle\langle 000| + |111\rangle\langle 111|, \quad \boldsymbol{\Pi}_1 \equiv |100\rangle\langle 100| + |011\rangle\langle 011|,$$

$$\boldsymbol{\Pi}_2 \equiv |010\rangle\langle 010| + |101\rangle\langle 101|, \quad \boldsymbol{\Pi}_3 \equiv |001\rangle\langle 001| + |110\rangle\langle 110|$$

($\boldsymbol{\Pi}_0$：无翻转；$\boldsymbol{\Pi}_1$：第一量子比特翻转；$\boldsymbol{\Pi}_2$：第二量子比特翻转；$\boldsymbol{\Pi}_3$：第三量子比特翻转)。比如，第一量子比特翻转，状态为 $|\varphi\rangle=\alpha|100\rangle+\beta|011\rangle$，此时 $\langle\varphi|\boldsymbol{\Pi}_1|\varphi\rangle=1$，$\langle\varphi|\boldsymbol{\Pi}_k|\varphi\rangle=0$ $(k=0,2,3)$。而且测量不引起状态改变，即测量前后状态都是 $\alpha|100\rangle+\beta|011\rangle$。由此获知何处比特翻转，但不能推断有关 α,β 的具体值。

不直接测量编码量子位，而是引入两个辅助位提取诊断信息(见图 13.1)。

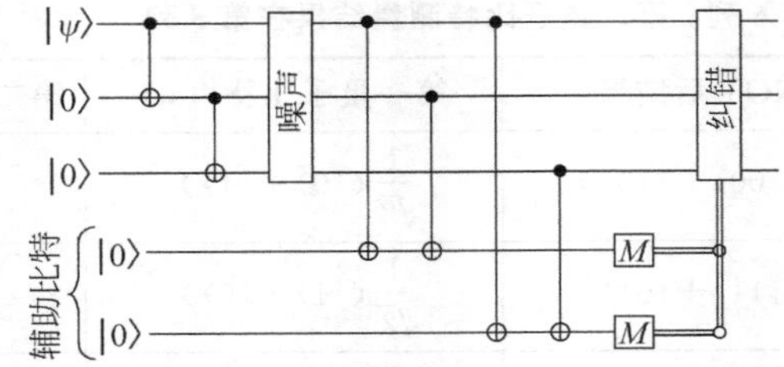

图 13.1 引入两个辅助位的比特翻转检测与复原

若发生第一量子比特翻转，则测量前的五量子比特态为

$$\alpha|100\rangle \otimes |11\rangle + \beta|011\rangle \otimes |11\rangle。$$

若第二或第三量子位翻转，则辅助量子比特态分别为 $|10\rangle$ 或 $|01\rangle$。测量辅助量子比特可提取诊断信息，而无需直接测量编码态[Sta17]。

纠错复原。考虑到 $\boldsymbol{X}$-变换的逆是它本身，只需对发生错误的量子比特进行 $\boldsymbol{X}$-变换。比如差错检测指示第一个量子比特出现翻转，则只需对该量子比特再一次翻转就可恢复至原状态 $\alpha|000\rangle+\beta|111\rangle$(无需知道 α 和 β 的值)。

纠正比特翻转的量子纠错码不能纠正相位翻转。若操作 $\boldsymbol{Z}$ 作用于三个量子比特中任何一个，最后态为 $|\psi_C\rangle=\alpha|000\rangle-\beta|111\rangle$。对这个态进行 $(\boldsymbol{\Pi}_0,\boldsymbol{\Pi}_1,\boldsymbol{\Pi}_2,\boldsymbol{\Pi}_3)$ 测量时所得结果一样，发现不了错误。注意到在计算基底下的相位翻转 $\alpha|0\rangle+\beta|1\rangle \mapsto \alpha|0\rangle-\beta|1\rangle$，在 Hadamard 基底下表现为比特翻转。态 $|+\rangle$ 和 $|-\rangle$ 的定义为 $|+\rangle=\frac{1}{\sqrt{2}}(|0\rangle+|1\rangle)$，$|-\rangle=\frac{1}{\sqrt{2}}(|0\rangle-|1\rangle)$。可验证，$\boldsymbol{Z}|+\rangle=|-\rangle$，$\boldsymbol{Z}|-\rangle=|+\rangle$。$\boldsymbol{Z}$ 在基 $\{|+\rangle,|-\rangle\}$ 上的作用与 $\boldsymbol{X}$ 在基 $\{|0\rangle,|1\rangle\}$ 上的作用类似。类比前面的方案，通过两个附加量子比特，将态 $|+\rangle$ 和 $|-\rangle$ 分别编码为

$$|+++\rangle=\frac{1}{2\sqrt{2}}(|0\rangle+|1\rangle)\otimes(|0\rangle+|1\rangle)\otimes(|0\rangle+|1\rangle),$$

$$|---\rangle=\frac{1}{2\sqrt{2}}(|0\rangle-|1\rangle)\otimes(|0\rangle-|1\rangle)\otimes(|0\rangle-|1\rangle)。$$

差错检测使用的四个投影测量算符分别定义为

$$|+++\rangle\langle+++|+|---\rangle\langle---|, \quad |-++\rangle\langle-++|+|+--\rangle\langle+--|,$$

$$|+-+\rangle\langle+-+|+|-+-\rangle\langle-+-|, \quad |++-\rangle\langle++-|+|--+\rangle\langle--+|。$$

然后根据测量结果对相应的量子比特进行 $\boldsymbol{Z}$-变换使之复原。

2. Shor 码

Shor 于 1995 年给出了九量子位纠错码，能纠正所有单量子比特相位翻转和比特翻转错误。添加八个附加量子比特并进行一个酉变换，单量子比特$|0\rangle$和$|1\rangle$分别被编码为

$$|0_C\rangle=\frac{1}{2\sqrt{2}}(|000\rangle+|111\rangle)^{\otimes 3},\quad |1_C\rangle=\frac{1}{2\sqrt{2}}(|000\rangle-|111\rangle)^{\otimes 3}。$$

设待保护态为$|\psi\rangle=\alpha|0\rangle+\beta|1\rangle$，编码后$|\psi_C\rangle=\alpha|0_C\rangle+\beta|1_C\rangle$，这里用到三个比特块，每块三个比特，共九个物理量子位。

注意到并非所有的相位翻转（**Z**-错）都有不同的影响，比如，前三个比特位中任一个发生相位翻转，这三个错误不能区分，结果都为

$$|0_C\rangle\mapsto\frac{1}{2\sqrt{2}}(|000\rangle-|111\rangle)\otimes(|000\rangle+|111\rangle)^{\otimes 2},$$

$$|1_C\rangle\mapsto\frac{1}{2\sqrt{2}}(|000\rangle+|111\rangle)\otimes(|000\rangle-|111\rangle)^{\otimes 2}。$$

第一个比特块与其他两块的态不同。通过测量比较第一、二量子比特块，再比较第二、三量子比特块，可以发现第一比特块中有相位翻转。再翻转第一比特块中符号使之复原。按此方法可检测和恢复九个量子比特中任一个比特上的相位翻转。此外每个比特块都是前述三位重复码，任何一个比特位翻转可用三位重复码的纠错方法复原。

Shor 码的码效率不高，出错诊断较复杂，每一轮纠错中需执行数十个控制非门操作。1995—1996 年，Shor，Steane 和 Calderbank 以经典线性纠错码为基础提出了 CSS 量子纠错码，后来 Gottesman 和 Calderbank 等发现了量子纠错码的群结构，引入了稳定子码，CSS 量子纠错码是它的一个子类。

由量子纠错等理论工具，加上适当的环境噪声假设，可以证明量子计算阈值定理：若量子计算机的硬件出错率低于某个有限阈值，则任意长度的量子计算可高精度地执行。

4 BB84 协议

BB84 协议由 C. H. Bennett 和 G. Brassard 提出。通过量子信号的交互，在通信双方之间生成安全的密钥。常用光子的四种偏振光子来承载量子信号。偏振分为两类，一类是水平-垂直偏振（称为 Z 基或⊕基）：

$$|\uparrow\rangle=|0\rangle,\quad |\rightarrow\rangle=|1\rangle。$$

另一类是斜对角线偏振（称为 X 基或⊗基）：

$$|\nearrow\rangle=\frac{1}{\sqrt{2}}(|0\rangle+|1\rangle),\quad |\searrow\rangle=\frac{1}{\sqrt{2}}(|0\rangle-|1\rangle)。$$

比如，$137=(10001001)_2$，用光的水平-垂直偏振态，表示成

$$|\rightarrow\rangle\,|\uparrow\rangle\,|\uparrow\rangle\,|\uparrow\rangle\,|\rightarrow\rangle\,|\uparrow\rangle\,|\uparrow\rangle\,|\rightarrow\rangle;$$

用斜对角线偏振态，它表示成

$$|\searrow\rangle\,|\nearrow\rangle\,|\nearrow\rangle\,|\nearrow\rangle\,|\searrow\rangle\,|\nearrow\rangle\,|\nearrow\rangle\,|\searrow\rangle。$$

BB84 协议同时利用水平-垂直偏振光和斜对角线偏振光进行通信。Alice 随机地用 X 或 Z（记为 X/Z）两类偏振光滤波器，将信息发送给 Bob；Bob 也随机地用 X 或 Z 两类偏振

光检测器检测信息。具体分为以下步骤：

(1) Alice 随机选择 X/Z 基，将随机排列的 0 和 1 构成的 $4n$ 比特传给 Bob。

(2) Bob 随机选择 X/Z 基来检测偏振方向。

(3) Alice 与 Bob 用经典通信告诉对方依次所用的偏振光滤波器类型(但不告诉具体的 0-1 随机序列)。

(4) Bob 筛选出检测所用 X/Z 基和发送所用 X/Z 基一致的偏振光。由于偏振光滤波器与偏振光检测器的结果相一致的几率为 1/2，这相当于两人共有 $2n$ 比特相同数据。再取出 n 比特来比照，如果完全一致则用所剩 n 比特作为密钥；否则信息可能被盗窃，弃之。

(5) Alice 用上一步比照后所剩的 n 比特制作密钥发给 Bob；之后 Bob 用(与 Alice 共有的)密钥解读出原文。

表 13.3 基底一致时，Alice 的发送比特与 Bob 的接收比特相同

		1	2	3	4	5	6	7	8	9	10	11	12
Alice	发送	1	0	0	1	0	0	1	1	0	1	1	1
	发送基	X	Z	Z	X	X	Z	X	Z	Z	X	Z	X
	偏振态	↗	↑	↑	↘	↗	↑	↘	→	↑	↘	→	↘
Bob	接收基	X	Z	X	Z	Z	Z	X	X	Z	Z	X	X
	观测态	↗	↑	↘	↑	→	↑	↘	↗	↑	→	↗	↘
	观测	1	0	1	0	1	0	1	0	0	1	0	1
基底一致否		Y	Y	N	N	N	Y	Y	N	Y	N	N	Y
筛选密钥		1	0				0	1		0			1

表 13.3 给出了一个具体例子。注意：①通过经典通信交换各自所用偏振器的信息，即使这一信息被窃听，也不会泄露具体比特值。②用 Alice 和 Bob 的偏振器类型相一致的第 1、2、6、7、9、12 的位置上的比特值 100101 作为密钥，这是用随机比特序列制作密钥。③一次一密是不可破译的，困难在于确保安全的情况下将随机比特序列发给接收者，而 BB84 协议用量子力学原理(不含量子纠缠)实现了安全的密钥分配。

假设有 Eve 窃听，她随机选择检测器(由于并不知 Alice 发送比特值时所用偏振光滤波器类型)；并假设 Eve 将自己的观察数据原封不动发给 Bob。由于窃听介入扰乱了量子态，Alice 和 Bob 可以发现窃听者存在(设 Alice 与 Bob 有 $2n$ 个比特所用偏振器一致，互通电话告诉其中 n 位。如果这 n 位一致，则无窃听，用剩下 n 位制作密钥；若这 n 位不一致，则有 Eve 存在。表 13.4 最后一行用于检测窃听)。

考虑 Alice，Bob 通过比照 n 比特值发现窃听者的几率。Eve 有 X/Z 两种基可选$\left(\text{有}\frac{1}{2}\text{的概率选对基}\right)$，选错了基仍有$\frac{1}{2}$可能给出正确比特值$\left(\text{概率为}\frac{1}{4}\right)$。Alice 和 Bob 比照一个比特发现 Eve 的平均概率为$\frac{1}{4}\left(\text{Eve 成功概率为}\frac{3}{4}\right)$。比照 n 比特发现 Eve 的概率为 $p(n)=1-\left(\frac{3}{4}\right)^n$，如 $p(10)=0.939$，$p(20)=0.996$。

表 13.4 有窃听者时，在基底一致的基础上进一步对照比特值

		1	2	3	4	5	6	7	8	9	10	11	12
Alice	发送	0	1	0	1	1	0	0	1	1	1	0	1
	发送基	X	Z	Z	X	X	Z	X	Z	Z	X	X	X
	偏振态	↗	→	↑	↘	↘	↑	↗	→	→	↘	↗	↘
Eve	检测基	Z	X	X	Z	Z	Z	X	Z	X	X	X	Z
	观测态	→	↘	↗	↑	→	↑	↗	→	↘	↘	↗	↑
	观测	1	1	0	0	1	0	0	1	1	1	0	0
Bob	检测基	X	Z	X	Z	Z	Z	X	X	Z	Z	Z	X
	观测态	↘	→	↗	↑	→	↑	↗	↘	↑	↑	↑	↗
	观测	1	1	0	0	1	0	0	1	0	0	0	0
基底一致否		Y	Y	N	N	N	Y	Y	N	Y	N	N	Y
比特值一致否		N								N			N

5 量子隐形传态

基于量子纠缠特性的另一重要应用是量子隐形传态(quantum teleportation)，由 Bennett 等人于 1993 年首先提出。在量子纠缠和经典通信辅助下，把一个微观粒子携带的量子态从一处传递到另一处。现有编号为 1 至 3 的 3 个粒子。粒子 1 在 Alice 处，粒子 1 处于态 $|\varphi\rangle=\alpha|0\rangle+\beta|1\rangle$，其中 α 和 β($|\alpha|^2+|\beta|^2=1$)为要传递的未知信息。粒子 2 和粒子 3 处于完全纠缠的 Bell 基态：

$$|\Phi^+\rangle=\frac{1}{\sqrt{2}}(|0\rangle|0\rangle+|1\rangle|1\rangle)。$$

粒子 2 和粒子 3 已分别发送给 Alice 和 Bob，构成二者之间的量子信道。这样，Alice 拥有粒子 1 和粒子 2，Bob 拥有粒子 3，这个三粒子体系的量子态为

$$|\psi\rangle_{123}\equiv|\varphi\rangle|\Phi^+\rangle=\frac{\alpha}{\sqrt{2}}(|0\rangle|0\rangle|0\rangle+|0\rangle|1\rangle|1\rangle)+\frac{\beta}{\sqrt{2}}(|1\rangle|0\rangle|0\rangle+|1\rangle|1\rangle|1\rangle)。$$

用粒子 1 和粒子 2 的四个 Bell 基

$$|\Psi^\pm\rangle=\frac{1}{\sqrt{2}}(|0\rangle|1\rangle\pm|1\rangle|0\rangle),\quad |\Phi^\pm\rangle=\frac{1}{\sqrt{2}}(|0\rangle|0\rangle\pm|1\rangle|1\rangle)。$$

对粒子 1 和粒子 2 的态展开，得 $|\psi\rangle_{123}$ 的另一等价表达式

$$|\psi\rangle_{123}=\frac{1}{2}|\Phi^+\rangle(\alpha|0\rangle+\beta|1\rangle)+\frac{1}{2}|\Phi^-\rangle(\alpha|0\rangle-\beta|1\rangle)+$$
$$\frac{1}{2}|\Psi^+\rangle(\alpha|1\rangle+\beta|0\rangle)+\frac{1}{2}|\Psi^-\rangle(\alpha|1\rangle-\beta|0\rangle)。$$

Alice 要将手中粒子 1 的信息态(由 α,β 表示)传递给粒子 3，使 Bob 手中粒子 3 的态变换为 $|\varphi\rangle$。该过程总结如下：

(1) 纠缠制备，得到一个纠缠粒子对粒子 2 和粒子 3；

(2) 纠缠分发：系统把纠缠粒子对分别发给 Alice 和 Bob，建立一个纠缠信道；

(3) Alice对粒子1和粒子2做Bell基测量,并用经典通道广播所得的测量结果;

(4) Bob根据Alice的广播,对粒子3做相应的酉变换,具体操作如表13.5所示。

表13.5 Alice广播测量结果,Bob据此做相应的酉变换

Alice所测	Bob操作	说 明
$\|\Phi^+\rangle$	$\boldsymbol{I}$	Bob不做任何操作,态为 $\alpha\|0\rangle+\beta\|1\rangle$
$\|\Phi^-\rangle$	$\boldsymbol{\sigma}_z$	$\boldsymbol{\sigma}_z(\alpha\|0\rangle-\beta\|1\rangle)=\begin{pmatrix}1 & 0\\0 & -1\end{pmatrix}\begin{pmatrix}\alpha\\-\beta\end{pmatrix}=\alpha\|0\rangle+\beta\|1\rangle$
$\|\Psi^+\rangle$	$\boldsymbol{\sigma}_x$	$\boldsymbol{\sigma}_x(\alpha\|1\rangle+\beta\|0\rangle)=\begin{pmatrix}0 & 1\\1 & 0\end{pmatrix}\begin{pmatrix}\beta\\\alpha\end{pmatrix}=\alpha\|0\rangle+\beta\|1\rangle$
$\|\Psi^-\rangle$	$\boldsymbol{\sigma}_y$	$\boldsymbol{\sigma}_y(\alpha\|1\rangle-\beta\|0\rangle)=\begin{pmatrix}0 & -\mathrm{i}\\\mathrm{i} & 0\end{pmatrix}\begin{pmatrix}-\beta\\\alpha\end{pmatrix}=-\mathrm{i}(\alpha\|0\rangle+\beta\|1\rangle)$

量子隐形传态借助纠缠态传递量子信息,这是量子通信所特有的一种信息传递方式,有如下两点说明。

(1) 被传送的仅是量子态而不是粒子(发送者Alice也无需知道原来的量子态)。传输结束后,原量子态由于发送者Alice进行测量和提取经典信息而坍缩。该过程只是原信息态的转换,而不是态的复制,不违背不可克隆定理。

(2) Bob须通过经典通信接收Alice的测量结果,无经典信道则不能传递任何信息,最终信息传递速度不超过光速,不违背狭义相对论。

附　　录

附录 A　特殊酉群 SU(2)

$GL_n(F)$ 表示域 F 上 $n\times n$ 可逆矩阵全体，称为一般线性群。其他常用记号如下：

$$O(n)=\{\boldsymbol{A}\in GL_n(\mathbf{R}):\boldsymbol{A}^{T}\boldsymbol{A}=\boldsymbol{I}_n\},\quad SO(n)=\{\boldsymbol{A}\in O(n):\det(\boldsymbol{A})=1\},$$

$$U(n)=\{\boldsymbol{A}\in GL_n(\mathbf{C}):\boldsymbol{A}^{\dagger}\boldsymbol{A}=\boldsymbol{I}_n\},\quad SU(n)=\{\boldsymbol{A}\in U(n):\det(\boldsymbol{A})=1\}。$$

令 $su(n)=\{\boldsymbol{A}\in\mathbf{C}^{n\times n}:\boldsymbol{A}^{\dagger}=-\boldsymbol{A},\mathrm{tr}(\boldsymbol{A})=0\}$。若 $\boldsymbol{A}\in su(n)$，则 $e^{\boldsymbol{A}^{\dagger}}e^{\boldsymbol{A}}=\boldsymbol{I}$，$\det(e^{\boldsymbol{A}})=e^{\mathrm{tr}(\boldsymbol{A})}=1$，故 $e^{\boldsymbol{A}}\in SU(n)$。

设 $\boldsymbol{g}=\begin{pmatrix}\alpha & \beta\\ \gamma & \delta\end{pmatrix}\in SU(2)$，由 $|\boldsymbol{g}|=1$，$\boldsymbol{g}^{\dagger}=\begin{pmatrix}\bar{\alpha} & \bar{\gamma}\\ \bar{\beta} & \bar{\delta}\end{pmatrix}=\boldsymbol{g}^{-1}=\begin{pmatrix}\delta & -\beta\\ -\gamma & \alpha\end{pmatrix}$知，

$$\boldsymbol{g}=\begin{pmatrix}\alpha & \beta\\ -\bar{\beta} & \bar{\alpha}\end{pmatrix},$$

且 $|\alpha|^2+|\beta|^2=1$，故而 SU(2)是 3 参数群。

设 $\alpha=a+\mathrm{i}d$，$\beta=c+\mathrm{i}b$，$a=\sqrt{1-(b^2+c^2+d^2)}$，当 $(b,c,d)=(0,0,0)$ 时给出单位元。易验证，

$$\left.\frac{\partial\boldsymbol{g}}{\partial b}\right|_{(0,0,0)}=\mathrm{i}\boldsymbol{\sigma}_1,\quad \left.\frac{\partial\boldsymbol{g}}{\partial c}\right|_{(0,0,0)}=\mathrm{i}\boldsymbol{\sigma}_2,\quad \left.\frac{\partial\boldsymbol{g}}{\partial d}\right|_{(0,0,0)}=\mathrm{i}\boldsymbol{\sigma}_3,$$

这里 $\{\boldsymbol{\sigma}_k\}_{k=1}^3$ 是 SU(2)的生成元，$\boldsymbol{\sigma}_k$ 是 Pauli 矩阵。易验证

$$SU(2)=\left\{\begin{pmatrix}a+\mathrm{i}d & c+\mathrm{i}b\\ -c+\mathrm{i}b & a-\mathrm{i}d\end{pmatrix}=a\boldsymbol{I}+b\cdot\mathrm{i}\boldsymbol{\sigma}_1+c\cdot\mathrm{i}\boldsymbol{\sigma}_2+d\cdot\mathrm{i}\boldsymbol{\sigma}_3:a^2+b^2+c^2+d^2=1\right\}。$$

用球坐标 (ψ,θ,ϕ) 代替参数 a,b,c,d：

$$a=\cos\frac{\psi}{2},\quad b=\sin\frac{\psi}{2}\sin\theta\cos\phi,$$

$$d=\sin\frac{\psi}{2}\cos\theta,\quad c=\sin\frac{\psi}{2}\sin\theta\sin\phi。$$

令 $\boldsymbol{n}=(\sin\theta\cos\phi,\sin\theta\sin\phi,\cos\theta)$，则

$$\boldsymbol{g}=\begin{pmatrix}a+\mathrm{i}d & c+\mathrm{i}b\\ -c+\mathrm{i}b & a-\mathrm{i}d\end{pmatrix}=\cos\frac{\psi}{2}\boldsymbol{I}+\mathrm{i}(\boldsymbol{n}\cdot\boldsymbol{\sigma})\sin\frac{\psi}{2}=\exp\left(\mathrm{i}\frac{\psi}{2}\boldsymbol{n}\cdot\boldsymbol{\sigma}\right)\equiv\boldsymbol{R}_{\boldsymbol{n}}(-\psi)。$$

注　SU(2)等同于三维超球面 S^3，它是单连通流形。SU(2)与单位四元数 (a,b,c,d) 之间存在一一映射，四元数一般记为 $a\mathbf{1}+b\boldsymbol{i}+c\boldsymbol{j}+d\boldsymbol{k}$，满足关系：

$$\boldsymbol{i}^2=\boldsymbol{j}^2=\boldsymbol{k}^2=-1,\quad \boldsymbol{ij}=\boldsymbol{k},\quad \boldsymbol{ji}=-\boldsymbol{k}$$

四元数代数由 Hamilton 于 1843 年发现，1858 年 Cayley 给出了矩阵表示。

A.1 再论 Pauli 矩阵

由 $\{\boldsymbol{\sigma}_k\}$ 的代数关系 $[\boldsymbol{\sigma}_i,\boldsymbol{\sigma}_j]=2\mathrm{i}\sum_k \varepsilon_{ijk}\boldsymbol{\sigma}_k$ 导出具体矩阵形式，这里 $\boldsymbol{\sigma}_j$ 表示自旋，特征值为 +1 和 −1，用二阶矩阵即可。取 $\boldsymbol{\sigma}_3=\begin{pmatrix}1 & \\ & -1\end{pmatrix}$，并设

$$\boldsymbol{\sigma}_1=\begin{pmatrix}a_{11} & a_{12}\\ a_{21} & a_{22}\end{pmatrix},\quad \boldsymbol{\sigma}_2=\begin{pmatrix}b_{11} & b_{12}\\ b_{21} & b_{22}\end{pmatrix}。$$

(1) 由 $\boldsymbol{\sigma}_2\boldsymbol{\sigma}_3-\boldsymbol{\sigma}_3\boldsymbol{\sigma}_2=2\mathrm{i}\boldsymbol{\sigma}_1$，得

$$\begin{pmatrix}0 & -2b_{12}\\ 2b_{21} & 0\end{pmatrix}=2\mathrm{i}\begin{pmatrix}a_{11} & a_{12}\\ a_{21} & a_{22}\end{pmatrix}。$$

(2) 由 $\boldsymbol{\sigma}_1\boldsymbol{\sigma}_3-\boldsymbol{\sigma}_3\boldsymbol{\sigma}_1=-2\mathrm{i}\boldsymbol{\sigma}_2$，得

$$\begin{pmatrix}0 & -2a_{12}\\ 2a_{21} & 0\end{pmatrix}=-2\mathrm{i}\begin{pmatrix}b_{11} & b_{12}\\ b_{21} & b_{22}\end{pmatrix},$$

故 $a_{11}=a_{22}=b_{11}=b_{22}=0, b_{12}=-\mathrm{i}a_{12}, b_{21}=\mathrm{i}a_{21}$。

(3) 由 $\boldsymbol{\sigma}_1\boldsymbol{\sigma}_2-\boldsymbol{\sigma}_2\boldsymbol{\sigma}_1=2\mathrm{i}\boldsymbol{\sigma}_3$，得

$$\begin{pmatrix}2\mathrm{i}a_{12}a_{21} & 0\\ 0 & -2\mathrm{i}a_{12}a_{21}\end{pmatrix}=2\mathrm{i}\begin{pmatrix}1 & 0\\ 0 & -1\end{pmatrix}。$$

从而，$a_{12}a_{21}=1$。取 $a_{12}=1$，得

$$\boldsymbol{\sigma}_1=\begin{pmatrix}0 & 1\\ 1 & 0\end{pmatrix},\quad \boldsymbol{\sigma}_2=\begin{pmatrix}0 & -\mathrm{i}\\ \mathrm{i} & 0\end{pmatrix},\quad \boldsymbol{\sigma}_3=\begin{pmatrix}1 & 0\\ 0 & -1\end{pmatrix}。$$

我们稍进一步，用类似的技巧，可求出满足关系 $\{\boldsymbol{\alpha}_i,\boldsymbol{\alpha}_j\}=2\delta_{ij}\boldsymbol{I}\,(i,j=0,1,2,3)$ 的四阶 Hermite 矩阵，称为 Dirac 矩阵。其中一个，比如 $\boldsymbol{\alpha}_0$，可设为对角矩阵。因 $\boldsymbol{\alpha}_0^2=\boldsymbol{I}$，其特征值为 +1 和 −1。故设

$$\boldsymbol{\alpha}_0=\begin{pmatrix}\boldsymbol{I} & \boldsymbol{0}\\ \boldsymbol{0} & -\boldsymbol{I}\end{pmatrix},\quad \boldsymbol{\alpha}_k=\begin{pmatrix}\boldsymbol{A}_k & \boldsymbol{B}_k\\ \boldsymbol{C}_k & \boldsymbol{D}_k\end{pmatrix}\ (k=1,2,3)。$$

由 $\boldsymbol{\alpha}_k\boldsymbol{\alpha}_0+\boldsymbol{\alpha}_0\boldsymbol{\alpha}_k=\begin{pmatrix}2\boldsymbol{A}_k & \boldsymbol{0}\\ \boldsymbol{0} & 2\boldsymbol{D}_k\end{pmatrix}=\boldsymbol{0}$ 得，$\boldsymbol{A}_k=\boldsymbol{D}_k=\boldsymbol{0}$。

$$\boldsymbol{\alpha}_i\boldsymbol{\alpha}_k+\boldsymbol{\alpha}_k\boldsymbol{\alpha}_i=\begin{pmatrix}\boldsymbol{B}_i\boldsymbol{C}_k+\boldsymbol{B}_k\boldsymbol{C}_i & \boldsymbol{0}\\ \boldsymbol{0} & \boldsymbol{C}_i\boldsymbol{B}_k+\boldsymbol{C}_k\boldsymbol{B}_i\end{pmatrix}=2\delta_{ik}\boldsymbol{I},$$

即 $\boldsymbol{B}_k\boldsymbol{C}_k=\boldsymbol{I}$，$\{\boldsymbol{B}_i,\boldsymbol{C}_k\}=\boldsymbol{B}_i\boldsymbol{C}_k+\boldsymbol{C}_k\boldsymbol{B}_i=\boldsymbol{0}\,(i\neq k)$。关系式 $\{\boldsymbol{B}_i,\boldsymbol{C}_k\}=2\delta_{ik}\boldsymbol{I}$ 类似于 Pauli 矩阵关系式 $\{\boldsymbol{\sigma}_i,\boldsymbol{\sigma}_k\}=2\delta_{ik}\boldsymbol{I}$。故 $\boldsymbol{B}_k=b\boldsymbol{\sigma}_k$，$\boldsymbol{C}_k=c\boldsymbol{\sigma}_k$，且 $bc=1$。$b=c=1$ 给出 Pauli(或旋量)表示：

$$\boldsymbol{\alpha}_k=\begin{pmatrix}\boldsymbol{0} & \boldsymbol{\sigma}_k\\ \boldsymbol{\sigma}_k & \boldsymbol{0}\end{pmatrix},\quad \boldsymbol{\alpha}_0=\begin{pmatrix}\boldsymbol{I} & \boldsymbol{0}\\ \boldsymbol{0} & -\boldsymbol{I}\end{pmatrix}=\boldsymbol{\beta}。$$

即

$$\boldsymbol{\alpha}_1=\begin{pmatrix}0&0&0&1\\0&0&1&0\\0&1&0&0\\1&0&0&0\end{pmatrix},\quad \boldsymbol{\alpha}_2=\begin{pmatrix}0&0&0&-\mathrm{i}\\0&0&\mathrm{i}&0\\0&-\mathrm{i}&0&0\\\mathrm{i}&0&0&0\end{pmatrix},$$

$$\boldsymbol{\alpha}_3=\begin{pmatrix}0&0&1&0\\0&0&0&-1\\1&0&0&0\\0&-1&0&0\end{pmatrix},\quad \boldsymbol{\beta}=\begin{pmatrix}1&0&0&0\\0&1&0&0\\0&0&-1&0\\0&0&0&-1\end{pmatrix}。$$

非相对论能量-动量关系 $E=\frac{p^2}{2m}+V$ 联系着 Schrödinger 方程

$$\mathrm{i}\hbar\frac{\partial \boldsymbol{\varphi}}{\partial t}=\left(-\frac{\hbar^2}{2m}\nabla^2+V\right)\boldsymbol{\varphi}\equiv \boldsymbol{H}\boldsymbol{\varphi}。$$

即

$$\mathrm{i}\partial_t\boldsymbol{\varphi}=\boldsymbol{H}\boldsymbol{\varphi}\ (\hbar=1)。$$

由相对性能量-动量关系

$$E^2=c^2(p^2+m^2c^2),\quad p^2=p_x^2+p_y^2+p_z^2,$$

可以给出自由电子的相对论下的量子力学方程,即 Dirac 方程。易验证

$$(\boldsymbol{\alpha}_1p_x+\boldsymbol{\alpha}_2p_y+\boldsymbol{\alpha}_3p_z+\boldsymbol{\beta}mc)^2=p_x^2+p_y^2+p_z^2+m^2c^2。$$

将 $E/c=\boldsymbol{\alpha}_1p_x+\boldsymbol{\alpha}_2p_y+\boldsymbol{\alpha}_3p_z+\boldsymbol{\beta}mc$ 中的能量和动量换成算符:$E\to\mathrm{i}\hbar\frac{\partial}{\partial t},p_x\to-\mathrm{i}\hbar\frac{\partial}{\partial x}$,给出 Dirac 方程

$$\left(\frac{1}{c}\frac{\partial}{\partial t}+\boldsymbol{\alpha}_1\frac{\partial}{\partial x}+\boldsymbol{\alpha}_2\frac{\partial}{\partial y}+\boldsymbol{\alpha}_3\frac{\partial}{\partial z}+\boldsymbol{\beta}\frac{\mathrm{i}mc}{\hbar}\right)\boldsymbol{\psi}=\boldsymbol{0}。$$

此即

$$\mathrm{i}\hbar\frac{\partial \boldsymbol{\psi}}{\partial t}=(-\mathrm{i}\hbar c\boldsymbol{\alpha}\cdot\nabla+\boldsymbol{\beta}mc^2)\boldsymbol{\psi}。$$

在 $\mathrm{i}\hbar\left(\frac{1}{c}\frac{\partial}{\partial t}+\boldsymbol{\alpha}_1\frac{\partial}{\partial x}+\boldsymbol{\alpha}_2\frac{\partial}{\partial y}+\boldsymbol{\alpha}_3\frac{\partial}{\partial z}\right)\boldsymbol{\psi}-\boldsymbol{\beta}mc\boldsymbol{\psi}=\boldsymbol{0}$ 的两边同乘以 β,并定义

$$\boldsymbol{\gamma}^0=\begin{pmatrix}\boldsymbol{I}_2&\boldsymbol{0}\\\boldsymbol{0}&-\boldsymbol{I}_2\end{pmatrix},\quad \boldsymbol{\gamma}^i=\begin{pmatrix}\boldsymbol{0}&\boldsymbol{\sigma}_i\\-\boldsymbol{\sigma}_i&\boldsymbol{0}\end{pmatrix}\ (i=1,2,3),$$

则方程为 $\mathrm{i}\hbar\left(\boldsymbol{\gamma}^0\frac{1}{c}\partial_t+\boldsymbol{\gamma}^1\partial_x+\boldsymbol{\gamma}^2\partial_y+\boldsymbol{\gamma}^3\partial_z\right)\boldsymbol{\psi}-mc\boldsymbol{\psi}=\boldsymbol{0}$[LQ05]。在几何单位制下,$c=\hbar=1$,Dirac 方程具有十分简洁的形式:$\mathrm{i}\boldsymbol{\gamma}^\mu\partial_\mu\boldsymbol{\psi}=m\boldsymbol{\psi}$。用 Feynman 斜线标记,

$$\mathrm{i}\partial\!\!\!/\boldsymbol{\psi}=m\boldsymbol{\psi}。$$

量子力学中 Dirac 方程的解和广义相对论中 Einstein 场方程的 Schwarzschild 解都值得细细品味。

A.2 Bloch 球上的旋转

设 $\boldsymbol{n}=(n_x,n_y,n_z)$ 为三维单位向量,$\boldsymbol{\sigma}=(\boldsymbol{\sigma}_x,\boldsymbol{\sigma}_y,\boldsymbol{\sigma}_z)$。绕 $\boldsymbol{n}$ 轴旋转角度 $\varepsilon(\ll1)$ 所对应的算符

$$\begin{aligned}\boldsymbol{R}_{\boldsymbol{n}}(\varepsilon)&\approx\boldsymbol{I}-\mathrm{i}\frac{\varepsilon}{2}\boldsymbol{n}\cdot\boldsymbol{\sigma}\\&\approx\left(\boldsymbol{I}-\mathrm{i}\frac{\varepsilon}{2}n_x\boldsymbol{\sigma}_x\right)\left(\boldsymbol{I}-\mathrm{i}\frac{\varepsilon}{2}n_y\boldsymbol{\sigma}_y\right)\left(\boldsymbol{I}-\mathrm{i}\frac{\varepsilon}{2}n_z\boldsymbol{\sigma}_z\right)\\&\approx\boldsymbol{R}_x(\varepsilon)\boldsymbol{R}_y(\varepsilon)\boldsymbol{R}_z(\varepsilon)。\end{aligned}$$

绕轴旋转 θ 角可分解为 k 个小角度 $\varepsilon=\theta/k$ 的旋转：

$$\boldsymbol{R}_{\boldsymbol{n}}(\theta)=\lim_{k\to\infty}\left(\boldsymbol{I}-\mathrm{i}\frac{\theta}{2k}\boldsymbol{n}\cdot\boldsymbol{\sigma}\right)^k=\exp\left(-\mathrm{i}\frac{\theta}{2}\boldsymbol{n}\cdot\boldsymbol{\sigma}\right)=\cos\frac{\theta}{2}\boldsymbol{I}-\mathrm{i}\sin\frac{\theta}{2}\boldsymbol{n}\cdot\boldsymbol{\sigma}\in\mathrm{SU}(2)。$$

引理 $\forall\boldsymbol{U}\in U(2),\exists\,\mathrm{e}^{\mathrm{i}\alpha}(\alpha\in\mathbb{R}),\boldsymbol{U}_0\in\mathrm{SU}(2)$，使得 $\boldsymbol{U}=\mathrm{e}^{\mathrm{i}\alpha}\boldsymbol{U}_0$。

证 因 $\boldsymbol{U}\in U(2)$ 是正规矩阵，可用酉矩阵对角化，即 $\exists\boldsymbol{U}_1\in U(2)$，使得 $\boldsymbol{U}_1\boldsymbol{U}\boldsymbol{U}_1^\dagger=\begin{pmatrix}\lambda_1&0\\0&\lambda_2\end{pmatrix}$，其中 $|\lambda_1|=|\lambda_2|=1$。取 $\mathrm{e}^{-\mathrm{i}\alpha}$，使 $\mathrm{e}^{-\mathrm{i}\alpha}\lambda_1\lambda_2=1$，则

$$\mathrm{e}^{-\mathrm{i}\alpha}(\boldsymbol{U}_1\boldsymbol{U}\boldsymbol{U}_1^\dagger)=\mathrm{e}^{-\mathrm{i}\alpha}\begin{pmatrix}\lambda_1&0\\0&\lambda_2\end{pmatrix}\equiv\boldsymbol{U}_2\in\mathrm{SU}(2)。$$

令 $\boldsymbol{U}_0=\boldsymbol{U}_1^\dagger\boldsymbol{U}_2\boldsymbol{U}_1\in\mathrm{SU}(2)$，则 $\boldsymbol{U}=\mathrm{e}^{\mathrm{i}\alpha}\boldsymbol{U}_0$。 □

对 $\boldsymbol{U}_0\in\mathrm{SU}(2)$，存在 $\beta,\gamma,\delta\in\mathbf{R}$，使 $\boldsymbol{U}_0=\boldsymbol{R}_z(\beta)\boldsymbol{R}_y(\gamma)\boldsymbol{R}_z(\delta)$，从而有单量子比特门 $\boldsymbol{U}\in U(2)$ 的 Z-Y 分解：

$$\boldsymbol{U}=\exp(\mathrm{i}\alpha)\boldsymbol{R}_z(\beta)\boldsymbol{R}_y(\gamma)\boldsymbol{R}_z(\delta)。$$

等价地，对单个量子比特的任意酉操作 $\boldsymbol{U}\in U(2)$ 可表示为

$$\boldsymbol{U}=\exp(\mathrm{i}\alpha)\boldsymbol{R}_{\boldsymbol{n}}(\theta)。$$

例如，取 $\alpha=\frac{\pi}{2},\theta=\pi,\boldsymbol{n}=\left(\frac{1}{\sqrt{2}},0,\frac{1}{\sqrt{2}}\right)$，则

$$\boldsymbol{U}=\mathrm{e}^{\mathrm{i}\frac{\pi}{2}}\left(\cos\frac{\pi}{2}\boldsymbol{I}-\mathrm{i}\sin\frac{\pi}{2}\frac{1}{\sqrt{2}}(\boldsymbol{\sigma}_x+\boldsymbol{\sigma}_z)\right)=\frac{1}{\sqrt{2}}\begin{pmatrix}1&1\\1&-1\end{pmatrix},$$

即为 Hadamard 门。

例 1 旋转算符 $\boldsymbol{R}_x(\theta)=\mathrm{e}^{-\mathrm{i}\theta\boldsymbol{\sigma}_x/2}$。考查 Bloch 球上点 $\left(1,\eta,\frac{\pi}{2}\right)$，对应于态

$$|\psi\rangle=\cos\frac{\eta}{2}|0\rangle+\mathrm{e}^{\mathrm{i}\frac{\pi}{2}}\sin\frac{\eta}{2}|1\rangle。$$

$$\begin{aligned}\boldsymbol{R}_x(\theta)|\psi\rangle&=\begin{pmatrix}\cos\frac{\theta}{2}&-\mathrm{i}\sin\frac{\theta}{2}\\-\mathrm{i}\sin\frac{\theta}{2}&\cos\frac{\theta}{2}\end{pmatrix}\begin{pmatrix}\cos\frac{\eta}{2}\\\mathrm{i}\sin\frac{\eta}{2}\end{pmatrix}=\begin{pmatrix}\cos\left(\frac{\eta}{2}-\frac{\theta}{2}\right)\\\mathrm{i}\sin\left(\frac{\eta}{2}-\frac{\theta}{2}\right)\end{pmatrix}\\&=\cos\frac{\eta-\theta}{2}|0\rangle+\mathrm{e}^{\mathrm{i}\frac{\pi}{2}}\sin\frac{\eta-\theta}{2}|1\rangle。\end{aligned}$$

在 Bloch 球上对应于点 $\left(1,\eta-\theta,\frac{\pi}{2}\right)$，相当于原来的点绕 x 轴逆时针旋转 θ 角。

例 2 旋转算符 $\boldsymbol{R}_z(\alpha)=\mathrm{e}^{-\mathrm{i}\alpha\boldsymbol{\sigma}_z/2}$。考查 Bloch 球上点 $(1,\theta,\phi)$，对应于态

$$|\psi\rangle=\cos\frac{\theta}{2}|0\rangle+\mathrm{e}^{\mathrm{i}\phi}\sin\frac{\theta}{2}|1\rangle。$$

$$\boldsymbol{R}_z(\alpha)\mid\psi\rangle=\begin{pmatrix}e^{-i\alpha/2} & 0\\ 0 & e^{i\alpha/2}\end{pmatrix}\begin{pmatrix}\cos\frac{\theta}{2}\\ e^{i\phi}\sin\frac{\theta}{2}\end{pmatrix}=\begin{pmatrix}e^{-i\alpha/2}\cos\frac{\theta}{2}\\ e^{i\alpha/2}e^{i\phi}\sin\frac{\theta}{2}\end{pmatrix}=e^{-i\alpha/2}\begin{pmatrix}\cos\frac{\theta}{2}\\ e^{i(\alpha+\phi)}\sin\frac{\theta}{2}\end{pmatrix},$$

此即，$\cos\frac{\theta}{2}|0\rangle+e^{i(\alpha+\phi)}\sin\frac{\theta}{2}|1\rangle$，在 Bloch 上对应点为$(1,\theta,\phi+\alpha)$，相对于原来的点绕 z 轴旋转 α 角。

在 Bloch 球面上将$(1,\theta_1,\phi_1)$旋转到$(1,\theta_2,\phi_2)$的酉变换为[BCS04]

$$\boldsymbol{R}_z\left(\frac{\pi}{2}+\phi_2\right)\boldsymbol{H}\boldsymbol{R}_z(\theta_2-\theta_1)\boldsymbol{H}\boldsymbol{R}_z\left(-\frac{\pi}{2}-\phi_1\right)。$$

特殊地，可将$|0\rangle$变换至一般态：

$$\boldsymbol{R}_z\left(\frac{\pi}{2}+\phi\right)\boldsymbol{H}\boldsymbol{R}_z(\theta)\boldsymbol{H}\mid 0\rangle=e^{i\frac{\theta}{2}}\left(\cos\frac{\theta}{2}\mid 0\rangle+e^{i\phi}\sin\frac{\theta}{2}\mid 1\rangle\right)。$$

A.3 SU(2)与SO(3)

令 $\boldsymbol{x}=x_1\boldsymbol{e}_1+x_2\boldsymbol{e}_2+x_3\boldsymbol{e}_3\in\mathbb{R}^3$，$\boldsymbol{X}=\begin{pmatrix}x_3 & x_1-ix_2\\ x_1+ix_2 & -x_3\end{pmatrix}=x_1\boldsymbol{\sigma}_1+x_2\boldsymbol{\sigma}_2+x_3\boldsymbol{\sigma}_3$，易验证：$\mathrm{tr}(\boldsymbol{X})=0$，$\boldsymbol{X}^\dagger=\boldsymbol{X}$，即 $i\boldsymbol{X}\in\mathrm{su}(2)$。记 M_2^0 为所有二阶零迹 Hermite 阵全体。显然 $\boldsymbol{x}\in\mathbb{R}^3$ 与 $\boldsymbol{X}\in M_2^0$ 一一对应。$\mathbb{R}^3$ 的基底$\{\boldsymbol{e}_1,\boldsymbol{e}_2,\boldsymbol{e}_3\}$与 M_2^0 的基底$\{\boldsymbol{\sigma}_1,\boldsymbol{\sigma}_2,\boldsymbol{\sigma}_3\}$的对应关系为

$$\boldsymbol{e}_1\leftrightarrow\begin{pmatrix}0 & 1\\ 1 & 0\end{pmatrix}=\boldsymbol{\sigma}_1,\quad \boldsymbol{e}_2\leftrightarrow\begin{pmatrix}0 & -i\\ i & 0\end{pmatrix}=\boldsymbol{\sigma}_2,\quad \boldsymbol{e}_3\leftrightarrow\begin{pmatrix}1 & 0\\ 0 & -1\end{pmatrix}=\boldsymbol{\sigma}_3。$$

按内积$\langle\boldsymbol{A},\boldsymbol{B}\rangle=\mathrm{tr}(\boldsymbol{A}^\dagger\boldsymbol{B})$，$\{\boldsymbol{\sigma}_1,\boldsymbol{\sigma}_2,\boldsymbol{\sigma}_3\}$是二阶零迹 Hermite 矩阵空间的一组正交基。

对 $\boldsymbol{g}\in\mathrm{SU}(2)$，考查线性映射

$$\mathrm{Ad}_{\boldsymbol{g}}: M_2^0\to M_2^0$$
$$\boldsymbol{X}\mapsto\boldsymbol{g}\boldsymbol{X}\boldsymbol{g}^\dagger$$

这里 $\mathrm{Ad}_{\boldsymbol{g}}(\boldsymbol{X})\equiv\boldsymbol{g}\boldsymbol{X}\boldsymbol{g}^{-1}=\left.\frac{d}{d\tau}\right|_{\tau=0}e^{\tau\boldsymbol{g}\boldsymbol{X}\boldsymbol{g}^{-1}}=\left.\frac{d}{d\tau}\right|_{\tau=0}\boldsymbol{g}e^{\tau\boldsymbol{X}}\boldsymbol{g}^{-1}$，且 $\mathrm{tr}(\boldsymbol{g}\boldsymbol{X}\boldsymbol{g}^\dagger)=\mathrm{tr}(\boldsymbol{X})=0$。

令 $\boldsymbol{g}(t)=e^{t\boldsymbol{A}}$，则

$$\left.\frac{d}{dt}\right|_{t=0}\mathrm{Ad}_{\boldsymbol{g}}(\boldsymbol{X})=\left.\frac{d}{dt}\right|_{t=0}\boldsymbol{g}(t)\boldsymbol{X}\boldsymbol{g}^{-1}(t)=\left.\frac{d}{dt}\right|_{t=0}e^{t\boldsymbol{A}}\boldsymbol{X}e^{-t\boldsymbol{A}}=[\boldsymbol{A},\boldsymbol{X}]\equiv\mathrm{ad}_{\boldsymbol{A}}(\boldsymbol{X})。$$

即$\left.\frac{d}{dt}\right|_{t=0}\mathrm{Ad}_{e^{t\boldsymbol{A}}}(\boldsymbol{X})=\mathrm{ad}_{\boldsymbol{A}}(\boldsymbol{X})$，$\mathrm{Ad}_{e^{t\boldsymbol{A}}}=e^{t\,\mathrm{ad}_{\boldsymbol{A}}}$。

注意到

$$\mathrm{Ad}_{\boldsymbol{g}}(\mathrm{Ad}_{\boldsymbol{h}}(\boldsymbol{X}))=\boldsymbol{g}(\mathrm{Ad}_{\boldsymbol{h}}(\boldsymbol{X}))\boldsymbol{g}^\dagger=\boldsymbol{g}(\boldsymbol{h}\boldsymbol{X}\boldsymbol{h}^\dagger)\boldsymbol{g}^\dagger=(\boldsymbol{g}\boldsymbol{h})\boldsymbol{X}(\boldsymbol{g}\boldsymbol{h})^\dagger=\mathrm{Ad}_{\boldsymbol{g}\boldsymbol{h}}(\boldsymbol{X})。$$

所以，$\mathrm{Ad}_{\boldsymbol{g}}\ \mathrm{Ad}_{\boldsymbol{h}}=\mathrm{Ad}_{\boldsymbol{g}\boldsymbol{h}}$。

注意到 $\boldsymbol{x}\to\boldsymbol{X}$ 为$\mathbb{R}^3\to M_2^0$ 上的线性同构。M_2^0 上任意一个线性变换诱导了$\mathbb{R}^3$ 上一个线性变换。线性算子在$\{\boldsymbol{\sigma}_x,\boldsymbol{\sigma}_y,\boldsymbol{\sigma}_z\}$下的矩阵与诱导变换在基$\{\boldsymbol{e}_1,\boldsymbol{e}_2,\boldsymbol{e}_3\}$下的矩阵相同。$M_2^0$ 上线性变换$\mathrm{Ad}_{\boldsymbol{g}}:\boldsymbol{X}\mapsto\boldsymbol{Y}(\boldsymbol{X},\boldsymbol{Y}\in M_2^0)$诱导了$\mathbb{R}^3$ 上线性变换$\boldsymbol{\phi}_{\boldsymbol{g}}:\boldsymbol{x}\mapsto\boldsymbol{y}(\boldsymbol{x},\boldsymbol{y}\in\mathbb{R}^3)$。下面证明，$\boldsymbol{\phi}_{\boldsymbol{g}}:\mathbb{R}^3\to\mathbb{R}^3$ 是正交变换。

由线性同构，只证保内积即可。设

$$\mathrm{Ad}_{\boldsymbol{g}}(\boldsymbol{X})=\boldsymbol{Y}=\begin{pmatrix} y_3 & y_1-\mathrm{i}y_2 \\ y_1+\mathrm{i}y_2 & -y_3\end{pmatrix},\quad \boldsymbol{y}=\begin{pmatrix} y_1\\ y_2\\ y_3\end{pmatrix}\in\mathbb{R}^3,$$

则$\boldsymbol{\phi}_{\boldsymbol{g}}(\boldsymbol{x})=\boldsymbol{y}$。

$$\begin{aligned}\langle\boldsymbol{\phi}_{\boldsymbol{g}}(\boldsymbol{x}),\boldsymbol{\phi}_{\boldsymbol{g}}(\boldsymbol{x})\rangle&=\langle\boldsymbol{y},\boldsymbol{y}\rangle=y_1^2+y_2^2+y_3^2\\&=-\det(\boldsymbol{Y})=-\det\mathrm{Ad}_{\boldsymbol{g}}(\boldsymbol{X})\\&=-\det(\boldsymbol{g}\boldsymbol{X}\boldsymbol{g}^{\dagger})=-\det(\boldsymbol{X})\\&=x_1^2+x_2^2+x_3^2=\langle\boldsymbol{x},\boldsymbol{x}\rangle,\end{aligned}$$

所以，$\boldsymbol{\phi}_{\boldsymbol{g}}\in O(3)$。定义

$$\boldsymbol{\phi}:\mathrm{SU}(2)\rightarrow O(3),\quad \boldsymbol{g}\mapsto\boldsymbol{\phi}_{\boldsymbol{g}}。$$

关系式$\boldsymbol{\phi}_{\boldsymbol{g}}\boldsymbol{\phi}_{\boldsymbol{h}}=\boldsymbol{\phi}_{\boldsymbol{gh}}$亦即同态关系$\boldsymbol{\phi}(\boldsymbol{g})\boldsymbol{\phi}(\boldsymbol{h})=\boldsymbol{\phi}(\boldsymbol{gh})$。当$\boldsymbol{g}=\boldsymbol{I}$时，$\boldsymbol{\phi}_{\boldsymbol{g}}=\boldsymbol{I}$。考虑到SU(2)与SO(3)是路径连通的[Bak02]，从而$\boldsymbol{\phi}$(SU(2))⊆SO(3)，可重定义

$$\begin{aligned}\boldsymbol{\phi}:\mathrm{SU}(2)&\rightarrow\mathrm{SO}(3)\\ \boldsymbol{g}&\mapsto\boldsymbol{\phi}_{\boldsymbol{g}}\end{aligned}$$

例 3 考查$\boldsymbol{b}_\theta=\begin{pmatrix}\cos\dfrac{\theta}{2} & -\mathrm{i}\sin\dfrac{\theta}{2}\\ -\mathrm{i}\sin\dfrac{\theta}{2} & \cos\dfrac{\theta}{2}\end{pmatrix}$，$\boldsymbol{c}_\varphi=\begin{pmatrix}\mathrm{e}^{-\frac{\mathrm{i}\varphi}{2}} & 0\\ 0 & \mathrm{e}^{\frac{\mathrm{i}\varphi}{2}}\end{pmatrix}\in\mathrm{SU}(2)$，计算$\mathrm{Ad}_{\boldsymbol{c}_\varphi}$和$\mathrm{Ad}_{\boldsymbol{b}_\theta}$在基底$\{\boldsymbol{\sigma}_1,\boldsymbol{\sigma}_2,\boldsymbol{\sigma}_3\}$下的矩阵。

解

$$\mathrm{Ad}_{\boldsymbol{c}_\varphi}(\boldsymbol{\sigma}_1)=\boldsymbol{c}_\varphi\boldsymbol{\sigma}_1\boldsymbol{c}_\varphi^{-1}=\begin{pmatrix}\mathrm{e}^{-\frac{\mathrm{i}\varphi}{2}} & 0\\ 0 & \mathrm{e}^{\frac{\mathrm{i}\varphi}{2}}\end{pmatrix}\begin{pmatrix}0 & 1\\ 1 & 0\end{pmatrix}\begin{pmatrix}\mathrm{e}^{\frac{\mathrm{i}\varphi}{2}} & 0\\ 0 & \mathrm{e}^{-\frac{\mathrm{i}\varphi}{2}}\end{pmatrix}=\cos\varphi\boldsymbol{\sigma}_1+\sin\varphi\boldsymbol{\sigma}_2,$$

$$\mathrm{Ad}_{\boldsymbol{c}_\varphi}(\boldsymbol{\sigma}_2)=\boldsymbol{c}_\varphi\boldsymbol{\sigma}_2\boldsymbol{c}_\varphi^{\dagger}=-\sin\phi\boldsymbol{\sigma}_1+\cos\phi\boldsymbol{\sigma}_2,$$

$$\mathrm{Ad}_{\boldsymbol{c}_\varphi}(\boldsymbol{\sigma}_3)=\boldsymbol{c}_\varphi\boldsymbol{\sigma}_3\boldsymbol{c}_\varphi^{\dagger}=\boldsymbol{\sigma}_3。$$

$$[\mathrm{Ad}_{\boldsymbol{c}_\varphi}(\boldsymbol{\sigma}_1),\mathrm{Ad}_{\boldsymbol{c}_\varphi}(\boldsymbol{\sigma}_2),\mathrm{Ad}_{\boldsymbol{c}_\varphi}(\boldsymbol{\sigma}_3)]=[\boldsymbol{\sigma}_1,\boldsymbol{\sigma}_2,\boldsymbol{\sigma}_3]\begin{pmatrix}\cos\varphi & -\sin\varphi & 0\\ \sin\varphi & \cos\varphi & 0\\ 0 & 0 & 1\end{pmatrix},$$

$$\boldsymbol{\phi}_{\boldsymbol{c}_\varphi}=\begin{pmatrix}\cos\varphi & -\sin\varphi & 0\\ \sin\varphi & \cos\varphi & 0\\ 0 & 0 & 1\end{pmatrix}\equiv\boldsymbol{C}_\varphi\in\mathrm{SO}(3)。$$

同理，计算$\mathrm{Ad}_{\boldsymbol{b}_\theta}$在$\{\boldsymbol{\sigma}_x,\boldsymbol{\sigma}_y,\boldsymbol{\sigma}_z\}$下的矩阵为

$$\boldsymbol{\phi}_{\boldsymbol{b}_\theta}=\begin{pmatrix}1 & 0 & 0\\ 0 & \cos\theta & -\sin\theta\\ 0 & \sin\theta & \cos\theta\end{pmatrix}\equiv\boldsymbol{B}_\theta\in\mathrm{SO}(3)。$$

矩阵$\boldsymbol{C}_\varphi$和$\boldsymbol{B}_\theta$分别对应三维空间中绕OZ轴，OX轴方向旋转φ，θ角。已知事实：

$\forall \boldsymbol{A}\in \mathrm{SO}(3)$，$\exists \varphi,\theta,\psi$(欧拉角)，使得 $\boldsymbol{A}=\boldsymbol{C}_{\varphi}\boldsymbol{B}_{\theta}\boldsymbol{C}_{\psi}$。注意到

$$\boldsymbol{A}=\boldsymbol{C}_{\varphi}\boldsymbol{B}_{\theta}\boldsymbol{C}_{\psi}=\boldsymbol{\phi}_{c_{\varphi}}\boldsymbol{\phi}_{b_{\theta}}\boldsymbol{\phi}_{c_{\psi}}=\boldsymbol{\phi}_{c_{\varphi}b_{\theta}c_{\psi}}。$$

所以，$\boldsymbol{\phi}:\mathrm{SU}(2)\to\mathrm{SO}(3)$是满射。$\boldsymbol{\phi}(\mathrm{SU}(2))=\mathrm{SO}(3)$。SU(2)同态于 SO(3)，其核 $\ker\boldsymbol{\phi}=\{\boldsymbol{g}\in\mathrm{SU}(2):\boldsymbol{\phi}(\boldsymbol{g})=\boldsymbol{I}\}$，即

$$\ker\boldsymbol{\phi}=\{\boldsymbol{g}\in\mathrm{SU}(2):\boldsymbol{g}\boldsymbol{X}=\boldsymbol{X}\boldsymbol{g},\forall\boldsymbol{X}\in M_2^0\}=\{\boldsymbol{g}\in\mathrm{SU}(2):\boldsymbol{g}\boldsymbol{\sigma}_i=\boldsymbol{\sigma}_i\boldsymbol{g},i=1,2,3\}。$$

注意到 $\boldsymbol{g}=\begin{pmatrix}\alpha & \beta\\ -\bar{\beta} & \bar{\alpha}\end{pmatrix}$，代入三个方程 $\boldsymbol{g}\boldsymbol{\sigma}_1=\boldsymbol{\sigma}_1\boldsymbol{g}$，$\boldsymbol{g}\boldsymbol{\sigma}_2=\boldsymbol{\sigma}_2\boldsymbol{g}$，$\boldsymbol{g}\boldsymbol{\sigma}_3=\boldsymbol{\sigma}_3\boldsymbol{g}$，从而 $\boldsymbol{g}=\pm\boldsymbol{I}$，即 $\ker\boldsymbol{\phi}=\{\pm\boldsymbol{I}\}$。SU(2)与 SO(3)的关系是同态但不同构，因为$\boldsymbol{\phi}(\boldsymbol{g})=\boldsymbol{\phi}(-\boldsymbol{g})$，SU(2)中的 $\boldsymbol{g}$ 和 $-\boldsymbol{g}$ 对应于 SO(3)中的同一元素，即所谓的双覆盖(double cover)。由同态基本定理得如下结论：

$$\mathrm{SU}(2)/\{\boldsymbol{I},-\boldsymbol{I}\}=\mathrm{SO}(3)。$$

附录 B　Riemann 曲率张量

设(M,g)为 n 维黎曼流形，即流形 M 配有黎曼度量 g。由黎曼度量 g 的 Levi-Civita 联络$\boldsymbol{\nabla}$，定义下面的黎曼曲率张量或黎曼张量(见文献[XQW18]及其参考文献)。

对于黎曼流形 M 上任意两个光滑切向量场 X,Y，定义曲率算子 $R(X,Y)$(或记作 R_{XY})将 M 上的切向量场映为切向量场[CC01]。

$$R(X,Y)\equiv[\boldsymbol{\nabla}_X,\boldsymbol{\nabla}_Y]-\nabla_{[X,Y]}。$$

(0,4)-型黎曼曲率张量是一个四重线性映射：

$$R:T_pM\times T_pM\times T_pM\times T_pM\to\mathbb{R}$$

$$R(W,Z,X,Y)\equiv\langle W,R(X,Y)Z\rangle,\quad \forall W,X,Y,Z\in T_pM$$

这里 T_pM 为M 在点 p 的切空间。另外，(1,3)-型为

$$(\omega,Z,X,Y)\mapsto\omega(R(X,Y)Z),\quad \forall\ 向量场\ X,Y,Z\ 以及\ 1\text{-}形式\ \omega。$$

$R(X,Y)Z$ 或$R(W,Z,X,Y)$称为 Levi-Civita 联络的曲率张量。

为了使用分量计算，取局部坐标$\{x^i\}$，对应有基向量$\{\partial_i\}$和对偶的 1-形式$\{\mathrm{d}x^i\}$。令 $g_{ij}\equiv g(\partial_i,\partial_j)$，定义 Levi-Civita 联络的 Christoffel 记号

$$\Gamma^i_{jk}=\frac{1}{2}g^{ih}\left(\frac{\partial g_{hj}}{\partial x^k}+\frac{\partial g_{hk}}{\partial x^j}-\frac{\partial g_{jk}}{\partial x^h}\right)。$$

利用$[\partial_i,\partial_j]=0$ 和$\boldsymbol{\nabla}_{\partial_i}\partial_k=\Gamma^l_{ik}\partial_l$，计算

$$\begin{aligned}R(\partial_i,\partial_j)\partial_k&=([\boldsymbol{\nabla}_{\partial_i},\boldsymbol{\nabla}_{\partial_j}]-\boldsymbol{\nabla}_{[\partial_i,\partial_j]})\partial_k=\boldsymbol{\nabla}_{\partial_i}\boldsymbol{\nabla}_{\partial_j}\partial_k-\boldsymbol{\nabla}_{\partial_j}\boldsymbol{\nabla}_{\partial_i}\partial_k\\&=(\partial_i\Gamma^l_{jk}-\partial_j\Gamma^l_{ik}+\Gamma^h_{jk}\Gamma^l_{ih}-\Gamma^h_{ik}\Gamma^l_{jh})\partial_l\equiv R^l_{kij}\partial_l。\end{aligned}$$

即 $R^l_{kij}=\mathrm{d}x^l(R(\partial_i,\partial_j)\partial_k)$。另外定义全协变的黎曼曲率张量 R_{ijkl}。

$$R(\partial_i,\partial_j,\partial_k,\partial_l)=\langle\partial_i,R(\partial_k,\partial_l)\partial_j\rangle=g_{ih}R^h_{jkl}\equiv R_{ijkl}。$$

由黎曼度量和系数 Γ^k_{ij}，得

$$R_{ijkl}=\frac{1}{2}(g_{il,jk}-g_{ik,jl}+g_{jk,il}-g_{jl,ik})+g_{hm}(\Gamma^h_{il}\Gamma^m_{jk}-\Gamma^h_{ik}\Gamma^m_{jl})。$$

令 $W=w^i\partial_i, Z=z^j\partial_j, X=x^k\partial_k, Y=y^l\partial_l$，易验证

$$R(X,Y)Z=R(x^k\partial_k,y^l\partial_l)(z^j\partial_j)=z^jx^ky^lR(\partial_k,\partial_l)\partial_j=z^jx^ky^lR^h_{jkl}\partial_h,$$

$$R(W,Z,X,Y)=w^iz^jx^ky^lR_{ijkl}。$$

曲率张量有下列对称性质：

$$R_{ijkl}=-R_{jikl}=-R_{ijlk}=R_{klij},$$

以及 Bianchi 恒等式，

$$R_{ijkl}+R_{iljk}+R_{iklj}=0。$$

对于四维情形有 256 个分量，但考虑到对称性则只有 20 个是独立的。按如下方式缩并得 Ricci 张量 R_{ik} 和 Ricci 标量 R：

$$R_{ik}=g^{hj}R_{hijk}=R^m_{imk}=\partial_l\Gamma^l_{ik}-\partial_k\Gamma^l_{il}+\Gamma^l_{ik}\Gamma^h_{lh}-\Gamma^h_{il}\Gamma^l_{hk},$$

$$R=R^k_k=g^{ik}R_{ik}=g^{ik}R^m_{imk}=g^{ik}g^{hj}R_{hijk}。$$

行文至此，情不自禁地写下优美的 Einstein 场方程

$$R_{\mu\nu}-\frac{1}{2}g_{\mu\nu}R=\frac{8\pi G}{c^4}T_{\mu\nu},$$

其右端 $T_{\mu\nu}$ 是物质场的能量动量张量，左端的几何量 $R_{\mu\nu}$ 和 R 已定义。

附录 C　Schrödinger 方程

定态(不含时)Schrödinger 方程 $H\psi=E\psi$，其中 $H=-\frac{\hbar^2}{2\mu}\nabla^2+V$。一般地，Laplace 算符 $\nabla^2=\Delta=\frac{1}{\sqrt{g}}\frac{\partial}{\partial x^i}\left(\sqrt{g}g^{ij}\frac{\partial}{\partial x^j}\right)$，这里 g^{ij} 是度规张量。在球坐标系下，有

$$\sqrt{g}=r^2\sin\theta,$$

$$(g_{ij})=\begin{pmatrix}1 & 0 & 0\\ 0 & r^2 & 0\\ 0 & 0 & r^2\sin^2\theta\end{pmatrix},$$

$$\nabla^2=\frac{1}{r^2}\frac{\partial}{\partial r}\left(r^2\frac{\partial}{\partial r}\right)+\frac{1}{r^2\sin\theta}\left(\sin\theta\frac{\partial}{\partial\theta}\right)+\frac{1}{r^2\sin^2\theta}\frac{\partial^2}{\partial\phi^2}。$$

用分离变量法，设 $\psi(r,\theta,\phi)=R(r)Y(\theta,\phi)$，代入定态 Schrödinger 方程，得

$$\frac{1}{R}\frac{\mathrm{d}}{\mathrm{d}r}\left(r^2\frac{\mathrm{d}R}{\mathrm{d}r}\right)-\frac{2\mu r^2}{\hbar^2}(V-E)+\frac{1}{Y}\left[\frac{1}{\sin\theta}\frac{\partial}{\partial\theta}\left(\sin\theta\frac{\partial Y}{\partial\theta}\right)+\frac{1}{\sin^2\theta}\frac{\partial^2 Y}{\partial\phi^2}\right]=0,$$

前一部分仅与 r 有关，后一部分仅与 (θ,ϕ) 有关，必须为一常数，设为 $l(l+1)$；仅当 l 为整数时，有非奇异解。由此得，

径向方程：

$$\frac{1}{R}\frac{\mathrm{d}}{\mathrm{d}r}\left(r^2\frac{\mathrm{d}R}{\mathrm{d}r}\right)-\frac{2\mu r^2}{\hbar^2}(V-E)=l(l+1),$$

及角向方程：

$$\frac{1}{Y}\left[\frac{1}{\sin\theta}\frac{\partial}{\partial\theta}\left(\sin\theta\frac{\partial Y}{\partial\theta}\right)+\frac{1}{\sin^2\theta}\frac{\partial^2 Y}{\partial\phi^2}\right]=-l(l+1)。$$

令 $Y(\theta,\phi)=\Theta(\theta)\Phi(\phi)$，则得

$$-L^2(\Theta\Phi)\equiv\frac{\Phi}{\sin\theta}\frac{\partial}{\partial\theta}\left(\sin\theta\frac{\partial\Theta}{\partial\theta}\right)+\frac{\Theta}{\sin^2\theta}\frac{\partial^2\Phi}{\partial\phi^2}=-l(l+1)\Theta\Phi。$$

同乘以 $\dfrac{\sin^2\theta}{\Theta\Phi}$，得

$$\frac{\sin\theta}{\Theta}\frac{\partial}{\partial\theta}\left(\sin\theta\frac{\partial\Theta}{\partial\theta}\right)+\frac{1}{\Phi}\frac{\partial^2\Phi}{\partial\varphi^2}=-l(l+1)\sin^2\theta。$$

令 $\dfrac{1}{\Phi}\dfrac{\partial^2\Phi}{\partial\phi^2}=-m^2$，即 $\Phi''=-m^2\Phi$，$\Phi=\mathrm{e}^{\mathrm{i}m\phi}$（实际上有两组解：$\mathrm{e}^{\mathrm{i}m\phi}$ 和 $\mathrm{e}^{-\mathrm{i}m\phi}$，$m$ 取负可包含后者）。要求 $\Phi(\phi+2\pi)=\Phi(\phi)$，则 $m=0,\pm1,\pm2,\cdots$。

$$\frac{\sin\theta}{\Theta}\frac{\mathrm{d}}{\mathrm{d}\theta}\left(\sin\theta\frac{\mathrm{d}\Theta}{\mathrm{d}\theta}\right)+l(l+1)\sin^2\theta-m^2=0,$$

$$\frac{\sin^2\theta}{\Theta}\frac{\mathrm{d}}{\mathrm{d}\cos\theta}\left(\sin^2\theta\frac{\mathrm{d}\Theta}{\mathrm{d}\cos\theta}\right)+l(l+1)\sin^2\theta-m^2=0。$$

令 $x=\cos\theta$，$y=\Theta(\cos\theta)$，则

$$\frac{\mathrm{d}}{\mathrm{d}x}\left((1-x^2)\frac{\mathrm{d}y}{\mathrm{d}x}\right)+\left(l(l+1)-\frac{m^2}{1-x^2}\right)y=0。$$

此方程的解可由连带 Legendre 多项式 $\mathrm{P}_l^m(x)$ 表达（舍去非物理解，因为在 $\theta=0$ 或 π 时为无穷大），从而

$$Y_l^m(\theta,\phi)=\Theta\Phi=\sqrt{\frac{2l+1}{4\pi}\frac{(l-m)!}{(l+m)!}}\mathrm{P}_l^m(\cos\theta)\mathrm{e}^{\mathrm{i}m\phi}。$$

易知 $L^2Y_l^m(\theta,\phi)=l(l+1)Y_l^m(\theta,\phi)$，同时可验证 $L_zY_l^m(\theta,\phi)=mY_l^m(\theta,\phi)$，这里 $L_z=-\mathrm{i}\partial_\phi$（球坐标系下）。$l$ 称为角量子数，按光谱学记法，$l=0,1,2,\cdots$ 的态依次称为 $s,p,d,f,\cdots$ 态。注意到 $\mathrm{P}_l^m(x)=(1-x^2)^{|m|/2}\dfrac{\mathrm{d}^{|m|}}{\mathrm{d}x^{|m|}}\mathrm{P}_l(x)$，当 $|m|>l$ 时 $\mathrm{P}_l^m=0$，故对非负整数 l,m 需满足 $|m|\leqslant l$。从而 m 有 $2l+1$ 个不同取值：$m=-l,-l+1,\cdots,-1,0,1,\cdots,l-1,l$。$m$ 称为磁量子数。

例 1（库仑场中的电子） 假设微观粒子所处的势场为中心力场，即势函数球对称，粒子的哈密顿算符为

$$\boldsymbol{H}=-\frac{\hbar^2}{2\mu}\nabla^2+V(r),$$

这里 μ 为粒子质量。求解本征方程 $\boldsymbol{H}\boldsymbol{\psi}(r)=E\boldsymbol{\psi}(r)$，需要具体势函数。

考虑一个电子在原子核所产生库仑场中运动，电荷为 $-e$，核电荷为 Z，如 $\mathrm{H}(Z=1)$，$\mathrm{He}^+(Z=2)$，$\mathrm{Li}^{++}(Z=3)$。电子受核吸引的势能

$$V(r)=-\frac{Ze^2}{4\pi\varepsilon_0 r}。$$

对径向方程，当 $E>0$ 时，径向方程总有解，处于自由态，电子不受核的约束而自由运动（电离），能量有连续谱。束缚态相应于 $E<0$，体系能量呈离散谱。

令 $R(r)=\frac{u(r)}{r}$，$\alpha=\frac{\sqrt{8\mu|E|}}{\hbar}$，$\beta=\frac{2\mu Ze^2}{4\pi\varepsilon_0\alpha\hbar^2}=\frac{Ze^2}{4\pi\varepsilon_0\hbar}\sqrt{\frac{\mu}{2|E|}}$（见参考文献[CTa92，Gu12]），径向方程化为

$$\frac{d^2u}{dr^2}+\left(-\frac{1}{4}\alpha^2+\frac{\alpha\beta}{r}-\frac{l(l+1)}{r^2}\right)u=0。$$

令 $\rho=\alpha r$，则

$$\frac{d^2u}{d\rho^2}=\left(\frac{1}{4}-\frac{\beta}{\rho}+\frac{l(l+1)}{\rho^2}\right)u。$$

首先考查 $\rho\to\infty$ 的渐近行为，方程主项为

$$\frac{d^2u}{d\rho^2}-\frac{1}{4}u=0,$$

其通解为

$$u(\rho)=C_1e^{-\rho/2}+C_2e^{\rho/2}。$$

因波函数的标准条件要求 $\rho\to\infty$ 时 $u(\rho)$ 为有限值，故 $C_2=0$（另外 $\rho\to0$ 的主项也可加以利用）。设 u 的形式解为 $u(\rho)=f(\rho)e^{-\rho/2}$，代入得

$$f''(\rho)-f'(\rho)+\left(\frac{\beta}{\rho}-\frac{l(l+1)}{\rho^2}\right)f(\rho)=0。$$

$\rho=0$ 是方程的奇点，不能在其附近展开成幂级数，但可以展开成广义幂级数，设

$$f(\rho)=\sum_{\nu=0}^{\infty}b_\nu\rho^{s+\nu},$$

这里 s 是一个待定常数，则

$$R(r)=\frac{u(r)}{r}=\frac{\alpha f(\rho)e^{-\rho/2}}{\rho}=\alpha e^{-\rho/2}\sum_{\nu=0}^{\infty}b_\nu\rho^{s+\nu-1}。$$

(1) 为保证波函数在 $r\to0$ 时的有限性，要求 ρ 不出现在分母上，从而 $s\geqslant1$。将 $f(\rho)$ 代入微分方程，得 $s=l+1$，

$$b_{\nu+1}=\frac{\nu+l+1-\beta}{(\nu+1)(\nu+2+l+2)}b_\nu。$$

(2) 当 $\nu\to\infty$ 时，$b_{\nu+1}/b_\nu\to1/\nu$，其渐近行为与 e^ρ 一致。为了保证波函数在 $\rho\to\infty$ 的有限性，需将无穷级数截断，使之为多项式。求和指标 $\nu_{\max}$ 和 $b_{\nu_{\max}}\neq0$，而 $b_{\nu_{\max+1}}=0$，即

$$\nu_{\max}+l+1-\beta=0。$$

这表明 β 为一正整数，记为 n（扮演了一个量子化条件）。n 为主量子数，取值为 $n=1,2,\cdots$。这样，得到了空间波函数的三个量子数 (n,l,m)。

注 能量本征值 $E_n=-\frac{\mu Z^2e^4}{2(4\pi\varepsilon_0)^2\hbar^2n^2}$（玻尔公式，1913 年）。对氢原子，基态能量

$$E_1=-\frac{\mu Z^2e^4}{2(4\pi\varepsilon_0)^2\hbar^2}=-\frac{9.11\times10^{-31}\times1^2\times(1.6\times10^{-19})^4}{8\times(8.85\times10^{-12})^2\times(6.63\times10^{-34})^2}=-13.6\text{eV}。$$

例 2（线性谐振子） 线性谐振子问题的 Hamilton 量为

$$\boldsymbol{H}=-\frac{\hbar^2}{2m}\frac{d^2}{dx^2}+\frac{1}{2}m\omega^2\boldsymbol{x}^2。$$

可用分离变量法求解对应的定态 Schrödinger 方程。下面用另一种方法(粒子数表象)讨论谐振子[Sak94,SZ97,Woi17]。这时

$$\boldsymbol{H}=\frac{\boldsymbol{p}^2}{2m}+\frac{1}{2}m\omega^2\boldsymbol{x}^2=\hbar\omega\cdot\frac{m\omega}{2\hbar}\left(\boldsymbol{x}^2+\frac{\boldsymbol{p}^2}{(m\omega)^2}\right),$$

其中 $\boldsymbol{p}=-\mathrm{i}\hbar\frac{\partial}{\partial x}$ 为动量算符,$\boldsymbol{x}$ 为位置算符。由$[\boldsymbol{x},\boldsymbol{p}]=\boldsymbol{xp}-\boldsymbol{px}=\mathrm{i}\hbar$,

$$\boldsymbol{H}=\hbar\omega\left(\frac{m\omega}{2\hbar}\left(\boldsymbol{x}-\frac{\mathrm{i}}{m\omega}\boldsymbol{p}\right)\left(\boldsymbol{x}+\frac{\mathrm{i}}{m\omega}\boldsymbol{p}\right)-\frac{m\omega}{2\hbar}\frac{\mathrm{i}}{m\omega}[\boldsymbol{x},\boldsymbol{p}]\right)\equiv\hbar\omega\left(\boldsymbol{a}^{\dagger}\boldsymbol{a}+\frac{1}{2}\boldsymbol{I}\right),$$

这里 $\boldsymbol{a}$ 和 $\boldsymbol{a}^{\dagger}$ 分别为湮灭算符(annihilation operator)和产生算符,定义为

$$\boldsymbol{a}=\left(\frac{m\omega}{2\hbar}\right)^{\frac{1}{2}}\left(\boldsymbol{x}+\frac{\mathrm{i}}{m\omega}\boldsymbol{p}\right),\quad \boldsymbol{a}^{\dagger}=\left(\frac{m\omega}{2\hbar}\right)^{\frac{1}{2}}\left(\boldsymbol{x}-\frac{\mathrm{i}}{m\omega}\boldsymbol{p}\right),$$

满足关系

$$[\boldsymbol{a},\boldsymbol{a}^{\dagger}]=1,\quad [\boldsymbol{a},\boldsymbol{a}^{\dagger}\boldsymbol{a}]=\boldsymbol{a},\quad [\boldsymbol{a}^{\dagger},\boldsymbol{a}^{\dagger}\boldsymbol{a}]=-\boldsymbol{a}^{\dagger}。$$

易验证

$$\boldsymbol{x}=\left(\frac{\hbar}{2m\omega}\right)^{\frac{1}{2}}(\boldsymbol{a}+\boldsymbol{a}^{\dagger}),\quad \boldsymbol{p}=-\mathrm{i}\left(\frac{m\omega\hbar}{2}\right)^{\frac{1}{2}}(\boldsymbol{a}-\boldsymbol{a}^{\dagger})。$$

注意 $\boldsymbol{aa}^{\dagger}$ 与 $\boldsymbol{a}^{\dagger}\boldsymbol{a}$ 是 Hermite 算符,但 $\boldsymbol{a}$ 和 $\boldsymbol{a}^{\dagger}$ 均不是。

设 $\boldsymbol{H}$ 的本征方程为 $\boldsymbol{H}|E\rangle=E|E\rangle$。经计算

$$\hbar\omega\langle E|\boldsymbol{a}^{\dagger}\boldsymbol{a}|E\rangle=\left\langle E\left|\left(\boldsymbol{H}-\frac{1}{2}\hbar\omega\boldsymbol{I}\right)\right|E\right\rangle=\left\langle E\left|\left(E-\frac{1}{2}\hbar\omega\right)\right|E\right\rangle=E-\frac{1}{2}\hbar\omega。$$

因$\langle E|\boldsymbol{a}^{\dagger}\boldsymbol{a}|E\rangle$是 $a|E\rangle$的模方,故 $E-\frac{1}{2}\hbar\omega\geqslant 0$。最小值 $E_0=\frac{1}{2}\hbar\omega$;记 E_0 对应的本征矢量为$|E_0\rangle$。

因$[\boldsymbol{a}^{\dagger},\boldsymbol{H}]=\boldsymbol{a}^{\dagger}\boldsymbol{H}-\boldsymbol{H}\boldsymbol{a}^{\dagger}=-\hbar\omega\boldsymbol{a}^{\dagger}$,即 $\boldsymbol{H}\boldsymbol{a}^{\dagger}=\boldsymbol{a}^{\dagger}\boldsymbol{H}+\hbar\omega\boldsymbol{a}^{\dagger}$,故

$$\boldsymbol{H}\boldsymbol{a}^{\dagger}\mid E\rangle=\boldsymbol{a}^{\dagger}\boldsymbol{H}\mid E\rangle+\hbar\omega\boldsymbol{a}^{\dagger}\mid E\rangle=(E+\hbar\omega)\boldsymbol{a}^{\dagger}\mid E\rangle。$$

由 E_0,$|E_0\rangle$和上式,可推出新的本征值 $E_1=E_0+\hbar\omega=\frac{3}{2}\hbar\omega$,及本征矢量$|E_1\rangle=\boldsymbol{a}^{\dagger}|E_0\rangle$。如此继续,$E_n=\left(n+\frac{1}{2}\right)\hbar\omega$,$n=0,1,2,\cdots$;间隔 $E_{n+1}-E_n=\hbar\omega$。

对粒子数算符 $\boldsymbol{a}^{\dagger}\boldsymbol{a}=\frac{\boldsymbol{H}}{\hbar\omega}-\frac{1}{2}\boldsymbol{I}$,经计算,$\boldsymbol{a}^{\dagger}\boldsymbol{a}|E_0\rangle=\left(\frac{1}{2}-\frac{1}{2}\right)|E_0\rangle=0|E_0\rangle$,

$$\boldsymbol{a}^{\dagger}\boldsymbol{a}\mid E_1\rangle=\mid E_1\rangle,\cdots,\boldsymbol{a}^{\dagger}\boldsymbol{a}\mid E_n\rangle=n\mid E_n\rangle。$$

若将$|E_n\rangle$记为$|n\rangle$,则 $\boldsymbol{a}^{\dagger}\boldsymbol{a}|n\rangle=n|n\rangle$。

由 $\boldsymbol{H}\boldsymbol{a}^{\dagger}|E_n\rangle=(E_n+\hbar\omega)\boldsymbol{a}^{\dagger}|E_n\rangle$知 $E_n+\hbar\omega$ 为本征值,$\boldsymbol{a}^{\dagger}|E_n\rangle$为本征矢。又 $E_n+\hbar\omega$ 对应于基矢$|E_{n+1}\rangle$,故 $\boldsymbol{a}^{\dagger}|E_n\rangle=\alpha(n)|E_{n+1}\rangle$。取内积,得

$$\langle E_n|\boldsymbol{aa}^{\dagger}|E_n\rangle=\langle E_n|(\boldsymbol{a}^{\dagger}\boldsymbol{a}+\boldsymbol{I})|E_n\rangle=\langle n|\boldsymbol{a}^{\dagger}\boldsymbol{a}|n\rangle+\langle n\mid n\rangle=n+1=|\alpha(n)|^2,$$

取 $\alpha(n)=\sqrt{n+1}$。类似地,$\boldsymbol{a}|E_n\rangle=\beta(n)|E_{n-1}\rangle$,$\beta(n)=\sqrt{n}$。即

$$\boldsymbol{a}^{\dagger}\mid n\rangle=\sqrt{n+1}\mid n+1\rangle,\quad \boldsymbol{a}\mid n\rangle=\sqrt{n}\mid n-1\rangle。$$

令 $\alpha \equiv \sqrt{\frac{m\omega}{\hbar}}$，则

$$\boldsymbol{x} \mid n\rangle = \frac{1}{\sqrt{2}\,\alpha}\left(\sqrt{n} \mid n-1\rangle + \sqrt{n+1} \mid n+1\rangle\right),$$

$$\boldsymbol{p} \mid n\rangle = \frac{\hbar\,\alpha}{\mathrm{i}\sqrt{2}}\left(\sqrt{n} \mid n-1\rangle - \sqrt{n+1} \mid n+1\rangle\right)。$$

以这些本征矢为基底，算符的矩阵表示分别为

$$\boldsymbol{x} = \frac{1}{\sqrt{2}\,\alpha}\begin{pmatrix} 0 & \sqrt{1} & & & \\ \sqrt{1} & 0 & \sqrt{2} & & \\ & \sqrt{2} & 0 & \sqrt{3} & \\ & & \sqrt{3} & 0 & \ddots \\ & & & \ddots & \ddots \end{pmatrix},$$

$$\boldsymbol{p} = \frac{\hbar\,\alpha}{\mathrm{i}\sqrt{2}}\begin{pmatrix} 0 & \sqrt{1} & & & \\ -\sqrt{1} & 0 & \sqrt{2} & & \\ & -\sqrt{2} & 0 & \sqrt{3} & \\ & & -\sqrt{3} & 0 & \ddots \\ & & & \ddots & \ddots \end{pmatrix},$$

$$\boldsymbol{H} = \frac{1}{2}\hbar\omega\,\mathrm{diag}(1,3,5,\cdots,2n+1,\cdots),$$

$$\boldsymbol{a}^{\dagger}\boldsymbol{a} = \mathrm{diag}(0,1,2,\cdots)。$$

由 $\boldsymbol{a}^{\dagger}|n\rangle = \sqrt{n+1}\,|n+1\rangle$ 知，$|n\rangle = \frac{(\boldsymbol{a}^{\dagger})^n}{\sqrt{n!}}|0\rangle$，这表明一般的粒子数态可由真空态产生。湮灭算符 $\boldsymbol{a}$ 的本征态 $|\alpha\rangle$ 定义为相干态，$\boldsymbol{a}|\alpha\rangle = \alpha|\alpha\rangle$。注意 $\boldsymbol{a}$ 不是 Hermite 算符，这里的 α 一般为复数。定义位移算符 $\boldsymbol{D}(\alpha) = \mathrm{e}^{\alpha\boldsymbol{a}^{\dagger} - \alpha^{*}\boldsymbol{a}}$，则 $|\alpha\rangle = \boldsymbol{D}(\alpha)|0\rangle$。由例 1.18，知

$$\boldsymbol{D}(\alpha) = \mathrm{e}^{\alpha\boldsymbol{a}^{\dagger}}\mathrm{e}^{-\alpha^{*}\boldsymbol{a}}\mathrm{e}^{-\frac{1}{2}|\alpha|^2} = \mathrm{e}^{-\alpha^{*}\boldsymbol{a}}\mathrm{e}^{\alpha\boldsymbol{a}^{\dagger}}\mathrm{e}^{\frac{1}{2}|\alpha|^2}。$$

将相干态用粒子数态展开，$|\alpha\rangle = \sum_n c_n \mid n\rangle$，$c_n = \langle n|\alpha\rangle$。由 $\boldsymbol{a}|\alpha\rangle = \alpha|\alpha\rangle$ 可得 $\langle n|\boldsymbol{a}|\alpha\rangle = \langle n|\alpha\rangle = \alpha c_n$ 和 $\langle n|\boldsymbol{a}|\alpha\rangle = \sqrt{n+1}\,\langle n+1|\alpha\rangle = \sqrt{n+1}\,c_{n+1}$，从而 $\sqrt{n+1}\,c_{n+1} = \alpha c_n$，递推得 $c_n = \frac{\alpha^n}{\sqrt{n!}}c_0$。再由归一化，得

$$1 = \sum_n |c_n|^2 = \sum \frac{(\alpha^{*}\alpha)^n}{n!}|c_0|^2 = \mathrm{e}^{\alpha^{*}\alpha}|c_0|^2,$$

故 $c_0 = \mathrm{e}^{-\frac{1}{2}\alpha^{*}\alpha}$，$c_n = \frac{\alpha^n}{\sqrt{n!}}\mathrm{e}^{-\frac{1}{2}|\alpha|^2}$，$|\alpha\rangle = \mathrm{e}^{-\frac{1}{2}|\alpha|^2}\sum_n \frac{\alpha^n}{\sqrt{n!}} \mid n\rangle$。

由 Schrödinger 方程和初态 $|\psi(0)\rangle=|\alpha\rangle$ 得，$|\psi(t)\rangle=\mathrm{e}^{-\mathrm{i}t\boldsymbol{H}/\hbar}|\alpha\rangle$。在数态表象下，有

$$|\psi(t)\rangle=\sum_n \mathrm{e}^{-\mathrm{i}tE_n/\hbar}\,\mathrm{e}^{-\frac{1}{2}|\alpha|^2}\frac{\alpha^n}{\sqrt{n!}}|n\rangle=\sum_n \mathrm{e}^{-\mathrm{i}t\left(n+\frac{1}{2}\right)\omega-\frac{1}{2}|\alpha|^2}\frac{\alpha^n}{\sqrt{n!}}|n\rangle$$

$$=\mathrm{e}^{-\frac{\mathrm{i}\omega t}{2}}\sum_n \mathrm{e}^{-\frac{1}{2}|\alpha|^2}(\mathrm{e}^{-\mathrm{i}\omega t}\alpha)^n\frac{1}{\sqrt{n!}}|n\rangle=\mathrm{e}^{-\frac{\mathrm{i}\omega t}{2}}|\alpha'\rangle$$

这里 $\alpha'=\mathrm{e}^{-\mathrm{i}\omega t}\alpha$，$|\alpha'|=|\alpha|$。对两个本征值 α,β 及相干态 $|\alpha\rangle,|\beta\rangle$，有

$$\langle\beta|\alpha\rangle=\exp\left(-\frac{1}{2}(|\alpha|^2+|\beta|^2)+\beta^*\alpha\right),\quad |\langle\beta|\alpha\rangle|^2=\exp(-|\alpha-\beta|^2)。$$

例 3(二能级体系)[CTa92] 设体系有定态能级 E_0 和 E_1，对应态矢量为 $|\varphi_0\rangle$ 和 $|\varphi_1\rangle$，加入外来驱动后，Hamilton 算符 $\boldsymbol{H}$(能量表象)为

$$\boldsymbol{H}=\begin{pmatrix}E_0 & W_{01}\\ W_{01}^* & E_1\end{pmatrix}。$$

设外来驱动 $A_0\cos\omega t=\frac{A_0}{2}(\mathrm{e}^{\mathrm{i}\omega t}+\mathrm{e}^{-\mathrm{i}\omega t})$，$|\psi(t)\rangle=a_0(t)|\varphi_0\rangle+a_1(t)|\varphi_1\rangle$，则 Schrödinger 方程为

$$\mathrm{i}\hbar\frac{\partial}{\partial t}\begin{pmatrix}a_0\\ a_1\end{pmatrix}=\begin{pmatrix}E_0 & -\frac{A_0}{2}(\mathrm{e}^{\mathrm{i}\omega t}+\mathrm{e}^{-\mathrm{i}\omega t})\\ -\frac{A_0^*}{2}(\mathrm{e}^{\mathrm{i}\omega t}+\mathrm{e}^{-\mathrm{i}\omega t}) & E_1\end{pmatrix}\begin{pmatrix}a_0\\ a_1\end{pmatrix}。$$

没有外场时，定态概率幅可由 $\mathrm{e}^{-\mathrm{i}E_0t/\hbar}$，$\mathrm{e}^{-\mathrm{i}E_1t/\hbar}$ 表达；在外场下设解的形式为 $a_0(t)=c_0(t)\mathrm{e}^{-\mathrm{i}E_0t/\hbar}$，$a_1(t)=c_1(t)\mathrm{e}^{-\mathrm{i}E_1t/\hbar}$。代入并化简[Zha03]，得

$$\mathrm{i}\hbar\frac{\partial c_0}{\partial t}=-\frac{A_0}{2}(\mathrm{e}^{\mathrm{i}(\omega-\omega_0)t}+\mathrm{e}^{-\mathrm{i}(\omega+\omega_0)t})c_1,\quad \mathrm{i}\hbar\frac{\partial c_1}{\partial t}=-\frac{A_0^*}{2}(\mathrm{e}^{-\mathrm{i}(w-w_0)t}+\mathrm{e}^{\mathrm{i}(w+w_0)t})c_0,$$

其中 $\omega_0=(E_1-E_0)/\hbar$ 为共振频率，含 $\omega+\omega_0$ 的项振荡快，在较长时间内对平均值贡献并不很大[Fey64]，仅保留含 $\omega-\omega_0$ 的共振项。

$$\mathrm{i}\hbar\frac{\partial c_0}{\partial t}=-\frac{A_0}{2}\mathrm{e}^{\mathrm{i}\Delta\omega t}c_1,\quad \mathrm{i}\hbar\frac{\partial c_1}{\partial t}=-\frac{A_0^*}{2}\mathrm{e}^{-\mathrm{i}\Delta\omega t}c_0,$$

这里 $\Delta\omega=\omega-\omega_0$。设 c_0 有 $\mathrm{e}^{\lambda t}$ 形式解，则 c_1 形如 $\mathrm{e}^{(\lambda-\mathrm{i}\Delta\omega)t}$，代入后，得

$$\mathrm{i}\hbar\lambda c_0+\frac{A_0}{2}c_1=0,\quad \frac{A_0^*}{2}c_0+\mathrm{i}\hbar(\lambda-\mathrm{i}\Delta\omega)c_1=0。$$

此线性方程组有解的条件为系数行列式

$$\begin{vmatrix}\mathrm{i}\hbar\lambda & \frac{A_0}{2}\\ \frac{A_0^*}{2} & \mathrm{i}\hbar(\lambda-\mathrm{i}\Delta\omega)\end{vmatrix}=-\hbar^2\lambda(\lambda-\mathrm{i}\Delta\omega)-\frac{A_0^*A_0}{4}=0。$$

两个根为 $\lambda_\pm=\frac{\mathrm{i}}{2}(\pm\omega_R+\Delta\omega)$，其中 $\omega_R=\sqrt{(\Delta\omega)^2+A_0^*A_0/\hbar^2}$ 为 Rabi 频率。

设初始条件 $|\psi(0)\rangle=|\varphi_0\rangle$，即 $c_0(0)=1$，$c_1(0)=0$。设

$$c_1(t)=c_+\mathrm{e}^{(\lambda_+-\mathrm{i}\Delta\omega)t}+c_-\mathrm{e}^{(\lambda_--\mathrm{i}\Delta\omega)t}。$$

由初始条件得，$c_1(0)=c_++c_-=0, \left.\frac{\partial c_1}{\partial t}\right|_{t=0}=\mathrm{i}c_+\omega_R=\frac{\mathrm{i}A_0^*}{2\hbar}$，故 $c_+=c_-=\frac{A_0^*}{2\hbar\omega_R}, c_1(t)=\frac{A_0^*}{2\hbar\omega_R}\mathrm{e}^{-\mathrm{i}\Delta\omega t/2}(\mathrm{e}^{\mathrm{i}\omega_R t/2}-\mathrm{e}^{-\mathrm{i}\omega_R t/2})$。则系统处于态 $|\varphi_1\rangle$ 的概率为

$$p_1=|\langle\varphi_1\mid\psi(t)\rangle|^2=|c_1(t)|^2=\left|\frac{A_0}{\hbar\omega_R}\right|^2\sin^2\frac{\omega_R t}{2}。$$

另外可用其他方式求解，不难将 $\boldsymbol{H}$ 对角化，求出其本征值以及本征矢，从而求解该问题[CTa92]，可得 t 时刻体系处于态 $|\varphi_1\rangle$ 的概率。

附录 D Einstein-Podolsky-Rosen 佯谬和 Bell 不等式

Einstein、Podolsky 和 Rosen 在 1935 年揭示了量子纠缠的反直觉特性。后来 Bohm 在 1951 年据此给出电子自旋纠缠方案：考虑一个发射源，发射一对自旋粒子(总自旋为 0)，如正负电子对，处于如下 EPR 态(或 Bell 态)

$$|\psi\rangle=\frac{1}{\sqrt{2}}(|01\rangle-|10\rangle)。$$

两个粒子分别发送给两个观测者。据定域性原则，不存在鬼魅般的超距作用，传递影响的速度必须考量，只允许某区域发生的事件以不超过光速的方式使影响其他区域，这意味着遥远的观测者所进行的测量之间没有因果关联(对电子的测量不会影响正电子)。

实在论认为实验观测结果取决于物理实在，与观测者无关；即使无人赏月，月亮依旧存在。EPR 试图引入所谓的隐变量，使量子力学完备。假设量子理论(QT)之外有某个隐变量理论(测量结果出于某物理实在，是确定性的，与观测方式无关；表现出随机性是由于某些隐藏的不能为现实实验技术所操控的自由度)。不失一般性，可假设隐变数 $0\leqslant\lambda\leqslant1$，并按某种未知概率分布 $\rho(\lambda)$ 在 $[0,1]$ 上取值。

Alice 沿 $\boldsymbol{a}$ 方向测量 A 粒子自旋，测量结果为 $A(\boldsymbol{a},\lambda)$；Bob 沿 $\boldsymbol{m}$ 方向测量 B 粒子自旋，测量结果为 $B(\boldsymbol{m},\lambda)$。由于 $|\psi\rangle$ 中 A 粒子和 B 粒子自旋反向，当 $\boldsymbol{a}=\boldsymbol{m}$ 时，$A(\boldsymbol{a},\lambda)B(\boldsymbol{m},\lambda)=-1$。下面参考文献[BCS04]做初步阐述。

假如对样品进行多次测量，所得平均结果是关于随机隐变量 λ 的积分(平均)。于是 $\boldsymbol{a}$ 和 $\boldsymbol{m}$ 两个方向测量结果的关联函数为

$$C(\boldsymbol{a},\boldsymbol{m})\equiv\int\mathrm{d}\lambda\rho(\lambda)A(\boldsymbol{a},\lambda)B(\boldsymbol{m},\lambda)。$$

考虑到关联测量实验中的一些失误和误差因素，如仪器失效，测量值为 0，EPR 对不纯，沿同一方向测量但并不严格相反等，规定 $|A|,|B|\leqslant1$。设

$$-1\leqslant A(\boldsymbol{a},\lambda)B(\boldsymbol{m},\lambda)\leqslant1,\quad\forall\boldsymbol{a},\boldsymbol{m}。$$

设 $\boldsymbol{a},\boldsymbol{b}$ 和 $\boldsymbol{m},\boldsymbol{n}$ 分别是 A,B 的两个任选测量方向。

$$C(\boldsymbol{a},\boldsymbol{m})-C(\boldsymbol{a},\boldsymbol{n})=\int\mathrm{d}\lambda\rho(\lambda)[A(\boldsymbol{a},\lambda)B(\boldsymbol{m},\lambda)-A(\boldsymbol{a},\lambda)B(\boldsymbol{n},\lambda)]$$

$$=\int d\lambda\rho(\lambda)\{[A(\boldsymbol{a},\lambda)B(\boldsymbol{m},\lambda)][1\pm A(\boldsymbol{b},\lambda)B(\boldsymbol{n},\lambda)]\}-$$
$$\int d\lambda\rho(\lambda)\{[A(\boldsymbol{a},\lambda)B(\boldsymbol{n},\lambda)][1\pm A(\boldsymbol{b},\lambda)B(\boldsymbol{m},\lambda)]\}。$$

从而有

$$\begin{aligned}|C(\boldsymbol{a},\boldsymbol{m})-C(\boldsymbol{a},\boldsymbol{n})|&\leqslant\int d\lambda\rho(\lambda)(|A(\boldsymbol{a},\lambda)B(\boldsymbol{m},\lambda)|\,|1\pm A(\boldsymbol{b},\lambda)B(\boldsymbol{n},\lambda)|)+\\&\quad\int d\lambda\rho(\lambda)(|A(\boldsymbol{a},\lambda)B(\boldsymbol{n},\lambda)|\,|1\pm A(\boldsymbol{b},\lambda)B(\boldsymbol{m},\lambda)|)\\&\leqslant\int d\lambda\rho(\lambda)|1\pm A(\boldsymbol{b},\lambda)B(\boldsymbol{n},\lambda)|+\int d\lambda\rho(\lambda)|1\pm A(\boldsymbol{b},\lambda)B(\boldsymbol{m},\lambda)|\\&=2\pm[C(\boldsymbol{b},\boldsymbol{n})+C(\boldsymbol{b},\boldsymbol{m})],\end{aligned}$$

此即$|C(\boldsymbol{a},\boldsymbol{m})-C(\boldsymbol{a},\boldsymbol{n})|\pm[C(\boldsymbol{b},\boldsymbol{n})+C(\boldsymbol{b},\boldsymbol{m})]\leqslant2$。所以

$$|C(\boldsymbol{a},\boldsymbol{m})-C(\boldsymbol{a},\boldsymbol{n})|+|C(\boldsymbol{b},\boldsymbol{n})+C(\boldsymbol{b},\boldsymbol{m})|\leqslant 2。$$

该不等式以其发现者 Clauser，Horne，Shimony 和 Holt 命名，被称为 CHSH 不等式。

根据量子理论，$C(\boldsymbol{a},\boldsymbol{m})=\langle\psi|(\boldsymbol{\sigma}^{(A)}\cdot\boldsymbol{a})(\boldsymbol{\sigma}^{(B)}\cdot\boldsymbol{m})|\psi\rangle$，这里$\boldsymbol{\sigma}^{(A)}$和$\boldsymbol{\sigma}^{(B)}$分别为粒子 A 和粒子 B 的测量算符。因为总自旋为 0，$(\boldsymbol{\sigma}^{(A)}+\boldsymbol{\sigma}^{(B)})|\psi\rangle=0$，则$\boldsymbol{\sigma}^{(A)}|\psi\rangle=-\boldsymbol{\sigma}^{(B)}|\psi\rangle$，故

$$\begin{aligned}C(\boldsymbol{a},\boldsymbol{m})&=-\langle\psi|(\boldsymbol{\sigma}^{(A)}\cdot\boldsymbol{a})(\boldsymbol{\sigma}^{(A)}\cdot\boldsymbol{m})|\psi\rangle\\&=-\langle\psi|\boldsymbol{a}\cdot\boldsymbol{m}+i(\boldsymbol{a}\times\boldsymbol{m})\cdot\boldsymbol{\sigma}^{(A)}|\psi\rangle=-\boldsymbol{a}\cdot\boldsymbol{m}。\end{aligned}$$

特殊地取四矢共面，且夹角$\angle(\boldsymbol{a},\boldsymbol{m})=\angle(\boldsymbol{m},\boldsymbol{b})=\angle(\boldsymbol{b},\boldsymbol{n})=\frac{\pi}{4}$，$\angle(\boldsymbol{a},\boldsymbol{n})=\frac{3}{4}\pi$，代入得

$$\left|-\frac{1}{\sqrt2}-\frac{1}{\sqrt2}\right|+\left|-\frac{1}{\sqrt2}-\frac{1}{\sqrt2}\right|=2\sqrt2>2,$$

不满足 CHSH 不等式。

假设理想的反向关联$C(\boldsymbol{n},\boldsymbol{n})=-1$，并且选取特殊情况$\boldsymbol{b}=\boldsymbol{n}$，化为 Bell 不等式：

$$|C(\boldsymbol{a},\boldsymbol{m})-C(\boldsymbol{a},\boldsymbol{n})|\leqslant 1+C(\boldsymbol{m},\boldsymbol{n})。$$

若取三矢共面，$\angle(\boldsymbol{a},\boldsymbol{m})=\angle(\boldsymbol{m},\boldsymbol{n})=\pi/3$，$\angle(\boldsymbol{a},\boldsymbol{n})=2\pi/3$，则上式成为$\left|-\frac{1}{2}-\frac{1}{2}\right|\leqslant1-\frac{1}{2}$，这显然不成立。

对于任何定域实在论的隐变量理论，在三组$[(\boldsymbol{a},\boldsymbol{m}),(\boldsymbol{a},\boldsymbol{n}),(\boldsymbol{m},\boldsymbol{n})]$实验统计平均数据$[C(\boldsymbol{a},\boldsymbol{m}),C(\boldsymbol{a},\boldsymbol{n}),C(\boldsymbol{m},\boldsymbol{n})]$之间，应当满足 Bell 不等式。Bell 不等式在 1964 年提出，CHSH 不等式于 1969 年提出且更容易实验。

EPR 这场争论的焦点在于：真实世界是遵从爱因斯坦的定域实在论，还是玻尔的非局域性理论。争论长期以来仅限于哲学层面，难以判断孰是孰非，直到 Bell 从 Einstein 定域实在论和隐变量这两点出发，推导一个实验上可以检验的不等式，才使这场争论成为一个实验研究课题。1982 年法国 Aspect 对两光子偏振态实施的测量证实它们的相关程度，超过了 Bell 不等式的容许范围，证实了量子非局域纠缠的存在，支持了玻尔的看法。*Physics World* 杂志(1998)在 *John Bell and the most profound discovery of science* 一文中对 Bell 有很高的评价："Quantum theory is the most successful scientific theory of all time. Many of the great names of physics are associated with quantum theory. Heisenberg and Schrödinger established the mathematical form of the theory, while Einstein and Bohr analysed many of its important features. However, it was John Bell who investigated quantum theory in the greatest depth and established what the theory can tell us about the fundamental nature of the physical world."

附录 E 数论有关结论及 Shor 算法补注

E.1 数论有关结论

引理 E.1 设 $M=kN+R$，k,M,N 为整数，R 为 M 除以 N 的余数。若 $p|M$，$p|N$，则 $p|R$。

引理 E.2 设 $M=kN+R$，k,M,N 为整数，$0<R<N$ 为余数，则

$$\gcd(M,N)=\gcd(N,R)。$$

证 任取 M 和 N 的公约数 p，有 $p|M$，$p|N$，由引理知 $p|R$，所以 p 是 N 和 R 的公约数。另一方面，任取 N 和 R 的公约数 q，易知 $q|M$，所以 q 也是 M 和 N 的公约数。故 M 和 N 的公约数与 N 和 R 的公约数相同。 □

以上两个引理有助于理解 Euclid(约公元前 330—前 275 年)算法：输入整数 M 和 N，输出最大公约数 $\gcd(M,N)$。

令 $R_0=M$，$R_1=N$，对 $j=1,2,\cdots$ 进行如下计算：

$$R_{j-1}=k_jR_j+R_{j+1},$$

其中 k_j 为整数，R_{j+1} 为余数($0\leqslant R_{j+1}<R_j$)。若余数 $R_{l+1}=0$(对某个指标 l)，则 $\gcd(M,N)=R_l$。

Euclid 算法就是辗转相除法，在张苍(公元前 256—前 152 年)等辑撰的《九章算术》称为更相减损术。它是第一个非平凡算法。

小于 m 且与 m 互质的正整数个数记为 $\varphi(m)$，称之为 Euler 函数。若 m_1,m_2 互素，则 $\varphi(m_1m_2)=\varphi(m_1)\varphi(m_2)$。设 $m=\prod_{i=1}^{n}p_i^{\alpha_i}$(质因数分解)，则 $\varphi(m)=m\prod_{i=1}^{n}\left(1-\frac{1}{p_i}\right)$。当 m 是质数时，$\varphi(m)=m-1$。

若模 m 的剩余类中的数与 m 互素，则称其为与模 m 互素的剩余类；在与模 m 互素的全部剩余类中，每类各取一数构成的集合称为模 m 的一个既约剩余系。若 $a_1,a_2,\cdots,a_{\varphi(m)}$ 是 $\varphi(m)$ 个与 m 互素的整数，且两两对模 m 不同余，则为模 m 的一个既约剩余系。

引理 E.3 设 $a,b\in\mathbb{Z}$ 满足 $(a,m)=1$ 且 $m|b$，若 $r_1,r_2,\cdots,r_{\varphi(m)}$ 是模 m 的既约剩余系，则 $ar_1+b,ar_2+b,\cdots,ar_{\varphi(m)}+b$ 亦为既约剩余系。

证 $(ar_i+b,m)=(ar_i,m)=(r_i,m)=1$。假设 $i\neq j$ 时 $ar_i+b\equiv ar_j+b \pmod m$，则 $ar_i\equiv ar_j \pmod m$，$r_i\equiv r_j \pmod m$，与既约剩余系的题设矛盾。 □

定理 E.4(Euler) 若 $(a,m)=1$，则 $a^{\varphi(m)}\equiv 1 \pmod m$。

证 设 $r_1,r_2,\cdots,r_{\varphi(m)}$ 是模 m 的一个既约剩余系，则 $ar_1,ar_2,\cdots,ar_{\varphi(m)}$ 也是模 m 的既约剩余系，故 $(ar_1)(ar_2)\cdots(ar_{\varphi(m)})\equiv r_1r_2\cdots r_{\varphi(m)} \pmod m$，即 $a^{\varphi(m)}(r_1\cdots r_{\varphi(m)})\equiv r_1\cdots r_{\varphi(m)} \pmod m$。又 $(r_1,m)=\cdots=(r_{\varphi(m)},m)=1$，则 $(r_1\cdots r_{\varphi(m)},m)=1$，故 $a^{\varphi(m)}\equiv 1 \pmod m$。

□

定理 E.5(Fermat 小定理) 设 p 为质数,$(a,p)=1$,则 $a^{p-1}\equiv 1(\mathrm{mod}\ p)$。

下面定理给出 RSA 工作原理。

定理 E.6 已知 $R\equiv X^e(\mathrm{mod}\ N)$,证明 $R^s\equiv X(\mathrm{mod}\ N)$,这里的 N,e 和 s 产生于 RSA 算法。

证 即证明 $(X^e)^s\equiv X(\mathrm{mod}\ N)$。先证 $X^{es}\equiv X(\mathrm{mod}\ p)$。若 $X\equiv 0(\mathrm{mod}\ p)$,结论显然。设 $X\equiv a(\mathrm{mod}\ p)$,对某个整数 $a(0<a<p)$。由 Fermat 小定理 $a^{p-1}\equiv 1(\mathrm{mod}\ p)$,故

$$X^{p-1}\equiv a^{p-1}\equiv 1(\mathrm{mod}\ p)。$$

因 $es\equiv 1(\mathrm{mod}\ M)$,故存在整数 k,使得 $es=kM+1$。又 M 是 $p-1$ 倍数,可设 $M=(p-1)l$,从而 $es=kl(p-1)+1$,

$$X^{es}=X^{kM}X=(X^{p-1})^{lk}X\equiv X(\mathrm{mod}\ p)$$

同理可证 $X^{es}\equiv X(\mathrm{mod}\ q)$。从而 $pq\mid X^{es}-X$,即 $X^{es}\equiv X(\mathrm{mod}\ N)$。 □

E.2 椭圆曲线

定义短 Weierstrass 形式:

$$y^2=x^3+ax+b, \tag{E.1}$$

这里 $a,b\in\mathbb{R}$,$4a^3+27b^2\neq 0$(以保证曲线光滑)。

记 O 为无穷远点,定义$\mathbb{R}$上椭圆曲线 E 为

$$E=\{(x,y)\mid x,y\in\mathbb{R},且(x,y)满足式(E.1)\}\cup\{O\}。$$

设 P,Q 是椭圆曲线 E 上的两点 $P=(x_1,y_1)$,$Q=(x_2,y_2)$,考虑加法运算 $P+Q$。

(Ⅰ) $x_1\neq x_2$,过 P,Q 的直线与椭圆曲线交于一点 $R=(\alpha,\beta)$,再找该点关于 x 轴的对称点,定义 $P+Q=(\alpha,-\beta)$;

(Ⅱ) $P=Q$,过点 P 作椭圆曲线的切线,若切线不是垂直的,则与曲线相交于一点 $R=(\alpha,\beta)$,定义 $P+Q=P+P=(\alpha,-\beta)$。

特殊情形:(a)若 $x_1=x_2$,且 $y_1\neq y_2$,则定义 $P+Q=O$;(b)若 $P=Q$ 且切线垂直,则定义 $P+Q=P+P=O$。

下面找情形(Ⅰ)和(Ⅱ)的点坐标。

(Ⅰ) 直线 PQ 方程 $y=\mu x+\nu$,$\mu=\dfrac{y_2-y_1}{x_2-x_1}$,$\nu=y_1-\mu x_1$。代入式(E.1),得

$$x^3-\mu^2x^2+(a-2\mu\nu)x+(b-\nu^2)=0。$$

设 x_1,x_2,α 为三个根,由韦达定理,$x_1+x_2+\alpha=\mu^2$。$P+Q$ 的坐标(x_3,y_3)定义为

$$x_3=\mu^2-x_1-x_2,\quad y_3=-(\mu x_3+\nu)=-y_1+\mu(x_1-x_3)。$$

(Ⅱ) 对式(E.1)求导,$2yy'=3x^2+a$,故切线斜率为

$$\mu=\frac{3x_1^2+a}{2y_1},$$

余下与情形(Ⅰ)相同。点$(2P)$的坐标(x_3,y_3)为

$$x_3=\left(\frac{3x_1^2+a}{2y_1}\right)^2-2x_1=\frac{x_1^4-2ax_1^2-8bx_1+a^2}{4x_1^3+4ax_1+4b},\quad y_3=-y_1+\frac{3x_1^2+a}{2y_1}(x_1-x_3)。$$

可证,E 在上述加法运算下构成一个 Abel 群。E 是封闭的,满足结合律,O 是 E 中单

位元，O 的逆元是本身，且 $P=(x,y)$ 的逆元是 $-P=(x,-y)$，即自身关于 x 轴的对称点。椭圆曲线 E 上，$\forall P,Q,R\in E$，满足

(1) $P+O=O+P=P$，　(2) $P+(-P)=O$，

(3) $P+Q+R=P+(Q+R)$，　(4) $P+Q=Q+P$。

$\mathbb{Z}_p$（素数 $p>3$）上的椭圆曲线可与实数域上类似定义。设 $4a^3+27b^2\neq 0 \pmod p$，$\mathbb{Z}_p$ 上同余方程 $y^2=x^3+ax+b \pmod p$ 的所有解 $(x,y)\in\mathbb{Z}_p\times\mathbb{Z}_p$，连同特殊的无穷远点 O 构成$\mathbb{Z}_p$ 上的椭圆曲线

$$G=\{(x,y)\in\mathbb{Z}_p\times\mathbb{Z}_p \mid y^2=x^3+ax+b \pmod p, a,b\in\mathbb{Z}_p\}\cup\{O\}。$$

椭圆曲线离散对数问题(elliptic curve discrete logarithm problem，ECDLP)：已知 $P,Q\in G$，$Q=kP$，确定 k 是困难的。

群 G 上的公钥交换一般按如下方式进行。

Alice 执行操作：①选定有限群 G 和元素 $P\in G$（群元足够多且集合 $\{nP|n\in\mathbb{Z}\}$ 足够大)；②选择 $r\in\mathbb{Z}$，计算 $rP\in G$；③公开 G,P 和 rP。

Bob 执行如下操作：①选择 $t\in\mathbb{Z}$，计算 $tP\in G$；②发送 tP 给 Alice。然后 Alice 计算 $K=r(tP)\in G$，Bob 计算 $K=t(rP)\in G$，两人共享 K，将其作为密钥。

E.3 阶算法

Shor 算法进行素数分解需要搜索同余式阶数，下面利用量子态叠加原理完成阶的搜索[KSV02,ZJ03]。

(1) 定义辅助量子态

$$|\Phi_s\rangle=\frac{1}{\sqrt{r}}\sum_{k=0}^{r-1}\exp\left(\frac{2\pi i s k}{r}\right)|a^k \bmod N\rangle,$$

这里 r 是函数 $f(t)=a^t \pmod N$ 的周期，即数 a 的阶，s 是满足条件 $0\leqslant s<r$ 的整数。直接计算可得

$$\sum_{s=0}^{r-1}\frac{1}{\sqrt{r}}|\Phi_s\rangle=\frac{1}{r}\sum_{k=0}^{k-1}|f(k)\rangle\sum_{s=0}^{r-1}\exp\left(\frac{2\pi i s k}{r}\right)=\sum_{k=0}^{k-1}|f(k)\rangle\delta_{0k}=|f(0)\rangle=|1\rangle。$$

我们看到，所有辅助量子态之和归结为 n 比特量子态 $|1\rangle=|00\cdots01\rangle$，虽然 r 未知，无法直接使用，但它是阶数搜索算法的一个突破口。

(2) 定义酉变换 $\boldsymbol{U}_a$，它满足

$$\boldsymbol{U}_a|x\rangle=|ax \bmod N\rangle,$$

其中整数 $0\leqslant x\leqslant N-1$，且 $\gcd(a,N)=1$。

将酉算符 $\boldsymbol{U}_a$ 作用于量子态 $|\Phi_s\rangle$ 得

$$\begin{aligned}\boldsymbol{U}_a|\Phi_s\rangle&=\frac{1}{\sqrt{r}}\sum_{k=0}^{r-1}\exp\left(\frac{2\pi i s k}{r}\right)|a^{k+1}\bmod N\rangle\\&=\frac{1}{\sqrt{r}}\exp\left(\frac{-2\pi i s}{r}\right)\sum_{l=1}^{r}\exp\left(\frac{2\pi i s l}{r}\right)|a^l \bmod N\rangle。\end{aligned}$$

注意到求和式中 $l=r$ 与 $l=0$ 时有如下相等关系：

$$\exp\left(\frac{2\pi i s r}{r}\right)|a^r \bmod N\rangle=|a^r \bmod N\rangle=|1\rangle=\exp\left(\frac{2\pi i s 0}{r}\right)|a^0 \bmod N\rangle。$$

从而容易验证

$$U_a \mid \Phi_s\rangle = \frac{1}{\sqrt{r}}\exp\left(\frac{-2\pi i s}{r}\right)\sum_{l=0}^{r-1}\exp\left(\frac{2\pi i s l}{r}\right)\mid a^l \bmod N\rangle = \exp\left(\frac{-2\pi i s}{r}\right)\mid \Phi_s\rangle,$$

即量子态$|\Phi_s\rangle$是算符 U_a 的本征值为 $\exp\left(\frac{-2\pi i s}{r}\right)$的本征态，或换句话说，算符 U_a 是一个作用于量子态$|\Phi_s\rangle$给出相位 $\exp\left(\frac{-2\pi i s}{r}\right)$的相位算符。对于算符 U_a 的 x 次方 U_a^x 容易验证：

$$U_a^x \mid y\rangle = \mid a^x y \bmod N\rangle,\quad U_a^x \mid \Phi_s\rangle = \exp\left(\frac{-2\pi i s x}{r}\right)\mid \Phi_s\rangle,$$

$$U_a^x \mid 1\rangle = \mid a^x \bmod N\rangle = U_a^x \sum_{s=0}^{r-1}\frac{1}{\sqrt{r}}\mid \Phi_s\rangle = \frac{1}{\sqrt{r}}\sum_{s=0}^{r-1}\exp\left(\frac{-2\pi i s x}{r}\right)\mid \Phi_s\rangle。$$

(3) 利用算符 U_a 的 x 次方 U_a^x，讨论阶的搜索算法。

制备初态$|\psi_0\rangle = |0\rangle^{\otimes m}|1\rangle$，第一寄存器寄存 $m=2L+1$ 个比特(有效地搜索阶 r 所必要的比特数)，第二寄存器寄存 L 比特的量子态，这里取 $L=\lceil \log_2 N\rceil$($\lceil x\rceil$代表大于实数 x 的最小整数)。

先对第一寄存器的 m 比特作用 Hadamard 算符，即

$$\mid \psi_1\rangle = H^{\otimes m}\mid \psi_0\rangle = \frac{1}{\sqrt{2^m}}\sum_{x=0}^{2^m-1}\mid x\rangle\mid 1\rangle。$$

据第一寄存器作受控 U_a 变换，即

$$\begin{aligned}\mid \psi_1\rangle \mapsto \mid \psi_2\rangle &= \frac{1}{\sqrt{2^m}}\sum_{a=0}^{2^m-1}\mid x\rangle U_a^x \mid 1\rangle \\ &= \frac{1}{\sqrt{2^m}}\sum_{x=0}^{2^m-1}\mid x\rangle\sum_{s=0}^{r-1}\frac{1}{\sqrt{r}}U_a^x\mid \Phi_s\rangle \\ &= \frac{1}{\sqrt{2^m\cdot r}}\sum_{x=0}^{2^m-1}\sum_{s=0}^{r-1}\exp\left(\frac{-2\pi i s x}{r}\right)\mid x\rangle\mid \Phi_s\rangle。\end{aligned}$$

从而第二寄存器的状态变成 $U_a^x|1\rangle = |a^x \bmod N\rangle$。

接着对$|\psi_2\rangle$的第一寄存器进行 Fourier 变换，则得

$$\begin{aligned}\mid \psi_3\rangle &= U_{\mathrm{QFT}}\mid \psi_2\rangle \\ &= \frac{1}{2^m}\sum_{x,v=0}^{2^m-1}\frac{1}{\sqrt{r}}\sum_{s=0}^{r-1}\exp\left(\frac{2\pi i v x}{2^m}\right)\exp\left(\frac{-2\pi i s x}{r}\right)\mid v\rangle\mid \Phi_s\rangle \\ &= \frac{1}{\sqrt{r}}\sum_{s=0}^{r-1}\frac{1}{2^m}\sum_{v=0}^{2^m-1}\sum_{x=0}^{2^m-1}\exp\left(\frac{2\pi i}{2^m}x\left(v-s\frac{2^m}{r}\right)\right)\mid v\rangle\mid \Phi_s\rangle。\end{aligned}$$

下面分两种情况讨论：

(i) 如果假定 2^m 被 r 整除，则可将$|\psi_3\rangle$化简为

$$\mid \psi_3\rangle = \frac{1}{\sqrt{r}}\sum_{s=0}^{r-1}\sum_{v=0}^{2^m-1}\delta_{v,s\cdot 2^m/r}\mid v\rangle\mid \Phi_s\rangle = \frac{1}{\sqrt{r}}\sum_{s=0}^{r-1}\left| s\,\frac{2^m}{r}\right\rangle\mid \Phi_s\rangle。$$

那么,通过第一寄存器观测值的周期性可以寻找阶数 r。

(ii) 如果 2^m 不被 r 整除,则设 $s\dfrac{2^m}{r}+\varepsilon=v$,$|\varepsilon|<\dfrac{1}{2}$,即 $\left|\dfrac{s}{r}-\dfrac{v}{2^m}\right|<\dfrac{1}{2}\dfrac{1}{2^m}$。将 $|\psi_3\rangle$ 改写为

$$|\psi_3\rangle=\frac{1}{\sqrt{r}}\sum_{s=0}^{r-1}\frac{1}{2^m}\sum_{x,v=0}^{2^m-1}\mathrm{e}^{2\pi\mathrm{i}x(v/2^m-s/r)}\;|v\rangle\;|\Phi_s\rangle\equiv\frac{1}{\sqrt{r}}\sum_{s=0}^{r-1}\sum_{v=0}^{2^m-1}G_s(v)\;|v\rangle\;|\Phi_s\rangle。$$

态 $|v\rangle$ 出现的几率

$$|G_s(v)|^2=\frac{1}{2^{2m}}\left|\sum_{x=0}^{2^m-1}\exp(2\pi\mathrm{i}x\varepsilon/2^m)\right|^2。$$

绝对值内为等比数列求和,所以

$$|G_s(v)|^2=\frac{1}{2^{2m}}\left|\frac{1-\mathrm{e}^{\mathrm{i}2\pi\varepsilon}}{1-\mathrm{e}^{\mathrm{i}2\pi\varepsilon/2^m}}\right|^2。$$

因为 $2\varepsilon<\sin\pi\varepsilon<\pi\varepsilon$,$|1-\mathrm{e}^{\mathrm{i}2\pi\varepsilon}|=2|\sin\pi\varepsilon|\geqslant 4\varepsilon$,$\left|1-\mathrm{e}^{\mathrm{i}\frac{2\pi}{2^m}\varepsilon}\right|=2\left|\sin\dfrac{\pi\varepsilon}{2^m}\right|\leqslant\dfrac{\pi\varepsilon}{2^{m-1}}$,所以

$$|G_s(v)|^2\geqslant\frac{1}{2^{2m}}\left(4\varepsilon\,\frac{2^{m-1}}{\pi\varepsilon}\right)^2=\frac{4}{\pi^2}\approx 0.405。$$

参考文献

[AS64] M. ABRAMOWITZ, I. A. STEGUN. Handbook of Mathematical Functions with Formulas, Graphs, and Mathematical Tables[M]. National Bureau of Standards Applied Mathematics Series 55. DC U. S. Government Printing Office, Washington, 1964.

[ATS03] D. AHARONOV, A. TA-SHMA. Adiabatic quantum state generation and statistical zero knowledge[C]. STOC'03: Proceedings of the thirty-fifth annual ACM symposium on Theory of computing, 20-29, 2003.

[ATS07] D. AHARONOV, A. TA-SHMA. Adiabatic quantum state generation[J]. SIAM J. Comput., Vol. 37(1): 47-82, 2007.

[ADK07] D. AHARONOV, W. VAN DAM, J. KEMPE, Z. LANDAU, S. LLOYD, O. REGEV. Adiabatic quantum computation is equivalent to standard quantum computation[J]. SIAM J. Comput., 37(1): 166-194, 2007.

[AL18] T. ALBASH, D. A. LIDAR. Adiabatic quantum computation [J]. Rev. Mod. Phys., 90: 015002, 2018.

[Amb12] A. AMBAINIS. Variable time amplitude amplification and a faster quantum algorithm for solving systems of linear equations[C]. Proceedings of STACS, 2012. Also arXiv: 1010.4458.

[AK16] S. ARORA, S. KALE. A combinatorial, primal-dual approach to semidefinite programs [J]. Journal of the ACM, 63(2): 1-35, 2016.

[BAC07] D. W. BERRY, G. AHOKAS, R. CLEVE, B. C. SANDERS. Efficient quantum algorithms for simulating sparse Hamiltonians[J]. Communications in Mathematical Physics, 270(2): 359-371, 2007.

[Bak02] A. BAKER. Matrix Groups: An Introduction to Lie Group Theory[M]. Springer-Verlag, 2002.

[BBC05] A. BARENCO, C. H. BENNETT, R. CLEVE, D. P. DIVINCENZO, N. MARGOLUS, P. SHOR, T. SLEATOR, J. A. SMOLIN, H. WEINFURTER. Elementary gates for quantum computation[J]. Phys. Rev. A, 52: 3457, 1995.

[BCS04] G. BENENTI, G. CASATI, G. STRINI. 量子计算与量子信息原理，第一卷：基本概念[M]. 王文阁，李保文，译. 北京：科学出版社，2011.

[BCC14] D. W. BERRY, A. M. CHILDS, R. CLEVE, R. KOTHARI, R. D. SOMMA. Exponential improvement in precision for simulating sparse Hamiltonians[C]. STOC'14: Proceedings of the 46th annual ACM symposium on Theory of computing, 283-292, 2014.

[BCC15] D. W. BERRY, A. M. CHILDS, R. CLEVE, R. KOTHARI, R. D. SOMMA. Simulating Hamiltonian dynamics with a truncated Taylor series[J]. Physical Review Letters, 114(9): 090502, 2015.

[Ber14] D. W. BERRY. High-order quantum algorithm for solving linear differential equations[J]. J Phys. A, 47(10): 105301, 2014.

[Ber19] C. BERNHARDT. Quantum Computing for Everyone[M]. Cambridge: The MIT Press, 2019.

[BV93] E. BERNSTEIN, U. V. VAZIRANI. Quantum complexity theory [J]. SIAM Journal on Computing, 26(5): 1411-1473, 1997.

[BH10] K. BINDER, D. W. HEERMANN. Monte Carlo Simulation in Statistical Physics[M]. 5th Edition. Springer, 2010.

[BGT21] A. BOULAND, T. GIURGICA-TIRON. Efficient universal quantum compilation: An inverse-free Solovay-Kitaev algorithm. arXiv: 2112.02040, 2021.

[BS17] F. G. S. L. BRANDAO, K. M. SVORE. Quantum speed-ups for solving semidefinite programs[C]. IEEE 58th Annual Symposium on Foundations of Computer Science (FOCS), 2017.

[BH97] G. BRASSARD, P. HOYER. An exact quantum polynomial-time algorithm for Simon's problem [C]. Fifth Israeli Symposium on Theory of Computing and Systems (ISTCS'97), 12-23, 1997.

[BHM02] G. BRASSARD, P. HØYER, M. MOSCA, A. TAPP. Quantum amplitude amplification and estimation[J]. Contemp. Math. Ser. Millenn. 305: 53-74, 2002.

[BLC+20] C. BRAVO-PRIETO, R. LAROSE, M. CEREZO, Y. SUBASL, L. CINCIO, P. J. COLES. Variational quantum linear solver: a hybrid algorithm for linear systems [DB/OL], arXiv: 1909.05820, 2020.

[CWS13] X.-D. CAI, C. WEEDBROOK, Z.-E. SU, M.-C. CHEN, M. GU, M.-J. ZHU, L. LI, N.-L. LIU, C.-Y. LU, J.-W. PAN. Experimental quantum computing to solve systems of linear equations, Phys. Rev. Lett. 110 (2013), 230501.

[Cao96] 曹志浩. 数值线性代数[M]. 上海：复旦大学出版社，1996.

[CGJ19] S. CHAKRABORTY, A. GILYÉN, S. JEFFERY. The power of block-encoded matrix powers: improved regression techniques via faster Hamiltonian simulation [C]. Proceedings of the 46th International Colloquium on Automata, Languages, and Programming (ICALP 2019), 33: 1-14, 2019.

[CC01] 陈省身，陈维桓. 微分几何讲义[M]. 2 版. 北京：北京大学出版社，2001.

[Chi21] A. M. CHILDS. Lecture Notes on Quantum Algorithms[R]. Department of Computer Science, University of Maryland, 2021.

[CKS17] A. M. CHILDS, R. KOTHARI, R. D. SOMMA. Quantum algorithm for systems of linear equations with exponentially improved dependence on precision [J]. SIAM J. Comput. 46, 1920-1950, 2017.

[Cho75] M.-D. CHOI. Completely positive linear maps on complex matrices[J]. Linear Algebra and Its Applications, 10(3): 285-290, 1975.

[CJS13] B. D. CLADER, B. C. JACOBS, C. R. SPROUSE. Preconditioned quantum linear system algorithm[J]. Phys. Rev. Lett. 110, 250504, 2013.

[CMN18] A. M. CHILDS, D. MASLOV, Y. NAM, N. J. ROSS, Y. SU. Toward the first quantum simulation with quantum speedup [C]. Proceedings of the National Academy of Sciences 115, 9456-9461, 2018.

[CTa92] C. COHEN-TANNOUDJI, B. DIU, F. LALOE. Quantum Mechanics. Volume one[M]. Wiley-VCH, 1992.

[Cyb01] G. CYBENKO, Reducing quantum computations to elementary unitary operations, Comput. Sci. Eng., Vol. 3, No. 2, pp. 27-32, 2001.

[DN06] C. M. DAWSON, M. A. NIELSEN. The Solovay-Kitaev algorithm[J]. Quantum Information and Computation, 6(1): 81-95, 2006.

[Dem97] J. W. DEMMEL. Applied Numerical Linear Algebra[M]. SIAM, Philadelphia, 1997. (中译本：王国荣. 应用数值线性代数[M]. 北京：人民邮电出版社，2007).

[deW21] R. de WOLF. Quantum Computing: Lecture Notes [R]. QuSoft, CWI and University of Amsterdam, 2021.

[DJ92] D. DEUTSCH AND R. JOZSA. Rapid solution of problems by quantum computation[J]. Proc. Roy. Soc. London Ser. A, 439: 553-558, 1992.

[Deu85] D. DEUTSCH. Quantum theory, the Church-Turing principle and the universal quantum computer [J]. Proc. Roy. Soc. London Ser. A, 400(97): 73-90, 1985.

[DR90] P. DIACONIS, D. ROCKMORE. Efficient computation of the Fourier transform on finite groups [J]. J. Amer. Math. Soc., 3(2): 297-332, 1990.

[DMWL21] Y. DONG, X. MENG, K. B. WHALEY, L. LIN. Efficient phase-factor evaluation in quantum signal processing[J]. Phys. Rev. A 103, 042419, 2021.

[DS00] J. DONGARRA, F. P. SULLIVAN. The Top 10 Algorithms[J]. Computing in Science and Engineering, 2(1): 22-23, 2000.

[EO97] J. EICHER, Y. OPOKU. Using the quantum computer to break elliptic curve cryptosystems[R]. University of Richmond, 1997.

[EH99] M. ETTINGER, P. HØYER. On quantum algorithms for noncommutative hidden subgroups[C]. Annual Symposium on Theoretical Aspects of Computer Science, STACS'99, LNCS 1563, 478-487, 1999.

[FGG14] E. FARHI, J. GOLDSTONE, S. GUTMANN. A quantum approximate optimization algorithm [OB/OL]. arXiv: 1411.4028, 2014.

[Fey64] R. FEYNMAN, R. LEIGHTON, M. SANDS. The Feynman Lectures on Physics[M]. Volumes 1-3. Addison-Wesley, 1964.

[Fuh12] P. A. FUHRMANN. A Polynomial Approach to Linear Algebra[M]. 2nd edition. Springer, 2012.

[GZD18] X. GAO, Z.-Y. ZHANG, L.-M. DUAN. A quantum machine learning algorithm based on generative models[J]. Science Advances, 4: eaat9004, 2018.

[GSL19] A. GILYÉN, Y. SU, G. LOW, N. WIEBE. Quantum singular value transformation and beyond: exponential improvements for quantum matrix arithmetics[C]. STOC 2019: Proceedings of the 51st Annual ACM SIGACT Symposium on Theory of Computing, 193-204, 2019.

[GLM08a] V. GIOVANNETTI, S. LLOYD, L. MACCONE. Quantum random access memory[J]. Phys. Rev. Lett. 100, 160501, 2008.

[GLM08b] V. GIOVANNETTI, S. LLOYD, L. MACCONE. Architectures for a quantum random access memory[J]. Phys. Rev. A, 78, 052310, 2008.

[Gol65] S. GOLDEN. Lower bounds for the Helmholtz function[J]. Phys. Rev. (2), 137: B1127-B1128, 1965.

[GVL01] G. H. GOLUB, C. VAN LOAN. Matrix Computations[M]. 4th ed. Baltimore, MD: The Johns Hopkins University Press, 2013.

[Goo20] Google AI Quantum and Collaborators. Hartree-Fock on a superconducting qubit quantum computer[J]. Science, 369(6507): 1084-1089, 2020.

[Gu12] 顾樵. 数学物理方法[M]. 北京：科学出版社, 2012.

[GCG20] 郭国平, 陈昭昀, 郭光灿. 量子计算与编程入门[M]. 北京：科学出版社, 2020.

[Haa19] J. HAAH. Product decomposition of periodic functions in quantum signal processing[J]. Quantum, 3: 190, 2019.

[Hal07] S. HALLGREN. Polynomial-time quantum algorithms for Pell's equation and the principal ideal problem[J]. Journal of the ACM, 54(1): 1-19, 2007.

[HJ91] R. A. HORN, C. R. JOHNSON. Topics in Matrix Analysis[M]. Cambridge: Cambridge University Press, 1991.

[HRS10] S. HALLGREN, M. ROETTELER, P. SEN. Limitations of quantum coset states for graph isomorphism[J]. Journal of the ACM, 57(6): 34, 2010.

[HHL09] A. W. HARROW, A. HASSIDIM, S. LLOYD. Quantum algorithm for linear systems of equations[J]. Phys. Rev. Lett. 103, 150502, 2009.

[Hig08] N. HIGHAM. Functions of Matrices, Theory and Computation[M]. SIAM, 2008.

[HJ13] R. A. HORN, C. R. JOHNSON. Matrix Analysis[M]. 2nd edition. Cambridge: Cambridge University Press, 2013.

[How83] R. HOWE. Very basic Lie theory[J]. The American Mathematical Monthly, 90(9): 600-623, 1983.

[Hua57] 华罗庚. 数论导引[M]. 北京：科学出版社, 1957.

[HBR19] H.-Y. HUANG, K. BHARTI, P. REBENTROST. Near-term quantum algorithms for linear systems of equations[DB/OL]. arXiv：1909.07344,2019.

[Joz03] R. JOZSA. Quantum computation in algebraic number theory：Hallgren's efficient quantum algorithm for solving Pell's equation[J]. Annals of Physics,306：241-279,2003.

[KLM07] P. KAYE R. LAFLAMME,M. MOSCA. An Introduction to Quantum Computing[M]. Oxford：Oxford University Press,2007.

[KP17] I. KERENIDIS, A. PRAKASH, Quantum recommendation systems [C]. Proceedings of 8th Innovations in Theoretical Computer Science (ITCS) Conference, 67 (49): 1-21, 2017. arXiv: 1603.08675.

[KSV02] A. YU. KITAEV, A. H. SHEN, M. N. VYALYI. Classical and Quantum Computation[M]. American Mathematical Society,2002.

[KMM13] V. KLIUCHNIKOV, D. MASLOV, M. MOSCA. Asymptotically optimal approximation of single qubit unitaries by Clifford and T circuits using a constant number of ancillary qubits[J]. Phys. Rev. Lett.,110,190502,2013.

[KSS17] N. KONNO, I. SATO, E. SEGAWA. The spectra of the unitary matrix of a 2-tessellable staggered quantum walk on a graph[J]. Yokohama Math. J.,62,52-87,2017.

[Kup03] G. KUPERBERG. A subexponential-time quantum algorithm for the dihedral hidden subgroup problem[J]. SIAM Journal on Computing,35(1)：170-188,2005.

[Kup11] G. KUPERBERG. Another subexponential-time quantum algorithm for the dihedral hidden subgroup problem. 8th Conference on the Theory of Quantum Computation[J]. Communication and Cryptography,22：20-34,2013. see also arXiv：1112.3333.

[LDX1] L. GRIGORI, J. DEMMEL, H. XIANG. CALU: a communication optimal LU factorization algorithm[J]. SIAM Journal on Matrix Analysis,32：1317-1350,2011.

[LP17] V. T. LAHTINEN,J. K. PACHOS. A short introduction to topological quantum computation[J]. SciPost Phys.,3：021,2017.

[LL08] L. D. LANDAU,E. M. LIFSHITZ. 理论物理学教程 第三卷 量子力学(非相对论理论)[M]. 6版. 严肃,译. 北京：高等教育出版社,2008.

[LLW19] Z. LI, X. LIU, H. WANG, S. ASHHAB, J. CUI, H. CHEN, X. PENG, J. DU. Quantum simulation of resonant transitions for solving the eigenproblem of an effective water Hamiltonian[J]. Phys. Rev. Lett. 122,2019.

[LQ05] 李大潜,秦铁虎. 物理学与偏微分方程(上、下)[M]. 2版. 北京：高等教育出版社,2005.

[LCLD11] 李承祖,陈平形,梁林梅,戴宏毅. 量子计算机研究(上、下)[M]. 北京：科学出版社,2011.

[Lin22] L. Lin. Lecture Notes on Quantum Algorithms for Scientific Computation[R]. Department of Mathematics,University of California,Berkeley,2022.

[Llo96] S. LLOYD. Universal quantum simulators[J]. Science,273：1073-1078,1996.

[LGZ16] S. LLOYD,S. GARNERONE,P. ZANARDI. Quantum algorithms for topological and geometric analysis of data[J]. Nature Communications,7,10138,2016.

[LMR14] S. LLOYD,M. MOHSENI, P. REBENTROST. Quantum principal component analysis[J]. Nature Physics,10,631,2014.

[LZ17] Y. LIU,S. Y. ZHANG. Fast quantum algorithms for least squares regression and statistic leverage scores[J]. Theoret. Comput. Sci.,657：38-47,2017.

[LLZN99] G. L. LONG,Y. S. LI,W. L. ZHANG,L. NIU. Phase matching in quantum searching[J]. Phys. Lett. A,262,27-34,1999.

[Long01] G. L. LONG. Grover algorithm with zero theoretical failure rate [J]. Phys. Rev. A, 64, 022307,2001.

[LC17] G. H. LOW,I. L. CHUANG. Optimal Hamiltonian simulation by quantum signal processing[J].

Phys. Rev. Lett. 118,010501,2017.

[LC19] G. H. LOW,I. L. CHUANG. Hamiltonian simulation by qubitization[J]. Quantum,3: 163,2019.

[LDD20] S. LU,L. M. DUAN, D. L. DENG. Quantum adversarial machine learning [J]. Phys. Rev. Research 2,033212 (2020).

[MRT21] J. M. MARTYN, Z. M. ROSSI, A. K. TAN, I. L. CHUANG. A grand unification of quantum algorithms[DB/OL]. arXiv: 2105.02859,2021.

[MW05] C. MARRIOTT,J. WATROUS. Quantum Arthur-Merlin games[J]. Computational Complexity, 14(2): 122-152,2005.

[Mer07] N. D. MERMIN. Quantum Computer Science [M]. Cambridge: Cambridge University Press,2007.

[MY20] 闵嗣鹤,严士健. 初等数论[M]. 4 版. 北京: 高等教育出版社,2020.

[MVBS04] M. MÖTTÖNEN, J. J. VARTIAINEN, V. BERGHOLM, M. M. SALOMAA. Quantum circuits for general multiqubit gates,Phys. Rev. Lett. ,93(13): 130502,2004.

[NO08] M. NAKAHARA,T. OHMI. Quantum Computing,From Linear Algebra to Physical Realizations [M]. CRC Press,2008.

[NC00] M. NIELSEN,I. CHUANG. Quantum Computation and Quantum Information[M]. Cambridge: Cambridge University Press,2000.

[NDG06] M. A. NIELSEN, M. R. DOWLING, M. GU, A. C. DOHERTY. Quantum computation as geometry[J]. Science,311: 1133-1135,2006.

[Pac12] J. K. PACHOS. Introduction to Topological Quantum Computation[M]. Cambridge: Cambridge University Press,2012.

[PCY14] J. PAN,Y. CAO,X. YAO,Z. LI,C. JU,H. CHEN,X. PENG,S. KAIS,J. DU. Experimental realization of quantum algorithm for solving linear systems of equations,Phys. Rev. A 89 (2014) 022313.

[PSPP21] A. PELLOW-JARMAN, I. SINAYSKIY, A. PILLAY, F. PETRUCCIONE. Near term algorithms for linear systems of equations[DB/OL]. arXiv: 2108.11362,2021.

[Per90] A. PERES. Neumark's theorem and quantum inseparability[J]. Foundations of Physics,20: 1441-1453,1990.

[Per96] A. PERES. Separability criterion for density matrices, Phys. Rev. Lett. , Vol. 77, No. 8, 1413-1415,1996.

[Por18] R. PORTUGAL. Quantum Walks and Search Algorithms[M]. 2nd Edition. Springer,2018.

[PZ03] J. PROOS,C. ZALKA. Shor's discrete logarithm quantum algorithm for elliptic curves [J]. Quantum Inf. Comput. ,3(4): 317-344,2003.

[RB01] R. RAUSSENDORF, H. J. BRIEGEL. A one-way quantum computer [J]. Physical Review Letters,86(22): 5188-5191,2001.

[RML14] P. REBENTROST,M. MOHSENI,S. LLOYD. Quantum support vector machine for big data classification[J]. Physical Review Letters,113,130503,2014.

[RKH09] A. T. REZAKHANI,W. J. KUO,A. HAMMA,D. A. LIDAR,P. ZANARDI. Quantum adiabatic brachistochrone[J]. Phys. Rev. Lett. ,103,080502,2009.

[RP11] E. RIEFFEL,W. POLAK. Quantum Computing: A Gentle Introduction[M]. MIT Press,2011.

[Reg04] O. REGEV. A subexponential time algorithm for the dihedral hidden subgroup problem with polynomial space[C]. Proeeedings of Annual Symposium on the Foundations of Computer Science,64(1): 124-134,2004.

[RC02] J. ROLAND,N. J. CERF. Quantum search by local adiabatic evolution[J]. Phys. Rev. A, 65: 042308,2002.

[RS16] N. J. ROSS,P. SELINGER. Optimal ancilla-free Clifford + T approximation of z-rotations[J].

Quantum Inf. Comput. ,16(11&12): 901-953,2016.
[Sak94] J. J. SAKURAI. Modern Quantum Mechanics[M]. Revised Edition. Pearson,1994.
[SZ97] M. Q. SCULLY,M. S. ZUBAIRY. Quantum Optics[M]. Cambridge: Cambridge University,1997.
[Sel14] P. SELINGER. Efficient Clifford+T approximation of single-qubit operators[J]. Quantum Inf. Comput. ,15(1): 159-180,2014.
[Sha48] C. E. SHANNON. A mathematical theory of communication[J]. The Bell System Technical Journal,27(3): 379-423,1948.
[SX18] C. SHAO,H. XIANG. Quantum circulant preconditioner for a linear system of equations[J]. Phys. Rev. A,98,062321,2018.
[SX20a] C. SHAO,H. XIANG. Quantum regularized least squares solver with parameter estimate[J]. Quantum Information Processing,19: 113,2020.
[SX20b] C. SHAO,H. XIANG. Row and column iterative methods to solve linear systems on a quantum computer[J]. Physical Review A,101,022322,2020.
[SBM06] V. V. SHENDE,S. S. BULLOCK,I. L. MARKOV. Synthesis of quantum logic circuits,IEEE Trans. on Computer-Aided Design,Vol. 25,No. 6,pp. 1000-1010,2006.
[SKW03] N. SHENVI, J. KEMPE, K. B. WHALEY. Quantum random-walk search algorithm[J]. Physical Review A,67,052307,2003.
[Sho94] P. W. SHOR. Algorithms for quantum computation: discrete logarithms and factoring[C]. Proceedings,35th Annual Symposium on Foundations of Computer Science,1994.
[Sho97] P. W. SHOR. Polynomial-time algorithms for prime factorization and discrete logarithms on a quantum computer[J]. SIAM J. Comput. ,26(5): 1484-1509,1997.
[Sim94] D. R. SIMON. On the power of quantum computation[J]. SIAM Journal on Computing,26(5): 1474-1483,1997.
[Sta17] T. D. STANESCU. Introduction to Topological Quantum Matter & Quantum Computation[M]. CRC Press,2017.
[SH04] W.-H. STEEB, Y. HARDY. Problems and Solutions in Quantum Computing and Quantum Information[M]. World Scientific,2004.
[Sti08] J. STILLWELL,Naive Lie Theory. Springer,2008.
[SSO19] Y. SUBASI,ROLANDO. D. SOMMA,D. ORSUCCI. Quantum algorithms for systems of linear equations inspired by adiabatic quantum computing[J]. Phys. Rev. Lett. 122,060504,2019.
[SBJ19] S. SUBRAMANIAN,S. BRIERLEY,R. JOZSA. Implementing smooth functions of a Hermitian matrix on a quantum computer[J]. J. Phys. Commun. ,3,065002,2019.
[Suz90] M. SUZUKI. Fractal decomposition of exponential operators with applications to many-body theories and Monte Carlo simulations[J]. Phys. Lett. A 146,319-323,1990.
[Suz91] M. SUZUKI. General theory of fractal path integrals with applications to many-body theories and statistical physics[J]. J. Math. Phys. 32,400-407,1991.
[TOS20] S. TAKAHIRA, A. OHASHI, T. SOGABE, T. S. USUDA. Quantum algorithm for matrix functions by Cauchy's integral formula[J]. Quantum Inf. Comput. ,20(1-2): 14-36,2020.
[TOS21] S. TAKAHIRA,A. OHASHI,T. SOGABE,T. S. USUDA. Quantum algorithms based on the block-encoding framework for matrix functions by contour integrals[DB/OL]. arXiv: 2106. 08076,2021.
[Tho65] C. J. THOMPSON. Inequality with applications in statistical mechanics[J]. J. Mathematical Phys. ,6: 1812-1813,1965.
[Tho86] R. C. THOMPSON. Proof of a conjectured exponential formula[J]. Linear and Multilinear Algebra,19(2): 187-197,1986.
[TB97] L. N. TREFETHEN,D. BAU,III. Numerical Linear Algebra[M]. SIAM,Philadelphia,1997. (中

译本：陆金甫，关治. 数值线性代数[M]. 北京：人民邮电出版社，2006).

[TAWL21] Y. TONG, D. AN, N. WIEBE, L. LIN. Fast inversion, preconditioned quantum linear system solvers, fast Green's-function computation, and fast evaluation of matrix functions[J]. Phys. Rev. A., 104, 032422, 2021.

[VGG20] J. Van APELDOORN, A. GILYÉN, S. GRIBLING, R. de WOLF. Quantum SDP-solvers: Better upper and lower bounds[C]. IEEE 58th Annual Symposium on Foundations of Computer Science (FOCS), 2017. See also Quantum, Vol. 4, 230, 2020.

[VSB01] L. M. K. VANDERSYPEN, M. STEFFEN, G. BREYTA, C. S. YANNONI, M. H. SHERWOOD, I. L. CHUANG. Experimental realization of Shor's quantum factoring algorithm using nuclear magnetic resonance[J]. Nature, 414: 883-887, 2001.

[VPR97] V. VEDRAL, M. B. PLENIO, M. A. RIPPIN, P. L. KNIGHT. Quantifying entanglement[J]. Phys. Rev. Lett., 78, 2275, 1997.

[VW02] G. VIDAL, R. F. WERNER, Computable measure of entanglement, Phys. Rev. A, 65, 032314 (2002).

[Wan12] H. WANG, S. ASHHAB, F. NORI. Quantum algorithm for obtaining the energy spectrum of a physical system[J]. Phys. Rev. A, 85, 062304, 2012.

[Wan16] H. WANG. Quantum algorithm for obtaining the eigenstates of a physical system[J]. Phys. Rev. A, 93, 052334, 2016.

[WX19b] H. WANG, H. XIANG. Quantum algorithms for total least squares data fitting[J]. Physical Letter A, 383(19): 2235-2240, 2019.

[WX19a] H. WANG, H. XIANG. A quantum eigensolver for symmetric tridiagonal matrices[J]. Quantum Information Processing, 18: 93, 2019.

[WYX21] H. WANG, S. YU, H. XIANG. Efficient quantum algorithm for solving structured problems via multi-step quantum computation[DB/OL], arXiv: 1912.06959, 2019.

[Wan17] G. M. WANG. Quantum algorithm for linear regression[J]. Phys. Rev. A, 96, 012335, 2017.

[WWQ04] G. WANG, Y. WEI, S. QIAO. Generalized Inverses: Theory and Computations[M]. Beijing: Science Press, Beijing, 2004.

[WHJ18] Z. WANG, S. HADFIELD, Z. JIANG, E. G. RIEFFEL. Quantum approximate optimization algorithm for MaxCut: A fermionic view[J]. Phys. Rev. A 97, 022304, 2018.

[Wang10] Z. WANG. Topological Quantum Computation[C]. CBMS Regional Conference Series in Mathematics Vol. 112, 2010.

[Wat18] J. WATROUS. The Theory of Quantum Information[M]. Cambridge: Cambridge University Press, 2018.

[Wer89] E. M. E. WERMUTH. Two remarks on matrix exponentials[J]. Linear Algebra Appl., 117: 127-132, 1989.

[Wey49] H. WEYL. Inequalities between the two kinds of eigenvalues of a linear transformation[J]. Proc. Natl. Acad. Sci., vol. 35, 408-411, 1949.

[WBL12] N. WIEBE, D. BRAUN, S. LLOYD. Quantum algorithm for data fitting[J]. Phys. Rev. Lett., 109, 050505, 2012.

[Wil17] M. M. WILDE. Quantum Information Theory[M]. Second Edition. Cambridge: Cambridge University Press, 2017.

[Wil11] C. P. WILLIAMS. Explorations in Quantum Computing[M]. 2nd edn. Springer 2011.

[Woi17] P. WOIT. Quantum Theory, Groups and Representations[M]. Springer, 2017.

[WZP18] L. WOSSNIG, Z. K. ZHAO, A. PRAKASH. Quantum linear system algorithm for dense matrices[J]. Phys. Rev. Lett., 120, 050502, 2018.

[Wu16] 吴宗敏. 散乱数据拟合的模型、方法和理论[M]. 2 版. 北京：科学出版社，2016.

[XL15] 向华，李大美. 数值计算及其工程应用[M]. 北京：清华大学出版社，2015.

[XQW18] H. XIANG，L. QI，Y. WEI. M-eigenvalues of the Riemann curvature tensor[J]. Commun. Math. Sci.，16(8)：2301-2315，2018.

[XL17] H. XIANG，L. ZHANG. Randomized iterative methods with alternating projections[J]. arXiv：1708. 09845v1，2017.

[Xio82] 熊全淹. 初等整数论[M]. 武汉：湖北人民出版社，1982.

[XSE+21] X. XU，J. SUN，S. ENDO，Y. LI，S. C. BENJAMIN，X. YUAN. Variational algorithms for linear algebra[J]. Science Bulletin，66(21)：2181-2188，2021.

[Yang07] 杨伯君. 量子通信基础[M]. 北京：北京邮电大学出版社，2007.

[Yao93] A. C. YAO. Quantum circuit complexity[C]. Proc. of the 34th Ann. IEEE Symp. on Foundations of Computer Science，pp. 352-361，1993.

[Ying16] M. YING. Foundations of Quantum Programming[M]. Elsevier，2016. 张鑫，向宏，傅鹂，向涛，译. 量子编程基础[M]. 北京：机械工业出版社，2019.

[Zha06] 张永德. 量子信息物理原理[M]. 北京：科学出版社，2006.

[Zee16] A. ZEE. Group Theory in a Nutshell for Physicists[M]. Princeton University Press，2016.

[Zha03] 赵凯华，罗蕴菌. 新概念物理教程 量子物理[M]. 2 版. 北京：高等教育出版社，2003.

[Zhu93] 朱诚久，群论-群表示和本征方程[M]. 长春：吉林大学出版社，1993.

[ZJ03] 佐川弘幸，吉田宣章. 突破经典信息科学的极限——量子信息论[M]. 宋鹤山，宋天，译. 大连：大连理工大学出版社，2007.

[Zha78] 张禾瑞. 近世代数基础[M]. 北京：高等教育出版社，1978.

[ZX21] S. ZHANG，H. XIANG. Quantum algorithm for matrix logarithm by integral formula[DB/OL]. arXiv：2111. 08914，2021.

[ZFF19] Z. ZHAO，J. K. FITZSIMONS，J. F. FITZSIMONS. Quantum-assisted Gaussian process regression[J]. Physical Review A 99，052331 (2019).

[ZSW20] Q. ZUO，C. SHAO，N. WU，H. XIANG. An extended Gauss-Seidel method to solve linear systems on a quantum computer[J]. Int. J. Theor. Phys.，60，2592-2603，2021.